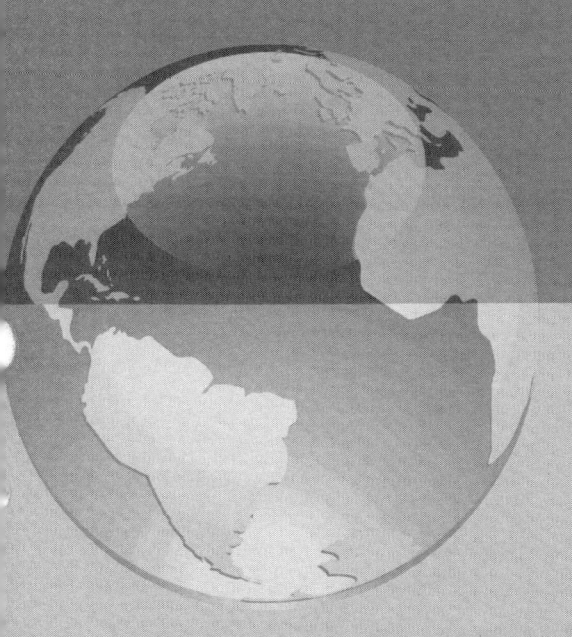

# 中級財務管理

陳瑋 主編

# 前言

随著市场经济体制的不断完善以及国际经济合作的日益深入，新型的投资方式、投资对象等不断涌现。如何高效地使用有限的资金，使其快速、安全地增值，已经成为小到居民理财大到企业管理都十分关注的问题。"你不理财，财不理你"，只有掌握了现代财务管理的理论、方法和程序，在实践中不断地摸索、积累经验，才能最终实现价值的最大化。

本书是作者在广泛参阅了经济管理类相关教材的基础上，结合多年教学经历和心得体会，经多次磋商、修改而成。全书在讲述财务管理基本知识（资金时间价值及风险分析）的基础上，以财务管理内容为主线，依次讲述了筹资管理、投资管理、营运资金管理及收益分配管理等几大方面的内容，力求做到详略突出，体系全面；每章后的复习思考题包括单选、多选、判断、名词解释、问答题及计算题等，形式多样，便于激发初学者的学习兴趣。

本书由陈玮任主编，主要负责总体框架设计、大纲编写以及写作组织与协调，对全书进行总纂；王静任副主编。各章撰写的具体分工为：洛阳理工学院王静编写第一章、第三章、第四章、第七章；洛阳理工学院陈玮编写第二章、第五章、第六章、第八章、第九章。

本书在编写过程中参阅了国内外同行的相关论著，并得到了西南财经大学出版社的大力支持和帮助，在此一并致以真诚的感谢。

限于作者的水平和时间仓促，书中难免存在不妥或疏漏之处，恳请读者批评指正，以便进一步修改完善！

编　者

2017 年 6 月

# 目録

## 第 1 章　總論　　1

學習目標　　1
第 1 節　財務管理基本概念　　1
第 2 節　財務管理目標　　7
第 3 節　財務管理環境　　12
第 4 節　公司組織與財務經理　　17
本章小結　　22
習題　　23

## 第 2 章　財務管理基本知識　　27

學習目標　　27
第 1 節　資金時間價值　　27
第 2 節　風險與報酬　　41
第 3 節　財務分析　　57
本章小結　　76
習題　　77

## 第 3 章　長期籌資方式　　80

學習目標　　80
第 1 節　籌資概述　　80
第 2 節　權益籌資　　90
第 3 節　債務籌資　　98
第 4 節　混合性籌資　　111
本章小結　　117
習題　　117

## 第 4 章　資本成本與資本結構　　122

學習目標　　122
第 1 節　資本成本及其計算　　122
第 2 節　槓桿原理　　133
第 3 節　資本結構決策　　151
本章小結　　164
習題　　164

## 第 5 章　項目投資決策　　172

學習目標　　172
第 1 節　項目投資決策概述　　172
第 2 節　項目投資現金流量的計算　　176
第 3 節　項目投資決策評價指標　　183
第 4 節　項目投資方案決策分析　　188
第 5 節　項目投資風險分析　　195
本章小結　　198
習題　　198

## 第 6 章　證券投資　　202

學習目標　　202
第 1 節　證券投資管理概述　　202
第 2 節　證券投資的風險與收益率　　204
第 3 節　證券投資決策　　209
第 4 節　證券投資組合　　221
本章小結　　222
習題　　223

## 第 7 章　營運資金管理　　226

學習目標　　226
第 1 節　營運資金概述　　226
第 2 節　現金管理　　229
第 3 節　應收帳款管理　　234
第 4 節　存貨管理　　245
第 5 節　流動負債管理及籌資策略　　254
本章小結　　270
習題　　271

## 第 8 章　利潤分配管理　　280

學習目標　　280
第 1 節　利潤分配管理概述　　280
第 2 節　利潤分配政策　　287
第 3 節　股票分割和股票回購　　296

| | |
|---|---|
| 本章小結 | 300 |
| 習題 | 300 |

**參考文獻** 304

**附表一　復利終值系數表** 306

**附表二　復利現值系數表** 308

**附表三　年金終值系數表** 310

**附表四　年金現值系數表** 312

# 1

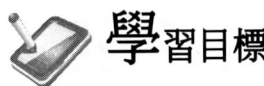

理解財務管理概念及財務管理的基本內容；熟悉、掌握財務管理目標的主要觀點；瞭解財務管理的環境；瞭解利息率的構成及其測算。

## ● 第 1 節　財務管理基本概念

任何組織都需要財務管理，但是營利性組織與非營利性組織的財務管理有較大差別。本教材討論的是營利性組織的財務管理，即企業財務管理。

### 一、財務管理的含義和內容

(一) 財務

企業財務是指企業在生產經營過程中客觀存在的資金運動及其體現的經濟利益關係。

首先，在商品經濟條件下，社會產品是使用價值和價值的統一體。企業的生產經營過程也表現為使用價值的生產和交換過程以及價值的形成和實現過程的統一。

在企業生產經營過程中，實物商品或服務在不斷地變化，其價值形態也不斷地發生變化，由一種形態轉化為另一種形態，周而復始，不斷循環，形成資金運動。資金運動不僅以資金循環的形式存在，而且伴隨生產經營過程不斷進行，因此資金運動也表現為一個周而復始的周轉過程。資金運動是企業生產經營過程的價值方面，

## 中級財務管理

它以價值形式綜合地反應企業的生產經營過程。

其次，在企業資金運動過程中，無論是生產經營過程的產、供、銷，還是資金的籌集、分配等環節，都體現了企業同各個方面的經濟利益關係。

上述分別體現了企業財務的兩個方面，即財務活動和財務關係。

(二) 財務活動

企業的財務活動，也即是企業的資金運動，構成企業生產經營活動的一個獨立方面，具有自己的運動規律。

企業的財務活動包括以下四個方面：

1. 企業籌資引起的財務活動

籌資是指企業爲了滿足投資和資金營運的需要，籌集所需資金的行爲。在籌資過程中，一方面，企業需要根據戰略發展的需要和投資計劃來確定企業各個時期及總體的籌資規模，以保證投資所需資金。另一方面，要通過籌資渠道、籌資方式或工具的選擇，合理確定籌資結構，使籌資風險處於公司的掌控之中，一旦外部的環境發生變化，公司不至於由於償還外債而陷入破產。一個公司運用融入的資金所產生的現金流量若能與償還負債所需的現金流量相匹配，就能使融資風險最小化，並使公司使用借入資金的能力最大化，從而降低籌資成本和風險，提高企業價值。

企業通過籌資通常可以形成兩種不同性質的資金來源：一是企業權益資金，二是企業債務資金。例如企業通過發行股票、發行債券、吸收直接投資等方式籌集資金，表現爲企業資金的收入；而企業償還借款、支付利息和股利以及付出各種籌資費用等，則表現爲企業資金的支出。這種因爲籌集資金而產生的資金收支，便是由籌資活動引起的財務活動。

企業要組織生產經營活動，必須要有一定數額的資金做保障。企業進行籌資活動時，企業財務人員首先要預測企業生產經營需要多少資金。籌集和使用資金都是有代價的，籌資數量既要滿足企業生產經營需要又不至於造成資金浪費；接下來必須解決通過什麼渠道、以什麼方式、在什麼時間籌集多少資金。例如，是通過發行股票取得資金還是向債權人借入資金，兩種資金占資金總量的比重應爲多少，假設公司決定借入資金，還需考慮是發行債券好還是從銀行貸款更好，籌集的資金應該是長期資金還是短期資金，資金的償付應該是固定的還是可變的，等等。

2. 企業投資引起的財務活動

投資是企業根據項目資金需要投出資金的行爲。企業籌集資金的目的就是把資金用於生產經營活動以便獲得盈利，不斷增加公司價值。

企業的投資分爲廣義的投資和狹義的投資兩種。廣義的投資包括對內投資和對外投資。狹義的投資僅指對外投資。例如，公司把籌集到的資金投資於公司內部用於購置固定資產、無形資產等，形成企業的對內投資；公司把籌集到的資金用於購買其他公司的股票、債券，與其他公司聯營進行投資，以及收購另一個公司等，便形成了公司的對外投資。當公司變賣其對內投資的各種資產或收回其對外投資時，

## 第1章　總論

則會產生資金的收入。這種因公司投資而產生的資金的收支,便是由投資而引起的財務活動。

企業在投資過程中,必須考慮投資規模的大小,同時還必須考慮投資方向和投資方式的取得,以便確定合適的投資結構,從而達到提高投資效益和降低投資風險的目的。

3. 企業經營引起的財務活動

企業在日常生產經營活動中,會發生一系列的資金收付行為。首先,企業需要採購材料或商品,以從事生產和銷售活動,同時還要支付工資和其他營業費用;其次,當企業把產品售出後,便可取得收入,收回資金。最後,如果企業現有資金滿足不了企業生產經營的需要,還需要通過短期借款等方式來籌集生產經營所需資金。上述各種活動都會產生企業資金的收支,屬於企業經營引起的財務活動。

為滿足企業日常經營活動的需要而墊支的資金,稱為營運資金。在一定時期內,營運資金周轉速度越快,資金的利用效率就越高,企業就可能生產出更多的產品,取得更多的收入,獲取更多的利潤。因此,如何加速資金的周轉,提高資金利用效果是財務人員在此類財務活動中需要考慮的問題。

4. 企業分配引起的財務活動

企業在經營過程中會產生相應的收入,補償費用、成本後會產生利潤,也可能通過對外投資而分得利潤。從廣義上來說,分配是對企業各種收入進行分割和分派的行為;而狹義的分配僅指對企業淨利潤的分配。

企業的利潤要按照規定的程序進行分配。首先要依法納稅;其次要用來彌補虧損,提取公積金、公益金;最後要向投資者分配利潤。這種因利潤分配而產生的資金收支便屬於由利潤分配引起的財務活動。

隨著分配過程的進行,資金或者退出或者留存企業,必然會影響企業的資金運動。企業應該依據法律的有關規定,合理確定分配規模和分配方式,確保企業獲取最大的經濟利益,這也是財務管理的主要內容之一。

(三) 財務管理

財務管理是企業合理組織財務活動,正確處理企業同各方面經濟利益關係的一項經濟管理工作。

上述財務活動的四個方面相互聯繫,相互依存,共同構成了完整的企業財務活動,對這四個方面的財務活動的管理組成了財務管理的基本內容:企業籌資管理、企業投資管理、營運資本管理、利潤及其分配的管理。

## 二、企業財務關係

企業的財務關係是指企業在組織財務活動過程中與各有關方面發生的經濟關係。企業籌資活動、投資活動、營運活動、利潤及其分配活動都與企業內部和外部的方方面面有着廣泛的聯繫。企業的財務關係通常表現爲以下七個方面：

（一）企業同其所有者之間的財務關係

企業同其所有者之間的財務關係主要是指企業的所有者向企業投入資金，而企業向其所有者支付投資報酬所形成的經濟關係。企業所有者主要有以下四類：①國家；②法人單位；③個人；④外商。企業的所有者按照投資合同、協議、章程的約定履行出資義務，以便及時形成企業的資本金。企業利用資本金進行經營，實現利潤後，應按出資比例或合同、章程的規定，向其所有者分配利潤。企業同其所有者之間的財務關係體現着所有權的性質，反應着經營權和所有權的關係。

（二）企業同其債權人之間的財務關係

企業同其債權人之間的財務關係主要是指企業向債權人借入資金，並按借款合同的規定按時支付利息和歸還本金所形成的經濟關係。企業向債權人借入一定數額的資金，可以滿足企業擴大再生產的需要，並能有效地降低企業的資本成本。企業的債權人主要有：①債券持有人；②貸款機構；③商業信用提供者；④其他出借資金給企業的單位或個人。企業利用債權人的資金後，要按約定的利息率及時向債權人支付利息。債務到期時，要合理調度資金，按時向債權人歸還本金。企業同債權人之間的關係體現的是債務與債權關係。

（三）企業同其被投資單位之間的財務關係

企業同其被投資單位之間的財務關係主要是指企業將其閑置資金以購買股票或直接投資的形式向其他單位投資所形成的經濟關係。企業向其他單位投資，應按約定履行出資義務，參與被投資單位的利潤分配。企業同其被投資單位之間的關係體現的是所有權性質的投資與受資的關係。

（四）企業同其債務人之間的財務關係

企業同其債務人之間的財務關係主要是指企業將其資金以購買債券、提供借款或商業信用等形式出借給其他單位所形成的經濟關係。企業將資金借出後，有權要求債務人按約定的條件支付利息並歸還本金。企業同債務人的關係體現的是債權與債務關係。

（五）企業內部各單位之間的財務關係

企業內部各單位之間的財務關係主要指企業內部各單位之間在生產經營各環節相互提供產品或勞務所形成的經濟關係。在實行內部經濟核算制度的條件下，企業供、產、銷各部門以及各生產單位之間，相互提供產品或勞務要進行計價結算。這種在企業內部形成的資金結算關係，體現了企業內部各單位之間的利益關係。

（六）企業同職工之間的財務關係

企業同職工之間的財務關係主要指企業在向職工支付勞動報酬的過程中形成的經濟關係。企業要用自身的產品銷售收入，向職工支付工資、津貼、獎金等，按照提供的勞動數量和質量支付職工的勞動報酬。這種企業與職工之間的財務關係，體現了職工和企業在勞動成果上的分配關係。

# 第1章 總論

（七）企業同稅務機關之間的財務關係

企業同稅務機關之間的財務關係主要指企業要按照稅法的規定依法納稅而與國家稅務機關之間形成的經濟關係。任何企業都要按照國家稅法的規定繳納各種稅款，以保證國家財政收入的實現，滿足社會各方面的需要。及時、足額地納稅是企業對國家的貢獻，也是對社會應盡的義務。因此，企業與稅務機關的關係反應的是依法納稅和依法徵稅的權利義務關係。

### 三、財務管理的環節

財務管理的環節是指財務管理的工作步驟和一般工作程序，也是實現企業財務管理目標、完成財務管理任務所採取的各種技術和手段。一般而言，企業財務管理包括以下幾個環節：

（一）財務預測

財務預測是根據財務活動的歷史資料、現實條件和未來要求，運用科學方法，對企業未來的財務活動進行預計和測算。財務預測的目的是爲財務決策和財務計劃提供科學的依據。比如，測算各項生產經營方案的經濟效益，爲決策提供可靠的依據；預計財務收支的發展變化情況，以確定經營目標；測定各項定額和標準，爲編制計劃、分解計劃指標服務。

財務預測包括以下步驟：

1. 明確預測對象和目的

企業應根據管理決策的需要，規定預測的範圍，明確預測的具體對象和目的。如增加收入、降低成本、增加利潤、加速資金周轉等。

2. 收集相關資料

根據預測的對象和目的，廣泛收集相關資料；同時要保證資料的可靠性、完整性和典型性，還應對各項指標進行歸類、匯總、調整等加工處理，排除偶然性因素的干擾，使相關資料符合預期的需要。

3. 選擇預測模型

根據影響預測對象的各個因素之間的相互關係，選擇相應的財務預測模型。如時間序列預測模型、因果關係預測模型和回歸分析預測模型等。

4. 實施財務預測

將經過加工整理的資料進行系統分析研究，代入財務預測模型，採用適當預測方法，進行定性、定量分析，確定預測結果。

（二）財務決策

財務決策是財務人員在科學的財務預測的基礎上，利用專門方法對各種備選方案進行比較和分析，並從中選出最佳方案的過程。財務決策包括籌資決策、投資決策、收益分配決策以及生產經營過程中資金使用和管理的決策等。

財務決策是財務管理的核心，財務預測是爲財務決策服務的，決策的成功與否直接關係到企業的興衰成敗。

財務決策主要包括以下工作步驟：

（1）確定決策目標；

（2）擬訂備選方案；

（3）選擇最優方案。

財務決策的方法主要有兩類：一是經驗判斷法，是根據決策者的經驗來判斷選擇。常用的方法有排隊法、歸類法等；另一類方法是定量分析法，是應用決策論的定量方法進行方案的確定、評價和選擇，常用的方法有數學分析法、概率決策法等。

（三）財務計劃

財務計劃是企業根據各自預測信息和各項財務決策確立的各項工作的計劃與安排，是企業進行日常財務管理和實行財務控制的依據。財務計劃分爲長期計劃和短期計劃。

長期計劃是指一年以上的計劃，而企業通常會制訂爲期五年的長期計劃。長期財務計劃是實現公司戰略的工具。制訂長期計劃應以公司的經營理念、業務領域、地域範圍、定量的戰略目標爲基礎。其編制包括以下程序：

（1）編制預計財務報表，確定需要的資本；

（2）預測可用資本；

（3）建立控制資本分配和使用體系；

（4）制定修改計劃的程序，建立激勵報酬計劃。

短期財務計劃是指一年一度的財務預算。財務預算是以貨幣表示的預期結果，它是計劃工作的終點，也是控制工作的起點，它把計劃和控制緊密聯繫起來。

（四）財務控制

財務控制是以財務制度、計劃、定額等爲依據，對計劃的執行進行追蹤、監督，對執行過程中出現的問題進行調整和修正。實行財務監督是落實計劃任務、保證計劃實行的有效措施。

財務控制應抓好以下幾項工作：

1. 制定標準

企業按照責、權、利相結合的原則，將計劃任務以標準或指標的形式分解落實到分廠、車間、班組甚至個人，即通常所說的指標分解。這樣，企業內部每個單位、每個職工都有明確的工作要求，便於落實責任，檢查考核。

2. 執行標準

對資金收付、費用的支出等，要運用各種手段（如限額領料單、費用控制手冊、內部貨幣等）進行事先控制。凡是符合標準的，就予以支持，並賦予機動權限；凡是不符合標準的，則加以限制，並研究處理。

# 第1章 總論

3. 確定差異

詳細記錄指標執行情況，將實際同標準進行對比，確定差異的程度和性質。

4. 消除差異

深入分析差異形成的原因，確定造成差異的責任歸屬，採取切實有效的措施，消除差異，以便順利實現計劃指標。

5. 考核獎懲

在一定時期終了，企業應對各責任單位的計劃執行情況進行評價，考核各項指標的執行結果，把分解的指標考核納入經濟責任制，運用激勵機制，實現獎優懲劣。

（五）財務分析

財務分析是以會計核算提供的資料爲依據，對企業財務活動的過程和結果進行評價與剖析的工作。

財務分析的一般程序是：

1. 收集資料，掌握情況

財務分析首先應充分占有有關資料和信息。財務分析所用的資料通常包括財務報告等實際資料、財務計劃資料、歷史資料及市場調查資料。

2. 指標對比，揭露矛盾

財務分析要在充分占有資料的基礎上，通過數量指標的對比來評價業績，發現問題，找出差異，揭露矛盾。

3. 因素分析，明確責任

進行因素分析，就是要查明影響財務指標完成的各項因素，並從各種因素的相互作用中找出影響財務指標完成的主要因素，以便分清責任，抓住關鍵。

4. 提出措施，改進工作

要在掌握大量資料、數據的基礎上，去僞存真，去粗取精，由此及彼，找出各種財務活動之間以及財務活動同其他經濟活動之間的本質聯繫，然後提出改進措施。通過改進措施的落實，完善經營管理工作，推動財務管理發展到更高水平的循環。

##  第2節　財務管理目標

### 一、企業財務管理目標的含義及種類

企業財務管理目標是企業財務管理活動所希望實現的結果。它是評價企業財務活動是否合理有效的基本標準，是企業財務管理工作的行爲導向，是財務人員工作實踐的出發點和歸宿。

財務管理目標制約着財務工作運行的基本特徵和發展方向。不同的財務管理目標，會產生不同的財務管理運行機制。因此，科學地設置財務管理目標，對優化理

財行爲、實現財務管理的良性循環具有重要的意義。

另外，財務管理目標在一定時期內還應具有相對穩定性和層次性。相對穩定性是指儘管隨著一定的政治、經濟環境的變化，財務管理目標可能會發生變化，人們對財務管理目標的認識也會不斷深化。在我國計劃經濟體制時期，財務管理是圍繞國家下達的產值指標來進行的，所以那時的財務管理目標可以看作是"產值最大化"。到了改革開放初期，企業經營活動的中心從關心產值轉變爲關注利潤，這時的財務管理目標就是"利潤最大化"。但是，財務管理目標是財務管理的根本目的，是與企業長期發展戰略相匹配的。因此，在一定時期內，應保持相對穩定。

財務管理目標的層次性則是指總目標的分解，即把企業財務的總目標分解到企業的各個部門，形成部門目標，甚至再進一步分解到班組和崗位。財務目標的分解應該與企業戰略目標的分解同時進行，以保證財務目標的落實與企業戰略目標的落實相一致。

中華人民共和國成立以來企業財務管理目標有以下幾種具有代表性的模式：

(一) 總產值最大化目標

在傳統的集權管理模式下，企業的財產所有權與經營權高度集中，企業的主要任務就是執行國家下達的總產值指標，公司領導人職務的升遷、職工個人利益的多少，均由完成產值計劃指標的程度來決定。這就決定了企業必然要把總產值作爲財務管理的基本目標。但隨著時間的推移，人們逐漸認識到，這一財務管理目標存在著以下缺點：

(1) 只講產值，不講效益。在產值目標的支配下，有些投入的新增產值小於新增成本，造成虧損，使利潤減少，但因爲能增加產值，企業仍願意增加投入。

(2) 只求數量，不求質量。追求產值最大化決定了企業在生產經營活動中只重視數量而輕視產品質量和花色品種，因爲提高產品質量、試制新產品都會妨礙產值的增加。

(3) 只抓生產，不抓銷售。在總產值目標的驅動下，企業只重視增加產值，而不管產品能否銷售出去，因此，往往出現"工業報喜，商業報憂"的情況。

(4) 只重投入，不重挖潛。總產值最大化目標還決定了企業只重視投入，進行外延擴大再生產，而不重視挖潛力、更新改造舊設備，進行內涵擴大再生產。因爲更新改造容易對短期內的產值產生不利影響，即不能大量增產。相反，採用大量投入的粗放式發展模式，則往往使產值指標易於完成。

因此，把總產值最大化當作是財務管理目標，也是應對在當時特定環境下產品供不應求，百廢待興的一種選擇。

(二) 利潤最大化目標

利潤最大化目標就是假定在投資預期收益確定的情況下，財務管理行爲將朝著有利於企業利潤最大化的方向發展。以追逐利潤最大化作爲財務管理的目標，其主要原因有三個：一是人類從事生產經營活動的目的是創造更多的剩餘產品，在商品

## 第 1 章　總論

經濟條件下，剩餘產品的多少可以用利潤這個價值指標來衡量；二是在自由競爭的資本市場中，資本的使用權最終屬於獲利最多的企業；三是只有每個企業都最大限度地獲得利潤，整個社會的財富才可能實現最大化，從而帶來社會的進步和發展。在社會主義市場經濟條件下，企業作爲自主經營的主體，所創造的利潤是企業一定時期內全部收入和全部費用的差額，是按照收入與費用配比原則加以計算的。它不僅可以直接反應企業創造剩餘產品的多少，而且也從一定程度上反應出企業經濟效益的高低和對社會貢獻的大小。同時，利潤是企業補充資本及擴大經營規模的源泉。因此，以利潤最大化作爲理財目標是有一定道理的。

但利潤最大化目標在實踐中存在以下難以解決的問題：

（1）利潤最大化沒有考慮利潤實現的時間，沒有考慮項目報酬的時間價值。如甲乙兩個投資項目，今年利潤都是一百萬，若不考慮資金的時間價值，則無法判斷哪一個項目更符合企業的目標。但如果甲項目獲取報酬的時間是年初，而乙項目獲取報酬的時間集中在年末，顯然，對於相同的現金流入來說，甲項目的獲利時間更早，也更具有價值。

（2）利潤最大化沒有反應創造的利潤和投入的資本之間的關係。如甲乙兩個投資項目，今年利潤都是 100 萬元，並且取得的都是現金收入，但如果甲項目投資 100 萬元，而乙項目投資 200 萬元，顯然，甲項目的獲利能力更強，而如果單看利潤指標卻無法判斷哪個項目更具有投資價值。

（3）利潤最大化沒有考慮風險因素。高利潤往往要承擔過大的風險。如果爲了利潤最大化而選擇高風險的投資項目，或進行過度的借貸，企業的經營風險和財務風險就會大大提高。如甲乙兩個投資項目，從帳面上看今年利潤都是 100 萬元，但甲項目的利潤 100 萬元全部爲現金收入，乙項目的 100 萬元利潤全部爲應收帳款，顯然，乙項目的應收帳款存在發生壞帳而不能收回的風險，甲項目的實際效果更好。但如果單看利潤指標卻反應不出這樣的問題。

（4）利潤最大化是基於歷史的角度，反應的是企業過去某一期間的盈利水平，並不能反應企業未來的盈利能力。

（5）利潤最大化往往會使企業財務決策帶有短期行爲的傾向。片面追求利潤最大化，往往會誘使企業只顧實現目前的最大利潤，而不顧企業的長遠發展，與企業發展的戰略目標相背離。比如企業可能通過減少產品開發、人員培訓、技術裝備水平方面的支出來提高當年的利潤，但對公司的長遠發展顯然不利。

（6）利潤是企業經營成果的會計度量，而對同一經濟問題的會計處理方法的多樣性和靈活性可能使利潤並不反應企業的實際情況。比如改變折舊的計提方法、材料的計價方法、通過出售資產增加現金收入等，表面上近期利潤增加了，但實際上企業財富並沒有增加。

可見，利潤最大化目標只是對經濟效益淺層次的認識，存在一定的片面性。因此，現代財務管理理論認爲，利潤最大化並不是財務管理的最優目標。

(三) 每股收益最大化目標

每股收益是指歸屬於普通股東的淨利潤與發行在外的普通股股數的比值。它的大小反應了投資者投入資本獲得回報的能力。

每股收益最大化的目標將企業實現的利潤額同投入的資本或股本數進行對比，能夠說明企業的盈利水平，可以在不同資本規模的企業之間或同一企業不同期間之間進行對比，揭示其盈利水平的差異。但與利潤最大化指標一樣，該指標仍然沒有考慮資金時間價值和風險因素，也不能避免企業的短期行爲，可能會導致與企業的戰略目標相背離。

(四) 企業價值最大化目標

投資者建立企業的主要目的在於創造盡可能多的財富。這種財富首先表現爲企業的價值。企業價值就是企業的市場價值，是企業所能創造的預計未來現金流量的現值，反應了企業潛在的或預期的獲利能力和成長能力。未來現金流量的現值這一概念，包含了資金的時間價值和風險價值兩個方面的因素。

以企業價值最大化作爲財務管理的目標，其優點主要表現在：

(1) 該目標反應了資金的時間價值和風險價值，有利於統籌安排長短期規劃，合理選擇投資方案，有效籌措資金，合理制定股利政策等。

(2) 該目標反應了對企業資產保值增值的要求，從某種意義上說，股東財富越多，企業市場價值就越大，追求股東財富最大化可促使企業資產保值或增值。

(3) 該目標有利於克服管理上的片面性和短期行爲。

(4) 該目標有利於社會資源合理配置。社會資金通常流向企業價值最大化或股東財富最大化的企業或行業，有利於實現社會效益最大化。

但以企業價值最大化作爲財務管理的目標也存在以下問題：

(1) 儘管對於股票上市企業，股票價格的變動在一定程度上揭示了企業價值的變化，但是股價受多種因素的影響，特別是在資本市場效率低下的情況下，股票價格很難反應企業所有者權益的價值。

(2) 爲了控股或穩定購銷關係，現代企業不少採用環形持股的方式，相互持股。法人股東對股票市價的敏感程度遠不及個人股東，對股票價值的增加沒有足夠的興趣。

(3) 對於非股票上市企業，只有對企業進行專門的評估才能真正確定其價值。而在評價過程中，由於受評估標準和評估方式的影響，這種估價不易做到客觀和準確，這也導致企業價值確定的困難。

## 二、利益衝突的協調

將企業價值最大化作爲企業財務管理目標的首要任務就是要協調相關利益群體關係，化解它們之間的利益衝突。原則是：力求企業相關利益者的利益分配均衡，

# 第1章　總論

也就是減少各相關利益群體之間的利益衝突所導致的企業總體收益和價值的下降，使利潤分配在數量上和時間上達到動態的協調平衡。

(一) 所有者與經營者的矛盾協調

在現代企業中，所有者比較分散，經營者只是所有者的代理人，所有者期望經營者代表他們的利益工作，實現所有者財富最大化；而經營者也有其自身的利益考慮。經營者所得到的利益來自於所有者。在西方，這種所有者支付給經營者的利益被稱爲享受成本。經營者和所有者的主要矛盾就是經營者希望在增加企業價值和股東財富的同時，能更多地增加享受成本；而所有者和股東則希望以較少的享受成本支出帶來更高的企業價值或股東財富。爲解決這一矛盾，應採取讓經營者的報酬與績效相聯繫的辦法，並輔之以一定的監督措施。具體有以下三種措施：

(1) 解聘。這是一種通過所有者約束經營者的辦法。所有者對經營者予以監督，如果經營者未能使企業價值達到最大，就解聘經營者，經營者害怕被解聘而被迫實現財務管理目標。

(2) 接收。這是一種通過市場約束經營者的辦法。如果經營者經營決策失誤、經營不力，未能採取一切有效措施使企業價值增加，該企業就可能被其他企業強行接收或吞並；相應地，經營者也會被解聘。爲此，經營者爲了避免這種接收，必須採取一切措施增加股東財富和企業價值。

(3) 激勵。即將經營者的報酬與其績效掛勾，以使經營者自覺採取能提高股東財富和企業價值的措施。激勵通常有兩種基本形式：① "股票期權" 方式。它是允許經營者以固定的價格購買公司一定數量的股票，當股票的市場價格高於固定價格時，經營者所得的報酬就越多。經營者爲了獲取更大的股票漲價益處，就必然主動採取能夠提高股價的行動。② "績效股" 形式。它是企業運用每股收益、資產收益率等指標來評價經營者的業績，視其業績大小給予經營者數量不等的股票作爲報酬。如果公司的經營業績未能達到規定目標時，經營者也將部分喪失原先持有的 "績優股"。這種方式使經營者不僅爲了多得 "績效股" 而不斷採取措施提高公司的經營業績，而且爲了使每股市價最大化，也會採取各種措施使股票市價穩定上升，從而增加股東財富和企業價值。

(二) 所有者與債權人的矛盾與協調

所有者的財務目標可能與債權人期望實現的目標發生矛盾。首先，所有者可能要求經營者改變舉債資金的原定用途，將其用於風險更高的項目，這會增大償債的風險，債權人的負債價值也必然會實際降低。若高風險的項目一旦成功，額外的利潤就會被所有者獨享；但若失敗，債權人卻要與所有者共同負擔由此造成的損失。這對債權人來說，風險與收益是不對稱的。其次，所有者或股東可能未徵得現有債權人同意，而要求經營者發行新債券或舉借新債，致使舊債券或老債權的價值降低。(因爲相應的償債風險加大)。

爲協調所有者與債權人的上述矛盾，通常可採用以下方式：

(1) 限制性借債，即在借款合同中加入某些限制性條款，如規定借款的用途、借款的擔保條款和借款的信用條件等。

(2) 收回借款或停止借款，即當債權人發現公司有侵蝕其債權價值的意圖時，採取收回債權和不給予公司增加放款，從而來保護自身的權益。

## 第3節　財務管理環境

財務管理環境又稱理財環境，是指企業財務活動和財務管理產生影響作用的企業內外各種條件的統稱。

企業財務活動在相當大程度上受理財環境制約，比如國家的政治、經濟形勢、國家經濟法規的完善程度，企業所面臨的生產、技術、供銷、市場、物價、金融、稅收等因素，對企業財務活動都有重大影響。環境變化可能會給企業理財帶來困難，但企業財務人員只有在理財環境的各種因素作用下合理預測其發展狀況，實現財務活動的協調平衡，才能使企業理財效果更加理想，企業也才能更好地生存和發展。

### 一、經濟環境

財務管理的經濟環境是影響企業財務管理的各種經濟因素，如經濟週期、經濟發展水平、通貨膨脹狀況、政府的經濟政策等。

(一) 經濟週期

市場經濟條件下，經濟發展和運行通常帶有一定的波動性，大體經歷復蘇、繁榮、衰退和蕭條幾個階段的循環，這種循環叫作經濟週期。鑑於經濟週期影響的嚴重性，財務學者探討了經濟週期中的經營理財策略。其要點歸納如表1-1所示。

表1-1　　　　　　　經營週期中的經營理財策略

| 復　蘇 | 繁　榮 | 衰　退 | 蕭　條 |
| --- | --- | --- | --- |
| 1. 增加廠房設備 | 1. 擴充廠房設備 | 1. 停止擴張 | 1. 建立投資標準 |
| 2. 實行長期租賃 | 2. 繼續建立存貨 | 2. 出售多餘設備 | 2. 保持市場份額 |
| 3. 建立存貨 | 3. 提高產品價格 | 3. 停產不利產品 | 3. 壓縮管理費用 |
| 4. 開發新產品 | 4. 開展行銷規劃 | 4. 停止長期採購 | 4. 放棄次要利益 |
| 5. 增加勞動力 | 5. 增加勞動力 | 5. 削減存貨 | 5. 削減存貨 |
|  |  | 6. 停止擴招雇員 | 6. 裁減雇員 |

我國的經濟發展與運行呈現其特有的週期特徵，帶有一定的經濟波動。過去曾經歷過若干次從通貨膨脹、生產高漲到控制投資、緊縮銀根和正常發展的過程，從

## 第 1 章 總論

而促進了經濟的持續發展。企業的籌資、投資和資產運營等理財活動都要受這種經濟波動的影響，此外，由於國際經濟交流與合作的發展，西方的經濟週期影響也不同程度地波及我國。因此，企業財務人員必須認識到經濟週期的影響，掌握在經濟發展波動中的理財本領。

總之，面對週期性的經濟波動，財務人員必須預測經濟變化情況，適當調整財務政策。

（二）經濟發展水平

經濟發展的水平影響着財務管理的水平，經濟發展水平越高，企業財務管理水平也越高。

發達國家經歷了較長時間的經濟發展歷程，資本的集中和壟斷已達到了相當的程度，經濟發展水平在世界處於領先地位；相應地，這些國家的財務管理水平也比較高。

發展中國家的經濟發展水平不是很高，但都在千方百計地加快經濟發展，目前一般呈現以下特徵：基礎較薄弱、發展速度比較快、經濟政策變更頻繁、國際交往日益增多。這些因素決定了發展中國家的企業財務管理具有以下特徵：

（1）財務管理的總體發展水平在世界上處於中間地位，但發展比較快；

（2）與財務管理有關的法規政策變更頻繁，給企業理財造成很多困難；

（3）財務管理實踐中還存在着財務目標不明、財務管理方法簡單等不盡如人意之處。

不發達國家是指經濟發展水平很低的那一部分國家，這些國家的共同特徵一般表現為以農業為主要經濟部門，工業特別是加工業不很發達，企業規模小，組織結構簡單，這就決定了這些國家的公司財務管理具有水平很低、發展較慢、作用不能很好發揮等特徵。

（三）通貨膨脹狀況

通貨膨脹不僅降低了消費者的購買力，也給企業理財帶來了很大困難。其對財務活動的影響主要表現在以下幾個方面：

（1）引起資金占用的大量增加，從而增加公司資金需求；

（2）引起利率上升，加大公司的資本成本；

（3）虛增利潤；

（4）引起資金供應緊張，增加公司的籌資難度。

（四）政府的經濟政策

一個國家的經濟政策，如經濟的發展計劃、國家的產業政策、財稅政策、金融政策、外匯政策、貨幣政策以及政府的行政法規等，對企業的理財活動有重大影響。順應經濟政策的導向，就會給企業帶來一些經濟上的利益。這就要求企業財務人員必須把握經濟政策，更好地為企業的經營理財活動服務。

## 二、法律環境

財務管理的法律環境是指企業與外部發生經濟聯繫時所應遵守的各種法律、法規和規章。影響財務管理的法律環境因素主要有企業組織法律規範、財務法律規範和稅務法律規範。

### （一）企業組織法規

企業組織必須依法建立。組建不同的企業，要依照不同的法律規範。在我國這些法律包括《中華人民共和國公司法》（以下簡稱《公司法》）、《中華人民共和國全民所有制工業企業法》《中華人民共和國個人獨資企業法》《中華人民共和國合夥企業法》《中華人民共和國外資企業法》等。公司的組建要遵循《公司法》中規定的條件和程序，公司成立後，其經營活動包括財務活動，都要按照《公司法》的規定來進行。因此，《公司法》是約束公司財務管理最重要的法規，公司的財務活動不能違反該法律。

從財務管理角度來看，公司制企業與非公司制企業有很大的不同。公司制企業的股東，承擔的是有限責任，公司經營失敗時，以股東的出資額為限來償還債務。而非公司制企業，比如獨資企業的業主和合夥企業的合夥人，要承擔無限責任，一旦企業經營失敗，其個人的財產也將納入償債範圍。

### （二）財務法規

財務法規是對企業財務活動進行約束，並對企業財務關係進行協調的法律規範。主要包括《企業財務通則》、分行業的財務制度和企業內部財務管理辦法。

企業財務通則是各類企業進行財務活動、實施財務管理的基本規範。我國第一個《企業財務通則》於1994年7月1日起實施。隨著經濟環境的不斷發展，2005年我國重新修訂了財務通則，新的《企業財務通則》於2007年1月1日開始實施。新通則對財務管理方法和政策要求做出了規範。

分行業的財務制度是根據《企業財務通則》的規定，為適應不同行業的特點和財務管理要求，由財政部制定的行業規範，其內容是財務通則的具體化。目前已制定了工業、運輸、郵電通信、農業、商品流通、金融保險、旅遊和飲食開發、施工和房地產開發等10多個行業的財務制度。

企業內部財務管理辦法是企業根據內部管理的需要，依據企業財務通則和行業財務制度制定的，一般包括資本金管理制度、資本管理制度、資產管理制度、成本管理制度、利潤分配管理制度、財務分析與考核制度等。它能使企業建立財務管理的秩序，提高經濟效益，增強企業的活力。

### （三）稅法

稅法是國家制定的用以調整國家和納稅人之間在徵納稅方面權利與義務的法律規範的總稱。稅法是國家法律的重要組成部分，是保障國家和納稅人合法權益的法

## 第1章 總論

律規範，也是國家參與國民收入分配和再分配的一種方法。稅收是國家參與經濟管理，實現宏觀調控的重要手段之一。稅收具有強制性、無償性和固定性三個顯著特徵。

企業在經營過程中有依法納稅的義務。稅負是企業的一項支出，因此企業都希望在不違反稅法的前提下減少稅負。稅負的減少只能靠財務人員在理財活動中精心安排、仔細籌劃，而不能通過逃避繳納稅款的方式來實現，這就要求財務人員熟悉並精通稅法，爲理財目標服務。

### 三、金融環境

金融環境是企業最爲主要的環境因素之一，金融政策的變化影響着企業的籌資、投資和資金營運活動。

（一）金融機構

社會資金從資金供應者手中轉移到資金需求者手中，大多要通過金融機構。金融機構包括銀行業金融機構和其他金融機構。

1. 銀行業金融機構

銀行業金融機構是指經營存款、放款、匯兌、儲蓄等金融業務，承擔信用中介的金融機構。我國銀行包括商業銀行和政策性銀行。商業銀行如中國工商銀行、中國農業銀行、中國銀行、中國建設銀行、交通銀行、招商銀行等，國家政策性銀行主要包括國家開發銀行、中國進出口銀行等。

2. 其他金融機構

其他金融機構包括信托投資公司、金融資產管理公司、財務公司、金融租賃公司等。

（二）金融市場

1. 金融市場的意義

金融市場是資金供應者和資金需求者通過金融工具進行交易的場所。企業從事生產經營活動，必須要以一定數額的資金做保障。而資金的取得和投放，除了自有資金外，都與金融市場密不可分。金融市場充當金融中介，具有調節資金餘缺的功能。熟悉各種類型的金融市場以及運行規則，可以使企業財務人員有效地組織資金的籌措和資本投資活動。

金融市場可以是有形的市場，如銀行、證券交易所；也可以是無形的市場，如利用電腦、電傳、電話等設施通過經紀人進行資金融通活動。

2. 金融市場的種類

比較常見的分類方法有：

（1）按交易的期限劃分爲短期金融市場和長期金融市場。

短期金融市場又稱貨幣市場，是指以期限一年以內的金融工具爲媒介，進行短期資金融通的市場。其主要特點爲：交易期限短；交易的目的是滿足短期資金周轉的需要；所交易的金融工具有較強的貨幣性。

長期金融市場又稱資本市場，是指以期限一年以上的金融工具爲媒介，進行長期性資金交易活動的市場。其主要特點爲：交易的主要目的是滿足長期投資性資金的供求需要；收益較高而流動性較差；資金借貸量大；價格變動幅度大。

（2）按證券交易的性質分爲發行市場和流通市場。

發行市場，也稱一級市場或初級市場，是指從事新證券和票據等金融工具買賣的轉讓市場，這類市場使預先存在的資產交易成爲可能。流通市場，也稱二級市場或次級市場，是指從事已上市的舊證券或票據等金融工具買賣的轉讓市場。沒有一級市場，就不可能有二級市場；若沒有二級市場，必然會限制一級市場的發展。

（3）按交割的時間劃分爲現貨市場和期貨市場。

現貨市場是指買賣雙方成交後，當場或幾天之內買方付款、賣方交出證券的交易市場。期貨市場是指買賣雙方成交後，在雙方約定的未來某一特定的時日才交割的交易市場。

除上述分類之外，金融市場還可以按交易對象分爲票據市場、證券市場、衍生工具市場、外匯市場、黃金市場等；按交易雙方在地理上的距離而劃分爲地方性的、全國性的、區域性的金融市場和國際金融市場。

（三）利率

利率是利息率的簡稱，是利息占本金的百分比指標。從資金的借貸關係看，利率是特定時期運用資金這一資源的交易價格。資金作爲一種特殊商品，其在資金市場上的買賣，是以利率作爲價格標準的。資金的融通實質上是資金資源通過利率這個價格體系在市場機制作用下進行再分配。因此，利率在資金分配和其財務決策中起着重要作用。

1. 利率的種類

（1）按利率之間的變動關係，分爲基準利率和套算利率。

基準利率又稱基本利率，是指在多種利率並存條件下起決定作用的利率。即這種利率變動，其他利率也相應變動。因此，瞭解基準利率的變化趨勢，就可以瞭解全部利率的變化趨勢。基準利率在西方通常是中央銀行的再貼現利率，在我國是中國人民銀行對商業銀行貸款的利率。

套算利率是在基準利率確定後，各金融機構根據基準利率和借貸款項的特點而換算出的利率。如某金融機構規定，貸款 AAA 級、AA 級、A 級企業的利率，分別在基準利率的基礎上加 0.5%、1%、1.5%，加總所得的利率就是套算利率。

（2）按利率與市場資金供求情況，分爲固定利率和浮動利率。

固定利率是指在借貸期內固定不變的利率。若發生通貨膨脹，實行固定利率會使債權人利益受到損害。

浮動利率是指在借貸期內可以調整的利率。在通貨膨脹條件下採用浮動利率，可使債權人減少損失。

（3）按利率形成機制不同，分為市場利率和法定利率。

市場利率是指根據資金市場上的供求關係，隨著市場而自由變動的利率。

法定利率是指由政府金融管理部門或者中央銀行確定的利率。

2. 利率的一般計算公式

利率在企業財務決策和資金分配方面非常重要。資金這種特殊商品的價格——利率，主要由供給和需求來決定。除此之外，經濟週期、通貨膨脹、國家貨幣政策、財政政策、國際經濟政治關係、國家利率管制程度等，都會對利率的變動產生不同程度的影響。

資金的利率通常由三部分構成：①純利率；②通貨膨脹補償率；③風險報酬率。利率的一般計算公式表示如下：

利率＝純利率＋通貨膨脹補償率＋風險報酬率

其中，純利率是指沒有風險和沒有通貨膨脹情況下的均衡利率。影響純利率的基本因素是資金供應量和需求量，它隨著資金供求關係的變化而不斷變化，精準測定純利率很困難。實際工作中，通常以無通貨膨脹情況下的無風險證券的利率來代表純利率。

通貨膨脹補償率是指由於持續的通貨膨脹會不斷降低貨幣的實際購買力，為補償其購買力損失而要求提高的利率。

風險收益率包括違約風險收益率、流動性風險收益率和期限風險收益率。其中，違約風險收益率是為了彌補因債務人無法按時還本付息而帶來的風險，由債權人要求提高的利率；流動性風險收益率是指為了彌補因債務人資產流動性不好而帶來的風險，由債權人要求提高的利率；期限風險收益率是指為了彌補因償債期長而帶來的風險，由債權人要求提高的利率。

##  第 4 節　公司組織與財務經理

本節將考慮企業組織的三種基本形式，並進一步討論公司制下的組織結構以及財務經理的職責。

企業是市場經濟的主體，不同類型的企業在所適用的法律方面有所不同。瞭解企業的組織形式，有助於企業財務管理活動的開展。

### 一、企業組織的類型

企業按其組織形式不同，可分為獨資企業、合夥企業和公司制企業三種。

(一) 獨資企業

個人獨資企業是指依法設立，由一個自然人投資，財產爲投資人個人所有，投資人以其個人財產對公司債務承擔無限責任的經營實體。個人獨資企業具有如下優點：

(1) 企業開辦、轉讓、關閉的手續簡便。

(2) 企業主自負盈虧，對企業債務承擔無限責任，因而企業主會竭力把企業經營好。

(3) 企業稅負較輕，只需要繳納個人所得稅。一般而言，獨資企業並不作爲企業所得稅的納稅主體，其收益納入所有者的其他收益一並計算繳納個人所得稅。

(4) 企業在經營管理上制約因素較少，經營方式靈活，決策效率高。

(5) 沒有信息披露的限制，企業的技術和財務信息容易保密。

儘管存在上述優點，但是獨資企業也存在無法克服的缺點。

(1) 風險巨大。獨資企業業主對企業要承擔無限責任，一旦發生虧損倒閉，企業所有者的損失不是以資本爲限，而是須以全部私人財產用來抵債，從而限制了企業主向風險較大的部門或領域進行投資，這對新興產業的形成和發展極爲不利。

(2) 籌資困難。個人資金規模有限，在借款時往往會因信用不足而遭到拒絕，因此，限制了企業的發展和大規模經營。

(3) 企業壽命有限。企業所有權和經營權高度統一的產權結構意味着企業主的死亡、破產、犯罪都有可能導致企業不復存在。

基於以上特點，個人獨資企業的理財活動相對來說比較簡單。

(二) 合夥企業

合夥企業是企業依法設立，由各合夥人訂立合夥協議，共同出資、合夥經營、共享收益、共擔風險，並對合夥企業債務承擔無限連帶責任的盈利組織。合夥企業的法律特徵是：

(1) 有兩個以上合夥人，並且都是完全民事行爲能力，依法承擔無限責任的人。

(2) 有書面合夥協議，合夥人依照合夥協議享有權利，承擔責任。

(3) 有各合夥人實際繳付的出資，合夥人可以用貨幣、實物、土地使用權、知識產權或其他屬於合夥人的合法財產及財產權利出資，經全體合夥人協商一致。合夥人也可以用勞務出資，其評估作價由全體合夥人協商確定。

(4) 有關合夥企業改變名稱、向企業登記機關申請辦理變更登記手續、處分不動產或財產權利、爲他人通過擔保、聘任企業經營管理人員等重要事務，均須經全體合夥人一致同意。

(5) 合夥企業的利潤和虧損，由合夥人依照合夥協議約定的比例分配和分擔。

(6) 各合夥人對合夥企業債務承擔無限連帶責任。

與個人獨資企業相比，合夥企業資信條件較好，容易籌措資金和擴大規模，經

# 第1章 總論

營管理能力也較強。

按照合夥人的責任不同,合夥企業分爲普通合夥企業和有限合夥企業。普通合夥企業的合夥人均爲普通合夥人,對合夥企業的債務承擔無限連帶責任。有限合夥企業由普通合夥人和有限合夥人組成,有限合夥人以其出資額爲限對債務承擔有限責任。但是,有限合夥制要求至少有一人是普通合夥人,而且有限合夥人不直接參與企業經營管理活動。

合夥企業具有設立程序簡單、設立費用低、信用較佳等優點,但也存在責任無限、權利不易集中、產權轉讓困難、有時決策過程過於冗長等缺點。

(三) 公司制企業

公司制企業是指依照公司法登記設立,實行自主經營、自負盈虧,由法定出資人(股東)組成的,具有法人資格的獨立經濟組織。公司制企業的主要特點包括以下幾個方面:

(1) 獨立的法人實體。公司一經宣告成立,法律即賦予其獨立的法人地位,具有法人資格,能夠以公司的名義從事經營活動,享有權利,承擔義務,從而使公司在市場上成爲競爭主體。

(2) 具有無限的存續期。股東投入的資本長期歸公司支配,股東無權從公司財產中抽回投資,只能通過轉讓其擁有的股份收回投資。這種資本的長期穩定性決定了公司只要不解散、不破產,就能夠獨立於股東而持續、無限期地存在下去,這種情況有利於企業實行戰略管理。

(3) 股東承擔有限責任。公司一旦出現債務,這種債務僅是公司的債務,股東僅以其出資額爲限對公司債務承擔有限責任,這就爲股東分散了投資風險,從而有利於吸引社會遊資,擴大企業規模。

(4) 所有權和經營權分離。公司的所有權屬於全體股東,經營權委託專業的經營者負責管理,管理的專門化有利於提高公司的經營能力。

(5) 籌資渠道多元化。股份公司可以通過資本市場發行股票或發行債券募集資金,有利於企業的資本擴張和規模擴大。

一般來說,公司分爲有限責任公司和股份有限公司。有限責任公司和股份有限公司的不同點在於:

(1) 股東的數量不同。有限責任公司的股東人數有最高和最低的要求,而股份有限公司的股東人數只有最低要求,沒有最高限制。

(2) 成立條件和募集資金的方式不同。有限責任公司的成立條件相對來說比較寬鬆,股份有限公司的成立條件比較嚴格;有限責任公司只能由發起人集資,不能向社會公開募集資金,股份有限公司可以向社會公開募集資金。

(3) 股份轉讓的條件限制不同。有限責任公司的股東轉讓自己的出資要經股東會討論通過;股份有限公司的股票可以自由轉讓,具有充分的流動性。

與獨資企業和合夥企業相比,股份有限公司的特點是:

(1) 有限責任。股東對股份有限公司的債務承擔有限責任，倘若公司破產清算，股東的損失以其對公司的投資額為限。而對獨資企業和合夥企業，其所有者可能損失更多，甚至個人的全部財產。

(2) 永續存在。股份有限公司的法人地位不受某些股東死亡或轉讓股份的影響，因此，其壽命較之獨資企業或合夥企業更有保障。

(3) 可轉讓性。一般而言，股份有限公司的股份轉讓比獨資企業和合夥企業的權益轉讓更為容易。

(4) 易於籌資。就籌集資本的角度而言，股份有限公司是最有效的企業組織形式。因其永續存在以及舉債和增股的空間大，具有更大的籌資能力和彈性。

在上述三種企業組織形式中，公司制企業最具優勢，成為企業普遍採取的企業組織形式。因此，現代財務管理學的分析與研究以公司制企業這種組織形式為基本研究對象。本書所講的財務管理也主要是指公司的財務管理。

## 二、財務經理

在大型公司中，理財活動通常與公司高層管理人員有關，如副總裁、財務經理及其他經理。

圖1-1描述了企業內部的組織結構，並突出了財務活動。

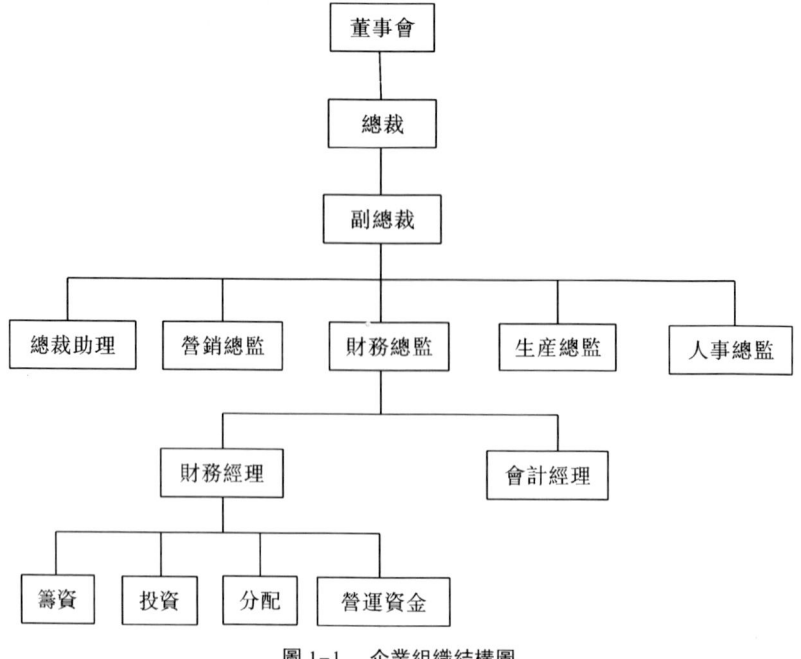

圖1-1　企業組織結構圖

## 第1章　總論

圖1-1中，總裁是企業的首席執行官，直接負責管理企業的生產經營。總裁下面設副總裁（總監），負責不同部門的經營與管理。向財務總監負責的是財務經理和會計經理。財務經理負責籌資、投資、分配和營運資本的管理，並且通過這些工作為公司創造價值。

企業的組織結構使其可以雇用職業經理人來管理企業。財務經理的大部分工作在於通過投資分析、融資、分配和營運資金管理為公司創造價值。即：

（1）通過投資創造超過成本的現金。
（2）通過發行債券、股票以及其他方式籌集能夠帶來現金增量的資金。

因此，公司創造的現金流量必須超過它所使用的現金流量。公司支付給債權人和股東的現金流量必須大於債權人、股東投入公司的現金流量。但並不是所有情況下都能那麼直接而容易地觀測到現金流。我們可以從財務報表中獲得大量有關信息，而財務分析的大量工作就是從財務報表中提取現金流量的信息。

財務經理的一部分工作是在企業與金融市場之間進行資本運作，如籌資、投資、分配股利以及償還負債等。而另一部分工作則是制訂財務日常收支計劃，例如進行流動資產和流動負債的管理以及做出固定資產投資決策等。

### 三、財務職業生涯

對於主修財務的學生來說，他們的職業生涯通常要從基礎做起，通常可能從以下領域開始。

1. 金融機構

金融機構是指專門從事與貨幣信用相關的中介組織，大致分為銀行類金融機構和非銀行類金融機構，其中銀行類金融機構主要指商業銀行；非銀行金融機構則包括保險公司、基金管理公司、投資銀行等。

商業銀行是最大的財務人員需求機構，它需要吸收存款，將貸款投向公司或個人。如果加入銀行，通常要先經歷銀行的整套運作程序以瞭解銀行的業務，隨後會被安排從事個人和小型公司的存款和貸款工作，也能幫助分析對大型公司大筆貸款的業務。除此之外，銀行還提供比其他金融機構更多的職位，比如個人及公司之間通過銀行的付款結算。如果在現金管理部門，則要幫助公司電子劃轉大筆額度現金，像工資、稅金、貸款等。當然，也可能在銀行的外匯部門工作，或者從事期貨或期權等金融衍生工具的業務。

保險公司也需要大量的財務人員。保險公司通常要將投保人的保險金投資於金融債券、投資基金或者中長期貸款。因此，財務人員要負責評價企業的經營能力、調查企業的信用、決定投資於哪家公司的股票或者如何設計投資組合，以減少投資風險。

基金管理公司是從個人投資者手里籌集資金，投資於多種股票或債券投資組合，謀求所管理的基金資產不斷增值，使基金持有人獲得盡可能多的報酬的機構。在基金管理公司工作，主要負責分析證券的發展走勢，決定何時買入或賣出何種證券。基金收益的好壞取決於基金管理人管理運用基金資產的水平，因此對基金管理人的任職資格有嚴格的限定。

投資銀行是指經營資本市場業務的金融機構，業務包括幫助公司出售證券，為企業籌資、協助公司完成兼併和收購、提供諮詢服務、資產管理、自有資金的操作交易等。在投資銀行工作會有很大的壓力，工作時經常加班，但是薪水非常高。在我國，投資銀行的業務主要由證券公司承擔。

2. 財務管理

財務管理是財務職業領域中最廣泛的領域，同時也擁有最多的工作機會。財務管理在所有商業機構中都非常重要，包括銀行、其他金融機構、工業企業和商業企業。財務管理在政府機關及非營利組織中也同樣重要，包括學校、醫院等。財務管理人員的工作是幫助其所在單位評估投資項目，或者幫助籌集項目所需要的資金，也可能是與用戶談判貸款，或者是協商租賃廠房和設備。財務分析人員也可以參與監督和控制風險，如為企業的廠房和設備投保，或者協助購買和出售期權、期貨以及其他風險管理工具。

不管是哪個具體的職業領域，財務人員對這幾個領域都必須有所瞭解。例如：銀行貸款人員如果不瞭解財務管理的知識，就不能有效地判斷企業的經營狀況，銀行的貸款資金就會面臨巨大的風險；證券分析師必須掌握一般財務原理以向客戶提供合理的建議；企業的財務經理必須明白銀行是如何思考問題的，也應明白投資者是如何判斷一個企業的經營狀況的，進而決定其投資決策。

## 本章小結

1. 企業財務是指企業在生產經營過程中客觀存在的資金運動及其所體現的經濟利益關係。

2. 財務管理是合理組織資金運動、正確處理企業同各方面經濟利益關係的一項經濟管理工作。包括籌資管理、投資管理、營運資本管理及分配管理。

3. 財務活動是指資金的籌集、投放、使用、收回等一系列行為。

4. 企業籌資管理主要側重於資金的來源渠道、籌措方式、資本結構及資本結構管理；投資管理主要側重於公司資本的投向、規模、構成及使用效果管理；營運資本管理主要側重於流動資產管理和為維持流動資產而進行的融資活動的管理；利潤分配的管理主要側重於企業根據自身的具體情況確定最佳的分配政策。

5. 財務關係是指企業在組織財務活動過程中與有關各方所發生的經濟利益關係。

## 第 1 章 總論

6. 財務管理環境是對企業財務活動和財務管理產生影響作用的企業內外的各種條件。一般包括：經濟環境、法律環境、金融環境和社會文化環境等。其中金融環境是企業最為主要的環境因素，包括金融機構、金融工具、金融市場和利息率等方面。

7. 金融市場不僅是籌集公司發展所需資本的來源，也是信息處理和價值創造的指示器。

8. 利率是一定時期運用資金這一資源的交易價格。利率由三部分構成：純利率、通貨膨脹補償率和風險報酬率。風險報酬率中又包括違約風險報酬率、流動性風險報酬率、期限風險報酬率。

9. 股東、債權人、經營者之間的矛盾主要源於資本所有權與使用權的分離。

10. 從長遠看，股東財富最大化的財務管理目標將意味著公平對待社會各個群體，而這些群體的經濟狀況與公司的經營狀況和公司的價值密切相關。

 習題

### 一、名詞解釋

1. 財務
2. 財務管理
3. 財務活動
4. 財務管理的目標
5. 財務管理環境
6. 企業財務關係
7. 利息率
8. 純利率
9. 股東財富最大化
10. 企業價值最大化

### 二、單項選擇題

1. 股份公司財務管理的最佳目標是（　　）。
   A. 總產值最大化　　　　　　B. 利潤最大化
   C. 收入最大化　　　　　　　D. 股東財富最大化

2. 企業同其所有者之間的財務關係反應的是（　　）。
   A. 經營權與所有權關係　　　B. 債權債務關係
   C. 投資與受資關係　　　　　D. 債務債權關係

3. 企業同其債權人之間的財務關係反應的是（　　）。
   A. 經營權與所有權關係　　　B. 債權債務關係
   C. 投資與受資關係　　　　　D. 債務債權關係

4. 企業同被投資單位之間的財務關係反應的是（　　）。
   A. 經營權與所有權關係　　　B. 債權債務關係
   C. 投資與受資關係　　　　　D. 債務債權關係

5. 企業同其債務人之間的財務關係反應的是（　　）。
   A. 經營權與所有權關係　　　B. 債權債務關係

C. 投資與受資關係　　　　　　D. 債務債權關係

6. 在資本市場上向投資者出售金融資產，比如發行股票和債券等，從而取得資本的活動，屬於（　　）。

　　A. 籌資活動　　　　　　　　B. 投資活動
　　C. 收益分配活動　　　　　　D. 擴大再生產活動

7. 各類銀行、證券交易公司、保險公司等均可稱為（　　）。

　　A. 金融市場　　　　　　　　B. 金融機構
　　C. 金融工具　　　　　　　　D. 金融對象

8. 若某公司債券利率為4%，其違約風險溢酬為1.2%，則同期國庫券利率為（　　）。

　　A. 無法計算　　B. 5.2%　　　C. 4%　　　　D. 2.8%

9. 下列屬於通過採取激勵方式協調股東與經營者矛盾的方法的是（　　）。

　　A. 股票選擇權　　　　　　　B. 解聘
　　C. 接收　　　　　　　　　　D. 監督

10. 與債券信用等級有關的利率因素是（　　）。

　　A. 通貨膨脹補償率　　　　　B. 期限風險報酬率
　　C. 違約風險報酬率　　　　　D. 純利率

### 三、多項選擇題

1. 企業的財務活動包括（　　）。

　　A. 企業籌資引起的財務活動　　B. 企業投資引起的財務活動
　　C. 企業經營引起的財務活動　　D. 企業分配引起的財務活動
　　E. 企業管理引起的財務活動

2. 企業的財務關係包括（　　）。

　　A. 企業同所有者之間的財務關係
　　B. 企業同債權人之間的財務關係
　　C. 企業同被投資單位之間的財務關係
　　D. 企業同債務人之間的財務關係
　　E. 企業同稅務機關之間的財務關係

3. 在經濟繁榮階段，市場需求旺盛，企業應（　　）。

　　A. 擴大生產規模　　　　　　B. 增加投資
　　C. 減少投資　　　　　　　　D. 增加存貨
　　E. 減少勞動力

4. 通貨膨脹對企業財務活動的影響主要體現在（　　）。

　　A. 減少資金佔用量　　　　　B. 增加企業的資金需求
　　C. 降低企業的資本成本　　　D. 引起利率的上升
　　E. 企業籌資更加容易

第 1 章　總論

5. 下列說法中正確的有（　　　）。
   A. 影響純利率的因素是資金供應量和需求量
   B. 純利率是穩定不變的
   C. 無風險證券的利率，除純利率外還應加上通貨膨脹因素
   D. 資金的利率由三部分構成：純利率、通貨膨脹補償和風險報酬
   E. 爲了彌補違約風險，必須提高利率

6. 公司的財務管理內容包括（　　　）。
   A. 籌資管理　　　　　　　B. 投資管理
   C. 營運資本管理　　　　　D. 核資管理
   E. 查帳管理

7. 以下各項活動屬於籌資活動的有（　　　）。
   A. 確定資本需求規模　　　B. 合理使用籌集資本
   C. 選擇資本取得方式　　　D. 發行公司股票
   E. 確定最佳資本結構

8. 利潤最大化作爲財務管理目標的缺點是（　　　）。
   A. 片面追求利潤最大化，可能導致公司的短期行爲
   B. 沒有反應投入與產出之間的關係
   C. 沒有考慮風險因素
   D. 沒有反應剩餘產品的價值量
   E. 沒有考慮貨幣的時間價值

9. 股東財富最大化作爲理財目標的積極意義在於（　　　）。
   A. 有利於觀測股票價格與公司業績的關係
   B. 考慮了風險因素
   C. 考慮了貨幣的時間價值
   D. 克服公司在追求利潤上的短期行爲
   E. 體現公司所有者對資本保值與增值的要求

10. 從公司理財的角度看，金融市場的作用主要表現在（　　　）。
    A. 籌資與投資　　　　　　B. 轉售市場
    C. 降低交易成本　　　　　D. 分散風險
    E. 確定金融資產價格

四、判斷題
1. 在多種利率並存的條件下起決定作用的利率稱爲法定利率。　　（　　）
2. 解聘是通過所有者約束經營者的方式。　　　　　　　　　　（　　）
3. 短期證券市場由於交易對象易於變爲貨幣，所以也稱爲資本市場。（　　）
4. 影響財務管理的經濟環境因素主要包括經濟週期、經濟發展水平、經濟政策和金融市場狀況。　　　　　　　　　　　　　　　　　　　　（　　）

25

5. 在投資既定的情況下，公司的股利政策可看作是投資活動的一個組成部分。
（　）

6. 一項負債期限越長，債權人承受的不確定因素越多，承擔的風險越大。
（　）

7. 企業的信用程度可分爲若干等級，等級越高，信用越好，違約風險越小，利率水平越高。
（　）

8. 股東財富由股東所擁有的股票數量和股票市場價格兩方面來決定。如果股票數量一定，當股票價格達到最高時，股東財富也達到最大。
（　）

9. 在企業經營引起的財務活動中，主要涉及的是固定資產和長期負債的管理問題，其中關鍵是資本結構的確定。
（　）

10. 企業與所有者之間的財務關係可能會涉及企業與法人單位的關係、企業與商業信用者之間的關係。
（　）

11. 一項負債期限越長，債權人承受的不確定因素越多，承擔的風險也越大。
（　）

12. 股東與管理層之間存在著委託—代理關係，由於雙方目標存在差異，因此不可避免地會產生衝突。一般來說，這種衝突可以通過一套激勵、約束和懲罰的機制來協調解決。
（　）

13. 當存在控股股東時，企業的委託—代理問題常常表現爲中小股東與大股東之間的代理衝突。
（　）

14. 企業的信用程度可分爲若干等級，等級越高，信用越好，違約風險越小，利率水平越高。
（　）

## 五、簡答題

1. 簡述企業的財務活動。
2. 簡述企業的財務關係。
3. 企業與所有者、債權人之間是否存在矛盾，如何解決？
4. 簡述以利潤最大化作爲企業財務管理目標的合理性和局限性。
5. 簡述與利潤最大化相比，以股東財富最大化作爲企業財務管理目標的優點。

## 六、論述題

1. 試述經濟環境變化對企業財務管理的影響。
2. 試述股東財富最大化是財務管理的最優目標。

# 2

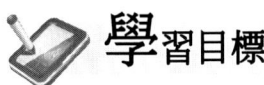 學習目標

　　資金具有時間價值和風險價值。通過本章的學習，要求掌握資金時間價值的相關概念和計算、資金風險價值的相關定義及計算等，在此基礎上理解風險與報酬的關係、投資風險的控制策略等，最後對財務分析的相關知識進行瞭解。

## ● 第 1 節　資金時間價值

### 一、資金時間價值的含義

　　資金具有時間價值。舉一個簡單的例子，若銀行存款年利率為 10%，將今天的 1 元錢存入銀行，一年以後就會是 1.10 元。可見，經過一年時間，這 1 元錢發生了 0.10 元的增值，今天的 1 元錢和一年後的 1.10 元錢等值。換言之，今天的 1 元錢比一年後的 1 元錢的經濟價值要大些，即使不存在通貨膨脹也是如此。資金在使用過程中隨時間的推移而發生的增值，即為資金的時間價值。

　　資金時間價值產生的原因，西方經濟學家有種種解釋。其中最具有代表性的是馬克思的勞動價值理論。馬克思認為，一切價值都是勞動創造的，忍慾、等待、對貨幣資金進行主觀評價，以及貨幣資金本身，都不會增大價值。資金之所以具有時間價值，是因為它參與了社會再生產的過程，資金只有投入生產和流通後才能增值。因此，並不是所有的貨幣都有時間價值，資金產生增值，是資金所有者讓渡資金使用權而參與社會財富分配的結果。在一定時間內，資金參與社會再生產，從投入到回收完成一次周轉，每次資金周轉的時間越少，在特定時間內，資金周轉的次數就越多，資金增值的機會就越多，這就使資金具有了時間價值。

通常情況下，資金的時間價值被認爲是沒有風險和沒有通貨膨脹條件下的社會平均資金利潤率，這是利潤平均化規律作用的結果。由於有關時間價值的計算方法同有關利息的計算方法相同，因而時間價值與利息率容易被混爲一談。然而利息率的實際內容是社會資金利潤率。而實際生活中各種形式的利息率（貸款利率、債券利率等）水平是以社會資金利潤率而並非以時間價值來加以確定的。這是因爲實際的財務管理活動總是或多或少地存在風險，而通貨膨脹也是市場經濟中客觀存在的經濟現象。因此，利息率不僅包含時間價值，而且也包含風險價值和通貨膨脹的因素。只有在沒有風險和通貨膨脹的情況下，時間價值才與利息率相等，由於短期國庫券等政府債券幾乎沒有風險，如果通貨膨脹率很低的話，短期政府債券利率可視同時間價值。

資金時間價值可以使用相對數表示，也可以使用絕對數表示，即用時間價值率或時間價值額表示。時間價值率，是指扣除風險報酬和通貨膨脹貼水後的平均資金利潤率或平均報酬率；時間價值額，是指資金與時間價值率的乘積。但在實際工作中對這兩種表示方法沒有做嚴格的區別，一般情況下用時間價值率進行計量。

爲方便研究，本章假定在沒有風險和通貨膨脹的條件下，以利率代表時間價值。

### 二、資金時間價值的計算

在進行資金時間價值計算時，離不開現金流量時間數軸這一工具。典型的現金流量時間數軸如圖 2-1 所示。

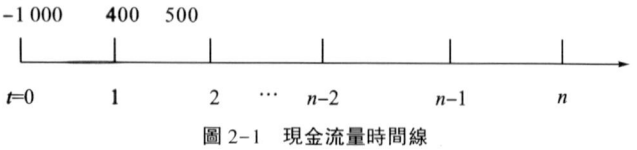

圖 2-1　現金流量時間線

時間數軸一般爲橫軸，在該數軸上，箭頭所指的方向表示時間的增加。橫軸上的坐標代表各個時點，$t=0$ 表示現在，$t=1$，2，3，…，分別表示從現在開始的第 1 期期末、第 2 期期末、第 3 期期末，依此類推。每期的時間單位可以是年、月、日，也可以是秒，甚至可以是兩年爲一個單位，只要時間間隔是相等的。一般認爲時間數軸上的時點爲期末時點，比如 $t=2$ 表示爲第 2 期期末，也表示爲第 3 期期初。

在時間數軸的上方可以標明對應時點上的現金流量，以正負號分別表示現金流量流入、流出的方向。如圖 2-1 的現金流量時間數軸表示在 $t=0$ 時刻有 1 000 單位的現金流出，在 $t=1$ 及 $t=2$ 時刻各有 400、500 單位的現金流入。

現金流量時間數軸提供了一個重要的計算貨幣資金時間價值的工具，對於更好地理解和計算貨幣時間價值很有幫助，本書後面章節將多次運用這一重要工具。

## 第 2 章 財務管理基本知識

反應資金的時間價值有兩種形式,即:終值和現值。

(一) 一次性收付款項的終值與現值

在某一特定時點上一次性支付(或收取),經過一段時間後再相應地一次性收取(或支付)的款項,即爲一次性收付款項。這種性質的款項在日常生活中十分常見,比如存入銀行一筆現金 100 元,年利率爲復利 10%,經過 3 年後一次性取出本利和 133.10 元,這里所涉及的收付款項就屬於一次性收付款項。

終值又稱將來值,是現在一定量現金在未來某一時點上的價值,又稱本利和。在上例中,3 年後的本利和爲 133.10 元。

現值又稱本金,是指未來某一時點上的一定量現金折合到現在的價值。如上例 3 年後的 133.10 元折合到現在的價值 100 元,這 100 元即爲現值。

終值與現值的計算涉及利息計算方式的選擇。目前有兩種利息計算方式,即單利和復利。單利方式下,每期都按初始本金計算利息,當期利息不計入下期本金,計算基礎不變。復利方式下,以當期期末本利和爲計息基礎計算下期利息,也就是不僅本金要計算利息,利息也要計算利息,即通常所說的"利滾利"。復利的概念充分體現了資金時間價值的含義,因爲本金和利息都是資金,都可以進行再投資,從而盡可能快地進行周轉,以賺取報酬。因此,在討論資金時間價值時,如無特殊說明,一般都按復利進行計算。

1. 單利的終值和現值

爲便於同後面介紹的復利計算方式相比較,加深對復利的理解,這里先介紹單利的有關計算。爲計算方便,先設定如下符號標示:

$I$——利息;

$P$——現值;

$F$——終值;

$i$——每一利息期的利率(折現率);

$n$——計算利息的期數。

按照單利的計算法則,利息的計算公式爲:

$$I = P \cdot i \cdot n \tag{2.1}$$

【例 2-1】小王持有一張帶息票據,面額爲 2 000 元,票面利率 5%,出票日期爲 8 月 12 日,到期日爲 11 月 10 日(90 天)。則該持有者到期可得到的利息爲:

$I = 2\,000 \times 5\% \times 90/360 = 25$(元)

除非特別指明,在計算利息時,給出的利率均爲年利率,對於不足 1 年的利率,以 1 年等於 360 天來折算。

單利終值的計算可依照如下公式:

$$F = P + P \cdot i \cdot n = P(1 + i \cdot n) \tag{2.2}$$

【例 2-2】設 $P$ 爲 100 元,$i$ 爲 10%,$n$ 爲 3,則單利方式下各期終值爲:

$F_1 = 100 \times (1 + 10\%) = 110$(元)

$F_2 = 100 \times (1+2\times10\%) = 120$（元）

$F_3 = 100 \times (1+3\times10\%) = 130$（元）

可以看出，第一期的利息爲10元，到第二期，利息是10元的二倍，即20元。也就是說，第二期的利息仍按原始本金100元計算，而不按第一期的本利和110元計算。

單利現值的計算同單利終值的計算是互逆的，由終值計算現值稱爲折現。將單利終值計算公式變形，即得單利現值的計算公式爲：

$$P = F/(1+i\cdot n) \qquad (2.3)$$

【例2-3】某人希望在10年後取得本利和1 000元，用以支付一筆款項。則在利率爲8%，單利方式計算的條件下，此人現在需存入銀行多少錢？

$P = 1\ 000/(1+10\times8\%) = 5\ 555.5$（元）

2. 復利的終值和現值

（1）復利的終值（已知現值 $P$，求終值 $F$）。資金時間價值通常是按復利計算的。復利不同於單利，它是在一定期間（如一年）按一定利率將本金所生利息加入本金再計利息，即"利滾利"。也就是說，在復利方式下，本金能產生利息，利息在下期進入本金和原來的本金一起計息。

復利終值是指一定量的本金按復利計算若干期後的本利和。

【例2-4】某人將20 000元存放於銀行，年存款利率爲6%，則經過1年時間的本利和爲：

$F = P + P \cdot i$

$\quad = P \cdot (1+i)$

$\quad = 20\ 000 \times (1+6\%)$

$\quad = 21\ 200$（元）

若此人並不提走現金，將21 200元繼續存在銀行，則第二年本利和爲：

$F = [P \cdot (1+i)] \cdot (1+i)$

$\quad = P \cdot (1+i)^2$

$\quad = 20\ 000 \times (1+6\%)^2$

$\quad = 22\ 472$（元）

同理，第三年的本利和爲：

$F = [P \cdot (1+i)^2] \cdot (1+i)$

$\quad = P \cdot (1+i)^3$

$\quad = 20\ 000 \times (1+6\%)^3$

$\quad = 23\ 820$（元）

第 $n$ 年的本利和爲：

$$F = P \cdot (1+i)^n \qquad (2.4)$$

式中 $(1+i)^n$，通常稱作"一次性收付款項終值係數"，簡稱"復利終值係數"，

## 第2章 財務管理基本知識

用符號 $(F/P, i, n)$ 表示。如本例 $(F/P, 6\%, 3)$ 表示利率爲6%、3年期復利終值的系數。復利終值系數可以通過查閱"復利終值系數表"直接獲得。復利終值系數也可表示爲 $FVIF_{i,n}$。

"復利終值系數表"的第一行是利率 $i$，第一列是計息期數 $n$，相應的 $(1+i)^n$ 在其縱橫相交處。通過該表可查出，$(1+6\%)^3 = (F/P, 6\%, 3) = FVIF_{6\%,3} = 1.191$。即在時間價值爲6%的情況下，現在的1元和3年後的1.191元在經濟上是等效的，根據這個系數可以把現值換算成終值。

（2）復利的現值（已知終值 $F$，求現值 $P$）。復利現值是復利終值的逆運算，它是指今後某一特定時間收到或付出的一筆款項，按折現率 $(i)$ 所計算的現在時點的價值，稱爲折現或貼現，折現時使用的利息率稱爲折現率。其計算公式可由終值的計算公式導出，得到以下公式：

$$P = F \cdot (1+i)^{-n} \tag{2.5}$$

式中 $(1+i)^{-n}$ 通常稱作"一次性收付款項現值系數"，簡稱爲"復利現值系數"，記作 $(P/F, i, n)$，可以直接查閱"復利現值系數表"。上式也可寫作：$P = F(P/F, i, n)$。復利現值系數也可表示爲 $PVIF_{i,n}$。

【例2-5】某人投資一個項目，預計5年後可獲得收益1 000萬元，按年利率（折現率）10%計算。問這筆收益的現值是多少？

$P = F \cdot (1+i)^{-n} = F \cdot (P/F, i, n) = F \cdot PVIF_{i,n}$
$= 1\ 000 \times (1+10\%)^{-5} = 1\ 000 \times (P/F, 10\%, 5) = PVIF_{10\%,5}$
$= 1\ 000 \times 0.620\ 9 = 620.9$（萬元）

（二）普通年金的終值與現值

上面介紹了一次性收付款項。除此之外，在現實經濟生活中，還存在一定時期內多次收付的款項，即系列收付款。如果每次收付的金額相等，則這樣的系列收付款項便稱爲年金。簡言之，年金是指一定時期內每次等額收付的系列款項，通常記作 $A$。

年金的形式多種多樣，如保險費、採用平均年限法的折舊、租金、等額分期收款、等額分期付款以及零存整取或整存零取儲蓄等，都存在年金問題。

年金按其每次收付發生的時點不同，可分爲普通年金、即付年金、遞延年金和永續年金等幾種。

1. 普通年金終值的計算（已知年金 $A$，求年金終值 $F$）

普通年金在經濟活動中最爲常見，是指一定時期內每期期末等額收付的系列款項，又稱後付年金。年金終值類似於零存整取的本利和，它是一定時期內每期期末收付款項的復利終值之和。其計算辦法如圖2-2所示。

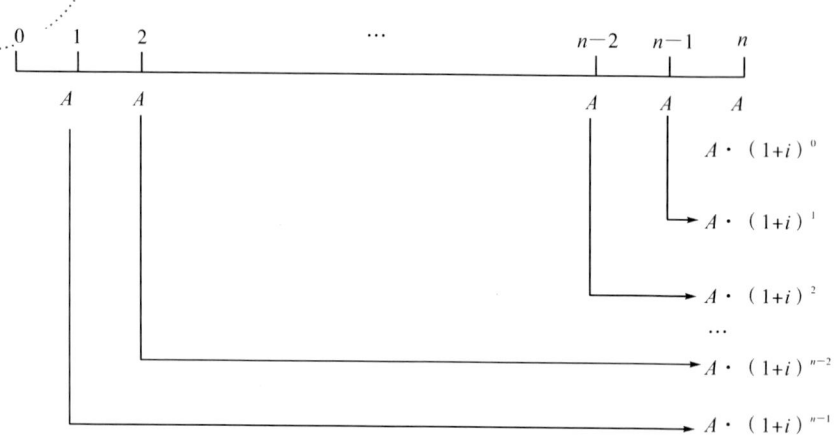

```
0     1     2            …           n-2   n-1    n
      |     |                         |     |     |
      A     A                         A     A     A
                                                  │
                                                  A·(1+i)⁰
                                            │
                                            A·(1+i)¹
                                      │
                                      A·(1+i)²
                                       …
                          A·(1+i)ⁿ⁻²
               A·(1+i)ⁿ⁻¹
```

圖 2-2　普通年金終值計算示意圖

由圖 2-2 可知，年金終值計算公式爲：

$F = A \cdot (1+i)^0 + A \cdot (1+i)^1 + A \cdot (1+i)^2 + \cdots\cdots$
$\quad + A \cdot (1+i)^{n-2} + A \cdot (1+i)^{n-1}$ （1）

將（1）式兩邊同時乘以（1+i）得：

$F \cdot (1+i) = A \cdot (1+i)^1 + A \cdot (1+i)^2 + \cdots\cdots$
$\quad + A \cdot (1+i)^{n-1} + A \cdot (1+i)^n$ （2）

將（2）式減去（1）式得：

$F \cdot i = A \cdot (1+i)^n - A$

$F \cdot i = A \cdot [(1+i)^n - 1]$

因此，整理可得普通年金終值公式如下：

$$F = A \cdot \left[ \frac{(1+i)^n - 1}{i} \right] \quad (2.6)$$

式中方括號中的數值，通常稱作"年金終值系數"，記作 $(F/A, i, n)$，可直接查閱"年金終值系數表"。上式也可寫作：$F = A \cdot (F/A, i, n)$。年金終值系數也可表示爲 $FVIFA_{i,n}$。

**【例 2-6】** 假設某項目在 5 年建設期內每年年末向銀行借款 1 000 萬元，借款年利率爲 7%。問該項目竣工應付本息的總額是多少？

$F = 1\,000 \times \left[ \frac{(1+7\%)^5 - 1}{7\%} \right] = 1\,000 \times (F/A, 7\%, 5) = 1\,000 \times FVIFA_{7\%, 5}$

$\quad = 1\,000 \times 5.751 = 5\,751$（萬元）

**2. 年償債基金的計算**（已知年金終值 $F$，求年金 $A$）

償債基金是指爲了在約定的未來某一時點清償某筆債務或積聚一定數額的資金而必須分次等額提取的存款準備金。由於每次提取的等額準備金類似於年金存款，因而同樣可以獲得該復利計算的利息，所以債務實際上等於年金終值，每年提取的

## 第 2 章 財務管理基本知識

償債基金等於年金 A。也就是說,償債基金的計算實際上是年金終值的逆運算。其計算公式爲:

$$A = F \cdot \left[ \frac{i}{(1+i)^n - 1} \right] \tag{2.7}$$

式中的 $\frac{i}{(1+i)^n - 1}$ 稱作"償債基金系數",記作 $(A/F, i, n)$,可直接查閱"償債基金系數表",或通過年金終值系數的倒數推算出來。上式也可寫作:$A = F \cdot (A/F, i, n)$,或 $A = F \cdot [1/(F/A, i, n)]$。

【例 2-7】某企業有一筆 5 年後到期的借款,數額爲 1 000 萬元,爲此設置償債基金,年復利率爲 10%,到期一次還清借款。問每年年末應存入的金額是多少?

$$A = 1\,000 \times \left[ \frac{10\%}{(1+10\%)^5 - 1} \right] = 1\,000 \times 0.163\,8$$

$$= 163.8\ (萬元)$$

或 $A = 1\,000 \times [1/(F/A, 10\%, 5)]$

$$= 1\,000 \times [1/6.105\,1]$$

$$= 163.8\ (萬元)$$

3. 普通年金現值的計算(已知年金 A,求年金現值 P)

年金現值是指一定時期內每期期末等額的系列收付款項的復利現值之和。其計算辦法如圖 2-3 所示。

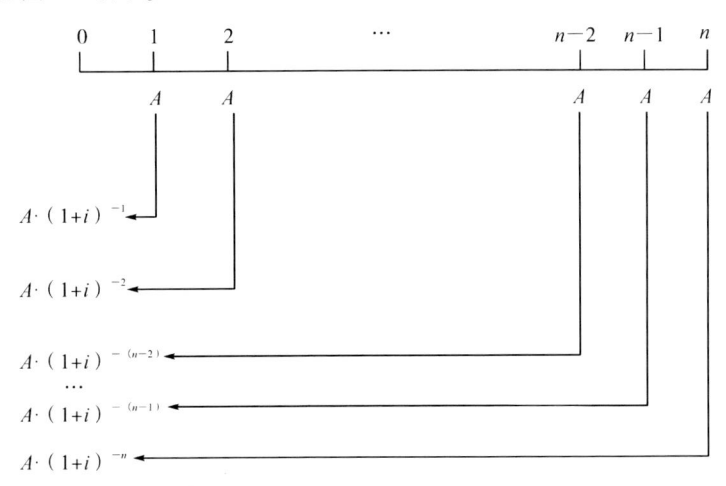

圖 2-3 普通年金現值計算示意圖

由圖 2-3 可知,普通年金現值的計算公式爲:

$$P = A \cdot (1+i)^{-1} + A \cdot (1+i)^{-2} + \cdots + A \cdot (1+i)^{-(n-1)} + A \cdot (1+i)^{-n} \tag{3}$$

將 (3) 式兩邊同時乘以 (1+i) 得:

$$P \cdot (1+i) = A + A \cdot (1+i)^{-1} + \cdots + A \cdot (1+i)^{-(n-2)} + A \cdot (1+i)^{-(n-1)} \tag{4}$$

將（4）式減去（3）式得：

$P \cdot i = A - A \cdot (1+i)^{-n}$

$P \cdot i = A \cdot [1-(1+i)^{-n}]$

經整理，可得普通年金現值公式如下：

$$P = A \cdot \left[\frac{1-(1+i)^{-n}}{i}\right] \tag{2.8}$$

式中的 $\frac{1-(1+i)^{-n}}{i}$ 稱作"年金現值系數"，記作 $(P/A,i,n)$，可直接查閱"年金現值系數表"。上式也可寫作：$F = A \cdot (P/A,i,n)$。年金現值系數也可表示爲 $PVIFA_{i,n}$。

【例2-8】某投資項目於2001年年初動工，設當年投產，從投產之日起每年獲收益10 000元，按年利率6%計算，則預期10年收益的現值爲多少？

$P = 10\ 000 \times \left[\frac{1-(1+6\%)^{-10}}{6\%}\right] = 10\ 000 \times (P/A, 6\%, 10)$

$= 10\ 000 \times PVIFA_{10\%,5}$

$= 10\ 000 \times 7.36$

$= 73\ 600$（元）

4. 年資本回收額的計算（已知年金現值 $P$，求年金 $A$）

年資本回收額是指在約定的年限內等額回收的初始投入資本額或等額清償所欠的債務。其中未回收或清償的部分要按復利計息構成需回收或清償的內容。年資本回收額的計算是年金現值的逆運算。其計算公式爲：

$$A = P \cdot \left[\frac{i}{1-(1+i)^{-n}}\right] \tag{2.9}$$

式中的 $\frac{i}{1-(1+i)^{-n}}$ 稱作"資本回收系數"，記作 $(A/P,i,n)$，可直接查閱"資本回收系數表"，或利用年金現值系數的倒數求得。上式也可寫作：

$$A = P \cdot (A/P,i,n) \tag{2.10}$$

或

$$A = P \cdot [1/(P/A,i,n)] \tag{2.11}$$

【例2-9】某公司現在借得1 000萬元的貸款，在10年內以年利率12%均勻償還，每年應付的金額是多少？

$A = 1\ 000 \times \left[\frac{12\%}{1-(1+12\%)^{-10}}\right]$

$= 1\ 000 \times 0.177\ 0 = 177$（萬元）

或 $A = 1\ 000 \cdot [1/(P/A,12\%,10)] = 1\ 000 \times [1/5.650\ 2] \approx 177$（萬元）

（三）即付年金的終值與現值

即付年金是指從第一期起，一定時期內每期期初等額收付的系列款項，又稱先

## 第 2 章 財務管理基本知識

付年金或預付年金。即付年金與普通年金的區別僅在於收付款時點的不同。由於年金終值系數表和年金現值系數表是按常見的普通年金編制的,在利用這種普通年金系數表計算先付年金的終值和現值時,可在計算普通年金的基礎上加以適當調整。

1. 即付年金終值的計算

即付年金的終值是其最後一期期末時的本利和,是各期收付款項的復利終值之和。

$n$ 期即付年金終值與 $n$ 期普通年金終值之間的關係可以用圖 2-4 加以說明。

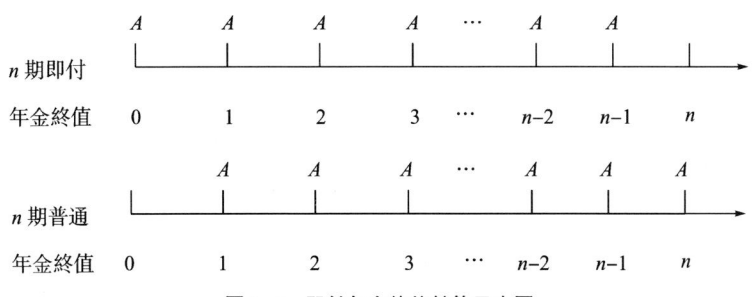

**圖 2-4 即付年金終值計算示意圖**

從圖 2-4 可以看出,$n$ 期即付年金與 $n$ 期普通年金的付款次數相同,但由於其付款時間不同,$n$ 期即付年金終值比 $n$ 期普通年金的終值多計算一期利息。即:

$$F = A \cdot \left[\frac{(1+i)^n - 1}{i}\right] \cdot (1+i)$$

$$= A \cdot \left[\frac{(1+i)^{n+1} - (1+i)}{i}\right]$$

所以

$$F = A \cdot \left[\frac{(1+i)^{n+1} - 1}{i} - 1\right] \tag{2.12}$$

因此,在 $n$ 期普通年金終值的基礎上乘上 ($1+i$) 就是 $n$ 期即付年金的終值。

式中的 $\frac{(1+i)^{n+1} - 1}{i} - 1$ 稱作"即付年金終值系數"。它是在普通年金終值系數的基礎上,期數加 1、系數減 1 所得的結果,通常記作 $[(F/A,i,n+1)-1]$。這樣,通過查閱"年金終值系數表"得 ($n+1$) 期的值,然後減去 1 便可得對應的即付年金終值系數的值。這時可用如下公式計算即付年金終值:

$$F = A \cdot [(F/A,i,n+1)-1] \tag{2.13}$$

【例 2-10】某公司決定連續 5 年於每年年初存入 100 萬元作爲住房基金,銀行存款利率爲 10%。則該公司在第 5 年年末能一次取出本利和多少錢?

$$F = A \cdot [(F/A,i,n+1)-1]$$
$$= 100 \times [(F/A,10\%,6)-1]$$

35

$= 100 \times (7.7156-1)$

$= 671.56$（萬元）

2. 即付年金現值的計算

$n$ 期即付年金現值與 $n$ 期普通現值之間的關係，可用圖 2-5 加以說明。

```
                A    A    A    A   ···   A    A
n 期即付         |    |    |    |         |    |
年金現值   ←────┼────┼────┼────┼────────┼────┼
               0    1    2    3   ···  n-2  n-1   n

                     A    A    A   ···   A    A    A
n 期普通              |    |    |         |    |    |
年金現值   ←────┼────┼────┼────┼────────┼────┼────┤
               0    1    2    3   ···  n-2  n-1   n
```

圖 2-5　即付年金現值計算示意圖

從圖 2-5 可以看出，$n$ 期即付年金現值與 $n$ 期普通年金現值的期限相同，但由於其付款時間不同，$n$ 期即付年金現值比 $n$ 期普通年金現值多折現一期。因此，在 $n$ 期普通年金現值的基礎上乘以 $(1+i)$，便可求出 $n$ 期即付年金的現值。

$$P = A \cdot \left[\frac{1-(1+i)^{-n}}{i}\right] \cdot (1+i)$$

$$= A \cdot \left[\frac{(1+i) - (1+i)^{-(n-1)}}{i}\right]$$

所以

$$P = A \cdot \left[\frac{1-(1+i)^{-(n-1)}}{i} + 1\right] \quad (2.14)$$

式中 $\dfrac{1-(1+i)^{-(n-1)}}{i} + 1$ 稱作"即付年金現值系數"。它是在普通年金系數的基礎上，期數減 1、系數加 1 所得的結果，通常記作 $[(P/A, i, n-1)+1]$。這樣，通過查閱"年金現值系數表"得 $(n-1)$ 期的值，然後加 1，便可得出對應的即付年金現值系數的值。這時可用如下公式計算即付年金的現值：

$$P = A \cdot [(P/A, i, n-1) + 1] \quad (2.15)$$

（四）遞延年金和永續年金的現值

1. 遞延年金現值的計算

遞延年金是指第一次收付款發生時間不在第一期末，而是隔若干期後才開始發生的系列等額收付款項。它是普通年金的特殊形式，遞延 $m$ 期後的 $n$ 期年金與未遞延的 $n$ 期年金相比，兩者付款次數相同，但這項遞延年金現值是 $m$ 期後的 $n$ 期年金現值，還需再折現 $m$ 期。遞延年金現值的計算可用圖 2-6 表示。

## 第2章 財務管理基本知識

图 2-6 遞延年金現值計算示意圖

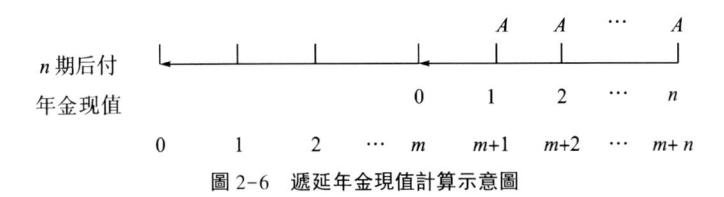

因此,爲計算 m 期後 n 期年金現值,可以有兩種思路。

第一種思路是,假設 m+n 期爲普通年金,先求出 m+n 期普通年金的現值,減去沒有付款的前 m 期普通年金現值,二者之差便是延期 m 期後的 n 期普通年金現值。其遞延年金現值的計算公式爲:

$$P = A \cdot \left[ \frac{1-(1+i)^{-(m+n)}}{i} - \frac{1-(1+i)^{-m}}{i} \right]$$
$$= A \cdot [(P/A, i, m+n) - (P/A, i, m)] \quad (2.16)$$

第二種思路是,先計算出該項年金在 n 期期初(m 期期末)的現值,再將它作爲 m 期的終值貼現至 m 期初的現值。其計算公式爲:

$$P = A \cdot \left[ \frac{1-(1+i)^{-n}}{i} \right] \cdot (1+i)^{-m}$$
$$= A \cdot [(P/A, i, n) \cdot (P/F, i, m)] \quad (2.17)$$

【例2-11】某人擬在年初存入一筆資金,以便能在第六年年末起每年取出1 000元,至第10年年末取完。在銀行存款利率爲10%的情況下,此人應在最初一次存入銀行多少錢?

$P = A \cdot [(P/A, 10\%, 5+5) - (P/A, 10\%, 5)]$
$\quad = 1\ 000 \times (6.144\ 6 - 3.790\ 8) \approx 2\ 354\ (元)$

或 $P = A \cdot (P/A, 10\%, 5)(P/F, 10\%, 5)$
$\quad = 1\ 000 \times 3.790\ 8 \times 0.620\ 9 \approx 2\ 354\ (元)$

2. 永續年金現值計算

永續年金是指無限期等額收(付)的特種年金,可視爲普通年金的特殊形式,即期限趨於無窮的普通年金。現實生活中,永續年金的例子很多,比如:優先股因爲有固定的股利而又無到期日,其股利可視爲永續年金;有些債券未規定償還期限,其利息也可視爲永續年金;在資產評估中,某些可永久發揮作用的無形資產(如商譽),其超額收益亦可按永續年金計算其現值。此外,也可將利率較高、持續期限較長的年金視同永續年金計算其近似值。

由於永續年金持續期無限,沒有終止的時間,因此沒有終值,只有現值。根據普通年金現值公式,當 $n \to \infty$ 時,$\frac{1}{(1+i)^n} \to 0$,所以可推導出永續年金現值計算公式如下:

$$P = A/i \quad (2.17)$$

**【例2-12】** 某人持有的某公司優先股，每年每股股利爲2元。若此人想長期持有，在利率爲10%的情況下，請對該項股票投資進行估價。

這是一個求永續年金現值的問題，即假設該優先股每年股利固定且持續較長時期，計算出這些股利的現值之和，即爲該股票的估價。

$P = A/i = 2/10\% = 20$（元）

（五）折現率、期間和利率的推算

1. 折現率（利息率）的推算

對於一次性收付款項，根據其復利終值（或現值）的計算公式可得折現率的計算公式爲：

$$i = (F/P)^{1/n} - 1 \qquad (2.18)$$

因此，若已知 $F$、$P$、$n$，不用查表便可直接計算出一次性收付款項的折現率（利息率）$i$。

永續年金折現率（利息率）$i$ 的計算也很方便。若 $P$、$A$ 已知，則根據公式 $P = A/i$，變形即得 $i$ 的計算公式爲：

$$i = A/P \qquad (2.19)$$

普通年金折現率（利息率）的推算比較複雜，無法直接套用公式，而必須利用有關的系數表，有時還會牽涉到内插法的運用。下面着重對此加以介紹。

普通年金終值 $F$、現值 $P$ 的計算公式分別爲：

$$F = A \cdot (F/A, i, n) \qquad (2.20)$$

$$P = A \cdot (P/A, i, n) \qquad (2.21)$$

將以上兩式變形得相應的公式：

$$F/A = (F/A, i, n) \qquad (2.22)$$

$$P/A = (P/A, i, n) \qquad (2.23)$$

從（2.22）、（2.23）兩式可看出，兩式右邊分別爲普通年金終值系數和普通年金現值系數。若 $F$、$A$、$n$ 已知，則可利用（2.22）式，查普通年金終值系數表，找出系數值爲 $F/A$ 的對應的 $i$ 即可；若 $P$、$A$、$n$ 已知，則可利用（2.23）式，查普通年金現值系數表，找出系數爲 $P/A$ 的對應的 $i$ 即可。若找不到完全對應的 $i$，則可運用内插法求得。

可見，利用（2.22）或（2.23）式求 $i$ 的基本原理和步驟是一致的。現以（2.23）式爲例，即已知 $P$、$A$、$n$。說明求 $i$ 的基本方法。

若 $P$、$A$、$n$ 已知，則可按以下步驟推算 $i$：

（1）計算出 $P/A$ 的值，假設 $P/A = \alpha$。

（2）查普通年金現值系數表。沿着已知 $n$ 所在的行橫向查找，若恰好能找到某一系數值等於 $\alpha$，則該系數值所在的列相對應的利率便爲所求的 $i$ 值。

（3）若無法找到恰好等於 $\alpha$ 的系數值，就應在表中 $n$ 行上找與 $\alpha$ 最接近的兩個左右臨界系數值，設爲 $\beta_1$、$\beta_2$（$\beta_1 > \alpha > \beta_2$，或 $\beta_1 < \alpha < \beta_2$）。讀出 $\beta_1$、$\beta_2$ 所對應的臨界

## 第2章 財務管理基本知識

利率,然後進一步運用內插法。

(4) 在內插法下,假定利率 $i$ 同相關的系數在較小範圍內線性相關,因而可根據臨界系數 $\beta_1$、$\beta_2$ 和臨界利率 $i_1$、$i_2$ 計算出 $i$,其公式爲:

$$i = i_1 + \frac{\beta_1 - \alpha}{\beta_1 - \beta_2} \cdot (i_2 - i_1)$$

【例2-13】某公司於第一年年初借款 20 000 元,每年年末還本付息額爲 4 000 元,連續 9 年還清。問借款利率爲多少?

根據題意,已知 $P = 20\ 000$,$A = 4\ 000$,$n = 9$,則:

$P/A = 20\ 000/4\ 000 = 5 = \alpha$

即,$\alpha = 5 = (P/A, i, 9)$

查 $n = 9$ 的普通年金現值系數表。在 $n = 9$ 一行上無法找到恰好爲 $\alpha$($\alpha = 5$)的系數值,於是找大於和小於 5 的臨界系數值,分別爲:$\beta_1 = 5.326\ 3 > 5$,$\beta_2 = 4.947\ 4 < 5$。同時讀出臨界利率爲 $i_1 = 12\%$,$i_2 = 14\%$。則:

$$i = i_1 + \frac{\beta_1 - \alpha}{\beta_1 - \beta_2} \cdot (i_2 - i_1)$$

$$= 12\% + \left[\frac{5.328\ 3 - 5}{5.328\ 3 - 4.947\ 4}\right] \times (14\% - 12\%) = 13.719$$

按照上述方法,若利用 (9) 式,則計算出 $F/A$ 的值,設爲 $\alpha$,然後查普通年金終值系數表求 $i$。

對於一次性收付款項,若應用查表法求 $i$,可先計算出 $F/P$ 的值,設其爲 $\alpha$,然後查復利終值系數表;或先計算出 $P/F$ 的值,設其爲 $\alpha$,然後查復利現值系數表。

對於即付年金利率 $i$ 的推算,同樣可遵照上述方法。先求出 $F/A$ 的值,令 $\alpha = F/A + 1$,然後沿 $(n+1)$ 所在的行橫向在普通年金終值系數表中查找,若恰好找到等於 $\alpha$,則該系數值所在列所對應的利率便爲所求的 $i$,否則便查找臨界系數值和對應的臨界利率,應用內插法求出利率 $i$。

2. 期間的推算

期間 $n$ 的推算,其原理和步驟同折現率(利息率)$i$ 的推算是一樣的。

現以普通年金爲例,說明在 $P$、$A$ 和 $i$ 已知的情況下,推算期間 $n$ 的基本步驟。

(1) 計算出 $P/A$,設爲 $\alpha$。

(2) 查普通年金現值系數表。沿着已知 $i$ 所在列縱向查找,若能找到恰好等於 $\alpha$ 的系數值,則其對應的 $n$ 值即爲所求期間值。

(3) 若找不到恰好爲 $\alpha$ 的系數值,則查找最爲接近 $\alpha$ 值的上下臨界系數 $\beta_1$、$\beta_2$ 以及對應的臨界期間 $n_1$、$n_2$,然後應用內插法求 $n$,公式爲:

$$n = n_1 + \frac{\beta_1 - \alpha}{\beta_1 - \beta_2} \cdot (n_2 - n_1) \qquad (2.24)$$

【例2-14】某企業擬購買一臺柴油機,更新目前的汽油機。柴油機價格較汽油機高出 2 000 元，但每年可節約燃料費用 500 元。若利率爲 10%，則柴油機應至少使用多少年對企業而言才有利？

依題意，已知 $P = 2\,000$，$A = 500$，$i = 10\%$，則：

$P/A = 2\,000/500 = 4 = \alpha$

即，$(P/A, 10\%, n) = \alpha = 4$

查普通年金現值系數表。在 $i = 10\%$ 的列上縱向查找，無法找到恰好爲 $\alpha$（$\alpha = 4$）的系數值，於是查找大於和小於 4 的臨界系數值：$\beta_1 = 4.355\,3 > 4$，$\beta_2 = 3.790\,8 < 4$，對應的臨界期間爲 $n_1 = 6$，$n_2 = 5$，則：

$n = n_1 + \dfrac{\beta_1 - \alpha}{\beta_1 - \beta_2} \cdot (n_2 - n_1)$

$= 6 + \left[\dfrac{4.355\,3 - 4}{4.355\,3 - 3.790\,8}\right] \times (5 - 6)$

$= 5.4(年)$

3. 名義利率與實際利率的換算

上面討論的有關計算均假定利率爲年利率，每年復利一次。但實際上，復利的計息不一定是一年，有可能是季度、月份或日。比如某些債券半年計息一次；有的抵押貸款每月計息一次；銀行之間拆借資金均爲每天計息一次。當每年復利次數超過一次時，這樣的年利率叫作名義利率，而每年只復利一次的利率才是實際利率。

對於一年内多次復利的情況，可採取兩種方法計算時間價值。

第一種方法是按如下公式將名義利率調整爲實際利率，然後按實際利率計算時間價值。

$$i = (1 + r/m)^m - 1 \qquad (2.25)$$

式中：$i$——實際利率；

$r$——名義利率；

$m$——每年復利次數。

【例 2-15】某企業於年初存入 10 萬元，在年利率爲 10%，半年復利一次的情況下，到第 10 年年末，該企業能得本利和爲多少？

依題意得，$P = 10$，$r = 10\%$，$m = 2$，$n = 10$

則：$i = \left(1 + \dfrac{r}{m}\right)^m - 1$

$= (1 + \dfrac{10\%}{2})^2 - 1$

$= 10.25\%$

$F = P \cdot (1 + i)^n$

$= 10 \times (1 + 10.25\%)^{10}$

$= 26.53$（萬元）

## 第 2 章　財務管理基本知識

因此企業於第 10 年年末可得本利和 26.53 萬元。

這種方法的缺點是調整後的實際利率往往帶有小數點，不利於查表。

第二種方法是不計算實際利率，而是相應調整有關指標，即利率變爲 $r/m$，期數相應變爲 $m \cdot n$。

【例 2-16】利用上例中的有關數據，用第二種方法計算本利和。

$$F = P \left(1 + \frac{r}{m}\right)^{m \cdot n}$$
$$= 10 \times \left(1 + \frac{10\%}{2}\right)^{2 \times 10}$$
$$= 10 \times (F/P,\ 5\%,\ 20)$$
$$= 26.53 \text{（萬元）}$$

## 第 2 節　風險與報酬

資金時間價值是在沒有風險和通貨膨脹下的投資收益率。上節所述沒有涉及風險問題，但是財務活動經常是在有風險的情況下進行的。冒風險，就要求獲得額外的收益，否則就不值得去冒險。投資者由於冒風險進行投資而獲得的超過資金時間價值的額外收益，稱爲投資的風險價值，或稱之爲風險收益、風險報酬。所以，企業在進行財務管理時，還必須考慮當企業冒着風險投資時能否獲得額外收益的問題，並且必須研究風險、計量風險，並設法控制風險，以求最大限度地增加企業財富。

### 一、風險與風險價值的含義

（一）風險的含義

風險一般是指某一行動的結果具有變動性。人們只能夠事先確定採取某種行動可能形成的結果，以及每種結果出現的可能性的程度，而行動的最終結果究竟會怎樣，是無法預知的。比如，向上拋一枚硬幣，我們可以事先肯定，當硬幣落到地面時，有正面朝上和朝下兩種結果，而且每種結果出現的可能性各占一半，但究竟是正面朝上還是朝下，誰也不能肯定。

風險是一個比較難掌握的概念，其定義和計量也有很多爭議。對風險的理解國內外學者由於角度的不同，產生的觀點也有所不同，現列主要的四種觀點。

1. 損失的可能觀與損失的不確定觀

損失的可能性，這種觀點最早由美國的學者海尼斯在《作爲經濟要素的風險》中提出。他認爲："風險一詞在經濟學和其他學術領域中，並無任何技術上的內容，它意味着損失的可能性。某種行爲能否產生有害後果應以不確定性界定，如果某種行爲具有不確定性時，其行爲就反應了風險的負擔。"而美國的學者哈迪則將風險定義爲："風險是費用、損失或損害相關的不確定性。"他是損失的不確定觀的代表，他認爲不確定性的程度可以用概率來描述。如圖2-7所示：概率在0至1/2時，隨著概率的增加，不確定性也隨之增加；概率爲1/2時，不確定性爲最大；概率從1/2至1之間，隨著概率數值的增加，不確定性隨之減少；當概率爲0時，不確定性事件轉化爲確定性事件。

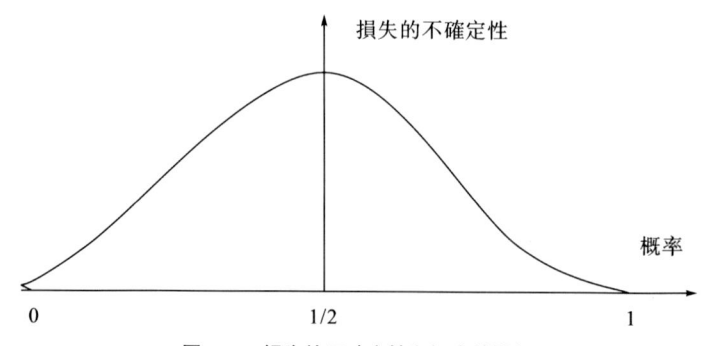

圖2-7 損失的不確定性和概率的關係

2. 風險因素結合觀點

美國學者佩費爾將風險定義爲"風險是每個人和風險要素的結合體"。該論點明確表述了風險與人的利益的相關性。

3. 預期與實際結果變動觀點

持這種觀點的學者威廉姆斯和海因斯認爲："風險是在一定條件下、一定時期內可能產生結果的變動。若結果只有一種可能，不存在變動，風險爲零；若可能產生的結果有幾種，則風險就存在；結果越多，變動越大，風險也越大；預期的結果和實際結果的變動，意味着猜測的結果和實際結果的不一致或偏離。"

4. 風險主觀和風險客觀的觀點

以麥爾和科梅克爲代表的風險主觀論者認爲：風險是損失的不確定性。該不確定性是主觀的、個人的和心理上的一種觀點，是個人對客觀事物的主觀估計。不確定性包括發生與否不確定、發生事件不確定、發生結果和過程不確定。

以佩費爾爲代表的風險客觀論者認爲：風險是可測定的客觀概率的大小。它能以數學和統計的觀點來客觀測定。

因此，根據前述的分析，我們認爲風險的含義可理解爲：風險是在特定的客觀條件下，存在於客觀事物中的一種不確定狀態。它的客觀存在與客觀環境和一定的時間、空間條件有關，它的大小決定於其所致的損失的概率。

根據該定義，有必要提到另一個與風險相聯繫的概念是不確定性，即人們事先只知道採取某種行動可能形成的各種結果，但不知道它們出現的概率，或者兩者都不知道，而只能做些粗略的估計。例如，企業試制一種新產品，事先只能確定該種

## 第 2 章　財務管理基本知識

產品試制有成功或失敗兩種可能，但不會知道出現這兩種後果的可能性大小。又如購買股票，投資者事實上不可能事先確定所有可能達到的報酬率及其出現的概率大小。經營決策一般都是不確定的情況下做出的。西方國家的企業通常對風險和不確定性這兩個概念不加以區分，把不確定性視同風險而加以計量，以便進行定量分析。事實上，在實踐中也很難對二者加以區分，因為針對風險問題的概率往往只能進行估計和測算，並不能準確知道，而對不確定性問題也可以估計出一個概率。因此，在實務中，當說到風險時，可能指的是確切意義上的風險，但更可能指的是不確定性，對二者不做區分。某一行動的結果具有多種可能而不能肯定，就叫風險；反之，若某一行動的結果很肯定，就叫沒有風險。從財務管理的角度而言，風險也就是企業在各項財務活動過程中，由於各種難以預料或無法控制的因素作用，使企業的實際收益與預計收益發生背離，從而有蒙受經濟損失的可能性。由於人們普遍具有風險反感心理，因而一提到風險，多數都是將其錯誤地理解為與損失是同一概念。事實上，風險本身未必就是能帶來超出預期的損失，呈現其不利的一面，風險同樣可帶來超出預期的收益，呈現其有利的一面。

風險可表示為事件的可能損失及概率的函數：

風險＝∑（各種事件的可能損失×該事件可能損失出現的概率）。

根據不同的角度，風險可劃分為不同的類別。若從企業本身來看，財務管理中的風險按形成的原因一般可分為經營風險和財務風險兩大類。

1. 經營風險

經營風險是指因生產經營方面的原因給企業盈利帶來的不確定性。企業生產經營的許多方面都會受到來源於企業外部和內部的諸多因素的影響，具有很大的不確定性。比如，由於原材料供應地的政治經濟情況變動，運輸路線改變，原材料價格變動，新材料、新設備的出現等因素帶來的供應方面的風險；由於產品生產方向不對頭，產品更新的時期未掌握好，生產質量不合格，新產品、新技術開發試驗不成功，生產組織不合理等因素帶來的生產方面的風險；由於出現新的競爭對手，消費者愛好發生變化，銷售決策失誤，產品廣告推銷不利以及貨款回收不及時等因素帶來的銷售方面的風險；此外，還存在勞動力市場供求關係變化，發生通貨膨脹，自然氣候惡化，稅收調整以及其他宏觀經濟政策的變化因素，也會直接或間接地影響企業正常的經濟活動，所有這些生產經營方面的不確定性，都會引起企業的利潤或利潤率的高低變化，從而給企業帶來風險。

2. 財務風險

財務風險又稱籌資風險，是指由於舉債而給企業財務成果帶來的不確定性。企業舉債經營，全部資金中除自有資金外，還有一部分借入資金，這會對自有資金的盈利能力造成影響；同時，借入資金需還本付息，一旦無力償付到期債務，企業便會陷入財務困境甚至破產。當企業息稅前資金利潤率高於借入資金利息率時，使用借入資金獲得的利潤率除了補償利息外還有剩餘，因而使自有資金利潤率提高。但是，若企業息稅前資金利潤率低於借入資金利息率，這時，使用借入資金獲得的利潤還不夠支付利息，還需動用自有資金的一部分利潤來支付利息，從而使自有資金利潤率降低。如果企業息稅前利潤還不夠支付利息，就要用自有資金來支付，使企業發生虧損。若企業虧損嚴重，財務狀況惡化，喪失支付能力，就會出現無法還本付息甚至招致破產的危險。總之，由於許多因素的影響，企業息稅前資金利潤率和借入資金利息率差額具有不確定性，從而引起自有資金利潤率的高低變化，這種風險即為籌資風險。這種風險程度的大小受借入資金對自有資金比例的影響，借入資金比例越大，風險程度隨之增大；借入資金比例越小，風險程度也隨之減少。對財務風險的管理，關鍵是要保證有一個合理的資金結構，維持適當的負債水平，既要充分利用舉債經營這一手段獲取財務槓桿收益，提高自有資金盈利能力，同時要注意防止過度舉債而引起的財務風險的加大，避免陷入財務困境。

現代風險管理機制（ERM）是一個過程，它包括：內部環境、目標設定、事件設別、風險評估、風險回應、控制活動、信息與溝通、監督八個基本要素。這些要素共同作用，構成了風險管理機制。ERM 實施的基本步驟為：①在制定戰略、經營、報告以及遵循性目標時考慮風險；②識別可能影響目標的潛在事件，包括可能產生負面影響的風險和正面影響的機會；③對風險進行較準確的評估，考慮單項風險及組合風險的影響程度及發生的概率；④根據評估的風險水平，考慮相應的規避、降低、分享或者接受等方式進行風險回應，採取具體的控制活動把風險控制在可容忍的風險水平之內；⑤採取持續監督或獨立評價的方式確保 ERM 保持有效。

（二）風險價值的含義

資金風險價值（Rise Value of Investment）是指投資者由於冒着風險進行投資而獲得的超過資金時間價值的額外收益，又稱投資風險收益、投資風險報酬。在商品經濟條件下，進行投資決策所涉及的各個因素可能是已知、確定的，即沒有風險和不確定的問題。但在實踐中往往對未來情況並不十分明了，有時甚至連各種情況發生的可能性如何也並不清楚。因此，根據對未來情況的掌握程度，投資決策可分為三種類型。

第一，確定性投資決策，是指未來情況確定不變或已知的投資決策。如購買政府發行的國債，由於國家實力雄厚，事先規定的債券利息率到期肯定可以實現，就屬於確定性投資。

第二，風險性投資決策，是指未來情況不能完全確定，但各種情況發生的可能性即概率為已知的投資決策。

第三，不確定性投資決策，是指未來情況不僅不能完全確定，而且各種情況發生的可能性也不清楚的投資決策。

各種長期投資方案通常都有一些不能確定的因素，完全的確定性投資方案是很少見的。不確定性投資決策，因為對各種情況出現的可能性不清楚，無法加以計量。但如對不確定性投資方案規定一些主觀概率，就可進行定量分析。不確定性投資方

# 第2章 財務管理基本知識

案有了主觀概率以後,與風險投資方案就沒有多少差別了。因此,在財務管理中對風險和不確定性並不做嚴格區分,往往把兩者統稱為風險。

任何投資者寧願要肯定的某一報酬率,而不願意要不肯定的同一報酬率,這種現象叫作風險反感。在風險反感普遍存在的情況下,誘使投資者進行風險投資的,是超過時間價值(也即無風險報酬率)的那部分額外報酬率,即風險價值。

投資風險價值有兩種表示方法:風險報酬額和風險報酬率。風險報酬額就是指投資者因冒風險進行投資而獲得的超過資金時間價值的那部分額外收益;風險報酬額對於投資額的比率,則稱為風險報酬率。在實際工作中,對兩者並不嚴格區分,通常以相對數——風險報酬率來進行計量。

在不考慮物價變動的情況下,投資報酬率(即投資報酬額對於投資額的比率)包括兩部分:一部分是資金時間價值,它是不經受投資風險而得到的價值,即無風險投資報酬率;另一部分是風險價值,即風險投資報酬率。其關係式如下:

投資報酬率=無風險投資報酬率+風險投資報酬率

## 二、風險報酬的計算

人們從事各種投資活動,在收益相等的情況下總是期望風險越小越好。這就需要事先對風險的大小即風險程度進行正確的估量。把風險問題數量化,需要採用一系列經濟數學方法進行計算。

(一) 確定概率分布

在生產經營過程中,有些財務經濟活動未來的情況不能完全肯定,這種不肯定的程度可以採用概率分布來表示。一個事件的概率是其可能發生的機會。如 ABC 製造公司現有兩個投資項目,投資額及其他條件相同。根據市場經濟狀況,它們在各種經濟狀況下的可能收益 $E_i$ 和相應的概率 $P_i$ 的分布如表 2-1 所示。

【例 2-17】ABC 製造公司投資項目收益的概率分布如表 2-1 所示。

表 2-1　　　　　　　　ABC 製造公司投資項目收益的概率分布

| 經濟情況 | 該經濟情況發生的概率 ($P_i$) | 收益(萬元) 項目 A | 收益(萬元) 項目 B |
|---|---|---|---|
| 最好 | 0.1 | 4 000 | 5 000 |
| 較好 | 0.2 | 3 500 | 4 000 |
| 中等 | 0.4 | 3 000 | 3 000 |
| 較壞 | 0.2 | 2 500 | 2 000 |
| 最壞 | 0.1 | 2 000 | 1 000 |

通過表2-1可以看到概率分佈的兩種規則：①所有的概率$P_i$均在0~1之間，即$0 \leq P_i \leq 1$；②所有結果的概率之和必須等於1，即$\sum_{i=1}^{n} P_i = 1$（$n$爲可能出現結果的個數）。

概率分佈與風險大小密切相關。對於投資或其他任何一項活動，預測未來的可能情況的分佈越集中，則風險越小；分佈越分散，則風險越大。測算集中與分散程度常用的方法是計算標準離差，標準離差的計算要引入期望值的概念。

### （二）計算期望值

根據某一事件的概率分佈情況，可以計算出預期收益。預期收益又稱爲收益期望值，是指某一投資方案未來收益的各種可能結果。期望值是一個數學概念，是反應平均趨勢的一種量度。期望值的計算是將一個概率分佈中的所有可能結果，以各自相應的概率爲權數計算的加權平均值，是加權平均的中心值，通常用符號$\bar{E}$表示。其計算公式如下：

$$\bar{E} = \sum_{i=1}^{n} E_i P_i \tag{2.26}$$

式中：$\bar{E}$——期望值；

$E_i$——第$i$種情況下的結果；

$P_i$——第$i$種情況下的概率；

$n$——可能結果的個數。

根據表2-1所示，計算A、B兩個項目的期望值如下：

項目A的期望值$\bar{E}_A = 0.1 \times 4\,000 + 0.2 \times 3\,500 + 0.4 \times 3\,000 + 0.2 \times 2\,500 + 0.1 \times 2\,000$
$= 3\,000$（萬元）

項目B的期望值$\bar{E}_B = 0.1 \times 5\,000 + 0.2 \times 4\,000 + 0.4 \times 3\,000 + 0.2 \times 2\,000 + 0.1 \times 1\,000$
$= 3\,000$（萬元）

計算結果，A、B兩個投資項目的收益期望值均爲3 000萬元，它代表着兩個項目各種可能的收益的平均水平。但比較A、B兩個投資項目下各種可能收益實際數值與期望值可見，在期望收益相等的情況下，A項目的各種可能收益的範圍較爲集中，B項目較爲分散。這可用圖2-8表示。

由於收益在這裏是一個變量，變量的具體數值一般總是在期望值上下波動。這樣，作爲代表一般水平的期望值的代表性的強弱，要依據在各種情況下具體數值對期望值的偏離程度來確定。偏離程度越大，代表性越小，偏離程度越小，則代表性越大。一般地，風險程度是用偏離程度來表示的，反應偏離程度的指標就是標準離差。因此，與B項目相比，A項目的收益概率分佈相對更爲集中，其對應的風險越小，其實際收益將更接近3 000萬元的期望收益。

# 第2章　財務管理基本知識

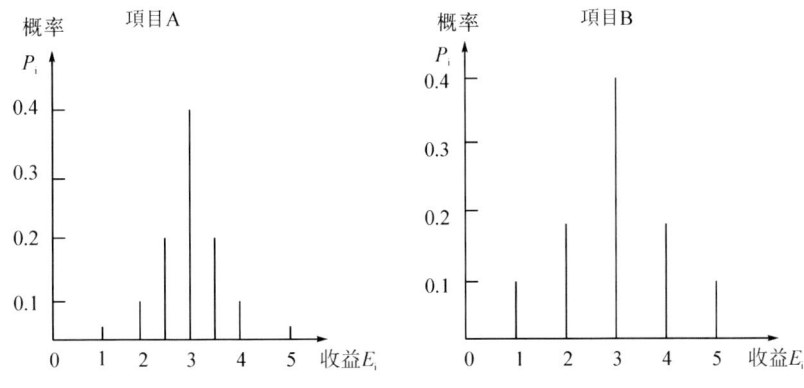

圖 2-8　項目 A 與項目 B 收益的概率分布圖

（三）計算標準離差

標準離差是各種可能的報酬率偏離期望值的綜合差異，是反應離散程度的一種量度。它的計算方法如下：

首先，計算每一種可能性結果與期望值的差異。第 $i$ 種可能性結果的離差為 $E_i - \bar{E}$。

其次，計算方差 $\sigma^2$

$$\sigma^2 = \sum_{i=1}^{n} (E_i - \bar{E})^2 P_i$$

最後，計算標準離差 $\sigma$，$\sigma = \sqrt{\sigma^2}$

可見，標準離差實際上是偏離期望值的離差的加權平均值，它度量的是實際值偏離期望值的程度。

根據此計算方法，分別計算上述 A、B 項目的標準離差。

$$\sigma_A = \sqrt{\sigma_A^2} = \sqrt{\sum_{i=1}^{n}(E_i - \bar{E})^2 P_i}$$
$$= \sqrt{(40\,000-3\,000)^2 \times 0.1 + (3\,500-3\,000)^2 \times 0.2 +}$$
$$\sqrt{(3\,000-3\,000)^2 \times 0.4 + (2\,500-3\,000)^2 \times 0.2 +}$$
$$\sqrt{(2\,000-3\,000)^2 \times 0.1}$$
$$= \sqrt{300\,000} = 547.7$$

$$\sigma_B = \sqrt{\sigma_B^2} = \sqrt{\sum_{i=1}^{n}(E_i - \bar{E})^2 P_i}$$
$$= \sqrt{(5\,000-3\,000)^2 \times 0.1 + (4\,000-3\,000)^2 \times 0.2 +}$$
$$\sqrt{(3\,000-3\,000)^2 \times 0.4 + (2\,000-3\,000)^2 \times 0.2 +}$$
$$\sqrt{(1\,000-3\,000)^2 \times 0.1}$$
$$= \sqrt{1\,200\,000} = 1\,095.4$$

因爲風險大小同標準離差成正比例關係，所以標準離差的大小可以看作是所含風險大小的標誌。上述計算結果表明，B方案的標準離差高於A方案。由於這兩個項目投資額相同，期望值相同，故項目A的風險比項目B的風險小。所以，從風險大小考慮，項目A要優於項目B。

在概率的正態分布中，根據標準離差可以提供重要的信息，根據數量統計原理，隨機變量E的值發生在期望值左右一個標準離差範圍的可能性是68.26%；發生在期望值左右兩個標準離差範圍內的可能性是95.46%；發生在期望值左右三個標準離差範圍內的可能性是99.74%。據此可知，項目A的收益在3 000±547.7，即2 452.3~3 547.7的可能性爲68.3%；而項目B的收益在3 000±1 095.4，即1 904.6~4 095.4的可能性爲68.3%。顯然，項目A的離散度小，結果較爲肯定，說明風險小；項目B的離散度大，結果較不肯定，說明風險大。

如果對每一可能的經濟情況都給予相應的概率，並且其總和等於1，每一種經濟情況都對應一個收益額，把它們繪製在直角坐標系內則可得到連續的概率分布圖，如圖2-9所示。

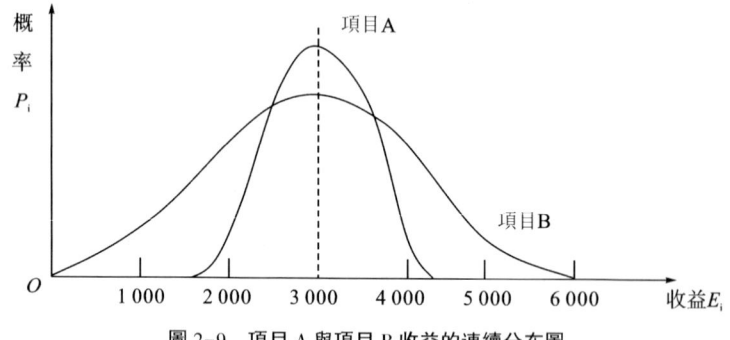

圖2-9 項目A與項目B收益的連續分布圖

（四）計算標準離差率

標準離差是風險大小的標誌，是個絕對數指標，只局限於相同期望報酬額（率）的各種方案比較。但是，如果有兩項投資，其中一項期望報酬率較高而另一項標準差較低，投資者在進行決策時就不能只依據標準離差進行判斷。

爲了增強可比性，我們一般採用標準離差率這個相對數指標來比較各方案風險的大小。標準離差率也稱離散系數，是標準離差與期望值之比。其計算公式爲：

$$V = \frac{\sigma}{\overline{E}} \quad (2.27)$$

式中：V——標準離差率；
　　　σ——標準離差；
　　　$\overline{E}$——期望值。

【例2-18】飛鴿公司有A、B兩個投資不同的方案，A方案投資5 000元，B方

## 第2章 財務管理基本知識

案投資 15 000 元。兩個方案未來可能的銷售狀況及預期現金流量如表 2-2 所示。試分析 A、B 兩個方案的風險程度。

表 2-2    A、B 方案未來可能的銷售狀況及預期現金流量

| 方案 \ 銷售情況 概率 $P_i$ | 暢銷 0.3 | 平銷 0.5 | 滯銷 0.2 | 期望值（元） |
|---|---|---|---|---|
| A | 700 | 500 | 300 | 520 |
| B | 2 400 | 2 000 | 1 800 | 2 080 |

兩個方案的標準離差分別爲：

$$\sigma_A = \sqrt{(700-520)^2 \times 0.3 + (500-520)^2 \times 0.5 + (300-520)^2 \times 0.2}$$
$$= 140$$

$$\sigma_B = \sqrt{(2\,400-2\,080)^2 \times 0.3 + (2\,000-2\,080)^2 \times 0.5 + (1\,800-2\,080)^2 \times 0.2}$$
$$= 227.7$$

於是，$V_A = \dfrac{140}{520} = 0.27$；  $V_B = \dfrac{227.7}{2\,080} = 0.11$

比較兩個方案的標準離差率：$V_A > V_B$，因而 A 方案的風險大於 B 方案的風險。

標準離差率度量了單位報酬的風險，爲項目的選擇統一了口徑，提供了更有意義的比較基礎。上例中，A 方案具有較小的標準差，因此其概率分布更爲集中，但是其獲得低報酬率的可能性也大於 B 方案。因此，由於標準離差率同時反應了風險和報酬，故在處理兩個或多個具有顯著不同期望報酬率的投資項目時，應該以標準離差率爲主要的風險度量指標。

（五）計算風險的報酬

企業財務和經營管理活動總是處於或大或小的風險之中，任何經濟預測的準確性都是相對的，預測的時間越長，風險程度就越高。因此，爲了簡化決策分析工作，在短期財務決策中一般不考慮風險因素。而在長期財務決策中，則不得不考慮風險因素，需要計量風險程度。標準離差率雖然能夠評價投資風險程度的大小，但不能說明企業的投資收益。企業冒風險從事投資活動所產生的效益要由風險報酬反應出來。

企業計算風險報酬必須首先測算出風險報酬率，因爲投資額與風險報酬率相乘的積數稱爲風險報酬。由於標準離差率可以代表風險程度的大小，因此，風險報酬率應該與反應風險程度的標準離差率成正比例關係。收益標準離差率要轉換爲風險報酬率，其間還必須引入一個參數，即風險價值系數。換言之，風險報酬率是通過標準離差率和風險價值系數計算出來的。

其計算公式爲：

$$R = bV \tag{2.28}$$

式中：$R$——風險報酬率；
　　　$b$——風險價值系數；
　　　$V$——標準離差率。

風險價值系數是將標準離差率轉換為風險報酬率的一種系數或倍數，又有風險報酬係數、風險效益系數等稱謂，可簡稱風險系數。如果設定風險系數為0.3，則要求風險報酬率相當於標準離差率的0.3倍。風險價值系數的設定主要有兩種方法：一是根據以往同類投資項目的歷史資料進行確定，主要是根據標準離差率、風險係數、風險報酬率三者之間的關係以及一些經驗數據進行測算。二是企業組織財務經濟專家加以確定。財務經濟專家們經過對企業經濟活動和財務管理環境進行定量、定性分析後，給出一個風險系數。有時專家們為簡便起見，從0到1之間選擇一個數值作為主觀概率，但這一主觀概率並不是任意的，而是以無風險價值，即以加上通貨膨脹貼水後的貨幣時間價值為基礎，在其上下浮動，選擇一個數值。這樣設定的風險系數可能因人而異，但就某一個地區、某一個行業來說，應是一個常數。

實際上，風險價值系數通常由投資者主觀設定。風險系數的設定在很大程度上取決於企業對風險的態度。敢於冒風險的企業家常常把風險系數定得低些；而那些穩健或不願冒風險的企業家則常常把風險系數定得高些，使風險報酬率盡量接近標準離差率。$b=1$時，風險系數最高，此時風險報酬率等於標準離差率。

仍使用例2-18飛鴿公司的數據，設定風險系數。設定系數為0.6，那麼，A、B兩個方案由於承擔風險而要求的超過無風險利率的額外報酬率為：

$R_A = 0.6 \times 0.27 = 16.2\%$

$R_B = 0.6 \times 0.11 = 6.6\%$

這裡的風險報酬率加上無風險報酬率，就構成了按風險調整的投資報酬率。投資報酬率與收益標準離差率之間存在著一種線性關係，其關係式如下：

$$R_M = R_F + bV \quad (2.29)$$

式中：$R_M$——投資報酬率；
　　　$R_F$——無風險報酬率；
　　　$b$——風險系數；
　　　$V$——標準離差率。

其中無風險報酬率可用加上通貨膨脹溢價的時間價值來確定。在財務管理實務中一般把短期政府債券（如短期國債）的收益率作為無風險報酬率，風險價值系數（$b$）的數學意義是指該項目投資的風險報酬率占該項投資的標準離差率的比率。在實際工作中，確定單項投資的風險系數，可採取以下四種方法：

（1）通過對相關投資項目的總投資收益率和標準離差率，以及同期的無風險收益率的歷史資料進行分析。

（2）對相關數據進行統計回歸推斷。

（3）由企業主管投資的人員會同有關專家定性評議而獲得。

## 第2章 財務管理基本知識

(4) 由專業諮詢公司按不同行業定期發布,供投資者參考使用。

接上例,設上述飛鴿公司的無風險利率為12%,則該公司A、B兩個項目按風險調整後的投資報酬率分別是:

A項目為:$R_M = 12\% + 16.2\% = 28.2\%$

B項目為:$R_M = 12\% + 6.6\% = 18.6\%$

投資報酬率與標準離差率之間的線性關係如圖2-10所示。

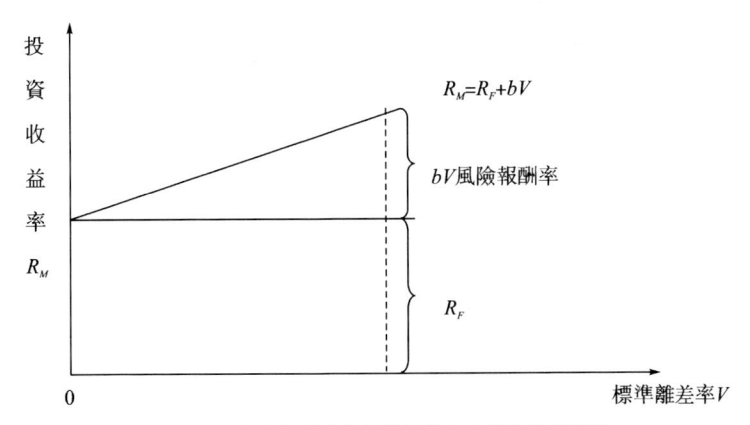

圖2-10 投資報酬率與標準離差率之間的線性關係

綜上所述,風險報酬計算是關於使用標準離差率來反應單個項目投資風險報酬的計算。實際上,投資者一般並不把其所有資金投資於一個項目或一種證券上,而是努力開展多樣化投資活動,進行組合投資。

(六)組合投資風險簡介

投資者在進行證券投資時,一般並不把所有資金投資於一種證券,而是同時持有多種證券。這種同時投資於多種證券的方式,稱為證券的投資組合。由多種證券構成的投資組合,會減少風險,報酬率高的證券會抵消報酬率低的證券帶來的負面影響。因此,不論是個人投資者還是法人投資者,一般都同時投資於多種公司證券,所以,瞭解證券投資組合的風險與報酬對於公司財務人員來說非常重要。組合投資的收益和風險特徵、財務評價方法、投資項目選擇方法等,與單項投資有許多不同之處。

1. 組合投資的風險和收益

任意一只股票所包含的風險,幾乎有一半能夠通過構建一個適度最大分散化的投資組合而消除。不過由於總會殘留一些風險,因此幾乎不可能完全分散那些影響所有股票報酬的整個股票市場的波動。

從投資角度看,可將風險分為系統風險和非系統風險。

系統風險又稱為市場風險或不可分散風險,它是由那些影響整個市場的風險因素所引起的,如國家宏觀經濟狀況的變動,世界貿易狀況的改變,國家稅制和財政改革等，這部分風險是針對整個市場的，會對大多數股票產生負面影響，因此是不能通過組合投資來分散的。

非系統風險又稱公司特有風險或可分散風險。它是某一特定公司或行業所特有的風險，而與整個市場的因素無關。如一次技術革新可能只影響一種現有產品的市場，這部分風險是可以通過適當的組合投資來進行分散的，如果組合中股票數量足夠多，則任意單只股票的可分散風險都能夠被消除，因爲通過持有證券的多樣化，其中某些公司的股票報酬上升，另一些公司的股票報酬下降，從而可將風險抵消。因此，它沒有風險補貼。

我們可以簡單地將組合投資的風險描繪成如圖2-11所示，其中$\sigma_p$代表組合投資風險，$\sigma_m$代表系統性風險。

圖2-11　組合投資風險與投資種類的關係圖

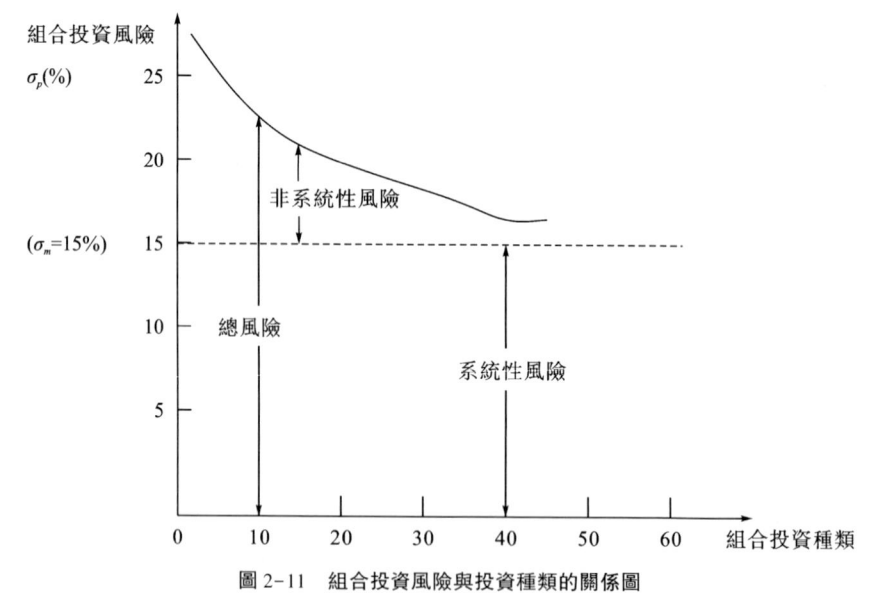

圖2-11的曲線說明，投資組合的風險程度通常會隨著投資組合規模的增加而降低，並逐漸趨於某個臨界值，即系統性風險的水平。

（1）$\beta$係數。在風險研究中，我們通常以$\beta$係數來衡量各種投資（尤其是證券投資）風險的程度大小，對於單項投資的風險，我們可用下式表示：

$$\beta = \frac{某項證券投資的風險報酬率增量}{市場上所有證券的平均風險報酬率增量} \qquad (2.30)$$

在此，$\beta$值實際上是某一證券投資的風險報酬率對整個市場所有證券投資平均風險報酬率的變化率，即該證券相對於平均股票的波動程度。由於$\beta$值的計算較爲困難，所以一般由專門機構進行測算，提供結果供投資者使用。若將整個股票市場的$\beta$係數確定爲1，則某種股票的$\beta$係數如大於1，表示其風險大於整個市場的風

## 第2章　財務管理基本知識

險；等於1表示其風險與整個市場風險相同；小於1表示其風險小於整個市場的風險。

在瞭解了單項投資 $\beta$ 系數之後，我們來進一步研究組合投資 $\beta$ 系數的確定。組合投資的 $\beta$ 系數是該組合中各單項投資 $\beta$ 系數的加權平均數。其權數為各單項投資在該組合投資中所占的比重。計算公式如下：

$$\beta_p = \sum_{i=1}^{n} W_i \beta_i \tag{2.31}$$

式中：$\beta_p$——組合投資的 $\beta$ 系數；

$W_i$——組合投資中第 $i$ 種投資占投資的比重；

$\beta_i$——第 $i$ 種投資的 $\beta$ 系值；

$n$——組合投資的總數。

（2）組合投資的必要報酬率。組合投資的期望報酬率應表示為：

$$\widehat{R}_P = R_F + \widehat{R}_C + \widehat{R}_N \tag{2.32}$$

式中：$\widehat{R}_P$——組合投資的期望報酬率；

$R_F$——無風險報酬率；

$\widehat{R}_C$——組合投資的非系統風險報酬率；

$\widehat{R}_N$——組合投資的系統風險報酬率。

在確定市場的情況下，各項投資的無風險報酬率（$R_F$）是相同的。$\widehat{R}_C$ 是非系統風險報酬率，而非系統風險是可以通過組合投資進行分散的，因此，它沒有風險補貼。故在此並不考慮 $\widehat{R}_C$，$\widehat{R}_N$ 是組合投資的系統風險報酬率，也是投資所要求的風險補貼率，它的大小直接受組合投資 $\beta$ 系數的影響，至此，公式可進一步簡化變形為：

$$\widehat{R}_P = R_F + \widehat{R}_N = R_F + \beta_p (\widehat{R}_m - R_F) \tag{2.33}$$

式中，$\widehat{R}_m$ 表示所有投資的平均報酬率。若是證券投資，則可認為是證券市場上各種證券的平均報酬率，簡稱證券市場報酬率，其中，（$\widehat{R}_m - R_F$）的大小受市場全體投資者回避風險程度的影響，因此也稱為市場平均風險補貼率。

【例2-19】某公司進行組合投資，購買了甲、乙、丙三種股票，$\beta$ 系數分別為 2、1 和 0.5，它們在組合投資中的比重分別為 50%、40% 和 10%。設股票市場報酬率為 12%，無風險報酬率為 8%，試確定該組合投資的必要報酬率。

$$\beta_p = \sum_{i=1}^{3} W_i P_i = 50\% \times 2 + 40\% \times 1 + 10\% \times 0.5 = 1.45$$

$$\widehat{R}_P = R_F + \beta_p (\widehat{R}_m - R_F)$$
$$= 8\% + 1.45 \times (12\% - 8\%)$$
$$= 13.8\%$$

若將該例題中甲、乙、丙三種股票在組合投資中的比重調整為 20%、30%、50%，則結果為：

$$\beta_P = \sum_{i=1}^{3} W_i P_i = 20\% \times 2 + 30\% \times 1 + 50\% \times 0.5 = 0.95$$

$\widehat{R}_P = R_F + \beta_p (\widehat{R}_m - R_F)$

$= 8\% + 0.95 \times (12\% - 8\%)$

$= 11.8\%$

由此可以看出，在其他因素不變的情況下，組合投資的必要報酬率受到組合中各單項投資的 $\beta$ 值以及各單項投資在組合投資中的比重大小的影響。在組合投資中，$\beta$ 系數較高的單項投資所占比重越大，則組合投資中的 $\beta$ 值越大，風險越大，組合投資所要求的必要報酬率也因而越大。

2. 風險和報酬率的關係

關於風險和報酬率關係的模型，在財務經濟學中研究較多，其中最有影響力的是資本資產定價模型（Capital Asset Pricing Model，簡稱 CAPM），是由美國經濟學家 William Sharpe、John Lintner 和 Jan Mossin 分別提出來的，該模型是資本市場均衡模型之一。該模型又包括兩個模型，使用兩個方程表示，分別代表兩條不同的曲線。其中第一條曲線稱為資本市場線（Capital MarKet Line），簡稱 CML 線。它描述的是資本市場上所有有效資產的收益與風險之間的關係。第二條曲線稱為證券市場線（Security MarKet Line），簡稱 SML 線。它描述的是資本市場上所有證券，不論其有效與否，其收益率與風險之間的關係。在本書中，着重討論 SML 線。SML 線所表示的資本資產定價模型可用下式表達：

$$R_i = R_F + \beta_i (R_m - R_F) \tag{2.34}$$

式中，$R_i$ 表示第 $i$ 種股票或第 $i$ 種證券組合的必要報酬率，$R_F$ 表示無風險報酬率，$\beta_i$ 表示第 $i$ 種股票或第 $i$ 種股票組合的 $\beta$ 系數，$R_m$ 表示所有股票或所有證券的平均報酬率。

此公式與前述組合投資必要報酬率的計算相似，區別在於它是對某一種投資必要報酬率的測定。而組合投資必要報酬率的資本資產定價模型表明，市場的期望報酬率是無風險資產的報酬率加上因市場組合的內在風險所需的補償。

【例 2-20】科林公司股票的 $\beta$ 系數測定為 2，如果當時市場無風險報酬率為 8%，市場股票平均報酬率為 12%，則該 $i$ 股票的必要報酬率為：

$R_i = R_F + \beta_i (R_m - R_F)$

$= 8\% + 2 \times (12\% - 8\%) = 16\%$

也就是說，只有該股票的報酬率達到或超過 16% 時，才有投資者願意購買，否則，則不願投資購買。

資本資產定價模型通常可以用圖形來表示，證券市場線（SML）說明了必要報酬率與系統風險 $\beta$ 系數之間的關係，可用圖 2-12 來加以說明。

## 第 2 章 財務管理基本知識

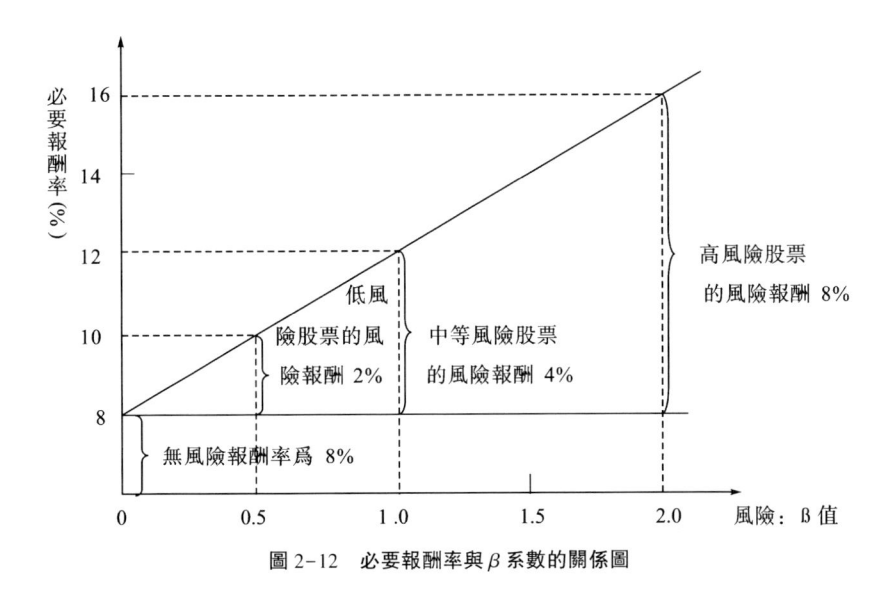

**圖 2-12 必要報酬率與 $\beta$ 係數的關係圖**

從圖中可以看到：無風險報酬率為 8%，當 $\beta=0$ 時，則無風險，亦無風險報酬存在；當 $\beta=0.5$ 時，為低風險，風險報酬率為 2%；當 $\beta=1$ 時，為中等風險，風險報酬率為 4%；當 $\beta=2$ 時，為高風險，風險報酬率為 8%。也就是說，在其他條件不變的情況下，風險越高，則 $\beta$ 值越大，相應要求的風險報酬率就越高，從而使必要報酬率越高。

從投資者的角度來看，無風險報酬率 $R_F$ 是其投資的報酬率，但從籌資者的角度來看，則是其支出的無風險成本，或稱無風險利率。現在市場上的無風險利率由兩部分構成：一是無通貨膨脹的報酬率即純利率，這是真正的時間價值部分；二是通貨膨脹貼水，它等於預期的通貨膨脹補償率。這樣，無風險報酬率就由純利率和通貨膨脹補償率兩部分構成。

SML 線的斜率反應了市場整體投資者對風險的回避程度——直線越陡峭，投資者越規避風險。也就是說，在同樣的風險水平上，要求的報酬更高；或者在同樣的報酬水平上，要求的風險更小。

當投資者回避風險的意識越強，他對高風險證券的風險補貼要求就越高，使 $(E_m-E_F)$ 上升，從而使 SML 線變得越來越高。比如，如果投資者不規避風險，當 $R_F$ 為 8% 時，各種證券的報酬率也是 8%，這樣，證券市場線將是水平的，當風險規避增加時，風險報酬率隨之增加，證券市場線的斜率也變大。風險規避的程度對風險較大的證券的影響更為明顯。這裡要提醒說明的是，$\beta$ 值不是 SML 的斜率，通過圖 2-10 的坐標軸，可以清晰地看到這一點。

綜上所述，證券投資者要求收益率的高低取決於證券市場線在圖中的位置。而證券市場線在圖中位置的變化則主要取決於證券投資者對現在消費的偏好程度、證券投資者對風險的規避程度、通貨膨脹的程度、股票$β_i$的變化程度，以及生產的經營管理水平和國家宏觀政策調控力度等因素。

（七）投資風險控制策略

企業冒風險從事經營和投資活動存在着"實際結果偏離預期目標而遭受損失的可能性"。這在客觀上要求冒風險進行投資和經營的企業應獲得高額報酬。風險越大，報酬應越高，風險與收益成正比，從而取得風險價值補償，否則便無人肯去冒險。因風險能帶來高額報酬，所以企業才運用風險。又因爲，在生產經營過程中，風險反感的現象的普遍存在以及時間相隔越遠，決策執行結果越難肯定，使得企業在判定長期投資決策時必須充分考慮風險因素的作用。

投資風險的控制策略主要有以下幾種：

1. 回避風險

任何單位面對風險時，首先考慮如何避免風險。風險回避策略是指在投資作業過程中，經過預測，財務人員認爲所面臨的投資風險無法控制，或控制成本太高沒有必要進行控制而採取的有意識的回避策略。凡風險所造成的損失不能由該項目可能獲得的利潤予以抵消時，回避風險是最可行的方法。

2. 減少風險

減少風險主要有兩方面意思：一是控制風險因素，減少風險的發生；二是控制風險發生的頻率和降低風險損害程度。在實際工作中，減少風險的常用方法主要有：①進行準確的預測，對決策進行多方案優選；②及時與政府部門溝通獲取政策信息；③在發展新產品前，充分進行市場調研；④實行設備預防檢修制度以減少設備事故；⑤選擇有彈性的、抗風險能力較強的技術方案，進行預先的技術模擬試驗，採用可靠的保護和安全措施；⑥採用多領域、多地域、多項目、多品種的投資以分散風險。

3. 轉移風險

轉移風險是指投資者採取不同形式將面臨的投資風險轉移給其他組織或人員的策略，如：對於可能給企業帶來災難性損失的資產，企業應以一定代價，採取一定方式，將風險損失轉嫁給他人，以避免可能給企業帶來的重大損失。具體形式有：向專業性保險公司投保；採取合資、聯營、增發新股、發行債券等措施實現風險共擔；通過技術轉讓、特許經銷、戰略聯盟、租賃經營等途徑實現風險轉移。

4. 接受風險

接受風險包括風險自擔和風險自保兩種。風險自擔，是指風險損失發生時，直接將損失攤入成本或費用；風險自保是指企業預留一筆風險金或隨著生產經營的進行有計劃地計提資產減值準備等。

5. 風險分割

這種策略是指企業或投資人可根據項目的風險特性進行分割。按照風險的依存狀態不同可將項目分割爲不同的風險等級，對那些風險程度較高的項目，要更加謹慎行事，適當的時候可請專家和技術人員幫助。

# 第 2 章　財務管理基本知識

總之，要在進行投資決策時，樹立風險價值觀念，充分運用現代風險管理機制的先進原理，通過科學方法先識別分析風險再評價和估測風險，認真權衡風險與收益的關係，選擇有可能避免風險、分散風險的控制策略，才能使企業獲得較多收益的投資方案。

## 第 3 節　財務分析

### 一、財務分析概述

財務分析是指以財務報告和其他相關的資料爲依據和起點，採用專門方法，系統分析和評價企業過去和現在的經營成果、財務狀況及其變動的一種方法，目的是瞭解過去、評價現在、預測未來，幫助利益關係集團改善決策。財務分析的最基本功能，是將大量的報表數據轉換成對特定決策有用的信息，減少決策的不確定性。

財務分析的起點是財務報表，分析使用的數據大部分來源於公開發布的財務報表。因此，財務分析的前提是正確理解財務報表。財務報表分析的結果是對企業的償債能力、盈利能力和抵抗風險能力做出評價，或找出存在的問題。

（一）財務分析的目的

財務分析的一般目的可以概括爲：評價過去的經營業績；衡量現在的財務狀況；預測未來的發展趨勢。財務分析的具體目的對於不同的報表使用人側重點不同。對外發布的財務報表，是根據全體使用人的一般要求設計的，並不適合特定報表使用人的特定要求。報表使用人要從中選擇自己需要的信息，重新排列，並研究其相互關係，使之符合特定決策要求。企業財務報表的主要使用人有 7 種，他們分析的具體目的不完全相同。

1. 投資人

爲決定是否投資，分析企業的資產和盈利能力；爲決定是否轉讓股份，分析盈利狀況、股價變動和發展前景；爲考察經營者業績，要分析資產盈利水平、破產風險和競爭能力；爲決定股利分配政策，要分析籌資狀況。

2. 債權人

爲決定是否給企業貸款，要分析貸款的報酬和風險；爲瞭解債務人的短期償債能力，要分析其流動狀況；爲瞭解債務人的長期償債能力，要分析其盈利狀況；爲決定是否出讓債權，要評價其價值。

3. 經理人員

爲改善財務決策而進行財務分析，涉及的內容最廣泛，幾乎包括外部使用人關心的所有問題。

4. 供應商

要通過分析，看企業是否能長期合作；瞭解銷售信用水平如何；是否應對企業延長付款期。

5. 政府

要通過財務分析瞭解企業納稅情況；遵守法規和市場秩序的情況；職工收入和就業狀況。

6. 雇員和工會

要通過分析判斷企業盈利與雇員收入、保險、福利之間是否相適應。

7. 中介機構（註册會計師、諮詢人員等）

註册會計師通過財務報表分析可以確定審計的重點。財務報表分析領域的逐漸擴展與諮詢業的發展有關，在一些國家"財務分析師"已成爲專門職業，他們爲各類報表使用人提供專業諮詢。

儘管不同利益的主體進行財務分析有着各自的側重點，但就企業總體來看，財務分析的内容可歸納爲5個方面：償債能力分析、營運能力分析、獲利能力分析、發展能力分析、財務狀況綜合分析。

（二）財務分析的方法

財務分析方法主要有比較分析法、比率分析法和因素分析法三種。

1. 比較分析法

比較分析法是財務分析中最常見的一種分析方法，它是將實際數值同特定的各種標準相比較，從數量上確定其差異額，並通過對這個差異額進行分析的一種方法。

在比較分析法下，根據所比較的數據不同可以分爲絶對數比較和相對數比較兩種。

絶對數比較是利用財務報表中兩個或兩個以上的絶對數進行比較，以揭示其數量上的差異。例如A上市公司2005年年報顯示其當年實現主營業務收入1 593 639萬元，實際淨利潤35 063萬元，而上一年該公司實際的銷售收入和淨利潤分別爲910 724萬元和18 120萬元。從這里可以看出A公司2005年與2004年相比，主營業務收入與上年相比增加682 915萬元，淨利潤增長16 943萬元。

相對數比較是利用財務報表中有相關關係數據的相對數進行比較，以揭示相對數之間的差異。例如A上市公司2005年實現主營業務收入1 593 639萬元，與上年相比增長42.85%，實際淨利潤爲35 063萬元，與上年相比增長48.32%，這組數據説明該公司的業績呈高速增長。

一般來説，絶對數比較可以對數值之間的差額進行説明，但没有表明這個差額的變化程度，而相對數比較則可以説明這個差額的變化程度，但並不能揭示這個差額的絶對值，兩種方法各有優缺點，所以在實際工作中往往是將兩種方法進行交叉使用，以便可以對被評價對象做出更爲準確的評價。

## 第 2 章 財務管理基本知識

2. 比率分析法

比率分析法是財務分析的一種重要分析方法，它主要是通過企業財務數據計算出的財務比率來説明企業某個方面的業績、狀況或能力。例如，通過企業的資產負債率可以説明企業的債務負擔的程度，通過企業的投資報酬率可以在一定程度上反應企業的獲利水平。

3. 因素分析法

在企業的經濟活動中，一些經濟指標往往是很多因素影響的結果。例如影響企業的淨資產收益率的因素有銷售淨利率、資產周轉率和權益乘數等，這些因素對淨資產收益率有些什麼影響，有多大的影響，在分析時我們應該從數量來進行測定，這樣可以幫助人們抓住主要矛盾，對企業的財務狀況和經營成果做出更有説服力的評價。

對因素分析法我們又可以具體分爲差額分析法、指標分解法、連環替代法和定基替代法等方法。

(三) 財務分析的基本依據

財務分析的起點是財務報告，分析使用的數據大部分來源於公開發布的財務報表。因此，財務分析的前提是正確理解財務報表。財務報表是反應企業一定時期財務狀況、經營成果和現金流動狀況的總結性書面文件，包括財務報表、財務報表附註和財務情況説明書。財務報表體系主要由資產負債表、利潤表、現金流量表三張主要報表構成。

1. 資產負債表

資產負債表是企業財務結構的"快照"，它反應企業在一定時期的全部資產、負債和所有者權益的會計報表，是關於一個企業資產結構與資本結構的記錄。企業價值每天都在變動，資產負債表只是表明在某個時點企業擁有什麼，企業欠別人什麼，兩者相抵，企業爲其投資者留下什麼。其基本特點有：

(1) 反應一定時點的財務狀況（月報、年報），因此有被修飾的可能；
(2) 按權責發生制填制，對未來的反應有一定程度的影響；
(3) 反應資產與負債、所有者權益之間的關係，即資產 = 負債 + 所有者權益；
(4) 反應資產、負債、所有者權益的存量及其結構等信息。

一般來説，企業過去的經營、投資和籌資等活動的結果都會反應在資產負債表上。可以説，資產負債表在一定程度上總括地反應了企業全部交易、事項與情況的影響。企業資產負債表反應了企業與企業之外的社會各界的契約關係，對於瞭解和把握特定時點企業財務結構將有很大的幫助。但是，企業資產負債表並不直接反應企業的財務業績如何，也不直接反應企業是否在某一時期賺得足夠的利潤以承擔其還債的責任，以及是否爲企業的投資者增加了資產。資產負債表的格式如表 2-3 所示。

表 2-3　　　　　　　　　　　　資產負債表

編制單位：A 公司　　　　　　　2015 年 12 月 31 日　　　　　　　　　　　單位：萬元

| 資產 | 年初數 | 年末數 | 負債和股東權益 | 年初數 | 年末數 |
|---|---|---|---|---|---|
| 流動資產： | | | 流動負債： | | |
| 貨幣資金 | 880 | 1 550 | 短期借款 | 200 | 150 |
| 短期投資 | 132 | 60 | 應付帳款 | 600 | 400 |
| 應收帳款 | 1 080 | 1 200 | 應付工資 | | |
| 其他應收款 | | | 應付福利費 | 180 | 300 |
| 預付帳款 | 200 | 250 | 應付股利 | 500 | 800 |
| 存貨 | 808 | 880 | 一年內到期的長期負債 | 120 | 150 |
| 流動資產合計 | 3 100 | 3 940 | 流動負債合計 | 1 600 | 1 800 |
| 長期投資： | | | 長期負債： | | |
| 長期股權投資 | 300 | 500 | 長期借款 | 200 | 300 |
| 長期債權投資 | | | 應付債券 | 100 | 200 |
| 長期投資合計 | 300 | 500 | 長期負債合計 | 300 | 500 |
| 固定資產： | | | 負債合計 | 1 900 | 2 300 |
| 固定資產原價 | 2 500 | 2 800 | 股東權益： | | |
| 減：累計折舊 | 750 | 880 | 股本 | 1 500 | 1 800 |
| 固定資產淨值 | 1 750 | 1 920 | 資本公積 | 500 | 700 |
| 固定資產合計 | 1 750 | 1 920 | 盈餘公積 | 800 | 1 000 |
| 無形資產及其他資產： | | | 未分配利潤 | 500 | 600 |
| 無形資產 | 50 | 40 | 股東權益合計 | 3 300 | 4 100 |
| 無形資產及其他資產合計 | 50 | 40 | 負債和股東權益總額 | 5 200 | 6 400 |
| 資產總額 | 5 200 | 6 400 | | | |

2. 利潤表

利潤表是企業一定時期經營成果的計量，它總括地反應企業在某一會計期間內（年度、季度、月份等）經營成果的一種財務報表。其基本特點有：

（1）反應一定期間經營成果；

（2）按權責發生制填制；

（3）反應利潤的構成及實現，有利於管理者瞭解本期取得的收入和發生的產品成本、期間費用及稅金，瞭解盈利總水平和各項利潤的形成來源及其構成。利潤表實際上是有關一個企業在一段時間內的財務業績（企業賺錢的能力）記錄。其理論依據是：利潤 = 收入 - 成本費用。利潤表的基本結構據此設計，因此，利潤表只是利潤計算公式的表格化而已。

由於目前的會計是一種權責發生制會計，簡單地說，收入與現金收入，費用與現金支出在數額、時間上並不等同。最典型的例子就是折舊，它是一種現金流入量，

## 第 2 章 財務管理基本知識

但是，在會計上根據權責發生制，它卻是一種費用。另外對於賒銷，按權責發生制它是一種收入，但是，它卻沒有導致現金收入。也許，企業會計報表上顯示出讓人驚喜的利潤，但是，企業甚至沒有足夠的現金去支付獲得這些利潤的稅款，更不要說企業再生產的資金。也許利潤是企業的，但是錢卻在別人的手裡。因此企業有利潤卻未必有現金流量。無論如何，資產負債表和利潤表都不能反應一個企業的真實現金流動狀況，只有現金流量表才能反應企業的現金流量狀況。利潤表的格式如表 2-4 所示。

表 2-4　　　　　　　　　　　　利潤表

編制單位：A 公司　　　　　　　2015 年度　　　　　　　　單位：萬元

| 項　目 | 本年累計數 | 上年累計數 |
| --- | --- | --- |
| 一、主營業務收入 | 15 000 | 11 500 |
| 減：主營業務成本 | 8 500 | 6 900 |
| 稅金及附加 | 750 | 575 |
| 二、主營業務利潤（虧損以"-"號填列） | 5 750 | 4 025 |
| 加：其他業務利潤（虧損以"-"號填列） | 2 000 | 1 500 |
| 減：營業費用 | 500 | 450 |
| 管理費用 | 840 | 750 |
| 財務費用 | 60 | 50 |
| 三、營業利潤（虧損以"-"號填列） | 6 350 | 4 275 |
| 加：投資收益（虧損以"-"號填列） | 70 | 50 |
| 補貼收入 |  |  |
| 營業外收入 | 50 | 60 |
| 減：營業外支出 | 30 | 50 |
| 四、利潤總額（虧損以"-"號填列） | 6 440 | 4 335 |
| 減：所得稅 | 2 576 | 1 732 |
| 五、淨利潤（虧損以"-"號填列） | 3 864 | 2 603 |

3. 現金流量表

現金流量表是以現金為基礎編制的反應企業在一定期間內由於經營、投資、籌資活動所形成的現金流量情況的會計報表。其基本特點有：①反應一定期間現金流動的情況和結果；②按收付實現制填制，能夠在很大程度上真實反應企業對未來資源的掌握。現金流量表揭示了企業在一定時期內創造的現金數額。同一時期的現金流入量減去現金流出量就得到該時期的淨現金流量。現金流量表告訴企業經理人員企業在滿足了所有現金支出之後究竟創造了多少超額的現金。

在現金流量表上，現金收入與現金支出分為經營活動現金流量、投資活動現金流量和籌資活動現金流量。現金流量表實際上就是對為什麼"虧損企業發放股利，盈利企業走向破產"的解釋，也是對資產負債表結果的解釋。可以說，資產負債表體現公司理財的結果，而現金流量表體現公司理財的過程。企業最終必須靠持續的經營活動產生的現金流量才能維持下去。現金流量表的格式如表 2-5 所示。

表 2-5　　　　　　　　　　　　現金流量表
編制單位：A 公司　　　　　　　2015 年度　　　　　　　　　單位：萬元

| 項　目 | 金額 |
|---|---|
| 一、經營活動產生的現金流量 | |
| 　　銷售商品、提供勞務收到的現金 | 1 342 |
| 　　收到的稅費返還 | |
| 　　收到其他與經營活動有關的現金 | |
| 　　現金流入小計： | 1 342 |
| 　　購買商品、接受勞務支付的現金 | 592 |
| 　　支付給職工以及為職工支付的現金 | 300 |
| 　　支付的各項稅費 | 197 |
| 　　支付其他與經營活動有關的現金 | 20 |
| 　　現金流出小計： | 1 109 |
| 　　經營活動產生的現金流量淨額 | 233 |
| 二、投資活動產生的現金流量 | |
| 　　收回投資收到的現金 | 165 |
| 　　取得投資收益收到的現金 | 90 |
| 　　處置固定資產、無形資產和其他長期資產收回的現金淨額 | 300 |
| 　　處置子公司及其他營業單位收到的現金淨額 | |
| 　　收到其他與投資活動有關的現金 | |
| 　　現金流入小計 | 555 |
| 　　購建固定資產、無形資產和其他長期資產支付的現金 | 451 |
| 　　投資支付的現金 | |
| 　　取得子公司及其他營業單位支付的現金淨額 | |
| 　　支付其他與投資活動有關的現金 | |
| 　　現金流出小計 | 451 |
| 　　投資活動產生的現金流量淨額 | 104 |
| 三、籌資活動產生的現金流量： | |
| 　　吸收投資收到的現金 | |
| 　　取得借款收到的現金 | 400 |
| 　　收到其他與籌資活動有關的現金 | |
| 　　現金流入小計 | 400 |
| 　　償還債務支付的現金 | 125 |

# 第 2 章　財務管理基本知識

表2-5(續)

| 項　目 | 金額 |
|---|---|
| 分配股利、利潤或償付利息支付的現金 | 12 |
| 支付其他與籌資活動有關的現金 | |
| 現金流出小計 | 137 |
| 籌資活動產生的現金流量淨額 | 263 |

## 二、財務指標分析

財務報表中有大量的數據，可以根據需要計算出很多有意義的比率，這些比率涉及企業經營管理的各個方面。財務比率有償債能力比率、營運能力比率、獲利能力比率和發展能力比率。

(一) 償債能力指標分析

償債能力是指企業償還各種到期債務的能力，分為短期償債能力和長期償債能力。償債能力分析就是通過對企業資產變現能力及保障程度的分析，觀察和判斷企業是否具有償還到期債務的能力及其償債能力的強弱。

1. 短期償債能力分析

短期償債能力是指企業以其流動資產支付在一年內即將到期的流動負債的能力。企業有無償還短期債務的能力對企業的生存、發展至關重要。如果企業短期償債能力弱，就意味着企業的流動資產對其流動負債償還的保障能力弱，企業的信用可能會受到損害，而企業信用受損則會進一步削弱企業的短期籌資能力，增大籌資成本和進貨成本，從而對企業的投資能力和獲利能力產生重大影響。

企業短期償債能力的大小主要取決於企業營運資金的多少、流動資產變現能力、流動資產結構狀況和流動負債的多少等因素。衡量和評價企業短期償債能力的指標主要有流動比率、速動比率和現金比率等。

(1) 流動比率。流動比率是指企業流動資產與流動負債之間的比率關係，反應每一元流動負債有多少流動資產可以作為支付保證。其計算公式是：

$$流動比率 = \frac{流動資產}{流動負債}$$

一般情況下，流動比率越高，反應企業短期償債能力越強，債權人的權益越有保證。按照西方企業的長期經驗，一般認為 2:1 的比例比較適宜。它表明企業財務狀況穩定可靠，除了可滿足日常生產經營的流動資金需要外，還有足夠的財力償付到期的短期債務。如果比例過低，則企業可能難以如期償還債務。但是，流動比率也不能過高，過高則表明企業流動資產占用較多，會影響資金的使用效率和企業的籌資成本進而影響獲利能力。究竟應保持多高水平的比率，主要視企業對待風險與收益的態度而定。

运用流动比率时，必须注意以下幾個問題：①雖然流動比率越高，企業償還短期債務的流動資產保證程度越強，但這並不等於說企業已有足夠的現金或存款用来償債。流動比率高也可能是存貨積壓、應收帳款增多且收帳期延長，以及待攤費用和待處理財產損失增加所致，而真正可用來償債的現金和存款卻嚴重短缺。所以，企業應在分析流動比率的基礎上進一步對現金流量加以考察。②從短期債權人的角度看，自然希望流動比率越高越好。但從企業經營的角度看，過高的流動比率通常意味着企業的閑置現金持有量過多，必然造成企業機會成本的增加和獲利能力的降低。因此，企業應盡可能將流動比率維持在不使貨幣資金閑置的水平。③流動比率是否合理，不同的企業以及同一企業不同時期的評價標準是不同的，因此，不應用統一的標準來評價各企業流動比率合理與否。④在分析流動比率時應當剔除一些虛假因素的影響。

(2) 速動比率。速動比率又稱爲酸性測試比率，是指企業速動資產與流動負債的比例關係，說明企業在一定時期内每一元流動負債有多少速動資產作爲支付保證。

速動資產是流動資產扣除存貨後的餘額，具體包括現金及各種存款、有價證券、應收帳款等。一般來説，存貨是企業流動資產中變現能力較弱的資產，同時也是企業持續經營必備的資產準備。因此在短期償債能力評價中，應考察企業不依賴出售存貨而能清償短期債務的能力。其計算公式是：

$$速動比率 = \frac{速動比率}{流動負債}$$

$$速動資產 = 流動資產 - 存貨$$

通常認爲正常的速動比率爲1，低於1的速動比率被認爲是短期償債能力偏低。這僅是一般看法，因爲行業不同，速動比率會有很大差別，沒有統一標準。例如：採用大量現金銷售的商店，幾乎沒有應收帳款，速動比率大大低於1是很正常的。相反，一些應收帳款較多的企業，速動比率可能大大高於1。

影響速動比率可信度的重要因素是應收帳款的變現能力，如果企業的應收帳款中，有較大部分不易收回，可能會成爲壞帳，那麼速動比率就不能真實地反應企業的償債能力。

需要說明的是，速動資產應該包括哪幾項流動資產，目前尚有不同觀點。有人認爲不僅要扣除存貨，還應扣除待攤費用、預付貨款等其他變現能力較差的項目。

(3) 影響資產變現能力的其他因素。上述變現能力指標都是按會計報表資料計算的。但是，有些影響變現能力的因素並沒有在會計報表中反應出來。報表的使用者應瞭解這些表外因素的影響情況，以做出正確的判斷。這主要包括兩方面因素：一是增強變現能力的因素。主要包括可動用的銀行貸款指標、準備近期變現的長期資產、企業的信譽等。二是減弱變現能力的因素。未在會計報表中反應的減弱企業流動資產變現能力的因素主要有：未做記錄的或有負債、由擔保責任引起的負債等。

## 第2章 財務管理基本知識

2. 長期償債能力分析

長期償債能力是企業以其資產或勞務支付長期債務的能力。企業的長期償債能力不僅受其短期償債能力的制約，還受企業獲利能力的影響。因爲增加流動資產和現金流入量的程度最終取決於企業的獲利情況。企業的長期償債能力弱，不僅意味着財務風險增大，也意味着在利用財務槓桿獲取負債利益等方面的政策失敗，企業目前的資本結構出現問題。評價企業長期償債能力的主要財務比率有資產負債率、負債權益比率和利息保障倍數。

（1）資產負債率。資產負債率是企業負債總額與資產總額的比率。它反應企業全部資產中負債所占的比重以及企業資產對債權人的保障程度。其計算公式爲：

$$資產負債率 = \frac{負債總額}{資產總額} \times 100\%$$

資產負債率是反應企業長期償債能力強弱、衡量企業總資產中所有者權益與債權人權益的比例是否合理的重要財務指標。

對於資產負債率，企業的債權人、股東和企業經營者往往從不同的角度來評價。

從債權人角度評價，由於債權人最關心的是貸給企業的款項的安全程度，也就是能否按期收回本金和利息。如果股東提供的資本與企業資本總額相比，只占較小的比例，則企業的風險將主要由債權人負擔，這對債權人來講是不利的。因此，他們希望債務比例越低越好，企業償債有保證，貸款不會有太大的風險。

從股東角度評價，由於企業通過舉債籌措的資金與股東提供的資金在經營中發揮同樣的作用，因此，股東所關心的是全部資本利潤率是否超過借入款項的利率，即借入資本的代價。在企業所得的全部資本利潤率超過因借款而支付的利息率時，股東所得到的利潤就會加大。相反，如果運用全部資本所得的利潤率低於借款利息率，則對股東不利，因爲借入資本的多餘的利息要用股東所得的利潤份額來彌補。因此，從股東的立場看，在全部資本利潤率高於借款利息率時，負債比例越大越好，否則反之。

從經營者角度評價，如果舉債很大，超出債權人心理承受程度，企業就借不到錢。如果企業不舉債，或負債比例很小，說明企業畏縮不前，對前途信心不足，利用債權人資本進行經營活動的能力很差。從財務管理的角度來看，企業應當審時度勢，全面考慮，在利用資產負債率制定借入資本決策時，必須充分估計預期的利潤和增加的風險，在二者之間權衡利害得失，做出正確決策。

至於資產負債率爲多少才是合理的，並沒有一個確定的標準。不同的行業、不同類型的企業都是有較大差異的。一般而言，處於高速成長期的企業，其負債比率可能會高一些，這樣所有者會得到更多的槓桿利益。但是，作爲財務管理者在確定企業的負債比率時，一定要審時度勢，充分考慮企業內部各種因素和企業外部的市場環境，在收益與風險之間權衡利弊得失，然後才能做出正確的財務決策。

（2）產權比率。產權比率，也稱負債權益比率，是指企業負債總額與所有者權益總額的比率,是從所有者權益對長期債權保障程度的角度評價企業長期償債能力的指標。產權比率越小,說明所有者對債權的保障程度越高,反之越低。其計算公式爲:

$$產權比率 = \frac{負債總額}{所有者權益總額} \times 100\%$$

對於產權比率分析,可從下面兩方面考慮:①該項指標反應由債權人提供的資本與股東提供的資本的相對關係,反應企業基本財務結構是否穩定。一般來說,股東資本大於借入資本較好,但也不能一概而論。從股東角度來看,在通貨膨脹加劇時期,企業多借債可以把損失和風險轉嫁給債權人;在經濟繁榮時期,多借債可以獲得額外的利潤;在經濟萎縮時期,少借債可以減少利息負擔和財務風險。產權比率高,是高風險、高報酬的財務結構;產權比率低,是低風險、低報酬的財務結構。②該項指標同時也表明債權人投入的資本受到股東權益保障的程度,或者說是企業清算時對債權人利益的保障程度。國家規定債權人的索償權在股東前面。如果該比率過高,當公司進行清算時,則債權人的利益會因股東提供的資本所占比重較小而缺乏保障。

資產負債率與產權比率具有共同的經濟意義,兩個指標可以相互補充。因此,對產權比率的分析可以參見對資產負債率指標的分析。

(3) 利息保障倍數。利息保障倍數是指企業一定時期內所獲得的息稅前利潤與當期所支付利息費用的比率,常被用以測定企業以所獲取利潤總額承擔支付利息的能力。這里的息稅前利潤是指稅前利潤加上利息費用,實際計算時常用利潤表中的利潤總額加財務費用,這是由於我國現行利潤表中利息費用沒有單列,而是混在財務費用之中,外部報表使用人只好用利潤總額加財務費用來加以評價。其計算公式爲:

$$利息保障倍數 = \frac{利潤總額 + 利息費用}{利息費用}$$

一般情況下,利息保障倍數越大,反應企業投資利潤率越高,支付長期債務利息的能力越強。因此,長期債權人在判定企業長期償債能力時,除了依據企業合理的資產負債率和負債權益比率以求得企業較穩定的債權保障外,還必須考察企業的利息保障倍數,看長期投入資金的獲利程度,以求提高收回利息和本金的保障程度。

在利用利息保障倍數進行分析評價時應註意的問題包括:①合並會計報表中的利潤總額應扣除子公司的少數權益和特別股利;②當期的資本化利息應抽出作爲利息費用;③需要連續比較多個會計年度(一般在 5 年以上)的利息保障倍數,才能確定其償債能力的穩定性。

(二) 營運能力指標分析

企業負債和所有者權益的增加都是爲了形成足夠的營運能力。營運能力是指企業對其有限資源的配置和利用能力,從價值的角度看就是企業資金的利用效果。一

## 第 2 章　財務管理基本知識

般情況下，企業管理人員的經營管理能力以及對資源的配置能力都有可能通過相關的財務指標反應出來。

1. 流動資產周轉率

流動資產周轉率是指企業流動資產在一定時期內所完成的周轉額與流動資產平均占用額之間的比率關係，反應流動資產在一定時期內的周轉速度和營運能力。在其他條件不變的情況下，如果流動資產周轉速度快，說明企業經營管理水平高。資源利用效率越高，流動資產所帶來的經濟效益就越高。該指標通常用流動資產周轉次數或周轉天數表示。其計算公式為：

$$流動資產周轉次數 = \frac{銷售收入淨額}{流動資產平均占用額}$$

$$流動資產周轉天數 = \frac{360}{流動資產周轉次數}$$

上式中：

$$流動資產平均占用額 = (期初流動資產 + 期末流動資產) \div 2$$

從上式可以看出，在銷售額既定的條件下，周轉速度越快，投資於流動資產的資金就越少；反之，投資於流動資產的資金就越多。

2. 存貨周轉率

存貨周轉率是指企業一定時期內的銷售成本與同期的存貨平均餘額之間的比率。其計算公式為：

$$存貨周轉次數 = \frac{銷售成本}{平均存貨}$$

$$存貨周轉天數 = \frac{360}{存貨周轉次數}$$

上式中：

$$平均存貨 = (期初存貨 + 期末存貨) \div 2$$

存貨周轉率是從存貨變現速度的角度來評價企業的銷售能力及存貨適量程度的。存貨周轉次數越多，反應存貨變現速度越快，說明企業銷售能力越強，營運資金占壓在存貨上的量小；反之，存貨周轉次數越少，反應企業存貨變現速度慢，說明企業銷售能力弱，存貨積壓，營運資金沉澱於存貨的量大。

用該指標進行評價分析，要注意的是衡量和評價存貨周轉率沒有一個絕對的標準，因行業而異。

3. 應收帳款周轉率

應收帳款周轉率是指企業在一定時期的賒銷淨額與應收帳款平均餘額之間的比率。其計算公式是：

$$應收帳款周轉次數 = \frac{賒銷淨額}{平均應收帳款}$$

$$應收帳款周轉天數 = \frac{360}{應收帳款周轉次數}$$

上式中：

$$賒銷淨額 = 賒銷總額 - 銷售退回與折讓$$
$$平均應收帳款 = (期初應收帳款 + 期末應收帳款) \div 2$$

應收帳款周轉率是評價企業應收帳款的變現能力和管理效率的財務比率。應收帳款周轉次數多，說明企業組織收回應收帳款的速度快，造成壞帳損失的風險小，流動資產流動性好，短期償債能力強。反之，應收帳款周轉次數少，說明企業組織收回應收帳款的速度慢，壞帳損失風險大，流動資產流動性差，短期償債能力弱。

4. 總資產周轉率

總資產周轉率是企業一定時期的銷售收入對總資產的比率。其計算公式是：

$$總資產周轉次數 = \frac{銷售收入淨額}{平均資產總額}$$

$$總資產周轉天數 = \frac{360}{總資產周轉次數}$$

該指標反應資產總額的周轉速度。周轉越快，反應銷售能力越強。企業可以通過薄利多銷的辦法，加速資產的周轉，帶來利潤絕對額的增加。

(三) 獲利能力指標分析

獲利能力是指企業獲取利潤的能力，反應着企業的財務結構狀況和經營績效，是企業償債能力和營運能力的綜合體現。企業在資源的配置上是否高效，直接從資產結構狀況、資產運用效率、資產周轉速度以及償債能力等方面表現出來，從而決定着企業的盈利水平。一個企業能否持續發展，關鍵取決於企業的營運能力、償債能力和獲利能力三者的協調程度。如果片面地追求償債能力的提高，增大易變現資產的占用，勢必會使資產的收益水平下降，影響企業的營運能力和獲利能力；如果只追求提高資產的營運能力，就可能片面地重視企業在一定時期內獲取的銷售收入規模，相應增大應收帳款上的資金占用，而忽略企業資產的流動性和短期償債能力；如果單純地追求企業的盈利能力，又可能增大不易變現資產的占用而忽視資產的流動性，對企業的償債能力構成不利影響。

1. 總資產報酬率

總資產報酬率是一定時期企業利潤總額與平均資產總額之間的比率。其計算公式為：

$$總資產報酬率 = \frac{利潤總額}{平均資產總額} \times 100\%$$

上式中：

$$平均資產總額 = (期初資產總額 + 期末資產總額) \div 2$$

在市場經濟中各行業間競爭比較激烈的情況下，企業的資產利潤率越高說明總

# 第 2 章　財務管理基本知識

資產利用效果越好；反之越差。

2. 資產淨利率

資產淨利率是一定時期企業淨利潤與平均資產總額之間的比率。計算公式爲：

$$資產淨利率 = \frac{淨利潤}{平均資產總額} \times 100\%$$

上式中：

$$平均資產總額 = (期初資產總額 + 期末資產總額) \div 2$$

資產淨利率反應企業一定時期的平均資產總額創造淨利潤的能力，表明企業資產利用的綜合效率。該比率越高，表明資產的利用效率越高，說明企業利用經濟資源的能力越強。

3. 淨資產收益率

淨資產收益率也稱爲權益報酬率，是企業一定時期淨利潤與平均淨資產的比率。其計算公式爲：

$$淨資產收益率 = \frac{淨利潤}{平均淨資產} \times 100\%$$

上式中：

$$平均淨資產 = (期初淨資產 + 期末淨資產) \div 2$$

淨資產收益率反應企業所有者權益的投資報酬率，這是一個綜合性很強的評價指標。一般認爲，企業淨資產收益率越高，企業自有資本獲取收益的能力越強，運營效益越好，對企業投資人和債權人的保證程度越高。

4. 銷售獲利率

銷售獲利率的實質是反應企業實現的商品價值中獲利的多少。從不同角度反應銷售盈利水平的財務指標有三個。

(1) 銷售毛利率。銷售毛利率，也稱毛利率，是企業的銷售毛利與銷售收入淨額的比率。其計算公式爲：

$$銷售毛利率 = \frac{銷售毛利}{銷售收入淨額} \times 100\%$$

$$= \frac{銷售收入淨額 - 銷售成本}{銷售收入淨額} \times 100\%$$

公式中，銷售毛利是企業銷售收入淨額與銷售成本的差額，銷售收入淨額是指產品銷售收入扣除銷售退回、銷售折扣與折讓後的淨額。銷售毛利率反應了企業的銷售成本與銷售收入淨額的比例關係，毛利率越大，說明在銷售收入淨額中銷售成本所占比重越小，企業通過銷售獲取利潤的能力越強。

(2) 銷售淨利率。銷售淨利率是企業淨利潤與銷售收入淨額的比率。其計算公式爲：

$$銷售淨利率 = \frac{淨利潤}{銷售收入淨額} \times 100\%$$

銷售淨利率說明了企業淨利潤占銷售收入的比例，它可以評價企業通過銷售賺取利潤的能力。銷售淨利率表明企業每1元銷售淨收入可實現的淨利潤是多少。該比率越高，企業通過擴大銷售獲取收益的能力越強。評價企業的銷售淨利率時，應比較企業歷年的指標，從而判斷企業銷售淨利率的變化趨勢。但是，銷售淨利率受行業特點影響較大，因此，還應結合不同行業的具體情況進行分析。

5. 成本費用利潤率

成本費用利潤率是企業淨利潤與成本費用總額的比率。它反應企業生產經營過程中發生的耗費與獲得的收益之間的關係。其計算公式爲：

$$成本費用淨利率 = \frac{淨利潤}{成本費用總額} \times 100\%$$

（四）發展能力指標分析

發展能力，是企業在生存的基礎上，擴大規模、狀大實力的潛在能力。分析發展能力主要考察以下八項指標：營業收入增長率、資本保值增值率、資本積累率、總資產增長率、營業利潤增長率、技術投入比率、營業收入三年平均增長率和資本三年平均增長率。

1. 營業收入增長率

營業收入增長率，是企業本年營業收入增長額與上年營業收入總額的比率，反應企業營業收入的增減變動情況。其計算公式爲：

$$主營業務收入增長率 = \frac{本年營業收入增長額}{上年主營業務收入} \times 100\%$$

上式中：

本年營業收入增長額 = 本年營業收入總額 - 上年營業收入總額

營業收入增長率大於零，表明企業本年營業收入有所增長。該指標值越高，表明企業營業收入的增長速度越快，企業市場前景越好。

2. 資本保值增值率

資本保值增值率，是企業扣除客觀因素後的本年年末所有者權益總額與年初所有者權益總額的比率，反應企業當年資本在企業自身努力下實際增減變動的情況。其計算公式爲：

$$資本保值增值率 = \frac{年末所有者權益}{年初所有者權益} \times 100\%$$

一般認爲，資本保值增值率越高，表明企業的資本保全狀況越好，所有者權益增長越快，債權人的債務越有保障。該指標通常應當大於100%。

3. 資本積累率

資本積累率，是企業本年所有者權益增長額與年初所有者權益的比率，反應企業當年資本的積累能力。其計算公式爲：

$$資本積累率 = \frac{本年所有者權益增長額}{年初所有者權益} \times 100\%$$

## 第 2 章　財務管理基本知識

資本積累率越高，表明企業的資本積累越多，應對風險和持續發展的能力越強。

4. 總資產增長率

總資產增長率，是企業本年總資產增長額同年初資產總額的比率，反應企業本期資產規模的增長情況。其計算公式爲：

$$總資產增長率 = \frac{本年總資產增長額}{年初資產總額} \times 100\%$$

其中：本年總資產增長額＝年末資產總額－年初資產總額

總資產增長率越高，表明企業一定時期內資產經營規模擴張的速度越快。但在分析時，需要關註資產規模擴張的質和量的關係，以及企業的後續發展能力，避免盲目擴張。

5. 營業利潤增長率

營業利潤增長率，是企業本年營業利潤增長額與上年營業利潤總額的比率，反應企業營業利潤的增減變動情況。其計算公式爲：

$$營業利潤增長率 = \frac{本年營業利潤增長額}{上年營業利潤總額} \times 100\%$$

其中：本年營業利潤增長額＝本年營業利潤總額－上年營業利潤總額

6. 技術投入比率

技術投入比率，是企業本年科技支出（包括用於研究開發、技術改造、科技創新等方面的支出）與本年營業收入的比率，反應企業在科技進步方面的投入，在一定程度上可以體現企業的發展潛力。其計算公式爲：

$$技術投入比率 = \frac{本年科技支出合計}{本年營業收入} \times 100\%$$

7. 營業收入三年平均增長率

營業收入三年平均增長率表明企業營業收入連續三年的增長情況，反應企業的持續發展態勢和市場擴張能力。

一般認爲，營業收入三年平均增長率越高，表明企業營業持續增長勢頭越好，市場擴張能力越強。

8. 資本三年平均增長率

資本三年平均增長率表示企業資本連續三年的積累情況，在一定程度上反應了企業的持續發展水平和發展趨勢。

一般認爲，資本三年平均增長率越高，表明企業所有者權益得到保障的程度越高，應對風險和持續發展的能力越強。

### 三、綜合財務分析

(一) 杜邦財務分析體系

杜邦財務分析體系是利用幾種主要財務比率之間的內在聯繫，綜合分析企業財務狀況的一種方法。因這種分析體系是美國杜邦公司首先創造使用的，故稱爲杜邦分析法。

杜邦財務分析體系核心指標是權益報酬率（淨資產收益率）。

$$權益報酬率 = \frac{淨利潤}{平均所有者權益}$$

$$= \frac{淨利潤}{平均總資產} \times \frac{平均總資產}{平均所有者權益} = 資產淨利率 \times 權益乘數$$

$$= \frac{淨利潤}{銷售收入} \times \frac{銷售收入}{平均總資產} \times \frac{平均總資產}{平均所有者權益}$$

$$= 銷售淨利率 \times 資產周轉率 \times 權益乘數$$

杜邦分析法是對企業財務狀況進行的自上而下的綜合分析。它通過幾種主要的財務指標之間的關係，直觀、明了地反應出企業的償債能力、營運能力、獲利能力及其相互之間的關係，從而爲經營者提供解決企業財務問題的思路並爲企業提供財務目標的分解、控制途徑。從杜邦分析法可以瞭解到下面的財務信息。

（1）權益報酬率是杜邦財務分析體系的核心，是綜合性最強的一個指標，反應着企業財務管理的目標。企業財務管理的重要目標之一就是實現股東財富的最大化，權益報酬率正是反應了股東投入資金的獲利能力，這一比率反應了企業籌資、投資和生產運營等各方面經營活動的效率。權益報酬率取決於企業資產淨利率和權益乘數。資產淨利率反應企業運用資產進行生產經營活動的效率高低，而權益乘數則主要反應企業的籌資情況，即企業資金來源結構。

（2）資產淨利率是反應企業獲利能力的一個重要財務比率，它揭示了企業生產經營活動的效率，綜合性也極強。企業的銷售收入、成本費用、資產結構、資產周轉速度以及資金占用量等各種因素都直接影響到資產淨利率的高低。資產淨利率是銷售淨利率與資產周轉率的乘積。因此，可以從企業的銷售活動與資產管理兩個方面來進行分析。從企業的銷售方面看，銷售淨利率反應了企業淨利潤與銷售收入之間的關係。一般來說，銷售收入增加，企業的淨利會隨之增加，但是要想提高銷售淨利率，一方面必須提高銷售收入，另一方面要降低各種成本費用，這樣才能使淨利潤的增長高於銷售收入的增長，從而使銷售淨利率得到提高。在企業資產方面主要應分析以下兩個方面：①分析企業的資產結構是否合理，即流動資產與非流動資產的比例是否合理。一般來說，如果企業流動資產中貨幣資金占的比重過大，就應當分析企業現金持有量是否合理，有無現金閒置現象，因爲過量的現金會影響企業的獲利能力。如果流動資產中的存貨與應收帳款過多，就會占用大量的資金，影響企業的資金周轉。②結合銷售收入分析企業的資產周轉情況。如果企業資產周轉較慢，就會占用大量資金，增加資金成本，減少企業的利潤。資產周轉情況的分析要從分析企業總資產周轉率、企業存貨周轉率與應收帳款周轉率幾方面進行，並將其周轉情況與資金占用情況結合分析。

## 第2章 財務管理基本知識

總之，從杜邦分析法可以看出企業的獲利能力涉及產生經營活動的方方面面。權益報酬率與企業的籌資結構、銷售規模、成本水平、資產管理等因素密切相關，這些因素構成了一個完整的系統，系統內部各因素之間相互作用。只有協調好系統內部各個因素之間的關係，才能使權益報酬率最高，從而實現股東財富最大化的理財目標。

(二) 沃爾評分法

最初的財務比率綜合分析法也稱沃爾評分法（見表2-6）。其發明者是亞歷山大·沃爾。他在20世紀初出版的《信用晴雨表研究》和《財務報表比率分析》中提出了信用能力指數的概念，把若干個財務比率用線性關係結合起來，以評價企業的信用水平。他選擇了7種財務比率，分別給定了其在總體評價中所占的比重，總和為100分。然後確定標準比率，並與實際比率相比較，評出每項指標的得分，最後求出總評分，從而對企業業績進行評價。

表 2-6　　　　　　　　　沃爾評分法

| 財務比率 | 比重① | 標準比率② | 實際比率③ | 相對比率④＝③÷② | 評分⑤＝①×④ |
| --- | --- | --- | --- | --- | --- |
| 流動比率 | 25 | 2.00 | 2.33 | 1.17 | 29.25 |
| 淨資產/負債 | 25 | 1.50 | 0.88 | 0.59 | 14.75 |
| 資產/固定資產 | 15 | 2.50 | 3.33 | 1.33 | 19.95 |
| 銷售成本/存貨 | 10 | 8 | 12 | 1.50 | 15.00 |
| 銷售額/應收帳款 | 10 | 6 | 10 | 1.70 | 17.00 |
| 銷售額/固定資產 | 10 | 4 | 2.66 | 0.67 | 6.70 |
| 銷售額/淨資產 | 5 | 3 | 1.63 | 0.54 | 2.70 |
| 合計 | 100 | | | | 105.35 |

從理論上講，沃爾評分法存在一個弱點，即未能證明為什麼要選擇這7個指標，而不是更多或更少些，或者選擇別的財務比率，以及未能證明每個指標所占比重的合理性。這個問題至今仍然沒有從理論上得到解決。儘管沃爾評分法在理論上還有待證明，在技術上也不完善，但它還是在實踐中得以廣泛應用。耐人尋味的是，很多理論上相當完善的經濟計量模型在實踐中往往應用並不普遍，但實際使用並行之有效的模型卻又在理論上難以解釋。這也許就是經濟活動複雜性的表現。

現代社會與沃爾所在的時代相比，已有很大的變化。在評價指標方面有一些變動，在給每個指標評分時，規定上限和下限，以減少個別指標異常對總分造成不利的影響。

(三) 上市公司財務比率分析

對於上市公司來說，最重要的財務指標是每股收益、每股淨資產和淨資產收益率。

# 中級財務管理

1. 每股收益

（1）每股收益的計算及分析。每股收益是指本年淨利潤與年末普通股份總數的比值。其計算公式爲：

$$每股收益 = \frac{淨利潤}{年末普通股份總額}$$

每股收益是衡量上市公司盈利能力最重要的財務指標。它反應普通股的獲利水平。在分析時，可以進行公司間的比較，以評價該公司的相對盈利能力；可以進行不同時期的比較，瞭解該公司盈利能力的變化趨勢；可以進行經營實績和盈利預測的比較，掌握該公司的管理能力。

使用每股收益分析盈利性要註意的問題包括：

①每股收益不反應股票所含有的風險。例如，假設A公司原來經營日用品的產銷，最近轉向房地產投資，公司的經營風險增大了許多，但每股收益可能不變或提高，並沒有反應風險增加的不利變化。

②股票是一個"份額"概念，不同股票的每一股在經濟上不等量，它們所含有的淨資產和市價不同即換取每股收益的投入量不相同，限制了每股收益的公司間比較。

③每股收益多，不一定意味着多分紅，還要看公司股利分配政策。

（2）每股收益的延伸分析。爲了克服每股收益指標的局限性，可以延伸分析市盈率、每股股利、股利支付率、股利保障倍數和留存盈利比率等財務比率。

①市盈率。市盈率是指普通股每股市價爲每股收益的倍數。其計算公式爲：

$$市盈率 = \frac{普通股每股市價}{普通股每股收益}$$

市盈率反應投資人對每元淨利潤所願支付的價格，可以用來估計股票的投資報酬和風險。它是市場對公司的共同期望指標，市盈率越高，表明市場對公司的未來越看好。在市價確定的情況下，每股收益越高，市盈率越低，投資風險越小；反之亦然。在每股收益確定的情況下，市價越高，市盈率越高，風險越大；反之亦然。僅從市盈率高低的橫向比較看，高市盈率說明公司能夠獲得社會信賴，具有良好的前景；反之亦然。

使用市盈率指標時應註意以下問題：該指標不能用於不同行業公司的比較，充滿擴展機會的新興行業市盈率普遍較高，而成熟工業的市盈率普遍較低，這並不說明後者的股票沒有投資價值。在每股收益很小或虧損時，市價不會降至零，很高的市盈率往往不說明任何問題。市盈率高低受淨利潤的影響，而淨利潤受可選擇的會計政策的影響，從而使得公司間比較受到限制。市盈率高低受市價的影響，市價變動的影響因素很多，包括投機炒作等，因此觀察市盈率的長期趨勢很重要。

②每股股利。每股股利是指股利總額與期末普通股股份總數之比。其計算公式爲：

## 第 2 章 財務管理基本知識

$$每股股利 = \frac{股利總額}{年末普通股股份總額}$$

③股票獲利率。股票獲利率是指每股股利與股票市價的比率，也稱市價股利比率。其計算公式爲：

$$股票獲利率 = \frac{普通股每股股利}{普通股每股市價} \times 100\%$$

股票獲利率反應股利和股價的比例關係。股票持有人取得收益的來源有兩個：一是取得股利；二是取得股價上漲的收益。只有股票持有人認爲股價將上升，才會接受較低的股票獲利率。如果預期股價不能上升，股票獲利率就成了衡量股票投資價值的主要依據。

④股利支付率。股利支付率是指普通股淨收益中股利所占的比重，它反應公司的股利分配政策和支付股利的能力。其計算公式爲：

$$股利支付率 = \frac{普通股每股股利}{普通股每股淨收益} \times 100\%$$

⑤股利保障倍數。股利支付率的倒數，稱爲股利保障倍數，倍數越大，支付股利的能力越強。其計算公式爲：

$$股利保障倍數 = \frac{普通股每股淨收益}{普通股每股股利}$$

⑥留存盈利比率。留存盈利是指淨利潤減去全部股利（包括優先股利和普通股利）的餘額。留存盈利與淨利潤的比率，稱爲留存盈利比率。

$$留存盈利比率 = \frac{淨利潤 - 全部股利}{淨利潤} \times 100\%$$

留存盈利比率的高低，反應企業的理財方針。如果企業認爲有必要從內部積累資金，以便擴大經營規模，經股東大會同意可以採用較高的留存盈利比率。如果企業不需要資金或者可以用其他方式籌資，爲滿足股東取得現金股利的要求可降低留存盈利的比率。顯然，提高留存盈利比率必然降低股利支付率。

2. 每股淨資產

每股淨資產，是期末淨資產（即股東權益）與年度末普通股份總數的比值，也稱爲每股帳面價值或每股權益。其計算公式爲：

$$每股淨資產 = \frac{年度末股東權益}{年度末普通股數}$$

該指標反應發行在外的每股普通股所代表的淨資產成本即帳面權益。在投資分析時，只能有限地使用這個指標，因其是用歷史成本計量的，既不反應淨資產的變現價值，也不反應淨資產的產出能力。例如，某公司的資產只有一塊前幾年購買的土地，並且沒有負債，公司的淨資產是土地的原始成本。現在土地的價格比過去翻了幾番，引起股票價格上升，而其帳面價值不變。這個帳面價值，既不說明土地現在可以賣多少錢，也不說明公司使用該土地能獲得什麽。

每股淨資產，在理論上提供了股票的最低價值。如果公司的股票價格低於淨資產的成本，成本又接近變現價值，說明公司已無存在價值，清算是股東最好的選擇。正因爲如此，新建公司不允許股票折價發行。

## 本章小結

1. 資金時間價值，是指一定量資金在不同時點上的價值量的差額。反應資金的時間價值有兩種形式，即終值和現值。終值又稱將來值，是現在一定量現金在未來某一時點上的價值，又稱本利和。現值又稱本金，是指未來某一時點上的一定量現金折合到現在的價值。

2. 在現實經濟生活中，還存在一定時期內多次收付的款項，即系列收付款，如果每次收付的金額相等，則這樣的系列收付款項便稱爲年金。年金的形式多種多樣，如保險費、折舊、租金、等額分期收款、等額分期付款以及零存整取或整存零取儲蓄等，都存在年金問題。

3. 在年金和不等額現金流量混合的情況下，不能用年金計算的部分，則用復利公式計算，然後與用年金計算的部分加總，便可以得出年金和不等額現金流量混合情況下的現值。

4. 年金現值系數表中的年金，僅指普通年金，其他年金形式都要通過計算轉化求得。

5. 風險與不確定性——風險的存在是客觀的、確定的，而風險的發生是不確定的；風險與損失——風險是客觀存在的，只有那些導致損失或可能導致損失也可能導致盈利的不確定事件都可稱爲風險；風險與概率——風險既與事件的可能結果相關也與可能結果的概率的分布有關。

6. 財務分析方法主要有比較分析法、比率分析法和因素分析法三種。比較分析法是成爲分析法中最常見的一種分析方法，它是將實際數值同特定的各種標準相比較，從數量上確定其差異額，並通過對這個差異額進行分析的一種方法。比率分析法是財務分析方法中的一種重要分析方法，它主要是通過企業財務數據計算出的財務比率來說明企業某個方面的業績、狀況或能力。因素分析法可以幫助人們抓住主要矛盾，對企業的財務狀況和經營成果做出更有說服力的評價。

7. 財務報表中有大量的數據，可以根據需要計算出很多有意義的比率，這些比率涉及企業經營管理的各個方面。財務比率有償債能力比率、營運能力比率獲利能力比率和發展能力指標。

8. 綜合財務分析包括杜邦財務分析體系、沃爾評分法和上市公司財務比率分析。

## 第2章　財務管理基本知識

### 習題

**一、單項選擇題**

1. 下列各項中，屬於普通年金形式的項目有（　　）。
   A. 零存整取儲蓄存款的整取額
   B. 定期定額支付的養老金
   C. 年資本回收額
   D. 償債基金

2. 在下列各期資金時間價值系數中，年金終值系數是（　　）。
   A. $(P/F, i, n)$　　　　　　　B. $(P/A, i, n)$
   C. $(F/P, i, n)$　　　　　　　D. $(F/A, i, n)$

3. 根據資金時間價值理論，在普通年金現值系數的基礎上，期數減1，系數加1的計算結果，應當等於（　　）。
   A. 遞延年金現值系數　　　　B. 後付年金現值系數
   C. 即付年金現值系數　　　　D. 永續年金現值系數

4. 某企業擬進行一項存在一定風險的完整工業項目投資，有甲、乙兩個方案可供選擇：已知甲方案淨現值的期望值爲1 000萬元，標準離差爲300萬元；乙方案淨現值的期望值爲1 200萬元，標準離差爲330萬元。下列結論中正確的是（　　）。
   A. 甲方案優於乙方案
   B. 甲方案的風險大於乙方案
   C. 甲方案的風險小於乙方案
   D. 無法評價甲乙方案的風險大小

5. 已知甲方案投資收益率的期望值爲15%，乙方案投資收益率的期望值爲12%，兩個方案都存在投資風險。比較甲、乙兩方案風險大小應採用的指標是（　　）。
   A. 方差　　　　　　　　　　B. 淨現值
   C. 標準離差　　　　　　　　D. 標準離差率

6. 對應收帳款周轉率速度的表達，正確的是（　　）。
   A. 應收帳款周轉天數越長，周轉速度越快
   B. 計算應收帳款周轉率時，應收帳款餘額不應包括應收票據
   C. 計算應收帳款周轉率時，應收帳款餘額應爲扣除壞帳準備後的淨額
   D. 應收帳款周轉率越小，表明周轉速度越快

7. 一般而言，短期償債能力與（　　）關係不大。
   A. 資產變現能力　　　　　　B. 企業再融資能力
   C. 企業獲利能力　　　　　　D. 企業流動負債

8. 某企業 2007 年流動資產平均餘額爲 1 000 萬元，流動資產周轉次數 7 次。若企業 2007 年銷售利潤爲 210 萬元，則 2007 年銷售利潤率爲（　　）。

　　A. 30%　　　　　　　　　　B. 50%
　　C. 40%　　　　　　　　　　D. 15%

## 二、判斷題

1. 在利率和計息期數相同的條件下，復利現值系數與復利終值系數互爲倒數；年金現值系數與年金終值系數互爲倒數。　　　　　　　　　　　　　　（　　）
2. 本金和利率相同的情況下，若只有一個計息期，單利終值與復利終值是相同的。　　　　　　　　　　　　　　　　　　　　　　　　　　　　　　（　　）
3. 復利現值就是爲在未來一定時期獲得一定的本利和而現在所需的年金。
　　　　　　　　　　　　　　　　　　　　　　　　　　　　　　　　（　　）
4. 終值就是本金和利息之和。　　　　　　　　　　　　　　　　　　（　　）
5. 凡一定時期內，每期均有付款的現金流量都屬於年金。　　　　　　（　　）
6. 在銷售利潤率不變的情況下，提高資產利用率可以提高資產報酬率。（　　）
7. 某企業年末速動比率爲 0.5，則該企業可能仍具有短期償期能力。　（　　）
8. 已獲利息倍數指標可以反應企業償付利息的能力。　　　　　　　　（　　）

## 三、計算題

1. 某人退休時有現金 10 萬元，擬選擇一項回報比較穩定的投資，希望每個季度能收入 2 000 元用來補貼生活。那麼，該項投資的實際報酬率應爲？

2. 假設企業按 12% 的年利率取得貸款 200 000 萬元，要求在 5 年內每年等額償還，每年的償付額應爲？

3. 某公司投資了一個新項目，項目投產後每年年末獲得的現金流入量如表 2-7 所示，折現率爲 10%，求這一系列現金流入量的現值。

表 2-7　　　　　　　　　　項目現金流入量　　　　　　　　單位：元

| 年次 | 現金流入量 | 年次 | 現金流入量 |
| --- | --- | --- | --- |
| 1 | 0 | 6 | 3 000 |
| 2 | 0 | 7 | 3 000 |
| 3 | 2 000 | 8 | 3 000 |
| 4 | 2 000 | 9 | 3 000 |
| 5 | 2 000 | 10 | 500 |

4. 某企業有 A、B 兩個投資項目，計劃投資額分別爲 1 000 萬元和 1 200 萬元，其收益（淨現值）的概率分布如表 2-8 所示。

# 第 2 章　財務管理基本知識

表 2-8　　　　　　　　收益（淨現值）的概率分布表

| 市場狀況 | 出現概率 | A 項目淨現值 | B 項目淨現值 |
| --- | --- | --- | --- |
| 好 | 0.20 | 200 萬元 | 300 萬元 |
| 一般 | 0.60 | 100 萬元 | 100 萬元 |
| 差 | 0.20 | 50 萬元 | -50 萬元 |

要求：

（1）分別計算 A、B 兩個項目收益（淨現值）的期望值。

（2）分別計算 A、B 兩個項目期望值的標準離差。

（3）判斷 A、B 兩個投資項目的優劣。

5. 某公司持有由甲、乙、丙三種股票構成的證券組合，它們的 β 系數分別為 2、1 和 0.5，它們在證券組合中所占的比重分別為 60%、30% 和 10%，股票的市場報酬率為 14%，無風險報酬率為 10%。要求計算這種組合的風險報酬率和必要報酬率。

6. 某企業為股份制企業。公司本年度的利潤淨額為 40 000 元，發行在外的普通股平均 12 500 股，目前尚未發行優先股。

要求：（1）根據上述資料計算每股盈餘。（2）若企業本年度分配股利 28 750 元，每股股利是多少？

7. 某企業的全部流動資產為 600 000 元，流動比率為 1.5。該公司剛完成以下兩項交易：

（1）購入商品 160 000 元以備銷售，其中的 80 000 元為賒購。

（2）購置運輸車輛一部，價值 50 000 元，其中 30 000 元以銀行存款支付，其餘部分開出 3 個月期應付票據一張。

要求：計算每次交易後的流動比率。

# 3

## 學習目標

　　理解長期籌資的動機和類型；掌握普通股的分類、股票發行定價的方法，理解普通股籌資的優缺點；掌握債券的種類、債券發行定價的方法，理解債券籌資的優缺點；掌握長期借款的種類、銀行借款的信用條件、企業對貸款銀行的選擇，理解長期借款籌資的優缺點；掌握租賃的種類、融資租賃租金的測算方法，理解融資租賃籌資的優缺點；掌握資金需要量預測的方法。

## 第1節　籌資概述

### 一、企業籌資的含義與分類

　　企業籌資是指企業根據其生產經營、對外投資以及調整資本結構等需要，通過一定的渠道，採取適當的方式，獲取所需資金的一種行為。

　　企業籌集的資金可按不同的標準進行分類：

　　（一）按照資金的來源渠道不同，可將企業籌資分為權益性籌資和負債性籌資

　　權益性籌資也稱為自有資金籌資，是指企業通過發行股票、吸收直接投資、內部積累等方式籌集資金，企業採取吸收自有資金的方式籌集資金，一般不用還本，財務風險小，但付出的資金成本較高。

　　負債籌資也稱為借入資金籌資，是指企業通過發行債券、向銀行借款、融資租賃等方式籌集的資金。企業採取借入資金的方式籌集資金，到期要還本付息，財務

# 第3章 長期籌資方式

風險大,但付出的資金成本較低。

(二) 按照所籌資金使用期限的長短,可將企業籌資分為短期資金籌集和長期資金籌集

短期資金是指使用期限在一年以內或者超過一年的營業週期內的資金。短期資金主要投資於現金、應收帳款、存貨等,一般在短期內可收回。短期資金通常採用商業信用、短期銀行借款、短期融資券、應收帳款轉讓等方式來籌集。

長期資金是指使用期限在一年以上或者超過一年的一個營業週期以上的資金。長期資金主要投資於新產品的開發和推廣、生產規模的擴大、廠房和設備的更新等,一般需幾年甚至十幾年才能收回。長期資金通常採用吸收直接投資、發行股票、發行債券、長期借款、融資租賃和利用留存收益等方式來籌集。

## 二、籌資渠道與方式

企業籌資,最直接的問題就是錢從哪兒來,以什麼方式來。

(一) 籌資渠道

籌資渠道,是指籌措資金來源的方向與通道,體現資金的來源與流量。目前我國籌資渠道主要包括:

1. 國家財政資金

國家對企業的直接投資是國有企業特別是國有獨資企業獲得資金的主要渠道之一。現有國有企業的資金來源中,其資本部分大多是由國家財政以直接撥款方式形成的。除此之外,還有些是國家對企業"稅前還貸"或減免各種稅款而形成的,從產權關係上看,它們都屬於國家投入的資金,產權歸國家所有。

吸收國家財政資金在過去一直是我國國有企業獲取權益資本的主要來源。隨著經濟體制改革的進一步深入,儘管國家財政資本在公司自有資本中的比例越來越小,但將仍然是基礎性行業和公益性行業的公司資本的重要來源。

2. 銀行信貸資金

銀行對企業的各種貸款,是我國目前各類企業最為重要的資金來源。我國銀行分為商業銀行和政策性銀行兩種。商業性銀行主要有:中國銀行、中國農業銀行、中國工商銀行、中國建設銀行、交通銀行等;政策性銀行主要有:國家開發銀行、農業發展銀行和中國進出口銀行。商業性銀行是以盈利為目的,從事信貸資金投放的金融機構,主要為企業提供各種商業貸款。政策性銀行主要為特定企業提供政策性貸款。

3. 非銀行金融機構資金

非銀行金融機構主要包括信託投資公司、租賃公司、保險公司、證券公司、企業集團的財務公司等。這些非銀行金融機構從事證券承銷、物資和資金的融通、信貸資金的投放等金融服務。這些機構通過一定的途徑或方式為企業提供資金或服務。

雖然目前在我國這種籌資渠道的財力比銀行要小些，但具有十分廣闊的發展前景，值得公司理財人員努力去開發，使之成爲一個重要的籌資渠道。

4. 其他企業資金

其他企業資金也可以爲企業提供一定的資金來源。企業在生產經營過程中，往往形成部分閒置的資金，並爲一定的目的而進行相互投資。另外，企業間的購銷業務可以通過商業信用方式來完成，從而形成企業間的債權債務關係，形成債務人對債權人的短期信用資金佔用。企業間的相互投資和商業信用的存在，使其他企業資金也成爲企業資金的重要來源。

5. 居民個人資金

居民個人資金也可以爲企業提供一定的資金來源。企業職工和居民個人的結餘貨幣，作爲"遊離"於銀行及非銀行金融機構等之外的個人資金，可用於對企業進行投資，形成民間資金來源渠道，從而爲企業所用。

6. 企業自留資金

企業自留資金，也稱企業內部留存或企業內部積累，是指企業內部形成的資金。其主要是通過企業留存利潤轉化爲企業生產經營資金，包括計提的折舊、提取的公積金或未分配利潤等。與其他籌資渠道對比，自留資金的重要特徵之一是它們不需要公司通過一定的方式去籌集，而是直接由企業內部自動生成或轉移而來，是公司的"自動化"籌資渠道。

7. 外商資金

外商資金是指國外及中國香港、澳門、臺灣地區投資者投入的資金。引進外資是一切資本短缺國家尤其是發展中國家彌補資金不足、促進本國企業不斷發展狀大、推動經濟迅速發展的重要手段之一，是我國外商投資企業重要的資金來源渠道。

(二) 籌資方式

籌資方式，是指企業籌資的具體形式。籌資方式不僅與國家經濟管理體制、財務管理體制等直接相關，而且還取決於資金市場的發展和完善狀況。目前我國企業的籌資方式主要有：

1. 吸收直接投資

吸收直接投資，是企業按照"共同出資、共同經營、共擔風險、共享盈利"的原則直接吸收國家、法人、個人投入資金的一種籌資方法。

2. 發行股票

發行股票是股份公司通過發行股票籌措權益性資本的一種籌資方式。

3. 銀行借款

向銀行借款，是企業根據借款合同從有關銀行或非銀行金融機構借入的需要還本付息的資金。

4. 發行公司債券

發行公司債券，即企業通過發行債券籌措債務性資本的一種籌資方式。

## 第3章　長期籌資方式

5. 利用商業信用

商業信用是指商品交易中延期付款或延期交貨所形成的借貸關係,它是企業籌集短期資金的重要方式。

6. 融資租賃

融資租賃,也稱資本租賃或財務租賃,是區別於經營租賃的一種長期租賃形式。其具體是指出租人根據承租人對租賃物和供貨人的選擇或認可,將其從供貨人處取得的租賃物,按融資租賃合同的約定出租給承租人占有、使用,並向承租人收取租金,最短租賃期限為一年的交易活動。它是企業籌集長期債務資本的一種籌資方式。

(三) 籌資渠道與籌資方式的對應關係

籌資渠道解決的是資金來源問題,籌資方式解決的是通過何種方式取得資金的問題,它們之間存在着一定的對應關係,但不是一一對應關係。一定的籌資方式可能只適用於某一特定的籌資渠道,但是同一渠道的資金往往可採用不同的方式取得,同一籌資方式又往往適用於不同的籌資渠道。比如,企業發行股票籌資,可以是國家認購,形成國家股;也可以是其他企業認購,形成法人股;或者老百姓認購,形成個人股;或者外商認購,形成外商股等。又比如,居民個人資金,既可以通過發行債券籌集,也可以發行股票籌集等。因此,企業在籌資時,應實現兩者的合理配合。

### 三、長期籌資的意義和動機

(一) 長期籌資意義

企業要長期生存和發展,需要經常持有一定數額的長期資本。其意義主要體現在以下幾個方面:

(1) 任何企業在生存發展過程中,都需要始終維持一定的資本規模。生產經營活動的發展變化,往往需要追加籌資。如企業根據市場需求的變化,需要擴大生產經營規模,調整生產經營結構,研制開發新產品等,所以這些經營策略的實施都要求有一定的資本。

(2) 企業為了穩定一定的供求關係並獲得一定的投資收益,對外開展投資活動,往往也需要籌集資本。如有些企業為了保證產品生產所需的原材料供應,向供應商投資並獲得控制權。

(3) 企業根據內外部環境的變化,適時採取調整資本結構的策略,也需要及時地籌措資本。如有些企業資本結構不合理,負債比率過高,償債壓力過大,財務風險過高,主動通過籌資來調整資本結構。

(二) 長期籌資的動機

企業在持續的生存發展中,其具體的籌資活動通常受特定的籌資動機所驅使。企業籌資的具體動機是多種多樣的,而企業經營中具體的籌資動機有時是單一的,有時是複合的，歸納起來有三種基本類型，其對籌資行爲及其結果產生直接的影響。

1. 擴張性籌資動機

擴張性籌資動機是指企業因擴大生產經營規模或增加對外投資的需要而產生的追加籌資動機。處於成長期、具有良好發展前景的企業通常會產生這種籌資動機。如企業產品供不應求，需要增加市場供應；開發新產品；追加對外投資規模；開拓有發展前途的對外投資領域等，往往都需要追加籌資。擴張性籌資動機產生的直接後果，是企業資產總額和資本總額的增加。

2. 調整性籌資動機

調整性籌資動機是企業因調整現有資本結構的需要而產生的籌資動機。資本結構是企業各種籌資的構成及其比例關係。一個企業在不同時期由於籌資方式的不同組合會形成不盡相同的資本結構，隨著相關情況的變化，現有的資本結構可能不再合理，需要相應地予以調整，使之趨於合理。

企業產生調整性籌資動機的原因有很多。比如，一個企業有些債務到期必須償還，企業雖然有足夠的償債能力償付這些債務，但爲了調整現有的資本結構，仍然舉債，從而使資本結構更加合理。再如，一個企業現有資本結構中負債比重過大，財務風險過高，償債壓力過大，因而採用債轉股等措施予以調整，從而降低債務償債的比重，使資本結構更趨於合理。

3. 混合性籌資動機

企業既爲擴大規模又爲調整資本結構而產生的籌資動機，稱爲混合性籌資動機。它兼容了擴張性籌資和調整性籌資兩種籌資動機。在這種混合性籌資動機的驅使下，企業通過籌資，既擴大了資產和資本的規模，又調整了資本結構。

## 四、長期籌資的原則

長期籌資是企業的基本財務活動，爲了經濟有效地籌集長期資本，必須遵循以下基本原則：

1. 合法性原則

企業的長期籌資活動影響社會資本及資源的流向和流量，涉及相關主體的經濟權益，必須遵守國家有關法律、法規，依法履行約定的責任，維護有關各方的合法權益，避免非法籌資行爲給企業及相關主體造成損失。

2. 合理性原則

長期籌資首先要合理確定籌資數量。盡可能使籌資的數量與投資所需的數量達到平衡，避免因籌資數量不足而影響投資活動，或因籌資數量過剩而影響投資效益。

長期利用債務資本經營，還必須合理確定資本結構。一方面是合理確定股權資本與債務資本的結構，使債務資本的規模與股權資本的規模和企業的償債能力相適應。既要避免債務資本過多，導致財務風險過高，償債負擔過重；也要有效地利用

## 第3章　長期籌資方式

債務資本經營，提高股權資本的收益水平。另一方面是合理確定長期資本與短期資本的比例關係，這要與企業資產所需持有的期限相匹配。

3. 及時性原則

企業的長期籌資必須根據企業資本的投放時間安排來予以籌劃，及時地取得資本來源，使籌資和投資在時間上相協調。避免籌資過早而造成投資前的資本閒置或籌資滯後而貽誤投資的有利時機。

4. 效益性原則

企業籌集資金必然要付出一定的代價並承擔相應的風險，不同籌資方式條件下的資本成本和財務風險高低不同。爲此，需要對各種籌資方式進行分析、對比，選擇經濟可行的籌資方式。

### 五、資金需要量預測

企業在籌資之前，應當採用一定的方法預測資金需要量，只有這樣，才能使籌集的資金既能保證滿足生產經營的需要，又不會有太多的閒置，從而促進企業財務管理目標的實現。

影響企業籌資數量的因素和條件有很多，譬如，法律規範方面的限定，企業經營和投資方面的因素等。歸納起來，企業籌資數量的基本依據主要有：

（1）法律方面的限定。①註冊資本限額的規定。如《公司法》規定，股份有限公司註冊資本的最低限額爲人民幣 50 萬元，公司在考慮籌資數量時首先必須滿足註冊資本最低限額的要求。②企業負債限額的規定。如《公司法》規定，公司累計債券總額不超過公司淨資產的 40％，這是爲了保證公司的償債能力，從而保障債權人的利益。

（2）企業經營和投資的規模。一般而言，公司經營和投資規模越大，所需資金越多；反之，所需資金越少。在企業籌劃重大投資項目時，需要進行專項的籌資預算。

（3）其他因素。利息率的高低、對外投資規模的大小、企業資信等級的優劣等，都會對籌資數量產生一定的影響。

（一）定性預測法

定性預測法是指利用直觀的資料，依靠個人的經驗和主觀分析、判斷能力，對未來資金需要量做出預測的方法。其預測過程是：首先由熟悉財務情況和市場經營情況的專家，根據過去所積累的經驗進行分析判斷，提出預測的初步意見；其次，通過召開座談會或發出各種表格等形式，對上述預測的初步意見進行修正補充。這樣經過一次或幾次以後，得出預測的最終結果。

定性預測法雖然十分實用，但它不能揭示資金需要量與有關因素之間的數量關係。例如，預測資金需要量應與企業生產經營規模相聯繫。生產規模擴大，銷售數量增加，會引起資金需求增加；反之，則會使資金需求量減少。

(二) 因素分析法

1. 因素分析法的原理

因素分析法是以有關資本項目上年度的實際平均需要量為基礎，根據預測年度的經營業務和加速資本周轉的要求，進行分析調整，來預測資本需要量的一種方法。採用這種方法時，首先應在上年度資本平均占用額的基礎上，剔除其中呆滯積壓等不合理占用部分，然後根據預測期的經營業務和加速資本周轉的要求進行測算。因素分析法的基本模型是：

$$\text{預測期資本需要額} = \left(\begin{array}{c}\text{上年度資}\\\text{本實際平}\\\text{均占用額}\end{array} - \begin{array}{c}\text{不合理}\\\text{平均}\\\text{占用額}\end{array}\right) \times \left(1 \pm \begin{array}{c}\text{預測年度}\\\text{銷售增減}\\\text{的百分比}\end{array}\right) \times \left(1 \pm \begin{array}{c}\text{預測期資}\\\text{本周轉速}\\\text{度變動率}\end{array}\right)$$

這種方法計算比較簡單，容易掌握。但預測結果不太精確，因此通常用於匡算企業全部資本的需要額，也可以用於對品種繁多、規格複雜、用量較小、價格較低的資本占用項目的預測。

【例3-1】長城公司上年度資本實際平均占用額為2 000萬元，其中不合理占用部分為200萬元，預計本年度銷售增長10%，資本周轉速度加快5%，則預測年度資本需要額為：

(2 000−200)×(1+10%)×(1−5%) = 1 881（萬元）

2. 運用因素分析法需註意的問題

因素分析法比較簡單，但預測結果不太精確。因此，運用因素分析法預測籌資需要額，應當註意以下問題：

(1) 在運用因素分析法時，應當對資本需要額的眾多因素進行充分的分析與研究，確定各種因素與資本需要額之間的關係，以提高預測的質量。

(2) 因素分析法限於對企業經營業務資本需要額的預測，當企業存在新的投資項目時，應根據新投資項目的具體情況單獨預測其資本需要額。

(3) 運用因素分析法匡算企業全部資本的需要額，只是對資本需要額的一個基本估計。在進行籌資預測時，還需要採用其他預測方法對資本需要額做出具體的預測。

(三) 資金習性預測法

資金習性預測法是指根據資金習性預測未來資金需要量的方法。這裡所說的資金習性，是指資金的變動與產銷量變動之間的依存關係。按照資金習性，可以把資金區分為不變資金、變動資金和半變動資金。

不變資金是指在一定業務量範圍內，不受產銷量變動的影響而保持固定不變的那部分資金。也就是說，產銷量在一定範圍內變動，這部分資金保持不變。這部分資金包括：為維持營運而占用的最低數額的現金、原材料的保險儲備、必要的成品儲備，以及廠房、機器設備等固定資產占用的資金。

## 第3章 長期籌資方式

變動資金是指隨著產銷量的變動而同比例變動的那部分資金。它一般包括直接構成產品實體的原材料、外購件等占用的資金。另外，在最低儲備以外的現金、存貨、應收帳款等也具有變動資金的性質。

半變動資金是指雖然受產銷量變化的影響，但不成同比例變動的那部分資金。如一些輔助材料所占用的資金。半變動資金可採用一定的方法劃分爲不變資金和變動資金兩部分。

預測模型爲：

$$Y=a+bX$$

式中，$Y$ 表示資本需要總額；$a$ 表示不變資本總額，$b$ 表示單位業務量所需要的可比資本額；$X$ 表示經營業務量。其數值可以用高低點法或回歸直線法求得。

1. 高低點法

資金預測的高低點法是指根據企業一定期間資金占用的歷史資料，按照資金習性原理和 $Y=a+bX$ 直線方程式，通過最高點業務量和最低點業務量占用的資金量，來估計推測資金發展趨勢的一種簡便方法。

其計算公式爲：

$$b=\frac{最高點業務量占用資本數-最低點業務量占用資本數}{最高點業務量-最低點業務量}$$

$a=$最高業務量占用資本數$-b\times$最高點業務量

或 $a=$最低業務量占用資本數$-b\times$最低點業務量

【例3-2】某企業歷史上資金占用與銷售量之間的關係如下表 3-1 所示。

表 3-1　　　　　　　　資金與銷售量變化情況表　　　　　　　　單位：萬元

| 年度 | 銷售量（$X$）件 | 資金占用（$Y$） |
| --- | --- | --- |
| 2012 | 2 000 | 110 |
| 2013 | 2 400 | 130 |
| 2014 | 2 600 | 140 |
| 2015 | 2 800 | 150 |
| 2016 | 3 000 | 160 |

根據以上資料採用高低點法計算如下：

選定最高點爲 2016 年業務量 3 000 件，最低點業務量爲 2012 年 2 000 件。

單位產品占用變動資金 $=\dfrac{160-110}{3\,000-2\,000}=0.05$

不變資金總額 $=160-0.05\times3\,000=10$（萬元）

或　　　　　　$=110-0.05\times2\,000=10$（萬元）

故其資本模型爲 $Y=10+0.05X$

高低點法簡便易行，在資金變動趨勢比較穩定的情況下，較爲適宜。

## 2. 回歸直線法

回歸直線法是根據若干期業務量和資金佔用的歷史資料，運用最小平方法原理計算不變資金和單位銷售量（額）變動資金的一種資金習性預測法。其計算公式爲：

$$a = \frac{\sum Y - b \sum X}{n}$$

$$b = \frac{n \sum XY - \sum X \sum Y}{n \sum X^2 - (\sum X)^2}$$

【例 3-3】某企業產銷量和資金變化情況如下表 3-2 所示。2017 年預計銷售量爲 150 萬件，試計算 2017 年的資金需要量。

表 3-2　　　　　　　　　　產銷量與資金變化情況表

| 年度 | 銷量（X）萬件 | 資金占用（Y）（萬元） |
|---|---|---|
| 2011 | 120 | 100 |
| 2012 | 110 | 95 |
| 2013 | 100 | 90 |
| 2014 | 120 | 100 |
| 2015 | 130 | 105 |
| 2016 | 140 | 110 |

（1）根據表 3-2 整理出表 3-3。

表 3-3　　　　　　　　　　資金需要量預測表

| 年度 | 銷量（X）萬件 | 資金占用（Y）（萬元） | XY | $x^2$ |
|---|---|---|---|---|
| 2011 | 120 | 100 | 12 000 | 14 400 |
| 2012 | 110 | 95 | 10 450 | 12 100 |
| 2013 | 100 | 90 | 9 000 | 10 000 |
| 2014 | 120 | 100 | 12 000 | 14 400 |
| 2015 | 130 | 105 | 13 650 | 16 900 |
| 2016 | 140 | 110 | 15 400 | 19 600 |
| 合計 n=6 | $\sum X$ 720 | $\sum y = 600$ | $\sum XY = 72\ 500$ | $\sum x^2 = 87\ 400$ |

（2）把表 3-3 的有關資料代入公式：

$$b = \frac{n \sum XY - \sum X \sum Y}{n \sum X^2 - (\sum X)^2} = \frac{6 \times 72\ 500 - 720 \times 600}{6 \times 87\ 400 - 720^2} = 0.5$$

$$a = \frac{\sum Y - b \sum X}{n} = \frac{600 - 0.5 \times 720}{6} = 40(萬元)$$

# 第3章　長期籌資方式

（3）把 $a=40$、$b=0.5$ 代入 $Y=a+bX$ 得：
$Y=40+0.5X$

（4）把 2017 年預計銷售量 150 萬件代入上式，得出 2017 年資金需要量爲：
$40+0.5\times150=115$（萬元）

從理論上講，回歸直線法是一種計算結果最爲精確的方法。

（四）營業收入比例法

營業收入比例法又稱爲銷售百分比法，是籌資數量預測的一種最爲複雜的方法。

1. 營業收入比例法的原理

營業收入比例法是以資金與銷售額的比率爲基礎，預測未來資金需要量的方法。應用營業收入比例法預測資金需要量時，是以下列假定爲前提的：

（1）企業的部分資產、負債與銷售額同比例變化；

（2）企業各項資產、負債與所有者權益結構已達到最優。

營業收入比例法的計算公式爲：

$$對外籌資需要量 = \frac{A}{S_1}(\Delta S) - \frac{B}{S_1}(\Delta S) - PE(S_2)$$

式中，$A$ 爲隨銷售變化的資產（變動資產）；$B$ 爲隨銷售變化的負債（變動負債）；$S_1$ 爲基期銷售額；$S_2$ 爲預測期銷售額；$\Delta S$ 爲銷售的變動額；$P$ 爲銷售淨利率；$E$ 爲留存收益比率；$\frac{A}{S_1}$ 爲變動資產占基期銷售額的百分比；$\frac{B}{S_1}$ 爲變動負債占基期銷售額的百分比。

2. 營業收入比例法的運用

應用營業收入比例法預測資金需要量通常需經過以下步驟：

（1）預計銷售增長額；

（2）確定隨銷售額變動而變動的資產和負債項目；

（3）確定需要增加的資金數額；

（4）根據有關財務指標的約束確定對外籌資數額。

【例 3-4】某公司 2016 年 12 月 31 日的資產負債表如表 3-4 所示。

表 3-4　　　　　　　　　　　資產負債表
2016 年 12 月 31 日　　　　　　　　　　　　　　　單位：萬元

| 資產 | | 負債與所有者權益 | |
|---|---|---|---|
| | | 應付費用 | 1 000 |
| 現金 | 500 | 應付帳款 | 500 |
| 應收帳款 | 1 500 | 短期借款 | 2 500 |
| 存貨 | 3 000 | 公司債券 | 1 000 |
| 固定資產淨值 | 3 000 | 實收資本 | 2 000 |
| | | 留存收益 | 1 000 |
| 資產合計 | 8 000 | 負債與所有者權益合計 | 8 000 |

假定該公司 2016 年的銷售收入爲 10 000 萬元，銷售淨利率爲 10%，股利支付率爲 60%，公司現有市場能力尚未飽和，增加銷售無須追加固定資產投資。經預測，2017 年公司銷售收入將提高到 12 000 萬元，銷售淨利率和利潤分配政策不變。

營業收入比例法的預測程序如下：

（1）銷售增長額＝12 000－10 000＝2 000（萬元）。

（2）確定隨銷售額變動而變動的資產和負債項目。（具體見表 3-5）

表 3-5　　　　　　　　　　銷售額比率表

| 資產 | 占銷售收入（%） | 負債與所有者權益 | 占銷售收入（%） |
|---|---|---|---|
| 現金 | 5 | 應付費用 | 10 |
| 應收帳款 | 15 | 應付帳款 | 5 |
| 存貨 | 30 | 短期借款 | 不變動 |
| 固定資產 | 不變動 | 公司債券 | 不變動 |
|  |  | 實收資本 | 不變動 |
|  |  | 留存收益 | 不變動 |
| 合計 | 50 | 合計 | 15 |

（3）確定需要增加的資金數額：

從上表中可以看出，銷售收入每增加 100 元，必須增加 50 元的資金占用，但同時增加 15 元的資金來源。

（4）根據有關財務指標的約束條件，確定對外籌資數額：

2 000×50%－2 000×15%－12 000×10%×70%＝220（萬元）

## 第 2 節　權益籌資

### 一、吸收直接投資

吸收直接投資是企業以 "共同出資、共同經營、共擔風險、共享盈利" 爲原則，吸收國家、法人、個人、外商等直接投入資金，形成企業自有資金的一種籌資方式。吸收直接投資不以股票爲媒介，適用於非股份制企業，是非股份制企業籌集權益資本的一種基本形式。其投資者都是企業的所有者，對企業擁有經營管理權。

（一）吸收直接投資的種類

按照投資主體的不同，可分爲吸收國家直接投資、吸收法人直接投資、吸收個人投資和吸收外商投資。

1. 國家直接投資

國家直接投資是指有權代表國家投資的政府部門或者機構以國有資產投入企業而形成的資本。吸收國家投資是國有企業籌集自有資金的主要方式。吸收國家投資

# 第 3 章　長期籌資方式

一般具有以下特點：
（1）資金產權歸屬國家；
（2）資金的運用和處置受國家約束較大；
（3）資本數額較大；
（4）在國有企業中採用比較廣泛。

2. 法人直接投資

法人直接投資是指法人單位以其依法可以支配的資產投入企業形成的資本。吸收法人投資主要是指法人單位在進行橫向經濟聯合時所產生的聯合投資。隨著我國橫向經濟聯合的廣泛開展，吸收法人投資這種方式將越來越重要。吸收法人投資一般具有以下特點：
（1）發生在法人單位之間；
（2）以參與企業利潤分配為目的；
（3）出資方式靈活多樣。

3. 個人投資

個人投資是社會個人或企業內部職工以其個人合法財產投入企業形成的資本。近年來，隨著城鄉居民收入的顯著增長，個人資本的數量已相當可觀，可以作為企業籌集資金的重要來源。個人投資一般具有以下特點：
（1）參與投資的人數較多；
（2）每人投資的數額相對較少；
（3）以參與企業的利潤分配為目的。

4. 外商投資

外商投資是指外國投資者以及我國香港、澳門和臺灣地區投資者把資金投入企業形成的資本。隨著我國對外開放的不斷深入，吸收外商投資越來越成為企業籌集資金的重要方式。吸收外商投資一般具有以下特點：
（1）可以籌集外匯資金；
（2）出資方式比較靈活；
（3）一般只有中外合資或中外合作經營企業才能採用。

按照投資者的出資方式分類，可以分為吸收現金投資和吸收非現金投資兩大類。

吸收非現金投資包括兩類：一是吸收實物資產投資，即投資者直接以房屋、建築物、設備等固定資產和原材料、燃料、產品等流動資產投資；另一種是吸收無形資產投資，即投資者直接以專利權、商標權、商譽、非專利技術、土地使用權等無形資產投資。非現金投資往往要經過資產評估部門評估確認其價值。

（二）吸收直接投資的程序

1. 確定籌資數量

由於企業吸收直接投資屬於所有者權益，其份額達到一定規模時，會對企業的經營控制權產生影響，因此企業應高度重視。

2. 尋找投資單位

企業在吸收直接投資之前，應做一些宣傳推廣工作，讓投資者充分瞭解企業的發展方向和前景、經營性質和規模以及獲利能力等，以找到合適的合作夥伴。

3. 選擇吸收直接投資的形式

企業應根據市場經營活動的需要以及協議等規定，與企業投資者協商確定合適的吸收直接投資的形式。

4. 協商投資事項

找到投資者後，雙方要進行具體協商，以便合理確定出資的數量、方式、期限等。若吸收的投資爲非現金資產，雙方還應按照公平合理的原則對其進行作價。

5. 簽署投資協議

經過雙方協商一致後，就可以簽署投資協議，從法律上明確雙方的權利、義務和責任。協議一般包括投資人的出資數額、出資方式、資產交付期限、投資違約責任、投資收回、收益分配及控制權分配等內容。

6. 獲得投資及共享投資利潤

簽署投資協議後，企業應督促投資者按時足額交付以便盡快形成企業生產經營能力。投資者出資後，也有權按照協議的規定從企業實現的利潤中獲取報酬。

(三) 吸收直接投資的優缺點

1. 吸收直接投資的優點

（1）有利於增強企業信譽。吸收直接投資吸收的資金是權益資本，能增強企業的信譽和借款能力。

（2）有利於盡快形成生產能力。吸收直接投資不僅可以獲得現金資產投資，還可能直接獲取投資者的先進設備和先進技術，盡快形成生產能力，開拓市場。

（3）有利於降低財務風險。吸收直接投資可以根據企業的經營狀況向投資者支付報酬。企業經營狀況好，可以向投資者多支付一些報酬；企業經營狀況不好，則可不向投資者支付報酬或少支付報酬。報酬支付較爲靈活，財務風險較小。

2. 吸收直接投資的缺點

（1）籌資成本較高。一般而言，採取吸收直接投資方式籌集資金所需負擔的資金成本較高，特別是企業經營狀況較好和盈利較多時更是如此。因爲向投資者支付的報酬是根據其出資的數額和企業實現利潤的比率來計算的。

（2）容易分散企業控制權。採取吸收直接投資方式籌集資金，投資者一般都要求獲得與投資數量相適應的經營管理權，這是企業接受外來投資的代價之一。如果外部投資者的投資較多，則投資者會有相當大的管理權，甚至會對企業實行完全控制，這是吸收直接投資的不利因素。

（3）產權交易和轉讓困難。吸收直接投資籌集的資金沒有證券作爲中介，產權關係又不夠明晰，投資者資本進入企業容易，但產權的交易和轉讓都很困難。

# 第3章 長期籌資方式

## 二、普通股籌資

（一）股票的含義和種類

1. 股票的含義

股票是股份有限公司爲籌措股權資本而發行的有價證券，是持股人擁有公司股份的憑證。股票持有人即爲公司股東。公司股東作爲出資人按投入公司的資本額享有所有者的資產收益、公司重大決策和選擇管理者的權利，並以其所持股份爲限對公司承擔責任。

2. 股票的種類

股份有限公司根據籌資者和投資者的需要，發行各種不同的股票。其種類很多，可按不同的標準進行分類。

（1）股票按照股東的權利和義務不同，可分爲普通股和優先股。

普通股是股份公司依法發行的具有平等的權利、義務，股利不固定的股票。普通股具有股票最一般的特徵，是股份公司資本的最基本部分。

優先股是公司發行的、相對於普通股有一定優先權的股票。這種優先權主要體現在股東分取股利和公司剩餘財產的分配上。多數國家的公司法規定，優先股可以在公司設立時發行，也可以在公司增發新股時發行。從法律上講，企業對優先股不承擔法定的還本義務，是企業自有資金的一部分。

（2）股票按票面是否記名，分爲記名股票和無記名股票。

記名股票是在股票票面上記載股東的姓名或者名稱的股票，股東姓名或名稱要記入公司的股東名册。《公司法》規定，公司向發起人、國家授權投資的機構、法人發行的股票，應爲記名股票；向社會公衆發行的股票，可以爲記名股票，也可以爲無記名股票。記名股票一律用股東本名，其轉讓、繼承要辦理過戶手續。

無記名股票是在股票票面上不記載股東的姓名或者名稱的股票，股東姓名或名稱不記入公司的股東名册，公司只記載股票數量、編號及發行日期。公司向社會公衆發行的股票，可以爲無記名股票。無記名股票的轉讓、繼承無須辦理過戶手續即實現股權的轉移。

（3）股票按票面是否標明金額，分爲有面額股票和無面額股票。

有面額股票是公司發行的票面標有金額的股票。持有這種股票的股東，對公司享有權利和義務的大小，以其擁有的全部股票的票面金額之和占公司發行在外股票總面額的比例大小來定。《公司法》規定，股票應當標明票面金額。

無面額股票不標明票面金額，只在股票上載明所占公司股本總額的比例或股份數，故也稱爲"分權股份"或"比例股"。其之所以採用無面額股票，是因爲股票價值實際上是隨公司財產的增減而變動的。發行無面額股票，有利於促使投資者在購買股票時，註意計算股票的實際價值。

(4) 股票按投資主體的不同，分爲國家股、法人股、個人股和外資股。

國家股是有權代表國家投資的部門或機構以國有資產向公司投入而形成的股份。國家股由國務院授權的部門或機構持有，並向公司委派股權代表。

法人股是指企業法人依法以其可支配的財產向公司投入而形成的股份，或具有法人資格的事業單位和社會團體以國家允許用於經營的資產向公司投入而形成的股份。

個人股是社會個人或本公司職工以個人合法財產投入公司而形成的股份。

外資股是指外國和我國港澳臺地區投資者購買的我國上市公司股票。

(5) 股票按發行時間的先後，分爲始發股和新股。

始發股是公司設立時發行的股票。新股是公司增資時發行的股票。始發股和新股的發行具體條件、目的、發行價格不盡相同，但股東的權利、義務是一致的。

(6) 股票按發行對象和上市地區分類。

我國目前的股票還按發行對象和上市地區分爲 A 股、B 股、H 股、N 股和 S 股等。A 股是指供我國個人或法人，以及合格的境外機構投資者買賣的，以人民幣標明面值並以人民幣認購和交易的股票；B 股是指供外國和我國港澳臺地區的投資者，以及我國境內個人投資者買賣的，以人民幣標明面值但以外幣認購和交易的股票。A 股、B 股在上海、深圳證券交易所上市。H 股、N 股和 S 股是指公司註冊地在中國大陸，但上市地區分別在我國香港聯交所、美國紐約證券交易所和新加坡交易所的股票。

(二) 普通股股東的權利和義務

持有普通股股份者即爲普通股股東。依照我國《公司法》的規定，普通股股東主要具有以下權利：

1. 公司管理權

普通股股東的管理權主要體現爲在董事會選舉中有選舉權和被選舉權，通過選出的董事會代表所有股東對企業進行控制和管理。具體來說，普通股股東的管理權主要包括投票權、查帳權、阻止越權經營的權利。

2. 分享盈餘權

分享盈餘權，即普通股股東經董事會決定後有從淨利潤中分得股息和紅利的權利。

3. 出讓股份權

出讓股份權，即股東有權出售或轉讓股票。

4. 優先認股權

優先認股權，即普通股股東擁有優先於其他投資者購買公司增發新股票的權利。

5. 剩餘財產要求權

剩餘財產要求權，即當公司解散、清算時，普通股股東對剩餘財產有要求權。但當公司破產清算時，財產的變價收入，首先要用來清償債務，然後支付優先股股

## 第3章　長期籌資方式

東，最後才能分配給普通股股東。

同時，普通股股東也基於其資格，對公司負有義務。我國《公司法》中規定了股東具有遵守公司章程、繳納股款、對公司負有限責任、不得退股等義務。

(三) 普通股的首次發行、定價與上市

1. 普通股的初次發行

股份有限公司在設立時要發行股票，即初次發行。股票的發行，實行公平、公正的原則，必須同股同權、同股同利。同次發行的股票，每股的發行條件和價格應當相同。任何單位或個人認購的股票，每股應支付相同的價款。同時，發行股票還應當接受國務院證券監督管理機構的管理和監督。

(1) 股票初次發行的規定和條件。

按照我國《公司法》和《中華人民共和國證券法》(以下簡稱《證券法》)的有關規定，股份有限公司發行股票，應符合以下規定和條件：

①每股金額相等。同次發行的股票，每股的發行條件和價格應當相同。

②股票發行價格可以按票面金額，也可以超過票面金額，但不得低於票面金額。

③股票應當載明公司名稱、公司登記日期、股票種類、票面金額及代表的股份數、股票編號等主要事項。

④向發起人、國家授權投資的機構、法人發行的股票，應當為記名股票；對社會公衆發行的股票，可以為記名股票，也可以為無記名股票。

⑤公司發行記名股票的，應當置備股東名冊，記載股東的姓名或者名稱、住所、各股東所持股份、各股東所持股票編號、各股東取得股份的日期；發行無記名股票的，公司應當記載其股票數量、編號及發行日期。

⑥公司公開發行新股，必須具備以下條件：具備健全且運行良好的組織機構；具有持續盈利能力，財務狀況良好；最近三年財務會計文件無虛假記載，無其他重大違法行為；證券監督管理機構規定的其他條件。

(2) 股票初次發行的程序。

①提出募集股份申請；

②公告招股說明書，製作認股書，簽訂承銷協議和代收股款協議；

③招認股份，繳納股款；

④召開創立大會，選舉董事會、監事會；

⑤辦理設立登記，交割股票。

(3) 股票發行方式和銷售方式。

公司發行股票籌資，應當選擇適宜的股票發行方式和銷售方式，並恰當地制定發行價格，以便及時募足資本。

①股票發行方式，指的是公司通過何種途徑發行股票。總的來講，股票的發行方式可分為以下兩種：

公開間接發行，是指通過中介機構，公開向社會公衆發行股票。這種發行方式的發行範圍廣，發行對象多，易於足額募集資本；股票的變現性強，流通性好；股票的公開發行還有助於提高發行公司的知名度和擴大其影響力。但這種發行方式也有不足，主要是手續繁瑣，發行成本高。

不公開直接發行，是指不公開對外發行股票，只向少數特定的對象直接發行，因而不需要經中介機構承銷。這種發行方式彈性較大，發行成本低，但發行範圍小，股票變現性差。

②股票的銷售方式，指的是股份有限公司向社會公開發行股票時所採取的股票銷售方法。股票銷售方式有以下兩種：

自行銷售方式。股票發行的自行銷售方式，是指發行公司自己直接將股票銷售給認購者。這種銷售方式的優點是可由發行公司直接控制發行過程，實現發行意圖，並可以節省發行費用；缺點是籌資時間長，發行公司要承擔全部發行風險，並需要發行公司有較高的知名度、信譽和實力。

委託銷售方式。股票發行的委託銷售方式，是指發行公司將股票銷售業務委託給證券經營機構代理。這種銷售方式是發行股票所普遍採用的。我國《公司法》規定，股份有限公司向社會公開發行股票，必須與依法設立的證券經營機構簽訂承銷協議，由證券經營機構承銷。委託銷售又分爲包銷和代銷兩種具體辦法。所謂包銷，是根據承銷協議商定的價格，證券經營機構一次性全部購進發行公司公開募集的全部股份，然後以較高的價格出售給社會上的認購者。對發行公司來說，採用包銷的辦法可及時籌足資本，免於承擔發行風險。但股票以較低的價格出售給承銷商會損失部分溢價。所謂代銷，是證券經營機構代替發行公司代售股票，並由此獲取一定的備金，但不承擔股款未募足的風險。

2. 普通股發行定價

普通股發行價格通常有等價、時價和中間價三種。

等價是指股票以股票面額爲發行價格，也稱平價發行或面值發行。

時價是指以公司原發行同種股票的現行市場價格爲基準選擇增發新股的發行價格，也稱市價發行。

中間價是取股票市場價格與面額的中間值作爲股票的發行價格。

以時價和中間價發行都可能是溢價發行，也可能是折價發行。但我國《公司法》規定公司發行股票不準折價發行，即不準以低於股票面額的價格發行。

3. 股票上市

（1）股票上市的目的。

股票上市，指的是股份有限公司公開發行的股票經批准在證券交易所進行掛牌交易。經批准在交易所上市交易的股票則稱爲上市股票。只有公開募集發行並經批准上市的股票才能進入證券交易所流通轉讓。

股份公司申請股票上市，一般出於以下的目的：

①資本大衆化，分散風險。股票上市後，會有更多的投資者認購公司的股票，

## 第3章　長期籌資方式

公司可將部分股份轉售給這些投資者，再將得到的資金用於其他方面，這就分散了公司的風險。

②便於籌措新資金。股票上市必須經有關機構審查批準並接受相應的管理，執行各種信息披露和股票上市的規定，這就大大增強了社會公衆對公司的信賴，使之樂於購買公司的股票。同時，由於一般人認爲上市公司實力雄厚，也便於公司採用其他方式（如負債）籌措資金。

③提高股票的變現力。股票上市後便於投資者購買，自然提高了股票的流動性和變現力。

④提高公司知名度，吸引更多顧客。上市公司爲社會所知，並被認爲經營優良，會帶來良好收益，吸引更多的顧客，從而擴大銷售量。

⑤便於確定公司價值。股票上市後，公司股價有市價可循，便於確定公司的價值，有利於促進公司財富最大化。

但股票上市也有對公司不利的一面，主要是指：公司將負擔較高的信息披露成本；各種信息公開的要求可能會暴露公司的商業秘密；股價有時會歪曲公司的實際狀況，丑化公司聲譽；可能會分散公司的控制權，造成管理上的困難。

（2）股票上市的條件。

公司公開發行的股票進入證券交易所掛牌買賣（即股票上市），需受嚴格的條件限制。我國《證券法》規定，股份公司申請其股票上市，必須符合下列條件：

①股票經國務院證券監督管理機構核準已公開發行；

②公司股本總額不少於人民幣3 000萬元；

③公司發行的股份達到公司股份總數的25%以上，公司股本總額超過人民幣4億元的公開發行的比例爲10%以上；

④公司最近3年無重大違法行爲，財務會計報告無虛假記載。

此外，公司股票上市還應符合證券交易所規定的其他條件。

（四）普通股融資的優缺點

1. 普通股籌資的優點

與其他籌資方式相比，普通股籌措資本具有如下優點：

（1）沒有固定利息負擔。公司有盈餘，並認爲適合分配股利，就可以分給股東；公司盈餘較少，或雖有盈餘但資金短缺或有更有利的投資機會，就可少支付或不支付股利。

（2）沒有固定到期日。利用普通股籌集的資金是永久性的資金，除非公司破產清算才需償還。它對保證企業最低的資金需求有重要意義。

（3）籌資風險小。由於普通股沒有固定到期日，不用支付固定的利息，因此風險小。

（4）能增加公司的信譽。普通股與留存收益構成公司所借入一切債務的基礎。有了較多的自有資金，就可爲債權人提供較大的損失保障，因而，普通股籌資既可以提高公司的信用價值，同時也爲使用更多的債務資金提供了強有力的支持。

(5) 籌資限制較少。利用優先股或債務籌資，通常有許多限制，這些限制通常會影響公司經營的靈活性，而利用普通股籌資則沒有這種限制。

另外，由於普通股的預期收益較高並可在一定程度上抵消通貨膨脹的影響，因此普通股籌資容易吸收資金。

2. 普通股籌資的缺點

運用普通股籌措資本也有如下一些缺點：

(1) 普通股的資本成本較高。首先，從投資者的角度講，投資於普通股風險較高，相應地要求有較高的投資報酬率。其次，對於籌資公司來講，普通股股利從淨利潤中支付，不像債券利息那樣作爲費用從稅前支付，因而不具有抵稅作用。此外，普通股的發行費用一般也高於其他證券。

(2) 以普通股籌資會增加新股東，這可能會分散公司的控制權，削弱原有股東對公司的控制。

(3) 如果公司股票上市，需要嚴格履行信息披露制度，接受公衆、股東的監督，會帶來較大的信息披露成本，也增加了公司保護商業秘密的難度。

(4) 股票上市會增加公司被收購的風險。公司股票上市後，其經營狀況會受到社會的廣泛關註，一旦公司經營或財務方面出現問題，可能面臨被收購的風險。

此外，新股東分享公司未發行新股前積累的盈餘，會降低普通股的每股淨收益，從而可能引起股價的下跌。

# 第 3 節　債務籌資

債務籌資是指企業通過借款、發行債券和融資租賃等方式籌集的長期債務資本。

## 一、長期負債籌資的特點

負債是企業一項重要的資金來源，幾乎沒有一家企業是只靠自有資本，而不運用負債就能滿足資金需求的。與吸收直接投資、普通股籌資方式相比，負債籌資的特點表現爲：

(1) 籌集的資金具有使用上的時間性，需到期償還；

(2) 不論企業經營好壞，需固定支付債務利息，從而形成企業固定的負擔；

(3) 其資本成本一般比較低，且不會分散投資者對企業的控制權。

按照所籌資金可使用時間的長短，負債籌資可分爲長期負債籌資和短期負債籌資兩類。

長期負債是指期限超過一年的負債。長期負債的優點是：可以解決企業長期資

## 第 3 章　長期籌資方式

金的不足，如滿足購置長期性固定資產的需要；由於長期負債的歸還期長，債務人可對債務的歸還做長期安排，還債壓力或風險相對較小。缺點是：長期負債與短期負債相比，一般成本較高；負債的限制較多，即債權人經常會向債務人提出一些限制性的條件以保證其能夠及時、足額償還債務本金和利息，從而形成對債務人的種種約束。

### 二、長期借款籌資

長期借款是指企業向銀行或非銀行金融機構借入的使用期超過一年的借款，主要用於購建固定資產和滿足長期流動資金占用的需要。

（一）長期借款的種類

長期借款的種類很多，各企業可根據自身的情況和各種借款條件選用。

（1）按照用途，可分為固定資產投資借款、更新改造借款、科技開發和新產品試制借款等。

（2）按照提供貸款的機構，分為政策性銀行貸款、商業銀行貸款和其他金融機構貸款。此外，企業還可以從信托投資公司取得實物或貨幣形式的信托投資貸款，從財務公司取得各種中長期貸款等。

（3）按照有無擔保，分為信用貸款和抵押貸款。信用貸款指不需要企業提供抵押品，僅憑其信用或擔保人信譽而發放的貸款。抵押貸款是指要求企業以抵押品作為擔保的貸款。長期貸款的抵押品常常是房屋、建築物、機器設備、股票、債券等。

（二）取得長期借款的條件

金融機構對企業發放貸款的原則是：按計劃發放、擇優扶植、有物資保證、按期歸還。企業申請貸款一般應具備的條件是：

（1）獨立核算、自負盈虧、有法人資格。

（2）經營方向和業務範圍符合國家產業政策，借款用途屬於銀行貸款辦法規定的範圍。

（3）借款企業具有一定的物資和財產保證，擔保單位具有相應的經濟實力。

（4）具有償還貸款的能力。

（5）財務管理和經濟核算制度健全，資金使用效益及企業經濟效益良好。

（6）在銀行設有帳戶，辦理結算。

（三）長期借款籌資的程序

企業向金融機構借款，通常要經過以下步驟：

1. 企業提出申請

具備上述條件的企業慾取得貸款，先要向銀行提出申請，陳述借款理由與金額，用款時間與計劃、還款時間與計劃等。並提供以下資料：

（1）借款人以及保證人的基本情況；

(2) 財政部門或會計師事務所核準的上年度財務報告；

(3) 原有的不合理借款的糾正情況；

(4) 抵押物清單及同意抵押的證明，保證人擬同意保證的有關證明文件；

(5) 項目建議書和可行性報告；

(6) 貸款銀行認爲需要提交的其他資料。

2. 金融機構進行審批

銀行根據企業的借款申請，針對企業的財務狀況、信用情況、盈利的穩定性、發展前景、借款投資項目的可行性等進行審查，以決定是否對企業提供貸款。一般包括以下幾個方面：

(1) 對借款人的信用等級進行評估。

(2) 進行相關調查。貸款人受理借款人的申請後，應對借款人的信用及借款的合法性、安全性和盈利性等情況進行調查，核實抵押物、保證人情況，測定貸款的風險。

(3) 貸款審批。

3. 簽訂借款合同

借款合同是規定借貸雙方權利和義務的契約。銀行審查同意貸款後，再與借款企業進一步協商貸款的具體條件，明確貸款的種類、用途、金額、利率、期限、還款的資金來源及方式、保護性條件、違約責任等，並以借款合同的形式將其法律化。

4. 企業取得借款

雙方簽訂借款合同後，貸款銀行按合同的規定按期發放貸款，企業便可取得相應的資金。貸款人不按合同約定發放貸款的，應償付違約金。借款人不按合同的約定使用資金的，也應償付違約金。

5. 企業償還借款

企業應按照借款合同的規定按時足額歸還借款本息。如果企業不能按期歸還借款，應在借款到期之前，向銀行申請貸款展期，但是否展期，由貸款銀行根據具體情況決定。

(四) 長期借款的保護性條款

借款合同是規定借貸雙方權利和義務的契約。其內容分基本條款和限制條款。

基本條款是借款合同必須具備的條款。包括：借款種類、借款用途、借款金額、借款利率、借款期限、還款資金來源及還款方式、保證條款、違約責任等。

限制條款是爲了降低貸款機構的貸款風險而對借款企業提出的限制條件，它不是借款合同的必備條款。由於長期借款的期限長，風險大，按照國際慣例，銀行會對借款企業提出一些有助於保證貸款按時足額償還的條件。將這些條件寫進貸款合同中，就形成了合同的保護性條款。限制條款又有一般性限制條款、例行性限制條款和特殊性限制條款之分。限制條款中，一般性限制條款最爲常見，例行性限制條款次之，特殊性限制條款比較少見。

# 第3章 長期籌資方式

1. 一般性限制條款

一般性限制條款應用於大多數借款合同,主要包括:

(1) 對借款企業流動資金保持量的規定,其目的在於保持借款企業資金的流動性和償債能力;

(2) 對支付現金股利和再購入股票的限制,其目的在於限制資金外流;

(3) 對資本支出規模的限制,其目的在於減少企業日後不得不變賣固定資產以償還貸款的可能性,仍着眼於保持借款企業資金的流動性;

(4) 限制其他長期債務,其目的在於防止其他貸款人取得對企業資產的優先求償權;

2. 例行性限制條款

主要包括:

(1) 借款企業定期向銀行提交財務報表,其目的在於及時掌握企業的財務狀況;

(2) 不準在正常情況下出售太多資產,以保持企業正常的市場經營能力;

(3) 如期繳納稅費和清償其他到期債務,以防被罰款而造成現金流失;

(4) 不準以任何資產作爲其他承諾的擔保或抵押,以避免企業負擔過重;

(5) 不準貼現應收票據或出售應收帳款,以避免或有負債。

3. 特殊性限制條款

特殊性限制條款是針對某些特殊情況而出現在部分借款合同中的。主要包括:

(1) 貸款專款專用;

(2) 不準企業投資於短期內不能收回資金的項目;

(3) 限制企業高級職員的薪金和獎金總額;

(4) 要求企業主要領導人在合同有效期內擔任領導職務;

(5) 要求企業主要領導人購買人身保險等。

此外,短期借款籌資中的周轉信貸協定、補償性餘額等條件,也同樣適用於長期借款。

(五) 長期借款資本成本的計算

長期借款資本成本的計算公式爲:

$$長期借款籌資成本 = \frac{年利息 \times (1-所得稅稅率)}{長期借款籌資總額(1-長期借款籌資費率)} \times 100\%$$

【例3-5】長城公司準備向銀行借款1 000萬元,手續費率爲0.1%,年利率8%,借款期限三年,每年結息一次,到期一次還本,公司所得稅稅率爲25%。則這筆長期借款的籌資成本爲:

$$長期借款籌資成本 = \frac{1\,000 \times 8\% \times (1-25\%)}{1\,000 \times (1-0.1\%)} \times 100\%$$

$$= 6.01\%$$

由於銀行借款的手續費率很低，上式中的籌資費率常常可以忽略不計，則上式可以簡化爲：

長期借款籌資成本＝借款利率×(1-所得稅稅率)＝8%×(1-25%)＝6%

(六) 長期借款籌資的優缺點

1. 長期借款籌資的優點

(1) 籌資速度快。發行各種證券籌集長期資金所需時間一般較長，做好證券發行的準備以及證券的發行都需要一定時間。而向金融機構借款與發行債券相比，一般借款所需時間較短，可以迅速地獲取資金。

(2) 借款彈性較大。企業與金融機構可以直接接觸，可通過直接商談來確定借款的時間、數量和利息。在借款期間，如果企業的情況發生了變化，也可與金融機構進行協商，修改借款的數量和條件。借款到期後，如有正當理由，還可延期歸還。

(3) 借款成本較低。就目前我國情況來看，利用銀行借款進行籌資，和發行股票或吸收直接投資相比，其利息有抵稅效應。和發行債券相比，所支付的利息低，另外，也無須支付大量的發行費用。

(4) 可以發揮財務槓桿的作用。不論公司賺錢多少，銀行只按借款合同收取利息，在投資報酬率大於利率的情況下，企業所有者將會因財務槓桿的作用而得到更多的利益。

2. 長期借款籌資的缺點

(1) 籌資風險較高。企業舉借長期借款，必須定期還本付息，在經營狀況不佳的情況下，可能會產生不能償付的風險，甚至會導致破產。

(2) 限制性條款比較多。企業與銀行簽訂的借款合同中，一般都有一些限制性條款，如定期報送有關報表、不準改變借款用途等，這些條款可能會限制企業的經營活動。

(3) 籌資數量有限。銀行一般不願接觸巨額的長期借款。因此，利用銀行借款籌資都有一定的上限。

### 三、長期債券籌資

債券是發行人依照法定程序發行，約定在一定期限內還本付息的有價證券。債券的發行人是債務人。投資於債券的人是債權人。這裡所說的債券，指的是期限超過1年的公司債券，其發行目的通常是爲建設大型項目籌集大筆長期資金。

(一) 債券的特徵

債券與股票都屬於有價證券，對於發行公司來說都是一種籌資手段，而對於購買者來說都是投資手段。與股票相比，債券主要有以下特徵：

(1) 債券是債務憑證，是對債權的證明；股票是所有權憑證，是對所有權的證明。債券持有人是債權人，股票持有人是所有者。債券持有人與發行公司是一種借

## 第3章　長期籌資方式

貸關係，而股票持有者則是發行公司經營的參與者。

（2）證券的收入爲利息，利息的多少一般與發行公司的經營狀況無關，是固定的；股息的多少是由公司的盈利水平決定的，一般是不固定的。如果公司經營不善，發生虧損或破產，投資者就得不到任何股息，甚至連本金也保不住。

（3）債券的風險較小，因爲其利息收入基本是穩定的；股票的風險則較大。

（4）債券是有期限的，到期必須還本付息；股票除非公司停業，一般不退還股本。

（5）債券屬於公司的債務，它在公司停業進行財產分配時受償權優於股票。

（二）債券的分類

債券可按不同的標準進行分類，主要的分類方式如下：

（1）按債券是否記名，可將債券分爲記名債券和無記名債券。

記名債券，是指在券面上註明債權人姓名或名稱，同時在發行公司的債權人名冊上進行登記的債券。

無記名債券，是指在券面上未註明債權人姓名或名稱，也不用在發行公司的債權人名冊上登記債權人姓名或名稱的債券。

（2）按債券能否轉換爲公司股票，可將債券分爲可轉換債券和不可轉換債券。

可轉換債券，是指在一定時期內，可以按規定的價格或一定比例，由持有人自由地選擇轉換爲普通股的債券。

不可轉換債券，是指不可以轉換爲普通股的債券。通常情況下，不可轉換債券的利率要高於可轉換債券。

（3）按有無特定的財產擔保，可將債券分爲信用債券和抵押債券。

信用債券，是指僅憑債券發行者的信用發行的、沒有抵押品做抵押或擔保人做擔保的債券。

抵押債券，是以特定財產作爲抵押而發行的債券。抵押債券又分爲：一般抵押債券，即以公司產業的全部作爲抵押品而發行的債券；不動產抵押債券，即以公司的不動產爲抵押而發行的債券；設備抵押債券，即以公司的機器設備爲抵押而發行的債券；證券信托債券，即以公司持有的股票證券以及其他擔保證書交付給信托公司作爲抵押而發行的債券等。

（4）按是否參加公司盈餘分配，分爲參加公司債券和不參加公司債券。

除享有到期向公司請求還本付息的權利外，還有權按規定參加公司盈餘分配的債券，爲參加公司債券；反之爲不參加公司債券。

（5）按債券利率的不同，分爲固定利率債券和浮動利率債券。

將利率明確記載於債券上，按這一規定利率向債權人支付利息的債券，稱爲規定利率債券。

債券上明確利率，發放利息時利率水平按某一標準（如政府債券利率、銀行存款利率）的變化而同方向調整的債券，稱爲浮動利率債券。

(6) 按能否上市，分爲上市債券和非上市債券。

上市債券是可在證券交易所掛牌交易的債券；反之爲非上市債券。上市債券信用度高，價值高，且變現速度快，因而容易吸引投資者，但上市條件嚴格，並要承擔上市費用。

(7) 按照償還方式，分爲到期一次債券和分期債券。

發行公司於債券到期日一次集中清償本息的，爲到期一次債券；

一次發行而分期、分批償還的債券爲分期債券。分期債券的償還又有不同方法。

(三) 債券的發行條件

我國《證券法》規定，公開發行公司債券的公司必須具備以下條件：

(1) 股份有限公司的淨資產不低於人民幣3 000萬元，有限責任公司的淨資產不低於人民幣6 000萬元。

(2) 累計債券餘額不超過公司淨資產的40%。

(3) 最近3年平均可分配利潤足以支付公司債券1年的利息。

(4) 所籌集資金的投向符合國家產業政策。

(5) 債券的利率不超過國務院限定的利率水平。

(6) 國務院規定的其他條件。

公開發行公司債券募集的資金，必須用於核準的用途，不得用於彌補虧損和非生產性支出。

(四) 債券的發行程序與發行價格

1. 發行程序

債券發行的基本程序如下：

(1) 做出發行債券的決議；

(2) 做出發行債券的申請；

(3) 公告債券募集辦法；

(4) 委託債券機構發售；

(5) 交付債券，收繳債券款，登記債券存根簿。

2. 債券的發行價格

債券的發行價格是債券發行時使用的價格，也即投資者購買債券時所支付的價格。公司債券的發行價格通常有三種：平價、溢價和折價。

平價是以債券的票面金額爲發行價格；溢價是以高出債券票面金額的價格爲發行價格；折價是以低出債券票面金額的價格爲發行價格。債券發行價格的形成受諸多因素的影響，其中主要的是票面利率與市場利率的一致程度。證券的票面金額、票面利率在債券發行前即以已參照市場利率和發行公司的具體情況確定下來，一並載明於債券之上。但在發行債券時已確定的票面利率有可能與當時的市場利率不一致。爲了協調債券購銷雙方的利益，就要調整發行價格：當票面利率高於市場利率時，溢價發行債券；當票面利率低於市場利率時，折價發行債券；當票面利率與市

## 第3章 長期籌資方式

場利率一致時，平價發行債券。

債券發行價格的計算公式爲：

$$債券發行價格 = \frac{票面金額}{(1+市場利率)^n} + \sum_{t=1}^{n} \frac{票面金額 \times 票面利率}{(1+市場利率)^t}$$

式中：$n$—— 債券期限；

$t$—— 付息期數。

市場利率是指債券發行時的市場利率。

【例3-6】長城公司發行面值爲1 000元，票面利率爲10%，期限爲10年，每年年末付息的債券。在公司決定發行債券時，認爲10%的利率是合理的。如果到債券正式發行時，市場上的利率發生了變化，那麼就要調整債券的風險價格。現按以下三種情況分別討論：

（1）資金市場上的利率保持不變，長城公司的債券利率爲10%仍然合理，則可採取平價發行。

債券的發行價格 = 1 000×(P/F,10%,10)+1 000×10%×(P/A,10%,10)
　　　　　　 = 1 000×0.385 5+100×6.144 6
　　　　　　 = 1 000（元）

（2）資金市場上的利率有較大幅度的上升，利率爲12%，則應採取折價發行。

債券的發行價格 = 1 000×(P/F,12%,10)+1 000×10%×(P/A,12%,10)
　　　　　　 = 1 000×0.322+100×5.650 2
　　　　　　 = 887.02（元）

也就是說，只有按887.02元的價格出售，投資者才會購買此債券，並獲得12%的報酬。

（3）資金市場上的利率有較大幅度的下降，利率爲8%，則應採取溢價發行。

債券的發行價格 = 1 000×(P/F,8%,10)+1 000×10%×(P/A,8%,10)
　　　　　　 = 1 000×0.463 2+100×6.710 1
　　　　　　 = 1 134.21（元）

也就是說，投資者把1 134.21元的資金投資於長城公司面值爲1 000元的債券，便可獲得8%的報酬。

（五）債券的償還

1. 債券的償還時間

債券償還時間按其實際發生與規定的到期日之間的關係，分爲到期償還、提前償還和滯後償還三類。

（1）到期償還。到期償還又包括分批償還和一次償還兩種。如果一個企業在發行同一種債券時就爲不同編號或不同發行對象的債券規定了不同的到期日，這種債券就是分批償還債券。因爲各批債券的到期日不同，它們各自的發行價格和利率也可能不相同，從而導致發行費較高。但由於這種債券便於投資者挑選最合適的到期日，因而便於發行。另外一種就是最常見的到期一次償還的債券。

(2) 提前償還。提前償還又稱提前贖回或收回，是指在債券尚未到期之前就予以償還。只有在企業發行債券的契約中明確規定了有關允許提前償還的條款，企業才可以進行此項操作。具有提前償還條款的債券可使企業融資有較大的靈活性。當企業資金有結餘時，可提前贖回債券；當預測利率下降時，也可提前贖回債券，而後以較低的利率來發行新債券。

(3) 滯後償還。債券在到期日之後償還叫滯後償還。這種償還條款一般在發行時訂立，主要是給予持有人以延長持有債券的選擇權。滯後償還還有轉期和轉換兩種形式。轉期是將較早到期的債券換成到期日較晚的債券，實際上是將債務的期限延長。常用的辦法有兩種：一是直接以新債券兌換舊債券，二是用發行新債券得到的資金來贖回舊債券。轉換通常指股份有限公司發行的債券可以按一定的條件轉換成該公司的股票。

2. 債券的償還形式

債券的償還形式是指在償還債券時採用什麼樣的支付手段。可使用的支付手段包括現金、新發行的本公司債券（簡稱新債券）、本公司的普通股股票（簡稱普通股）和本公司持有的其他公司發行的有價證券（簡稱有價證券）。其中前三種比較常見。

(1) 用現金償還債券。現金是債券持有人最願意接受的支付手段，因此這一形式最為常見。為了確保在債券到期時有足額的現金償還債券，有時企業需要建立償債基金。如果發行債券的合同條款中明確規定用償債基金償還債券，企業就必須每年提取償債基金，且不得挪作他用，以保護債券持有者的利益。

(2) 以新債券換舊債券。以新債券換舊債券也被稱為"債券的調換"。企業之所以要進行債券的調換，一般有以下幾個原因：

①原有債券的契約中訂有較多的限制條款，不利於企業的發展；

②把多次發行、尚未徹底清償的債券進行合並，以減少管理費；

③有的債券到期，但企業現金不足。

(3) 用普通股償還債券。如果企業發行的是可轉換債券，那麼可通過轉換變成普通股來償還債券。

(六) 債券籌資的優缺點

1. 債券籌資的優點

(1) 籌資成本較低。與股票的股利相比，債券的利息允許在所得稅之前支付，發行公司可享受節稅利益，公司實際承擔的債券成本一般低於股票成本。

(2) 保證控制權。債券持有人無權干涉公司的管理事務，如果現有股東擔心控制權旁落，則可採用債券籌資。

(3) 可以發揮財務槓桿作用。無論發行公司的盈利多少，公司債券利息固定，在公司投資效益良好的情況下，更多的利潤可分配給股東或留用公司經營，從而增

# 第 3 章　長期籌資方式

加股東和公司的財富。

（4）便於調整公司的資本結構。在公司發行可轉換債券或可提前贖回債券的情況下，便於公司主動地合理調整資本結構。

2. 債券籌資的缺點

（1）債券籌資的財務風險較大。債券有固定的到期日，並定期支付利息。利用債券籌資，要承擔還本、付息的義務。在企業經營不景氣時，亦需向債券持有人還本付息，這會給公司帶來更大的財務困難甚至導致破產。

（2）限制條件多。發行債券的限制條件一般要比長期借款、租賃籌資的限制條件更多、更嚴格，從而限制了公司對債券籌資方式的應用，甚至會影響公司今後的籌資能力。

（3）債券籌資的數量有限。利用債券籌資有一定的限度，當公司的負債比率超過一定程度後，債券籌資的成本會迅速上升，有時甚至會發行不出去。多數國家對此都有限定。《公司法》規定，發行公司流通在外的債券累計總額不得超過公司淨資產的40%。

## 四、融資租賃籌資

融資租賃是企業融資的一種特殊方式，適用於各類企業。

（一）租賃的含義

租賃是出租人以收取租金爲條件，在契約或合同規定的期限內，將資產租借給承租人使用的一種經濟行爲。在租賃業務中，出租人主要是各類專業租賃公司，承租人主要是其他各類企業，租賃物大多是設備等固定資產。

（二）租賃的種類及特點

現代租賃的種類很多，通常按性質分爲經營租賃和融資租賃兩大類。

（1）經營租賃。經營租賃又稱營運租賃、服務租賃，是由出租人向承租企業提供租賃設備，並提供設備維修保養和人員培訓等的服務性業務。經營租賃通常爲短期租賃。承租企業採用經營租賃的目的主要不是融通資本，而是獲得設備的短期使用以及出租人提供的專門技術服務。

經營租賃的主要特點有：①承租企業根據需要可隨時向出租人提出租賃資產；②租賃期較短，不涉及長期而固定的業務；③在設備租賃期內，如有新設備出現或不需要租入設備時，承租企業可按規定提前解除租賃合同，這對承租企業比較有利；④出租人提供專門服務；⑤租賃期滿或合同終止時，租賃設備由出租人收回。

（2）融資租賃。融資租賃又稱資本租賃、財務租賃，是由租賃公司按照承租企業的要求融資購買設備，並在契約或合同規定的較長期限內提供給承租企業使用的信用性業務，是現代租賃的主要類型。承租企業採取融資租賃的主要目的是融通資本。是承租企業籌集長期借入資本的一種特殊方式。

融資租賃通常爲長期租賃，可滿足承租企業對設備的長期需求。其主要特點爲：①一般由承租企業向租賃公司提出正式申請，由租賃公司融資購進設備租給承租企業使用；②租賃期限較長，大多爲設備使用年限的一半以上；③租賃合同比較穩定，在規定的租期內非經雙方同意，任何一方不得提前解約，這有利於維護雙方的權益；④由承租企業負責設備的維修保養和投保事宜，但無權自行拆卸改裝；⑤租賃期滿時，按事先約定的辦法處置設備，一般有續租、留購或退還三種選擇，通常由承租企業留購。

表 3-6　　　　　　　　　融資租賃與經營租賃對照表

| 項目 | 融資租賃 | 經營租賃 |
|---|---|---|
| 租賃程序 | 由承租人向出租人提出正式申請，由出租人融通資金引進出租人所需設備，然後再租給承租人使用 | 承租人可隨時向出租人提出租賃資產要求 |
| 租賃期限 | 租期一般爲租賃資產壽命的一半以上 | 租賃期短，不涉及長期而固定的義務 |
| 合同約束 | 租賃合同穩定。在租期內，承租人必須連續支付租金，非經雙方同意，中途不得解約 | 租賃合同靈活，在合理限制條件範圍內，可以解除租賃契約 |
| 租賃期滿後的資產處置 | 租賃期滿後，租賃資產的處置有三種方法可供選擇：將設備作價轉讓給承租人；由出租人收回；延長租期續租 | 租賃期滿後，租賃資產一般要歸還給出租人 |
| 租賃資產的維修保養 | 租賃期內，出租人一般不提供維修和保養設備方面的服務 | 租賃期內，出租人提供設備保養維修、保險等服務 |

(三) 融資租賃的形式

融資租賃按其業務的不同特點，可細分爲以下三種具體形式。

1. 直接租賃

直接租賃是融資租賃的典型形式，即出租人直接向出租人租入所需要的資產，並付出租金。

2. 售後租回

在這種形式下，製造企業按照協議先將其資產賣給租賃公司，再作爲承租企業將所售資產租回使用，並按期向租賃公司支付租金。採用這種融資租賃形式，承租企業因爲出售資產而獲得了一筆現金，同時因將其租回而保留了資產的使用權。這與抵押貸款有些相似。

3. 槓桿租賃

槓桿租賃是國際上比較流行的一種融資租賃方式。它一般要涉及承租人、出租人和資金出借者三方當事人。從承租人的角度來看，它與其他融資租賃形式並無區別，同樣是按合同的規定，在租期內獲得資產的使用權，按期支付租金。但對出租人卻不同，出租人只出購買資產所需的部分資金（一般爲20%~40%）作爲自己的投資，另外以該資產作爲擔保向資金出借者借入其餘資金。因此，它既是出租人又

## 第3章 長期籌資方式

是貸款人，同時擁有對資產的所有權，既收取租金又要償付債務。這種融資租賃形式由於租賃收益一般大於借款成本支出，出租人可獲得財務槓桿利益，故被稱爲槓桿租賃。如果出租人不能按期償還借款，資產的所有權就要轉歸資金的出借者。

（四）融資租賃租金的計算

在融資租賃籌資方式下，承租企業須按合同規定支付租金。租金的數額和支付方式對承租企業未來的財務狀況具有直接的影響，因此是租賃籌資決策的重要依據。

1. 影響融資租賃租金的因素

融資租賃每期支付租金數額的多少，主要取決於以下幾個因素：

（1）租賃設備的購置成本，包括設備的買價、運雜費和途中保險費等。

（2）預計租賃設備的殘值，是指設備租賃期滿時預計殘值的變現淨值。

（3）利息，是指租賃公司爲承租企業購置設備融資而應計的利息。

（4）租賃手續費，包括租賃公司承辦租賃設備的營業費用以及一定的盈利。租賃手續費的高低一般無固定標準，通常由承租企業與租賃公司協商確定，按設備成本的一定比率計算。

（5）租賃期限。一般而言，租賃期限的長短會影響租金總額，進而影響到每期租金的數額。

（6）租金的支付方式。租金的支付方式也影響到每期租金的多少，一般而言，租金的支付次數越多，每期的租金越少。支付租金的方式有很多種：按支付間隔期有年付、半年付、季付和月付；按在期初還是期末支付，分爲先付和後付；按每次是否等額支付，分爲等額支付和不等額支付。實務中，承租企業與租賃公司商定的租金支付方式大多爲後付等額年金。

2. 融資租賃租金的計算方法

我國融資租賃實務中，大多採用平均分攤法和等額年金法。

（1）平均分攤法。平均分攤法是先以商定的利息率和手續費率計算出租賃期間的利息和手續費，然後連同設備成本按支付次數平均。這種方法沒有充分考慮資金的時間價值。每次應付租金的計算公式爲：

$$每次支付的租金 = \frac{(C-S)+I+F}{N}$$

式中，$C$ 表示租賃設備購置成本；$S$ 表示租賃設備預計殘值；$I$ 表示租賃期間利息；$F$ 表示租賃期間手續費；$N$ 表示租期。

【例3-7】長城公司於2016年1月1日從租賃公司租入一套設備，價值100萬元，租期爲5年，預計租賃期滿時設備的殘值爲3萬元，歸租賃公司，年利率10%，租賃手續費爲設備價值的2%。租金每年年末支付一次。該套設備租賃每次支付租金計算如下：

$$每次支付租金 = \frac{(100-3)+\left[100\times(1+10\%)^{3}-100\right]+100\times 2\%}{5}$$

= 26.42（萬元）

（2）等額年金法。等額年金法是指運用年金現值的計算原理測算每期應付租金的方法。在這種方法下，通常以資本成本率作爲折現率。

①後付租金的計算　根據年資本回收額的計算公式，可得出後付租金方式下每年年末支付租金數額的計算公式：

$$每年年末支付租金 = \frac{等額租金現值}{(P/A, i, n)}$$

【例3-8】根據例3-7的資料，假定設備殘值歸屬承租企業，資本成本率爲12%。則承租企業每年支付的租金爲：

$$\frac{100}{(P/A, 12\%, 5)} = \frac{100}{3.605} = 27.74（萬元）$$

②先付租金的計算　根據先付年金的計算公式，可得出先付等額租金的計算公式爲：

$$每年年初支付租金 = \frac{等額租金現值}{(P/A, i, n-1) + 1}$$

$$= \frac{100}{(P/A, 12\%, 4) + 1}$$

$$= \frac{100}{3.037 + 1}$$

$$= 24.77（萬元）$$

**（五）融資租賃籌資的優缺點**

對承租企業而言，融資租賃是一種特殊的籌資方式。通過融資租賃，企業可不必預先籌措一筆相當於設備價款的現金，即可獲得需用的設備。與其他籌資方式相比，融資租賃有其特有的優缺點。

1. 融資租賃籌資的優點

（1）籌資速度快。融資租賃往往比借款購置設備更迅速、更靈活，因爲融資租賃是籌資與設備購置同時進行，可以縮短設備的購進、安裝時間，使企業盡快形成生產能力；有利於企業盡快占領市場，打開銷路。

（2）限制條款少。如前所述，企業運用長期借款、債券、股票等籌資方式，都受到相當多的資格條件等限制，相比之下，融資租賃籌資的限制條件很少。

（3）設備淘汰風險小。當今，科學技術發展迅速，固定資產的更新週期也日趨縮短。企業設備陳舊過時的風險很大，而利用融資租賃可減少這一風險。因爲融資租賃的期限一般爲固定資產使用年限的一定比例，不會像自己購買設備那樣整個期間都要承擔風險，且多數租賃協議都規定由出租人承擔設備陳舊過時的風險。

（4）財務風險小。融資租賃的租金在整個租期內分攤，不用到期歸還大量本金。許多借款都在到期日一次償還本金，這會給財務基礎較弱的公司造成相當大的

## 第 3 章　長期籌資方式

困難，有時會造成不能償付的風險。而融資租賃則把這種風險在整個租期內分攤。

（5）融資租賃的租金費用允許在所得稅前扣除，承租企業能夠享受節稅利益。

2. 融資租賃籌資的缺點

融資租賃籌資的最主要缺點就是資本成本較高。一般來說，其租金要比銀行借款或發行債券所負擔的利息高得多，租金總額通常要比設備價值高出 30%，在企業財務困難時，支付固定的租金也將成爲一項沉重的負擔。另外，採用融資租賃籌資方式如果不能享受設備殘值，也可視爲承租企業的一項機會成本。

## 第 4 節　混合性籌資

混合性資金，是指既有某些股權性資金的特徵又具有某些債權性資金特徵的資金形式。混合性籌資通常包括發行優先股籌資和發行可轉換債券籌資。

### 一、發行優先股籌資

（一）優先股的特點

優先股是相對普通股而言的，是較普通股有某些優先權利，同時也受到一定限制的股票。優先股的含義主要體現在"優先權利"上，包括優先分配股利和優先分配公司剩餘財產。

優先股與普通股具有某些共性，比如籌集的都是股權資本，都沒有到期日；但它同時又具有公司債券的某些特徵。因此，優先股被視爲一種混合性證券。

優先股的特點主要表現在以下幾個方面：

1. 優先分配固定的股利

在股利分配上，優先股與債券類似的特點是：優先股有一個面值，股利按一定的百分比或者每股幾元表示，股利水平在發行時就確定了，公司的盈利超過優先股股利時不會增加其股利支付。與普通股類似的是：公司盈利達不到支付優先股股利的水平時，公司就不必支付股利，不會因此導致公司破產。

優先股的股利支付比普通股優先，未支付優先股股利時普通股不能支付股利。而且多數優先股是"可累積優先股"，就是尚未支付的優先股的累積股利總額，必須在支付普通股股利之前支付完畢。未支付的優先股股利被稱爲"拖欠款項"。拖欠款項不產生利息，不會按復利滾存，但均需在普通股股利之前支付。多數累積優先股規定有可累積年限，例如 3 年，如果連續 3 年盈利均未達到支付優先股股利所需水平，優先股的應得股利不再計入拖欠款項。

2. 優先分配公司的剩餘財產

當公司因解散、破產等進行清算時，優先股股東優先於普通股股東分配公司的

111

剩餘財產。但其索償權低於債權人。因此在公司財務困難時，債務利息會被優先得到支付，同一公司的優先股股東要求的預期報酬率比債權人高。

3. 優先股股東一般無表決權

在公司股東大會上，優先股股東一般沒有表決權，通常也無權參與企業的經營管理，僅在涉及優先股股東權益問題時享有表決權。因此，優先股股東不大可能控制整個公司。

4. 優先股可由公司贖回

發行優先股的公司，按照公司章程的有關規定，根據公司的需要，可以按一定的方式將所發行的優先股贖回，以調整公司的資本結構。

(二) 優先股的種類

優先股按其具體的權利不同，還可做進一步的分類。

(1) 優先股按股利是否累積支付，可分為累積優先股和非累積優先股。

累積優先股是指公司過去年度未支付股利可以累積計算由以後年度的利潤補足付清。非累積優先股則沒有這種需求補付的權利。因此。累積優先股比非累積優先股具有更大的吸引力，其發行也較為廣泛。

(2) 優先股按是否分配額外股利，可分為參與優先股和非參與優先股。

當公司利潤在按規定支付給優先股和普通股後，仍有剩餘利潤可供分配股利時，能夠與普通股股東一起參與分配額外股利的優先股，即為參與優先股；否則為非參與優先股。參與優先股的持有人可按規定的條件和比例將其轉換為公司的普通股或公司債券。這種參與優先股能夠增加籌資和投資雙方的靈活性，在國外比較流行。

(3) 優先股按公司可否贖回，可分為可贖回優先股和不可贖回優先股。

可贖回優先股是指股份有限公司出於減輕股利負擔的目的，可按規定按原價贖回的優先股。反之，則屬於不可贖回優先股。

(三) 發行優先股的動機

股份公司發行優先股，籌集股權資本只是其目的之一。由於優先股有其特性，因此公司發行優先股往往還有其他動機。

(1) 防止公司股權分散。由於優先股股東一般沒有表決權，發行優先股籌資就可以避免公司股權分散，保障公司的原有控制權。

(2) 調劑現金餘缺。公司在需要現金時發行優先股，在現金充足時將可贖回的優先股贖回，從而調整現金餘缺。

(3) 改善公司資本結構。公司在安排債務資本與股權資本的比例關係時，可較為便利地利用優先股的發行與轉換來進行調整。

(4) 維持舉債能力。公司發行優先股，有利於鞏固股權資本的基礎，維持乃至增強公司的舉債能力。

# 第 3 章　長期籌資方式

(四) 優先股籌資的優缺點

1. 優先股籌資的優點

(1) 優先股一般沒有固定的到期日，不用償付本金。

發行優先股籌集資本，公司不承擔還本義務，相當於取得了一筆無限期的長期貸款。對可贖回優先股，公司可在需要時按照一定價格購回，這就使得利用這部分資本更具有彈性。在財務狀況較差時發行優先股，在財務狀況好轉時購回，有利於結合資本需求加以調劑，同時也便於掌握公司的資本結構。

(2) 優先股的股利既有固定性，又有一定的靈活性。

一般而言，優先股都採用固定股利，但對固定股利的支付並不構成公司的法定義務。如果公司財務狀況不佳，可以暫時不支付優先股股利。即使如此，優先股持有者也不能像公司債權人那樣迫使公司破產。

(3) 保持普通股股東對公司的控制權。

當公司既想向社會增加籌集股權資本，又想保持原有普通股股東的控制權時，利用優先股籌資尤爲恰當。

(4) 增強公司的舉債能力。

發行優先股籌資，能夠增強公司的股權資本基礎，使企業自有資金增多，進而公司的舉債能力得到提高。

2. 優先股籌資的缺點

(1) 優先股的股利不可以稅前扣除，其資本成本雖然低於普通股，但一般高於債券。

(2) 可能形成較重的財務負擔。優先股要求支付固定股利，當盈利下降時，優先股的股利可能會成爲公司一項較重的財務負擔，有時不得不延期支付，從而影響公司的形象。

## 二、發行可轉換債券

(一) 可轉換債券的特徵

可轉換債券是一種特殊的債券，有時簡稱爲可轉債，是指由公司發行並規定債券持有人在一定期限內按約定的條件並將其轉換成發行公司普通股的債券。

從籌資公司的角度來看，發行可轉換債券具有債務與股權籌資的雙重屬性，屬於一種混合性籌資。利用可轉換債券籌資，發行公司賦予可轉換債券的持有人可將其轉換爲該公司股票的權利。因而，對發行公司而言，在可轉換債券轉換之前需要定期向持有人支付利息。如果在規定的轉換期限內，持有人未將可轉換債券轉換爲股票，發行公司還需要到期償付債券本金，在這種情形下，可轉換債券籌資與普通債券籌資相似，具有債務籌資的屬性。如果在規定的轉換期限內，持有人將可轉換債券轉換爲公司股票，則發行公司將債券轉化爲股東權益，從而具有股權籌資的

## （二）可轉換債券的轉換

可轉換債券的轉換涉及轉換期限、轉換價格和轉換比率。

### 1. 可轉換債券的轉換期限

可轉換債券的轉換期限是指按發行公司的約定，持有人可將其轉換爲股票的期限。具體是指可轉換債券轉換爲股票的起始日至結束日的這段期間。一般而言，可轉換債券的轉換期限的長短與可轉換債券的期限有關。可轉換債券的轉換期可以與債券的期限相同，也可以短於債券的期限。在我國，可轉換債券的期限按規定最短期限爲1年，最長期限爲6年。

按照規定，上市公司發行可轉換債券，在發行結束6個月後，持有人可以依據約定的條件隨時將其轉換爲股票。重點國有企業發行的可轉換債券，在該企業改制爲股份有限公司且其股票上市後，持有人可以依據約定的條件隨時將債券轉換爲股票。

### 2. 可轉換債券的轉換價格

可轉換債券發行之時，明確了以怎樣的價格轉換爲普通股，這一規定的價格就是可轉換債券的轉換價格（也稱轉股價格），即轉換發生時投資者爲取得普通股每股所支付的實際價格。

按照我國的有關規定，上市公司發行可轉換債券的，以發行可轉換債券前一個月股票的平均價格爲基準，上浮一定幅度作爲轉換價格。重點國有企業發行可轉換債券的，以擬發行股票的價格爲基準，按一定的折扣比例作爲轉換價格。轉換價格通常比發行時的股價高出20%~30%。

【例3-9】某上市公司發行可轉換債券，發行前一個月該公司股票的平均價格經測算爲16元。預計本股票的未來價格有明顯的上升趨勢，由此確定上浮的幅度爲25%。則該公司可轉換債券的轉換價格爲：

16×(1+25%) = 20（元）

可轉換債券的轉換價格並非固定不變。公司發行可轉換債券並約定轉換價格後，由於又增發新股、配股及其他原因引起公司股份發生變動的，應當及時調整轉換價格，並向社會公布。

### 3. 可轉換債券的轉換比率

轉換比率是債權人通過轉換可獲得的普通股股數。可轉換債券的面值、轉換價格、轉換比率之間存在下列關係：

$$轉換比率 = 債券面值 \div 轉換價格$$

【例3-10】某上市公司發行的可轉換債券每份面值1 000元，轉換價格爲每股20元，則轉換比率爲：

1 000÷20 = 50（股）

# 第3章 長期籌資方式

(三) 可轉換債券籌資的優缺點

1. 可轉換債券籌資的優點

(1) 有利於降低資本成本。可轉換債券的利率通常低於普通債券，而且與此同時，它向投資人提供了轉爲股權投資的選擇權，使之有機會轉爲普通股並分享公司更多的收益。因此在轉換前，可轉換債券的成本低於普通債券；轉換爲股票後，又可節省股票的發行成本，從而降低股票的資本成本。

(2) 有利於籌集更多資本。可轉換債券的轉換價格通常高於發行時的股票價格，因此，可轉換債券轉換後，其籌資額大於當時發行股票的籌資額；另外也有利於穩定公司的股價。

(3) 有利於調整資本結構。可轉換債券是一種兼具債務籌資和股權籌資雙重性質的籌資方式。可轉換債券在轉換前是發行公司的一種債務，若發行公司希望可轉換債券持有人轉股，可以借助誘導，促其轉換，借以調整資本結構。

(4) 有利於避免籌資損失。當公司的股票價格在一段時期內連續高於轉換價格並超過某一幅度時，發行公司可按贖回條款中事先約定的價格贖回未轉換的可轉換債券，從而避免籌資上的損失。

2. 可轉換債券籌資的缺點

(1) 轉股後可轉換債券將失去利率較低的好處。

(2) 若確需股票籌資，但股價並未上升，可轉換債券持有人不願轉股時，發行公司將承受償債壓力。

(3) 若可轉換債券轉股時股價高於轉換價格，則發行遭受籌資損失。

(4) 回售條款的規定可能使發行公司遭受損失。當公司的股票價格在一段時期內連續低於轉換價格並達到一定幅度時，可轉換債券持有人可按事先約定的價格將所持債券回售公司，從而可能致使發行公司受損。

## 三、發行認股權證

發行認股權證是上市公司的一種特殊籌資手段，其主要功能是輔助公司的股權性籌資，並可直接籌措現金。

(一) 發行認股權證籌資的特徵

認股權證是由股份有限公司發行的可認購其股票的一種買入期權。它賦予持有者在一定期限內以事先約定的價格購買發行公司一定股份的權利。

對於籌資公司而言，發行認股權證是一種特殊的籌資手段。認股權證本身含有期權條款，在其持有者認購股份之前，對發行公司既不擁有債權也不擁有股權，而是只擁有股票認購權。儘管如此，發行公司可以通過發行認股權證籌集資金，還可用於公司成立時對承銷商的一種補償。

用認股權證購買發行公司的股票，其價格一般低於市場價格，因此，股份公司发行认股权证可增加其所发行股票对投资者的吸引力。发行依附于公司债券、优先股或短期票据的认股权证，可起到明显的促销作用。

(二) 认股权证的种类

(1) 按允许购买的期限长短分类，可将认股权证分为长期认股权证与短期认股权证。

短期认股权证的认股期限一般在 90 天以内；长期认股权证的认股期限通常在 90 天以上，更有长达数年或永久。

(2) 按认股权证的发行方式分类，可将认股权证分为单独发行认股权证与附带发行认股权证。

单独发行认股权证是指不依附于公司债券、优先股、普通股或短期票据而单独发行的认股权证。

依附于公司债券、优先股、普通股或短期票据而单独发行的认股权证，为附带发行认股权证。

认股权证的发行，最常用的方式是认股权证在发行债券或优先股之后发行。这是将认股权证随同债券或优先股一同寄往认购者。在无纸化交易制度下，认股权证将随同债券或优先股一并由中央登记结算公司划入投资者帐户。

(3) 按认股权证认购数量的约定方式，可将认股权证分为备兑认股权证与配股权证。

备兑认股权证是每份备兑证按一定比例含有几家公司的若干股份。配股权证是确认老股东配股权的证书，它按照股东持股比例定向派发，赋予其以优惠价格认购公司一定份数的新股。

(三) 认股权证筹资的优缺点

1. 认股权证筹资的优点

(1) 为公司筹集额外资金。认股权证不论是单独发行还是附带发行，大多都为发行公司筹得一笔额外资金。

(2) 促进其他筹资方式的运用。单独发行的认股权证有利于将来发售股票，附带发行的认股权证可以促进其所依附证券的发行效率。而且由于认股权证具有价值，附认股权证的债券票面利率和优先股股利率通常较低。

2. 认股权证筹资的缺点

(1) 稀释普通股收益。当认股权证执行时，提供给投资者的股票是新发行的股票，而并非二级市场的股票。这样，当认股权证行使时，普通股股份增多，每股收益下降。

(2) 容易分散企业的控制权。由于认股权证通常随债券一起发售，以吸引投资者，当认股权证行使时，企业的股权结构会发生改变，稀释了原有股东的控制权。

# 第 3 章　長期籌資方式

## 本章小結

1. 目前我國籌資渠道主要包括：國家財政資金、銀行信貸資金、非銀行金融機構資金、其他企業資金、居民個人資金、企業自留資金、外商資金。

2. 長期籌資的動機歸納起來有三種基本類型：擴張性籌資動機、調整性籌資動機、混合性籌資動機。

3. 目前我國企業的籌資方式主要有：吸收直接投資、發行股票、銀行借款、發行公司債券、利用商業信用、融資租賃。

4. 我國長期籌資必須遵循以下基本原則：合法性原則、合理性原則、及時性原則、效益性原則。

5. 資金需要量預測的方法主要有：定性分析法、因素分析法、資本習性預測法、應用收入比例法。

6. 按照資本屬性的不同，企業的長期籌資可分爲股權性籌資、債務性籌資和混合性籌資。

## 習題

### 一、名詞解釋

1. 長期籌資　　　　　　　2. 股權性籌資
3. 債務性籌資　　　　　　4. 混合性籌資
5. 股票　　　　　　　　　6. 普通股
7. 優先股　　　　　　　　8. 可轉換債券
9. 租賃　　　　　　　　　10. 經營租賃
11 融資租賃　　　　　　　12. 售後租回
13. 槓桿租賃　　　　　　　14. 認股權證

### 二、單項選擇題

1. 企業外部籌資的方式很多，但不包含（　　）方式。
   A. 投入資本籌資　　　　　B. 企業利潤再投入
   C. 發行股票籌資　　　　　D. 長期借款籌資

2. 籌集股權資本是企業籌集（　　）的一種重要方式。
   A. 長期資本　　　　　　　B. 短期資本
   C. 債權資本　　　　　　　D. 以上都不是

3. 採用籌集投入資本方式籌措股權資本的企業不應該是（　　）。
   A. 股份制企業　　　　　　B. 國有企業
   C. 集體企業　　　　　　　D. 合資或合營企業

117

4. 籌集投入資本時，要對（　　）的出資形式規定最高比例。
   A. 現金　　　　　　　　　　B. 流動資產
   C. 固定資產　　　　　　　　D. 無形資產

5. 籌集投入資本時，各國法規大都對（　　）的出資形式規定了最低比例。
   A. 流動資產　　　　　　　　B. 固定資產
   C. 現金　　　　　　　　　　D. 無形資產

6. 借款合同所規定的保證人，在借款方不履行償付義務時，負有（　　）責任。
   A. 監管借貸雙方嚴格遵守合同條款　　B. 催促借款方償付
   C. 連帶償付本息　　　　　　D. 都不對借款籌資

7. 在幾種籌資方式中，兼具籌資速度快、籌資費用和資本成本低、對企業有較大靈活性等特點的籌資方式是（　　）。
   A. 發行債券　　　　　　　　B. 融資租賃
   C. 發行股票　　　　　　　　D. 長期借款

8. 根據《公司法》規定，發行公司流通在外的債券累計總額不超過公司淨資產的（　　）。
   A. 60%　　　　　　　　　　B. 40%
   C. 50%　　　　　　　　　　D. 30%

9. 由出租人向承租企業提供租賃設備，並提供設備維修保養和人員培訓等的服務性業務，這種租賃形式稱為（　　）。
   A. 融資租賃　　　　　　　　B. 經營租賃
   C. 直接租賃　　　　　　　　D. 槓桿租賃

10. 下列關於直接籌資和間接籌資的說法中，錯誤的是（　　）。
    A. 直接籌資是指企業不借助銀行等金融機構，直接與資本所有者協商融通資本的一種籌資活動
    B. 間接籌資是指企業借助銀行等金融機構而融通資本的籌資活動
    C. 相對於間接籌資，直接籌資具有廣闊的領域，可利用的籌資渠道和籌資方式比較多
    D. 間接籌資因程序較為繁雜，準備時間較長，故籌資效率較低，籌資費用較高

### 三、多項選擇題

1. 企業需要長期資本的原因主要有（　　）。
   A. 購建固定資產　　　　　　B. 取得無形資產
   C. 支付職工的月工資　　　　D. 墊支長期性流動資產等
   E. 開展長期投資

2. 企業的長期籌資渠道包括（　　）。
   A. 政府財政資本　　　　　　B. 銀行信貸資本

## 第3章 長期籌資方式

  C. 非銀行金融機構資本   D. 其他法人資本
  E. 民間資本
3. 籌集投入資本的具體形式有（　　）。
  A. 發行股票投資   B. 吸收國家投資
  C. 吸收法人投資   D. 吸收個人投資
  E. 吸收外商投資
4. 籌集投入資本，投資者的投資形式包括（　　）。
  A. 現金   B. 有價證券
  C. 流動資產   D. 固定資產
  E. 無形資產
5. 籌集投入資本，（　　）應該採用一定的方法重新估值。
  A. 固定資產   B. 無形資產
  C. 存貨   D. 應收帳款
  E. 現金
6. 下列表述中，符合股票含義的有（　　）。
  A. 股票是有價證券   B. 股票是物權憑證
  C. 股票是書面憑證   D. 股票是債權憑證
  E. 股票是所有權憑證
7. 股票按股東權利和義務不同可分為（　　）。
  A. 始發股   B. 新股
  C. 普通股   D. 優先股
  E. 法人股
8. 普通股籌資的特點包括（　　）。
  A. 普通股股東享有公司的經營管理權
  B. 公司解散清算時，普通股股東對公司剩餘財產的請求權位於優先股之後
  C. 普通股股利分配在優先股之後進行，並依公司盈利情況而定
  D. 普通股一般不允許轉讓
  E. 公司增發新股時，普通股股東具有認購優先權，可以優先認購公司所發行的股票
9. 融資租賃業務的程序主要有（　　）。
  A. 選擇租賃公司   B. 辦理租賃委託
  C. 簽訂租賃合同   D. 辦理驗貨、付款與保險
  E. 支付租金
10. 與股票相比，債券的特點包括（　　）。
  A. 債券代表一種債權關係   B. 債券的求償權優先於股票
  C. 債券持有人無權參與企業決策   D. 債券投資的風險小於股票
  E. 可轉換債券按規定可轉換為股票

## 中級財務管理

**四、判斷題**

1. 在我國，非銀行金融機構主要有租賃公司、保險公司、企業集團的財務公司以及信託投資公司、證券公司。（　）
2. 處於成長期的企業，當面臨資金短缺時，大多都選擇內部籌資以減少籌資費用。（　）
3. 根據我國有關法規制度，企業的股權資本由投入資本（或股本）、資本公積和未分配利潤三部分構成。（　）
4. 籌集投入資本是非股份制企業籌措自有資本的一種基本形式。（　）
5. 籌集國家的投入資本主要是通過獲取國家銀行的貸款。（　）
6. 所有企業都可以採用籌集投入資本的形式籌措自有資本。（　）
7. 發行股票是所有公司制企業籌措自有資金的基本方式。（　）
8. 對於股東而言，優先股比普通股有更優厚的回報，有更大的吸引力。（　）
9. 在我國，股票發行價格既可以按票面金額確定，也可以按超過票面金額或低於票面金額的價格確定。（　）
10. 股份公司無論面對什麼樣的財務狀況，爭取早日上市交易都是正確的選擇。（　）
11. 上市公司公開發行股票，應當由證券公司承銷；非公開發行股票，發行對象均屬於原前十名股東的，可以由上市公司自行銷售。（　）
12. 一般情況下，長期借款無論是資本成本還是籌資費用都較股票、債券低。（　）
13. 凡我國企業均可以發行公司債券。（　）
14. 發行公司債券所籌集到的資金，公司不得隨心所慾地使用，必須按審批機關批準的用途使用，不得用於彌補虧損和非生產性支出。（　）
15. 當其他條件相同時，債券期限越長，證券的發行價格就會越低；反之，發行價格就可能越高。（　）
16. 一般來說，證券的市場利率越高，債券的發行價格就越低；反之，發行價格就可能越高。（　）
17. 債券的發行價格與股票的發行價格相比，只允許平價或溢價發行，不允許折價發行。（　）
18. 融資租賃實際上就是由租賃公司籌資購物，由承租企業租入並支付租金。（　）
19. 融資租賃合同期滿時，承租企業根據合同約定，可以對設備續租、退還或留購。（　）
20. 優先股和可轉換債券既具有債務籌資性質，又具有股權籌資性質。（　）

**五、思考題**

1. 試分析長期籌資的動機。
2. 試說明直接籌資和間接籌資的區別。

## 第 3 章　長期籌資方式

3. 試說明投入資本籌資的優缺點。
4. 試分析債券發行價格的決定因素。
5. 試說明長期借款籌資的優缺點。
6. 試說明融資租賃籌資的優缺點。
7. 試說明優先股籌資的優缺點。
8. 試說明可轉換債券籌資的優缺點。
9. 試分析融資租賃租金的決定因素。

### 六、計算與分析題

1. 某公司 2012 年銷售收入為 20 000 萬元，銷售淨利率為 12%，淨利潤的 60% 分配給投資者。2012 年 12 月 31 日的資產負債表（簡表）如下：

**資產負債表（簡表）**

2012 年 12 月 31 日　　　　　　　　　　　　　　單位：萬元

| 資產 | 期末餘額 | 負債及所有者權益 | 期末餘額 |
| --- | --- | --- | --- |
| 貨幣資金 | 1 000 | 應付帳款 | 1 000 |
| 應收帳款淨額 | 3 000 | 應付票據 | 2 000 |
| 存貨 | 6 000 | 長期借款 | 9 000 |
| 固定資產淨值 | 7 000 | 實收資本 | 4 000 |
| 無形資產 | 1 000 | 留存收益 | 2 000 |
| 資產總計 | 18 000 | 負債與所有者權益 | 18 000 |

該公司 2013 年計劃銷售收入比上年增長 30%，為實現這一目標，公司需新增設備一臺，價值 148 萬元。據歷年財務數據分析，公司流動資產與流動負債隨銷售額同比率增減。公司如需對外籌資，可通過按面值發行票面年利率 10%、期限為 10 年、每年年末付息的公司債券解決。假定該公司 2013 年的銷售淨利率與利潤分配政策與上年保持一致，公司債券的發行費用可忽略不計，適用的企業所得稅稅率為 25%。

（1）計算發行債券的資金成本。

（2）預測 2013 年需要對外籌集的資金量。

2. 某企業擬採用融資租賃方式於 2016 年 1 月 1 日從租賃公司租入一臺設備，設備款為 50 萬元，租期為 5 年，到期後設備歸企業所用。雙方商定，如果採取後付等額租金方式付款，則折現率為 16%；如果採取先付等額租金方式付款，則折現率為 14%。企業的資本成本率為 10%。

要求：

（1）計算後付等額租金方式下的每年等額租金額。

（2）計算後付等額租金方式下的 5 年租金終值。

（3）計算先付等額租金方式下的每年等額租金額。

（4）計算先付等額租金方式下的 5 年租金終值。

**4**

## 學習目標

理解資本結構的概念、種類和意義；理解資本成本的構成、種類和作用，掌握個別資本成本率和綜合資本成本率的測算方法；理解經營槓桿的作用原理，掌握經營槓桿係數的測算方法及其應用；理解財務槓桿的作用原理，掌握財務槓桿係數的測算方法及其應用；理解聯合槓桿的作用原理，掌握聯合槓桿係數的測算方法及其應用；理解資本結構決策的因素及其定性分析；掌握資本結構決策的方法，包括資本成本比較法、每股收益分析法和公司價值比較法的原理及其應用。

## ● 第1節 資本成本及其計算

資本成本是財務管理的一個非常重要的概念，是企業籌資管理的重要依據，也是企業資本結構決策的基本因素之一。一個公司要達到股東財富最大化，必須使所有的投入成本最小化，其中包括資本成本的最小化，因此正確估計和合理降低資本成本是制定籌資決策的基礎。另外，公司為了增加股東財富，只能投資於投資報酬率高於其資本成本率的項目，因此正確估計項目的資本成本是制定投資決策的基礎。

資本成本的概念包括兩個方面：一方面，資本成本與公司的籌資活動有關，即籌資的成本；另一方面，資本成本與公司的投資活動有關，它是投資所要求的最低報酬率。這兩個方面既有聯繫，也有區別。為了加以區分，我們稱前者是公司的資本成本，後者為投資項目的資本成本。本書主要分析公司的資本成本。

# 第4章 資本成本與資本結構

## 一、資本成本的概念

資本成本，是公司為了籌集和使用資金所付出的代價，即籌資的成本。具體包括籌資費用和用資費用。

籌資費用是企業在籌集資本活動中為獲得資本而付出的費用，如向銀行支付的手續費和因發行債券、股票而支付的發行費用等。籌資費用通常在籌資時一次性全部支付，在獲得資本後的用資過程中不再發生，因而屬於固定性資本成本，可視為對籌資額的一項扣除。

用資費用是指企業在生產經營和對外投資活動中因使用資本而承付的費用，如向債權人支付的利息，向股東分配的股利等。用資費用是資本成本的主要部分。用資費用與籌資費用不同，長期資本的用資費用是經常性的，並隨使用資本數量的多少和時期的長短而變動，屬於變動性資本成本。

資本成本與貨幣的時間價值既有聯繫，又有區別。貨幣的時間價值是資本成本的基礎，而資本成本既包括貨幣的時間價值，又包括投資的風險價值。因此，在有風險的條件下，資本成本也是投資者要求的必要報酬。

## 二、資本成本率的種類

在企業籌資實務中，通常運用資本成本的相對數，即資本成本率。資本成本率是指企業用資費用與有效籌資額之間的比率，通常用百分比來表示。一般而言，資本成本率包括：

1. 個別資本成本率

個別資本成本率是指企業各種長期資本的成本率，例如長期借款資本成本率、股票資本成本率、債券資本成本率等。企業在比較各種籌資方式時，需要使用個別資本成本率。

2. 綜合資本成本率

綜合資本成本率是指企業全部長期資本的成本率。企業在進行長期資本結構決策時，可以利用綜合資本成本率。

3. 邊際資本成本率

邊際資本成本率是指企業追加長期資本的成本率。企業在追加籌資方案的選擇中，需要運用邊際資本成本率。

## 三、資本成本的作用

資本成本是企業籌資管理的一個重要概念，資本成本對於企業籌資管理、投資管理乃至整個財務管理和經營管理都有重要的作用。

（1）資本成本是選擇籌資方式，進行資本結構決策和選擇追加籌資方案的依據。

①個別資本成本率是選擇籌資方式的依據。一個企業長期資本籌集往往有多種籌資方式可供選擇，包括長期借款、發行債券、發行股票等。這些長期籌資方式的個別資本成本率的高低不同，可作爲比較選擇各種籌資方式的一個依據。

②綜合資本成本率是企業進行資本結構決策的依據。企業的全部長期資本通常是由多種長期資本籌資類型的組合構成的。企業長期資本的籌集有多個組合方案可供選擇。不同籌資組合的綜合資本成本率的高低，可以作爲比較各個籌資組合方案，做出資本結構決策的一個依據。

③邊際資本成本率是比較、選擇追加籌資方案的依據。企業爲了擴大生產經營規模，往往需要追加籌資。不同追加籌資方案的邊際資本成本率的高低，可以作爲比較、選擇追加投資方案的一個經濟標準。

（2）資本成本是評價投資項目、比較投資方案和進行投資決策的經濟標準。

一般而言，一個投資項目，只有當其投資報酬率高於其資本成本率時，在經濟上才是可行的；否則該項目將無利可圖，甚至會發生虧損。因此，通常將資本成本率視爲一個投資項目必須賺得的最低報酬率或必要報酬率，視爲是否採納一個投資項目的取舍率，作爲比較、選擇投資方案的一個經濟標準。

在企業投資評價分析中，可以將資本成本率作爲折現率，用於測算各個投資方案的淨現值和現值指數，以比較、選擇投資方案，進行投資決策。

（3）資本成本可以作爲評價企業整體經營業績的基準。

企業的整體經營業績可以用企業全部投資的利潤率來衡量，並可與企業全部資本的成本率相比較，如果利潤率高於資本成本率，可以認爲企業的經營有利；反之，如果利潤率低於成本率，則可認爲企業經營不利，業績不佳，需要改善經營管理，提高企業全部資本的利潤率和降低成本率。

### 四、資本成本率的測算

一般而言，個別資本成本率是企業用資費用與籌資淨額的比率。其基本的測算公式爲：

$$資本成本率 = \frac{用資費用}{籌資總額 - 籌資費用}$$

或

$$資本成本率 = \frac{用資費用}{籌資總額（1-籌資費率）}$$

由此可見，個別資本成本率的高低取決於三個因素：用資費用、籌資費用和籌資額。

用資費用是決定個別資本成本率高低的一個主要因素。在其他兩個因素不變的情況下，某種資本的用資費用高，其資本成本率就高；反之，用資費用低，則資本成本率就低。

# 第4章 資本成本與資本結構

籌資費用是一次性費用，它不同於經常性的用資費用，後者屬於變動性資本成本，籌資費用是籌資時即支付的，可視作對籌資額的一項扣除，即籌資淨額或有效籌資額。因此，不可將資本成本率的公式寫成籌資費用與用資費用的和去除以籌資總額。

（一）個別資本成本率的測算

1. 長期借款資本成本率的測算

根據企業所得稅法的規定，企業長期借款的利息允許從稅前利潤中扣除，從而可以抵免企業所得稅。因此，企業實際負擔的債務資本成本率應當考慮所得稅因素。

企業長期借款資本成本率可按下列公式測算：

$$K_l = \frac{I_l(1-T)}{L(1-F_l)}$$

式中，$K_l$ 表示長期借款資本成本率；$I_l$ 表示長期借款利息額；$L$ 表示長期借款籌資額，即借款本金；$F_l$ 表示長期借款籌資費率，即借款手續費率；$T$ 表示所得稅稅率。

【例4-1】長城公司慾從銀行取得長期借款1 000萬元，手續費率1%，年利率6%，期限為3年，每年結息一次，到期一次還本。公司所得稅稅率為25%。該筆借款的資本成本率為：

$$K_l = \frac{1\ 000 \times 6\% \times (1-25\%)}{1\ 000 \times (1-1\%)} = 4.55\%$$

相對而言，企業借款的籌資費用很少，可以忽略不計。這時，長期借款資本成本率的計算公式為：

$$K_l = R_l(1-T)$$

式中，$K_l$ 表示借款利息率，其他符合含義同前。

【例4-2】根據例4-1的資料，但不考慮借款手續費，則這筆借款的資本成本率為：

$K_l = 6\% \times (1-25\%) = 4.5\%$

在借款合同附加補償性餘額條款的情況下，企業可動用的借款籌資額應扣除補償性餘額，這時借款的實際利率和資本成本率將會上升。

【例4-3】長城公司慾從銀行取得長期借款1 000萬元，年利率6%，期限為3年，每年結息一次，到期一次還本。銀行要求的補償性餘額所占比例為20%。公司所得稅稅率為25%。該筆借款的資本成本率為：

$$K_l = \frac{1\ 000 \times 6\% \times (1-25\%)}{1\ 000 \times (1-20\%)} = 5.63\%$$

在借款年內結息次數超過一次時，借款實際利率也會高於名義利率，從而資本成本率上升。這時，借款資本成本率的測算公式為：

$$K_l = \left[ \left(1+\frac{R_l}{M}\right)^M - 1 \right](1-T)$$

式中，$M$ 表示一年内的借款结息次数，其他符号含义同前。

【例4-4】长城公司拟从银行取得长期借款1 000万元，年利率6%，期限为3年，每季结息一次，到期一次还本。公司所得税税率为25%。该笔借款的资本成本率为：

$$K_l = \left[ \left(1+\frac{6\%}{4}\right)^4 - 1 \right](1-25\%) = 4.60\%$$

2. 长期债券资本成本率的测算

长期债券资本成本中的利息费用也可在所得税前列支，但发行债券的筹资费用一般较高，应予以考虑。债券的筹资费用即发行费用，包括申请费、注册费、印刷费、上市费以及推销费等。在不考虑货币时间价值时，债券资本成本率可按下列公式进行计算：

$$K_b = \frac{I_b(1-T)}{B(1-F_b)}$$

式中，$K_b$ 表示债券资本成本率；$I_b$ 表示长期债券利息，$B$ 表示债券筹资额，按发行价格确定；$F_b$ 表示债券筹资费率，$T$ 表示所得税税率。

【例4-5】长城公司拟平价发行面值为1 000万元的债券，年利率8%，期限为3年，每年结息一次，到期一次还本。发行费用为发行价格的5%。公司所得税税率为25%。该批债券的资本成本率为：

$$K_b = \frac{1\,000 \times 8\% \times (1-25\%)}{1\,000 \times (1-5\%)} = 6.32\%$$

3. 优先股资本成本率的计算

优先股的股利通常固定，但优先股的股息是所得税后支付，而且公司利用优先股筹资往往还需花费发行费用，因此，优先股资本成本率的计算公式为：

$$K_p = \frac{D_p}{P_p}$$

式中，$K_p$ 表示优先股资本成本率；$D_p$ 表示优先股每股年股利；$P_p$ 表示优先股筹资净额，即发行价格扣除发行费用。

【例4-6】长城公司拟发行一批优先股，每股发行价为10元，发行费用为0.5元。预计年股利为1元。该优先股的资本成本率为：

$$K_p = \frac{1}{10-0.5} \times 100\% = 10.53\%$$

4. 普通股资本成本率的计算

根据所得税法的规定，公式须以税后利润向股东分派股利，因此股权资本成本率没有抵税利益。

# 第4章 資本成本與資本結構

按照資本成本率實質上是投資的必要報酬率的思路可知，普通股的資本成本率就是普通股投資的必要報酬率。其測算方法一般有三種：股利折現模型、資本資產定價模型和債券投資報酬率加股票投資風險報酬率。

（1）股利折價模型。

股利折價模型的基本表達式是：

$$P_c = \sum_{t=1}^{n} \frac{D_t}{(1+K_c)^t}$$

式中，$P_c$ 表示普通股籌資淨額，即發行價格扣除發行費用；$D_t$ 表示普通股第 $t$ 年的股利；$K_c$ 表示普通股投資的必要報酬率，即普通股資本成本率。

運用上面的模型測算普通股資本成本率，因具體的股利政策而有所不同。

①公司採用固定股利政策。

如果公司採用固定股利政策，即每年分派固定數額的現金股利，則普通股資本成本率可按下列公司計算：

$$普通股資本成本率 = \frac{每年固定股利}{普通股籌資金額(1-普通股籌資費率)} \times 100\%$$

【例4-7】長城公司擬發行一批普通股，每股發行價為 10 元，發行費用為 0.5 元。預計年股利為 1 元。該股的資本成本率為：

$$K_c = \frac{1}{10-0.5} \times 100\% = 10.53\%$$

②公司採用固定股利增長率的政策。

假設公司採用固定股利增長率政策，則普通股資本成本率可按下式計算：

$$普通股資本成本率 = \frac{第一年股利}{普通股籌資金額(1-普通股籌資費率)} \times 100\% + 股利固定增長率$$

【例4-8】長城公司擬增發一批普通股，每股發行價格為 10 元，發行費用為 0.5 元。預計第一年分派現金股利為每股 1 元，以後每年股利增長 5%，則該股的資本成本率為：

$$K_c = \frac{1}{10-0.5} \times 100\% + 5\% = 15.53\%$$

（2）資本資產定價模型。

資本資產定價模型的含義可以簡單地描述為：普通股投資的必要報酬率等於無風險報酬率加上風險報酬率。用公式表示如下：

$$K_c = R_f + \beta(R_M - R_f)$$

式中，$R_f$ 代表無風險報酬率；$R_M$ 代表市場報酬率或市場投資組合的期望收益率；$\beta$ 市場投資組合某公司股票收益率相對於期望收益率的變動幅度，也就是該公司股票的貝塔係數。

在已確定無風險報酬率、市場報酬率和某種股票的 $\beta$ 值後，即可測算該股票的必要報酬率，即資本成本率。

【例4-9】已知某股票的 $\beta$ 值爲2，市場報酬率爲10%，無風險報酬率爲6%。則該股票的資本成本率爲：

$K_c = 6\% + 2 \times (10\% - 6\%) = 14\%$

（3）債券投資報酬率加股票投資風險報酬率。

由於普通股的求償權不僅在債權之後，而且還次於優先股，因此，持有普通股股票的風險要大於持有債權的風險。這樣，普通股的持有人就必然要求一定的風險補償。因此，普通股投資的必要報酬率可以在債券利率的基礎上加上股票投資高於債券投資的風險報酬率。

【例4-10】長城公司已發行債券的投資報酬率爲8%，現準備發行一批股票。經分析，該股票投資高於債券投資的風險報酬率爲5%。則該股票的必要報酬率即資本成本率爲：

$8\% + 5\% = 13\%$

5. 留用利潤資本成本率的計算

留用利潤是公司稅後利潤形成的，屬於權益資本。一般權益都不會把全部收益以股利形式分給股東，留存收益是企業資金的一種重要來源。從表面上看，公司使用留用利潤並未發生現實的利息、股利等資本成本支出，但股東願意將其留用於公司而不作爲股利取出投資於別處，總是要求獲得與普通股等價的報酬。因此，留用利潤也有資本成本，不過是一項機會成本。留用利潤資本成本率的測算方法與普通股基本相同，只是不用考慮籌資費用。

（二）綜合資本成本率的測算

綜合資本成本率是企業所籌集資金的平均成本，它反應企業資本成本總體水平的高低。

1. 綜合資本成本率的決定因素

綜合資本成本率是指一個企業全部長期資本的成本率，通常以各種長期資本的比例爲權重，對個別資本成本率進行加權平均測算的，故亦稱加權平均資本成本率。因此，綜合資本成本率是由個別資本成本率和各種長期資本比例這兩個因素決定的。

個別資本成本率的計算前面已介紹。各種長期資本比例是指一個企業各種長期資本分別占企業全部長期資本的比重，即狹義的資本結構。該比重的大小取決於各種資金價值的確定。各種資金價值的確定基礎主要有三種選擇，即帳面價值、市場價值和目標價值。

按帳面價值確定資金比重，反應的是過去，易於從資產負債表中獲得相關資料，容易計算。其主要缺點爲：資金的帳面價值可能不符合市場價值，如果資金的市場價值與帳面價值差別很大時，計算結果會與資本市場現行的實際籌資成本有較大的差距，從而不利於加權平均資金成本的測算和籌資管理的決策。

按市場價值確定資金比重，是指債券和股票等以現行市場價格爲基礎確定其資

## 第4章　資本成本與資本結構

金比重,這樣計算的加權平均資本成本能反應企業目前的實際情況。但由於證券市場價格變動頻繁,為彌補證券市場價格變動頻繁帶來的不便,也可選用平均價格。

按目標價值確定資金比重是指債券和股票等以未來預計的目標市場價值確定其資金比重。這種權數能夠反應企業期望的資本結構,而不是像帳面價值和市場價值確定的權數那樣只反應過去和現在的資本結構,所以,按目標價值權數計算出的加權平均資本成本更適合企業籌集新資金。然而,由於企業很難客觀合理地確定證券的目標價值,所以有時這種計算方法不易推廣。

在實務中,通常用以帳面價值為基礎確定的資金價值計算加權平均資金成本。

當資本結構不變時,個別資本成本率越高,則綜合資本成本率越高;反之,個別資本成本率越低,則綜合資本成本率也越低。因此,在資本結構一定的條件下,綜合資本成本率的高低由個別資本成本率決定。

當個別資本成本率不變時,資本結構中成本率較高資本的比例上升,則綜合資本成本率提高;反之,資本結構中成本率較高資本的比例下降,則綜合資本成本率降低。因此,在個別資本成本率一定的條件下,綜合資本成本率的高低由各種長期資本比例(即資本結構)決定。

2. 綜合資本成本率的測算方法

根據綜合資本成本率的決定因素,在已測算個別資本成本率,取得各種長期資本比例後,可按下列公式測算綜合資本成本率:

$$K_w = \sum_{i=1}^{n} K_i W_i$$

式中,$K_w$ 表示綜合資本成本率;$K_i$ 表示第 $i$ 種籌資方式的資本成本率;$W_i$ 表示第 $i$ 種長期資本的資本比例。其中:

$$\sum_{i=1}^{n} W_i = 1$$

【例4-11】長城公司現有長期資本總額為 10 000 萬元,其中長期借款 2 000 萬元,長期債券 3 500 萬元,優先股 1 000 萬元,普通股 3 000 萬元,留用利潤 500 萬元;各種長期資本成本率分別為 5%、6%、10%、15% 和 14%。該公司綜合資本成本率可按如下步驟進行測算。

第一步,計算各種長期資本占資金總量的比重。

$$長期借款資本比例 = \frac{2\,000}{10\,000} = 20\%$$

$$長期債券資本比例 = \frac{3\,500}{10\,000} = 35\%$$

$$優先股資本比例 = \frac{1\,000}{10\,000} = 10\%$$

$$普通股資本比例 = \frac{3\,000}{10\,000} = 30\%$$

留用利潤資本比例 = $\dfrac{500}{10\,000}$ = 5%

第二步，測算綜合資本成本率。

$K_w$ = 5%×20%+6%×35%+10%×10%+15%×30%+14%×5%

　　 = 1%+2.1%+1%+4.5%+0.7%

　　 = 9.3%

上述計算過程也可列表進行，如表 4-1 所示。

表 4-1　　　　　　　　　綜合資本成本率測算表

| 資本種類 | 資本價值（萬元） | 資本比例（%） | 個別資本成本率（%） | 綜合資本成本率（%） |
| --- | --- | --- | --- | --- |
| 長期借款 | 2 000 | 20 | 5 | 1.00 |
| 長期債券 | 3 500 | 35 | 6 | 2.10 |
| 優先股 | 1 000 | 10 | 10 | 1.00 |
| 普通股 | 3 000 | 30 | 15 | 4.50 |
| 留用利潤 | 500 | 5 | 14 | 0.70 |
| 合計 | 10 000 | 100 | — | 9.30 |

（三）邊際資本成本率的計算

1. 邊際資本成本的概念

任何一個公司都不可能以一個既定的資本成本籌集到無限多的資金，超過一定限度，資本成本就會變化。

邊際資本成本是指資本每增加一個單位而增加的成本。在現實中，邊際資本成本通常在某一籌資區間內保持穩定，當企業以某種籌資方式籌資超過一定限度時，邊際資本成本會提高，此時，即使企業保持原有的資本結構，也仍有可能導致加權平均資本成本上升。因此，邊際資本成本也可以稱為隨籌資額增加而提高的加權平均資本成本。在企業追加籌資時，不能僅僅考慮目前所使用的資本的成本，還要考慮為投資項目新籌集的資本的成本，這就需要計算資本的邊際成本。

2. 邊際資本成本率的測算

企業追加籌資有時可能只採取某一種籌資方式。但在籌資數額較大，或在目標資本結構既定的情況下，往往需要通過多種籌資方式的組合來實現。這時，邊際資本成本率應該按加權平均法測算，而且其資本比例必須以市場價值計算。

【例 4-12】長城公司現有長期資本總額為 1 000 萬元，其目標資本結構為：長期債務 20%，優先股 10%，普通股權益（包括普通股和留用利潤）70%。現擬追加籌資 300 萬元，仍按此資本結構籌資。經測算，個別資本成本率分別為：長期債務 6%，優先股 12%，普通股 15%。該公司追加籌資的邊際資本成本率測算如表 4-2 所示。

# 第 4 章　資本成本與資本結構

表 4-2　　　　　長城公司追加籌資的邊際資本成本率測算表

| 資本種類 | 目標資本比例（%） | 資本價值（萬元） | 個別資本成本率（%） | 邊際資本成本率（%） |
|---|---|---|---|---|
| 長期債務 | 20 | 60 | 6 | 1.2 |
| 優先股 | 10 | 30 | 12 | 1.2 |
| 普通股權益 | 70 | 210 | 15 | 10.5 |
| 合計 | 100 | 300 | — | 12.9 |

3. 邊際資本成本率規劃

企業在追加籌資中，為了便於比較、選擇不同規模範圍的籌資組合，可以預先測算邊際資本成本率，並以表或圖的形式反應。

【例 4-13】長城公司目前擁有長期資本 100 萬元。其中，長期債務 20 萬元，優先股 5 萬元，普通股（含留用利潤）75 萬元。為了適應追加投資的需要，公司準備籌措新資。試測算建立追加籌資的邊際資本成本率規劃。

第一步，確定目標資本結構。

財務人員經分析測算後認為，長城公司目前的資本結構處於目標資本結構範圍內，在今後增資時應予以保持，即長期債務 20%，優先股 5%，普通股權益 75%。

第二步，測算各種資本的成本率。

財務人員分析了資本市場狀況和公司的籌資能力，認定隨著公司籌資規模的擴大，各種資本的成本率也會發生變動，測算結果見表 4-3 所示。

表 4-3　　　　　長城公司追加籌資測算資料表

| 資本種類 | 目標資本結構 | 追加籌資數量範圍（元） | 個別資本成本率（%） |
|---|---|---|---|
| 長期債務 | 20% | 10 000 以內 | 6 |
|  |  | 10 000～40 000 | 7 |
|  |  | 40 000 以上 | 8 |
| 優先股 | 5% | 2 500 以內 | 10 |
|  |  | 2 500 以上 | 12 |
| 普通股權益 | 75% | 22 500 以內 | 14 |
|  |  | 22 500～75 000 | 15 |
|  |  | 75 000 以上 | 16 |

第三步，測算籌資總額分界點。

根據公司目標資本結構和各種資本的成本率變動的分界點，測算公司籌資總額分界點。其測算公式為：

$$籌資總額分界點 = \frac{第 j 種資本的成本率發生變化的籌資額分界點}{目標資本結構中第 j 種資本的比例}$$

長城公司的追加籌資總額範圍的測算結果如表 4-4 所示。

表 4-4　　　　　　　　長城公司籌資總額範圍測算表

| 資本種類 | 個別資本成本率（%） | 各種資本籌資範圍（元） | 籌資總額分界點（元） | 籌資總額範圍（元） |
|---|---|---|---|---|
| 長期債務 | 6<br>7<br>8 | 10 000 以內<br>10 000～40 000<br>40 000 以上 | $\dfrac{10\ 000}{20\%}=50\ 000$<br>$\dfrac{40\ 000}{20\%}=200\ 000$ | 50 000 以內<br>50 000～200 000<br>200 000 以上 |
| 優先股 | 10<br>12 | 2 500 以內<br>2 500 以上 | $\dfrac{2\ 500}{5\%}=50\ 000$ | 50 000 以內<br>50 000 以上 |
| 普通股權益 | 14<br>15<br>16 | 22 500 以內<br>22 500～75 000<br>75 000 以上 | $\dfrac{22\ 500}{75\%}=30\ 000$<br>$\dfrac{75\ 000}{75\%}=100\ 000$ | 30 000 以內<br>30 000～100 000<br>100 000 以上 |

表 4-4 顯示了特定種類資本成本率變動的分界點。例如，長期債務在 10 000 元以內時，其資本成本率為 6%，而在目標資本結構中，債務資本的比例為 20%。這表明，當債務資本成本率由 6% 上升到 7% 之前，企業可籌資 50 000 元，當籌資總額多於 50 000 元時，債務資本成本率就要上升到 7%。

第四步，測算邊際資本成本率。

根據以上步驟測算出籌資分界點，可以得出下列五個新的籌資總額範圍：①30 000 元以內；②30 000～50 000 元；③50 000～100 000 元；④100 000～200 000 元；⑤200 000 元以上。對着五個籌資總額範圍分別測算其加權平均資本成本率，即可得到各種籌資總額範圍的邊際資本成本率，如表 4-5 所示。

表 4-5　　　　　　　　邊際資本成本率規劃表

| 序號 | 籌資總額範圍（元） | 資本種類 | 目標資本結構 | 個別資本成本率（%） | 邊際資本成本率（元） |
|---|---|---|---|---|---|
| 1 | 30 000 以內 | 長期債務<br>優先股<br>普通股權益 | 20%<br>5%<br>25% | 6<br>10<br>14 | 1.20<br>0.50<br>10.50 |
| | 第一個籌資總額範圍的邊際資本成本率 = 12.20% | | | | |
| 2 | 30 000～50 000 | 長期債務<br>優先股<br>普通股權益 | 20%<br>5%<br>25% | 6<br>10<br>15 | 1.20<br>0.50<br>11.25 |
| | 第二個籌資總額範圍的邊際資本成本率 = 12.95% | | | | |

## 第4章 資本成本與資本結構

表4-5(續)

| 序號 | 籌資總額範圍（元） | 資本種類 | 目標資本結構 | 個別資本成本率（%） | 邊際資本成本率（元） |
|---|---|---|---|---|---|
| 3 | 50 000~100 000 | 長期債務<br>優先股<br>普通股權益 | 20%<br>5%<br>25% | 7<br>12<br>15 | 1.40<br>0.60<br>11.25 |
| | 第三個籌資總額範圍的邊際資本成本率=13.25% | | | | |
| 4 | 100 000~200 000 | 長期債務<br>優先股<br>普通股權益 | 20%<br>5%<br>25% | 7<br>12<br>16 | 1.40<br>0.60<br>12.00 |
| | 第四個籌資總額範圍的邊際資本成本率=14.00% | | | | |
| 5 | 200 000 以上 | 長期債務<br>優先股<br>普通股權益 | 20%<br>5%<br>25% | 8<br>12<br>16 | 1.60<br>0.60<br>12.00 |
| | 第五個籌資總額範圍的邊際資本成本率=14.20% | | | | |

## 第 2 節　槓桿原理

### 一、槓桿效應的含義

自然界中的杠杆效應，是指人們通過利用槓桿，可以用較小的力量移動較重物體的現象。財務管理中也存在着類似的槓桿效應，表現爲：由於特定費用（如固定成本或固定財務費用）的存在而導致的，當某一財務變量以較小幅度變動時，另一相關財務變量會以較大幅度變動。合理運用槓桿原理，有助於企業合理規避風險，提高資金營運效率。

財務管理中的槓桿效應有三種形式，即經營槓桿、財務槓桿和複合槓桿，要瞭解這些槓桿原理，需要首先瞭解成本習性、邊際貢獻和息稅前利潤等相關概念的含義。

### 二、成本習性、邊際貢獻與息稅前利潤

（一）成本習性及分類

所謂成本習性，是指成本總額與業務量總數之間的依存關係。成本按習性可劃分爲固定成本、變動成本和混合成本三類。

1. 固定成本

(1) 固定成本的概念。

固定成本是指其成本總額在一定期間和一定業務量範圍內，不受業務量變動的影響而保持固定不變的成本。如行政管理人員的工資、辦公費、按直線法計提的固定資產折舊費、職工教育培訓費等，均屬於固定成本。固定成本總額不受業務總量變動的影響，但單位業務量所負擔的固定成本卻隨著業務量的增加而逐漸減少。

固定成本的兩個特性可以用下圖4-1、圖4-2表示。

①在一定期間和一定業務量範圍內，固定成本總額保持固定不變。

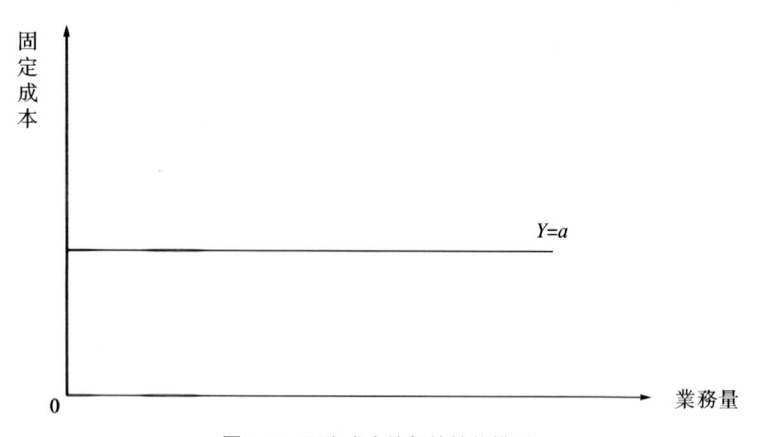

圖 4-1　固定成本總額的性態模型

②單位產品固定成本隨業務量增長而遞減。

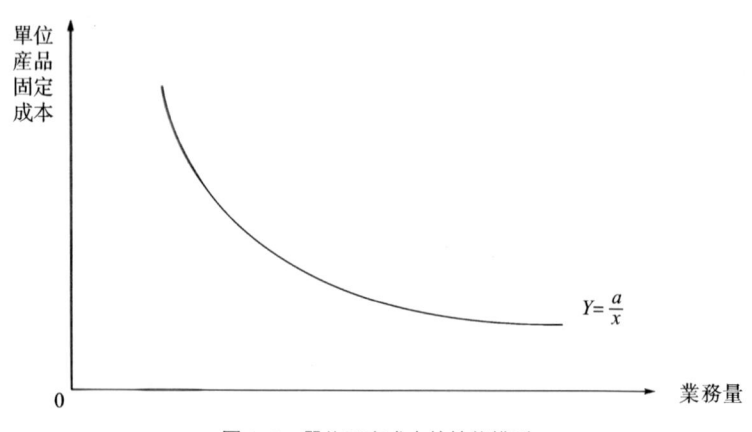

圖 4-2　單位固定成本的性態模型

(2) 固定成本的分類。

固定成本可進一步區分爲酌量性固定成本和約束性固定成本兩類。

①酌量性固定成本，也稱爲選擇性固定成本或者任意性固定成本，是指管理當

## 第4章 資本成本與資本結構

局的決策行動可以改變其發生數額的固定成本。如廣告費、職工培訓費、技術開發費等。這部分成本的發生，可以隨著企業經營方針和財務狀況的變化，斟酌其開支情況。但這並不意味著酌量性固定成本可有可無。因爲從性質上講，酌量性固定成本支出的大小直接關係到企業未來競爭能力的大小。企業管理者應權衡預期未來競爭能力的大小和爲取得這種未來競爭能力所付出的現時成本，對酌量性固定成本做出合理決策。

企業管理者通常應在每一會計年度開始前，制定酌量性固定成本年度開支預算，決定每一項開支的多少以及新增或取消某項開支。因此，管理者的判斷力顯得非常重要。

②約束性固定成本，也稱爲承諾性固定成本，是指管理當局的決策行動無法改變其發生數額的固定成本。例如：廠房及機器設備按直線法計提的折舊費、房屋及設備租金、財產保險費、照明費、行政管理人員的工資等，均屬於約束性固定成本。固定成本是企業維持正常生產經營能力所必須負擔的最低固定成本，其支出數額的大小只取決於企業生產經營的規模與質量，因而具有很大的約束性，企業管理者的決策不能改變其數額。正是由於約束性固定成本與企業的經營能力相關，因而又稱爲"經營能力成本"；又由於企業的經營能力一旦形成，短期內難以改變，即使經營暫時中斷，該項固定成本仍將維持不變，因而也稱爲"能量成本"。

約束性固定成本的性質決定了該項成本的預算期通常比較長，如果說酌量性固定成本預算着眼於從總量上進行控制，那麼約束性固定成本預算則只能着眼於經濟合理地利用企業的市場經營能力。

酌量性固定成本與約束性固定成本與企業的業務量水平均無直接關係，從短期決策的角度看，這一點更爲突出。

(3) 固定成本的相關範圍。

前面給固定成本下定義時，曾冠以"在一定期間和一定業務量範圍內"這樣一個定語，也就是說固定成本的"固定性"不是絕對的，而是相對的、有限定條件的，或者說是有範圍的。這種限定條件或範圍一般稱爲"相關範圍"，表現爲一定的時間範圍和一定的空間範圍。

就時間範圍而言，固定成本表現爲在某一特定期間內具有固定性。因爲從較長時期看，所有成本都具有變動性，即使"約束性"很強的固定成本，也會隨著時間的拉長而越來越具有變動性。隨著時間的推移，一個正常成長的企業，其經營能力無論從規模上還是從質量上均會發生變化：廠房勢必擴大，設備勢必更新，行政管理人員也勢必增加，這些均會導致折舊費用、財產保險費以及行政管理人員的薪金增加，經營能力的逆向變化當然也會導致上述費用發生變化。

就空間範圍而言，固定成本表現爲在某一特定業務量範圍內具有固定性。因爲一旦業務量超出這一水平，同樣勢必擴大廠房、更新設備和增加行政管理人員，相應的費用也勢必增加。

正確理解固定成本的相關範圍還必須解決這樣一個問題：當原有的相關範圍被打破後，又有了新的相關範圍；原有的固定成本變化了，又有了新的固定成本。固定成本在新的相關範圍內仍然表現為某種固定性。如圖 4-3 所示。

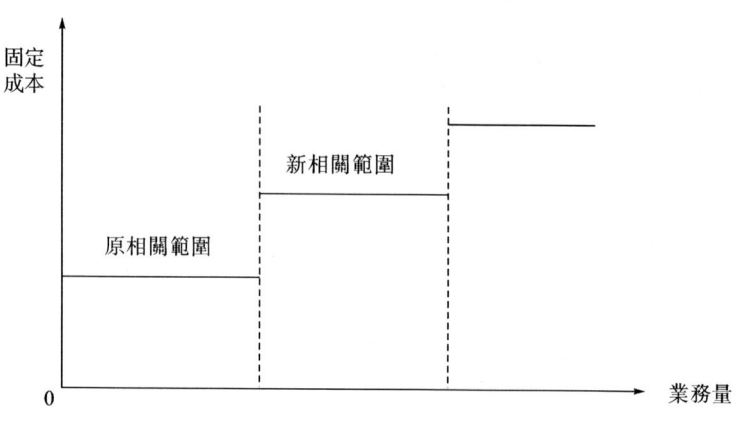

圖 4-3　固定成本的相關範圍

2. 變動成本

（1）變動成本的概念。

變動成本是指在一定期間和一定業務量範圍內，其成本總額隨著業務量的變動而呈正比例變動的成本。例如，直接材料費、產品包裝費、按件計酬的工人薪資、推銷佣金等，均屬於變動成本。與固定成本形成鮮明對照的是，變動成本的總量隨業務量的變化而呈正比例變動關係，而單位業務量中的變動成本則是一個定量。

變動成本的兩個特性可以用下圖 4-4、4-5 所示。

①在一定期間和一定業務量範圍內，變動成本總額隨著業務量的變動而呈嚴格的正比例變動。

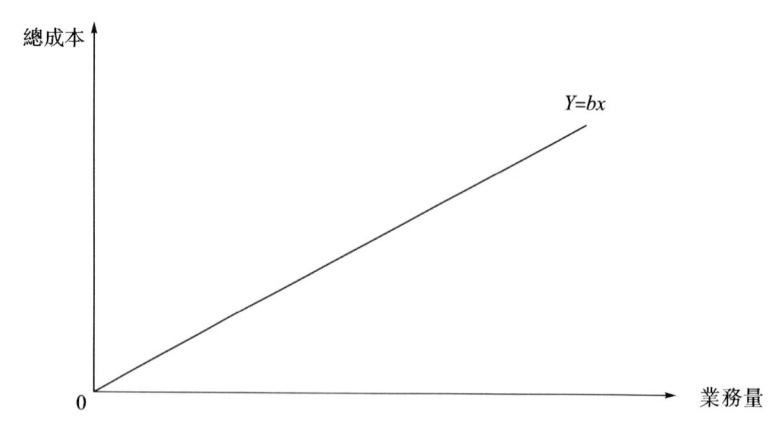

圖 4-4　變動成本總額的性態模型

# 第4章 資本成本與資本結構

②單位產品變動成本保持不變。

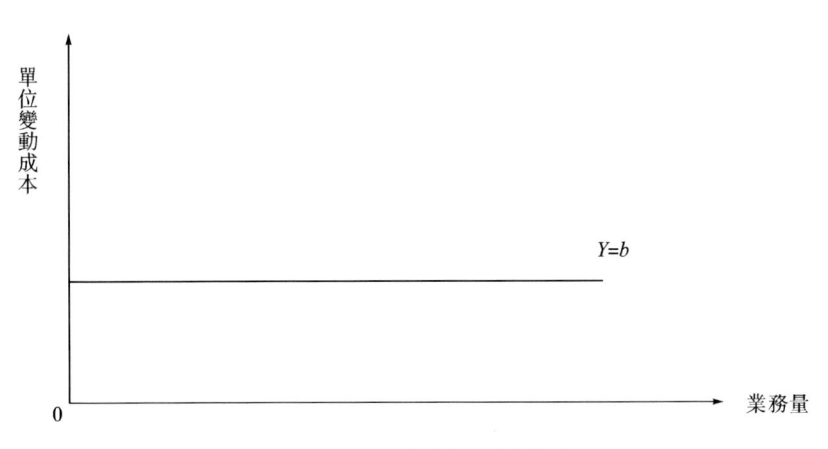

**圖 4-5 單位固定成本的性態模型**

（2）變動成本的分類。

變動成本也可進一步區分為酌量性變動成本和約束性變動成本兩類。

①酌量性變動成本，是指管理當局的決策行動可以改變其發生數額的變動成本。如按產量計酬的工人薪金、按銷售收入的一定比例計算的銷售傭金等。這些支出比例或標準取決於企業管理者的決策，當然，企業管理者在做上述決策時不能脫離當時的各種市場環境。例如，在確定計件工資時就必須考慮當時的勞動力市場情況，在確定銷售傭金時必須考慮所銷售產品的市場情況等。

②約束性變動成本，是指管理當局的決策行動無法改變其發生數額的變動成本。這類成本通常表現為企業所生產產品的直接物耗成本，以直接材料成本最為典型。當企業所生產的產品定型後（包括外形、大小、色彩、重量、性能等方面），上述成本的大小對企業管理者而言就有了很大程度的約束性，這類成本的改變往往也意味著企業的產品改型了。

對特定產品而言，酌量性變動成本和約束性變動成本的單位量是確定的，其總量均隨著產品產量（或銷量）的變動而呈正比例變動。

（3）變動成本的相關範圍。

與固定成本一樣，變動成本的變動性，即"隨著業務量的變動而呈正比例變動"，也有其相關範圍。也就是說，變動成本總額與業務量之間這種正比例變動關係（即完全線性關係）只是在一定業務量範圍內才能實現，超出這一業務量範圍，兩者之間就不再是這樣一種正比例變動關係。

例如，當企業的產品產量較小時，單位產品的材料成本和人工成本可能比較高，

## 中級財務管理

但當產量逐漸上升到一定範圍內時，由於材料的利用可能更加充分、工人的作業安排可能更加合理等原因，單位產品的材料成本和人工成本會逐漸下降。而當產量突破上述範圍繼續上升時，可能使某些變動成本項目超量上升（如加倍支付工人的加班工資），從而導致單位產品中的變動成本由降轉升。上述情況變化可以用圖4-6來表示。

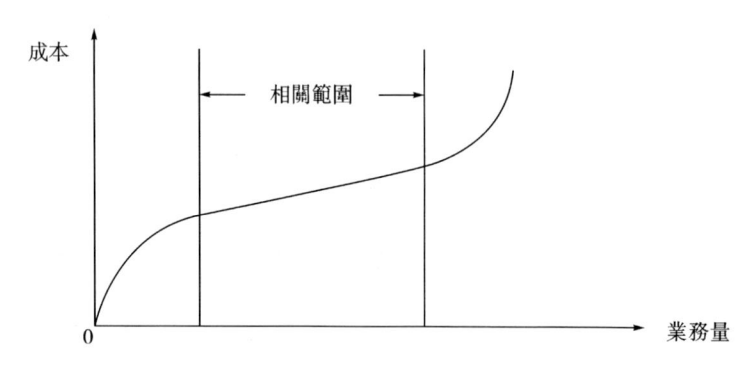

圖4-6　變動成本的相關範圍

現實經濟生活中幾乎不存在可以將變動成本總額與業務量的關係描述爲絕對線性關係的例子，但這並不妨礙我們在一定的業務量範圍內假設它們之間存在這種線性關係，並依此進行成本性態分析。

3. 混合成本

（1）混合成本的概念。

現實經濟生活中，許多成本項目，其發生額的高低雖然直接受業務量大小的影響，但不存在嚴格的比例關係，並不直接表現爲固定成本性態或變動成本性態，這類成本稱爲混合成本。

（2）混合成本的分類。

混合成本根據其發生的具體情況，通常可以分爲以下三類。

①半變動成本。半變動成本通常有一個初始量，類似於固定成本，在這個初始量的基礎上，成本隨業務量的變化而呈比例變化，呈現出變動成本性態。如企業的電費、水費、電話費等均屬於半變動成本。

半變動成本的特徵如圖4-7所示。

## 第 4 章 資本成本與資本結構

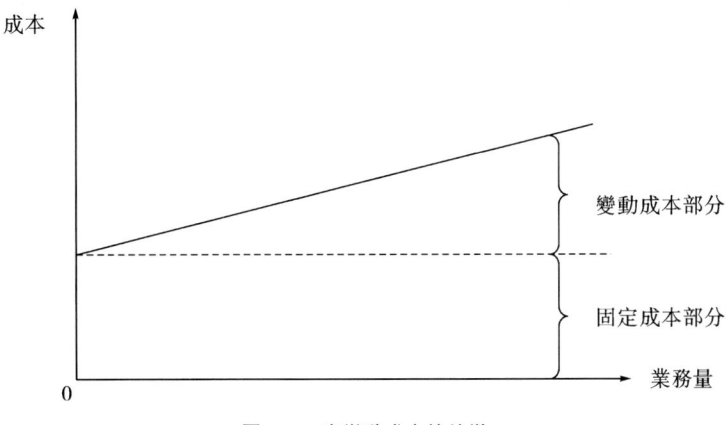

圖 4-7 半變動成本的特徵

半變動成本是混合成本中較為普遍的一種類型，具有廣泛的代表性。

②半固定成本。這類成本隨業務量的變化而呈階梯形增長，在一定限度內，這種成本不變，當業務量增長到一定限度後，這種成本就跳躍到一個新水平。

半固定成本的特徵如圖 4-8 所示。

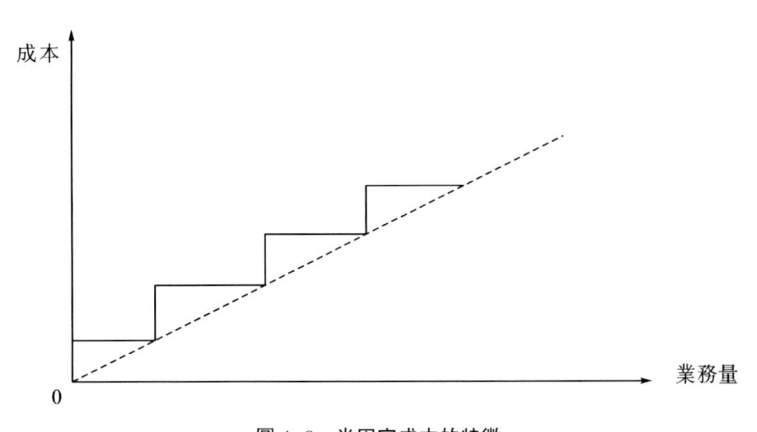

圖 4-8 半固定成本的特徵

③延伸變動成本。延伸變動成本是指業務量在某一臨界點以下表現為固定成本，超過這一臨界點則表現為變動成本。比較典型的例子是：當企業實行計時工資制時，其支付給職工的正常工作時間內的工資總額是固定不變的，但當職工的工作時間超過了正常水平，企業需按規定支付加班工資，並且加班工資的大小與加班時間的長短存在正比例關係。

延伸變動成本的特徵如圖 4-9 所示。

图 4-9 延伸变动成本的特征

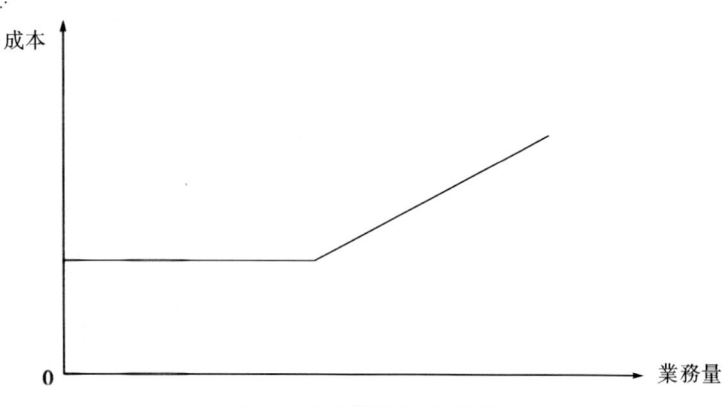

从以上分析可知，成本按习性可分为变动成本、固定成本和混合成本三类，但混合成本又可以按一定方法分解成变动成本和固定成本，那么，总成本习性模型可以表示为：

$$Y = a + bX$$

（二）边际贡献及其计算

边际贡献是指销售收入减去变动成本后的差额。其计算公式为：

边际贡献 = 销售收入 - 变动成本
　　　　 = (销售单价 - 单位变动成本) × 产销量

（三）息税前利润及其计算

息税前利润是指企业支付利息和缴纳所得税前的利润。其计算公式为：

息税前利润 = 销售收入总额 - 变动成本总额 - 固定成本总额
　　　　　 = (销售单价 - 单位变动成本) × 产销量 - 固定成本总额
　　　　　 = 边际贡献总额 - 固定成本总额

### 三、经营杠杆

（一）经营风险

企业经营面临各种风险，可划分为经营风险和财务风险。

经营风险是指由于经营上的原因导致的风险，即未来的息税前利润（EBIT）的不确定性。经营风险因具体行业、具体企业以及具体时期而异。市场需求、销售价格、成本水平、对价格的调整能力、固定成本等因素的不确定性影响经营风险。

（二）经营杠杆的含义

企业的经营风险部分取决于其利用固定成本的程度。在其他条件不变的情况下，产销量的增加虽然不会改变固定成本总额，但会降低单位固定成本，从而提高单位利润，使息税前利润的增长率大于产销量的增长率。反之，产销量的减少会提高单

# 第4章 資本成本與資本結構

位固定成本,降低單位利潤,使息稅前利潤下降率也大於產銷量下降率。如果不存在固定成本,所有成本都是變動的,那麼,邊際貢獻就是息稅前利潤,這時的息稅前利潤變動率就同產銷量變動率完全一致。這種由於固定成本的存在而導致息稅前利潤變動率大於產銷量變動率的槓桿效應,稱為經營槓桿。由於經營槓桿對經營風險的影響最為綜合,因此,常被用來衡量經營風險的大小。

(三) 經營槓桿的計量

只要企業存在固定成本,就一定存在經營槓桿效應。對經營槓桿的計量最常用的指標是經營槓桿係數或經營槓桿程度。經營槓桿係數是指息稅前利潤變動率相當於產銷業務量變動率(或營業收入變動率)的倍數。計算公式為:

$$經營槓桿係數(DOL) = \frac{息稅前利潤變動率}{產銷量變動率(或營業收入變動率)}$$

$$= \frac{\Delta EBIT/EBIT}{\Delta X/X}$$

或

$$= \frac{\Delta EBIT/EBIT}{\Delta S/S}$$

式中,$DOL$ 表示經營槓桿係數;$EBIT$ 表示息稅前利潤;$\Delta EBIT$ 表示息稅前利潤的變動額;$X$ 表示銷售數量;$\Delta X$ 表示銷售數量的變動額;$S$ 表示營業收入;$\Delta S$ 表示營業收入的變動額。

為了便於計算,可將上式變換如下:

因為
$$EBIT = (P-V)X - F$$
$$\Delta EBIT = (P-V)\Delta X$$

所以
$$DOL = \frac{(P-V)X}{(P-V)X - F}$$

也即
$$DOL = \frac{基期邊際貢獻}{基期息稅前利潤}$$

式中,$P$ 表示銷售單價;$V$ 表示單位變動成本;$F$ 表示固定成本總額。

【例4-14】長城公司有關資料如下表4-6所示。求實際上該企業2016年的經營槓桿係數。

表4-6　　　　　　　　　　　　　　　　　　　　　　　　　　　　金額單位:萬元

| 項目 | 2015年 | 2016年 | 變動額 | 變動率(%) |
|---|---|---|---|---|
| 銷售額 | 1 000 | 1 200 | 200 | 20 |
| 變動成本 | 600 | 720 | 120 | 20 |
| 邊際貢獻 | 400 | 480 | 80 | 20 |
| 固定成本 | 200 | 200 | 0 | — |
| 息稅前利潤 | 200 | 280 | 80 | 40 |

根據公式可得：

經營槓桿系數（$DOL$）$=\dfrac{80/200}{200/1\,000}=\dfrac{40\%}{20\%}=2$

上述計算是按照經營槓桿系數的理論公式計算的。利用該公式，必須以已知變動前後的有關資料為前提，比較麻煩，而且無法預測未來（如 2017 年）的經營槓桿系數，按簡化公式計算如下：

根據表中 2015 年度的資料可求得 2016 年度經營槓桿系數：

經營槓桿系數（$DOL$）$=\dfrac{400}{200}=2$

計算結果表明，兩個公式計算出的 2016 年的經營槓桿系數是完全相同的。

同理，可按 2016 年的資料求得 2017 年的經營槓桿系數：

經營槓桿系數（$DOL$）$=\dfrac{480}{280}=1.71$

（四）經營槓桿與經營風險的關係

引起企業經營風險的主要原因是市場需求和成本等因素的不確定性，經營槓桿本身並不是利潤不穩定的根源。但是，經營槓桿擴大了市場和生產等不確定性因素對利潤變動的影響。而且，經營槓桿系數越大，利潤變動越激烈，企業的經營風險就越大。一旦企業產銷量下降，息稅前利潤下降得更快，從而給企業帶來經營風險。

一般來說，在其他因素一定的情況下，固定成本越高，經營槓桿系數越大，企業經營風險也就越大。其關係可表示為：

$$經營槓桿系數=\dfrac{基期邊際貢獻}{基期息稅前利潤}$$

或　經營槓桿系數$=\dfrac{（基期單價-基期單位變動成本）\times 基期產銷量}{（基期單價-基期單位變動成本）\times 基期產銷量-基期固定成本}$

從上式可以看出，影響經營槓桿系數的因素包括產品銷售數量、產品銷售價格、單位變動成本和固定成本總額等因素。經營槓桿系數將隨固定成本的變化呈同方向變化，即在其他因素一定的情況下，固定成本越高，經營槓桿系數越大。同理，固定成本越高，企業經營風險也越大；如果固定成本為零，則經營槓桿系數等於 1。

在影響經營槓桿系數的因素發生變動的情況下，經營槓桿系數一般也會發生變動，從而產生不同程度的經營槓桿和經營風險。由於經營槓桿系數影響着企業的息稅前利潤，從而也制約着企業的籌資能力和資本結構。因此，經營槓桿系數是資本結構決策的一個重要因素。

控制經營風險的方法有：增加銷售額、降低單位產品變動成本、降低固定成本比重。

（五）影響經營槓桿系數與風險的其他因素

影響企業經營槓桿系數和經營風險的因素，除了固定成本以外，還有其他許多

# 第4章 資本成本與資本結構

因素。

【例4-15】長城公司的產品銷量爲 20 000 件，單位產品售價爲 1 000 元，營業收入總額爲 2 000 萬元，固定成本總額爲 400 萬元，單位產品變動成本爲 600 元，變動成本率爲60%，變動成本總額爲 1 200 萬元。其經營槓桿系數爲：

$$\text{經營槓桿系數}(DOL) = \frac{(1\,000-600) \times 20\,000}{(1\,000-600) \times 20\,000 - 4\,000\,000}$$

$$= \frac{400 \times 20\,000}{400 \times 20\,000 - 4\,000\,000}$$

$$= \frac{8\,000\,000}{8\,000\,000 - 4\,000\,000}$$

$$= 2$$

1. 產品銷量發生變動

在其他因素不變的情況下，產品銷量的變動將會影響經營槓桿系數。在上例中，假定產品的銷售數量由 20 000 件變爲 22 000 件，其他因素不變，則經營槓桿系數變化爲：

$$\text{經營槓桿系數}(DOL) = \frac{(1\,000-600) \times 22\,000}{(1\,000-600) \times 22\,000 - 4\,000\,000}$$

$$= \frac{400 \times 22\,000}{400 \times 22\,000 - 4\,000\,000}$$

$$= \frac{8\,800\,000}{8\,800\,000 - 4\,000\,000}$$

$$= 1.83$$

2. 產品售價發生變動

在其他因素不變的情況下，產品售價的變動將會影響經營槓桿系數。在上例中，假定產品的銷售單價由 1 000 件變爲 1 200 件，其他因素不變，則經營槓桿系數變化爲：

$$\text{經營槓桿系數}(DOL) = \frac{(1\,200-600) \times 20\,000}{(1\,200-600) \times 20\,000 - 4\,000\,000}$$

$$= \frac{600 \times 20\,000}{600 \times 20\,000 - 4\,000\,000}$$

$$= \frac{12\,000\,000}{12\,000\,000 - 4\,000\,000}$$

$$= 1.5$$

3. 單位產品變動成本發生變化

在其他因素不變的情況下，單位產品變動成本發生變動也會影響經營槓桿系數。在上例中，假定單位變動成本上升到 700 元，也即產品變動成本率上升到70%，其他因素不變，則經營槓桿系數變化爲：

經營槓桿系數 $(DOL) = \dfrac{(1\ 000-700) \times 20\ 000}{(1\ 000-700) \times 20\ 000 - 4\ 000\ 000}$

$= \dfrac{300 \times 20\ 000}{300 \times 20\ 000 - 4\ 000\ 000}$

$= \dfrac{6\ 000\ 000}{6\ 000\ 000 - 4\ 000\ 000}$

$= 3$

4. 固定成本總額發生變動

在一定的產銷規模內，固定成本總額相對保持不變。如果產銷規模超出了一定的限度，固定成本總額也會發生一定的變動。在上例中，假定產品實現總額由20 000件增加到30 000件，固定成本總額由400萬元增加到500萬元，變動成本率仍爲60%，則長城公司的經營槓桿系數會變爲：

經營槓桿系數 $(DOL) = \dfrac{(1\ 000-600) \times 30\ 000}{(1\ 000-600) \times 20\ 000 - 5\ 000\ 000}$

$= \dfrac{400 \times 30\ 000}{400 \times 20\ 000 - 5\ 000\ 000}$

$= \dfrac{12\ 000\ 000}{8\ 000\ 000 - 5\ 000\ 000}$

$= 4$

從上述分析可知，控制經營風險的方法有：增加銷售量、提高產品的售價、降低單位產品變動成本、降低固定成本比重。

在上述因素發生變動的情況下，經營槓桿系數一般也會發生變動，從而產生不同程度的經營槓桿利益和經營風險。由於經營槓桿系數影響着企業的息稅前利潤，從而也制約着企業的籌資能力和資本結構。因此，經營槓桿系數是資本結構決策的一個重要因素。

### 四、財務槓桿

（一）財務風險

財務風險，也稱爲籌資風險，是指企業在經營活動過程中與籌資有關的風險，尤其是指在籌資活動中利用財務槓桿可能導致企業股權資本所有者收益下降的風險，甚至可能導致企業破產的風險。主要表現爲喪失償債能力的可能性和股東每股收益即 EPS 的不確定性。

（二）財務槓桿的概念

企業的全部長期資本是由股權資本和債務資本構成的。在資本總額及其結構既定的情況下，企業需要從息稅前利潤中支付的債務利息通常都是固定的，並在企業所得稅前扣除。不管企業的息稅前利潤是多少，首先都要扣除利息等債務資本成本，

# 第4章 資本成本與資本結構

然後才歸屬於股權資本。因此，企業利用財務槓桿會對股權資本的收益產生一定的影響，有時可能給股權資本所有者帶來額外的收益（即財務槓桿利益），有時也可能造成一定的損失（即遭受財務風險）。

這種由於固定財務費用的存在而導致普通股每股收益變動率大於息稅前利潤變動率的現象，稱為財務槓桿。

（三）財務槓桿的計量

只要在企業的籌資方式中有固定財務費用支出的債務，就會存在財務槓桿效應。但不同企業財務槓桿的作用程度是不完全一致的，為此，需要對財務槓桿進行計量。對財務槓桿計量的主要指標是財務槓桿系數。財務槓桿系數，是指普通股每股收益的變動率相當於息稅前利潤變動率的倍數。其計算公式為：

$$財務槓桿系數（DFL）= \frac{普通股每股收益變動率}{息稅前利潤變動率}$$

$$= \frac{\Delta EPS/EPS}{\Delta EBIT/EBIT}$$

式中，$\Delta EPS$ 表示普通股每股收益變動額；$EPS$ 表示普通股每股收益額；$\Delta EBIT$ 表示息稅前利潤變動額；$EBIT$ 表示息稅前利潤額。

為了便於計算，可將上式變換如下。

因為 $\quad EPS=(EBIT-I)(1-T)/N$

$\quad \Delta EPS = \Delta EBIT(1-T)/N$

所以 $\quad 財務槓桿系數（DFL）= \frac{EBIT}{EBIT-I}$

$$= \frac{基期息稅前利潤}{基期息稅前利潤-基期利息}$$

式中，$I$ 表示債務年利息；$T$ 表示公司所得稅稅率；$N$ 表示流通在外的普通股股數；其他符號含義同前。

【例4-16】長城公司全部長期資本為8 000萬元，負債比重為40%，債務年利率為8%，公司所得稅稅率為25%，息稅前利潤為800萬元。則財務槓桿系數測算如下：

$$財務槓桿系數（DFL）= \frac{800}{800-8\,000\times40\%\times8\%}$$

$$= \frac{800}{800-8\,000\times40\%\times8\%}$$

$$= \frac{800}{800-256}$$

$$= 1.47$$

（四）經營槓桿系數與經營風險的關係

由於財務槓桿的作用，當息稅前利潤下降時，稅後利潤下降得更快，從而給企業股權資本所有者造成財務風險。財務槓桿會加大財務風險，企業舉債比重越大，財務槓桿效應越強，財務風險越大。

可以通過控制負債比率的方法來控制財務風險，即通過合理安排資本結構，適度負債可使財務槓桿利益抵消風險增大所帶來的不利影響。

【例4-17】長城公司2013—2015年的息稅前利潤分別是500萬元、400萬元和300萬元，每年的債務利息都是150萬元，公司所得稅稅率爲25%，該公司財務風險測算如表4-7所示。

表4-7　　　　　　　　　　長城公司財務風險測算表　　　　　　　金額單位：萬元

| 年份 | 息稅前利潤 | 息稅前利潤增長率（%） | 債務利息 | 所得稅（25%） | 稅後利潤 | 稅後利潤增長率（%） |
|---|---|---|---|---|---|---|
| 2013 | 500 |  | 150 | 87.5 | 262.5 |  |
| 2014 | 350 | -30 | 150 | 50 | 150 | -42.86 |
| 2015 | 210 | -40 | 150 | 15 | 45 | -70 |

由表4-7可知，長城公司2013—2015年度債務利息均爲150萬元保持不變，但隨著息稅前利潤的下降，稅後利潤以更快的速度下降。與2014年相比，2015年息稅前利潤的降幅爲40%，同期稅後利潤的降幅達到70%。可知，由於長城公司沒有有效地利用財務槓桿，從而導致了財務風險，即稅後利潤的降低幅度高於息稅前利潤的降低幅度。

（五）影響財務槓桿系數與風險的其他因素

影響企業財務槓桿系數和財務風險的因素，除了債務資本固定利息以外，還有其他許多因素，可參考例4-16相關資料、信息。

1. 資本規模發生變動

在其他因素不變的情況下，如果資本規模發生變動，財務槓桿系數也將隨之變動。在例4-16中，假定資本規模由8 000萬元上升到10 000萬元，其他因素保持不變，則財務槓桿系數變化爲：

$$財務槓桿系數（DFL）= \frac{800}{800-10\ 000×40\%×8\%}$$

$$=\frac{800}{800-320}$$

$$=1.67$$

2. 資本結構發生變動

在其他因素不變的情況下，如果資本結構發生變動，或者説債務資本比例發生變動，財務槓桿系數也將隨之變動。在例4-15中，假定債務資本比例變爲60%，其他因素保持不變，則財務槓桿系數變化爲：

# 第4章　資本成本與資本結構

$$財務槓桿系數（DFL）=\frac{800}{800-8\,000\times 60\%\times 8\%}$$

$$=\frac{800}{800-384}$$

$$=1.92$$

3. 債務利率發生變動

在其他因素不變的情況下，如果債務利率發生變動，財務槓桿系數也將隨之變動。在例4-16中，假定債務利率由8%上升到9%，其他因素保持不變，則財務槓桿系數變化爲：

$$財務槓桿系數（DFL）=\frac{800}{800-8\,000\times 40\%\times 9\%}$$

$$=\frac{800}{800-288}$$

$$=1.56$$

4. 息稅前利潤發生變動

在其他因素不變的情況下，如果息稅前利潤發生變動，財務槓桿系數也將隨之變動。在例4-16中，假定資本規模由800萬元上升到1 000萬元，其他因素不變，則財務槓桿系數變化爲：

$$財務槓桿系數（DFL）=\frac{1\,000}{1\,000-8\,000\times 40\%\times 8\%}$$

$$=\frac{1\,000}{1\,000-256}$$

$$=1.34$$

在上述因素發生變動的情況下，財務槓桿系數一般也會發生變動，從而產生不同程度的財務槓桿利益和財務風險。因此，財務槓桿系數是資本結構決策的一個重要因素。

### 五、聯合槓桿

（一）聯合槓桿的概念

如前所述，由於存在固定市場經營成本，產生經營槓桿效應，使得銷售量變動對息稅前利潤有擴大的作用；同樣，由於存在固定財務費用，產生財務槓桿的效應，使得息稅前利潤對普通股每股收益有擴大的作用。如果兩種槓桿共同起作用，銷售量的細微變動就會使普通股每股收益產生更大的變動。

聯合槓桿是指由於固定生產經營成本和固定財務費用的共同存在而導致的普通股每股收益變動率大於產銷量變動率的槓桿效應。

（二）聯合槓桿的計量

聯合槓桿反應了經營槓桿和財務槓桿之間的關係，即爲了達到某一聯合槓桿系數，經營槓桿和財務槓桿可以有多種不同組合。在維持總風險一定的情況下，企業可以根據實際情況，選擇不同的經營風險和財務風險組合，實施企業的財務管理策略。

只要企業同時存在固定生產經營成本和固定財務費用等財務支出，就會存在聯合槓桿的作用。對聯合槓桿計量的主要指標是聯合槓桿系數或聯合槓桿度。聯合槓桿系數是指普通股每股收益變動率相當於產銷量變動率的倍數。其計算公式為：

$$聯合槓桿系數（DCL）= \frac{普通股每股收益變動率}{產銷量變動率}$$

$$= \frac{\Delta EPS/EPS}{\Delta X/X}$$

式中，$\Delta EPS$ 表示普通股每股收益變動額；$EPS$ 表示普通股每股收益額；$\Delta X$ 表示銷售數量變動額；$X$ 表示銷售數量。

聯合槓桿系數與經營槓桿系數、財務槓桿系數之間的關係可用下式表示：

聯合槓桿系數（DCL）= 經營槓桿系數（DOL）×財務槓桿系數（DFL）

聯合槓桿系數也可以直接用下式計算：

$$聯合槓桿系數（DCL）= \frac{基期邊際貢獻}{基期息稅前利潤-基期利息}$$

【例4-18】長城公司有關資料如表4-8所示，要求分析聯合槓桿效應並計算聯合槓桿系數。

表4-8　　　　　　　　　　　　　　　　　　　　　　　　　　　　金額單位：萬元

| 項目 | 2013年 | 2014年 | 變動率 |
| --- | --- | --- | --- |
| 銷售收入（單價10元） | 1 000 | 1 200 | 20% |
| 減：變動成本（單位變動成本4元） | 400 | 480 | 20% |
| 邊際貢獻 | 600 | 720 | 20% |
| 減：固定成本 | 400 | 400 | 0 |
| 息稅前利潤（EBIT） | 200 | 320 | 60% |
| 利息 | 80 | 80 | 0 |
| 利潤總額 | 120 | 240 | 100% |
| 所得稅（所得稅率25%） | 30 | 60 | 100% |
| 淨利潤 | 90 | 180 | 100% |
| 普通股分析在外股數（萬股） | 100 | 100 | 0 |
| 每股收益（EPS 元） | 0.9 | 1.8 | 100% |

從表4-8中可以看到，在聯合槓桿的作用下，業務量增加20%，每股收益增長100%。

# 第4章 資本成本與資本結構

將表4-8中2013年的數據代入上式，可求得2014年的聯合槓桿系數爲：

$$聯合槓桿系數（DCL）= \frac{基期邊際貢獻}{基期息稅前利潤-基期利息}$$

$$= \frac{600}{200-80}$$

$$= 5$$

而2014年的經營槓桿系數和財務槓桿系數分別爲：

$$經營槓桿系數（DOL）= \frac{基期邊際貢獻}{基期息稅前利潤}$$

$$= \frac{600}{200}$$

$$= 3$$

$$財務槓桿系數（DFL）= \frac{基期息稅前利潤}{基期息稅前利潤-基期利息}$$

$$= \frac{200}{200-80}$$

$$= \frac{5}{3} = 1.67$$

$$聯合槓桿系數（DCL）= 經營槓桿系數（DOL）\times 財務槓桿系數（DFL）$$

$$= 3 \times \frac{5}{3}$$

$$= 5$$

可見，兩種槓桿共同起作用，使得普通股每股收益以更大的幅度，也即產銷量變動率5倍的速度跟着發生變動。

【例4-19】某企業年銷售額爲2 000萬元，變動成本率60%，息稅前利潤爲500萬元，全部資本1 000萬元，負債比率40%，負債平均利率10%。

要求：（1）計算該企業的經營槓桿系數、財務槓桿系數和聯合槓桿系數。

（2）如果預測期該企業的銷售量增長20%，計算息稅前利潤及每股收益的增長幅度。

解：（1）經營槓桿系數（DOL）$= \frac{基期邊際貢獻}{基期息稅前利潤}$

$$= \frac{2\,000-2\,000\times60\%}{500}$$

$$= \frac{2\,000-1\,200}{500}$$

$$= 1.6$$

$$財務槓桿系數（DFL）= \frac{500}{500-1\,000\times40\%\times10\%}$$

$$=\frac{500}{500-40}$$

$$=\frac{500}{460}=1.09$$

聯合槓桿系數（DCL）＝經營槓桿系數（DOL）×財務槓桿系數（DFL）

$$=1.6×1.09$$

$$=1.74$$

（2）息稅前利潤增長幅度＝1.6×10%＝16%

每股收益的增長幅度＝1.74×10%＝17.4%

【例 4-20】某企業只生產和銷售甲產品，其總成本習性模型爲 Y＝1 000 000＋30X。假定該企業 2016 年度甲產品銷售量爲 100 000 件，每件售價爲 50 元；按市場預測 2017 年甲產品的銷售數量將增長 20%。

要求：（1）計算 2016 年該企業的邊際貢獻總額；

（2）計算 2016 年該企業的息稅前利潤；

（3）計算 2017 年該企業的經營槓桿系數；

（4）計算 2017 年該企業的息稅前利潤增長率；

（5）假定企業 2016 年發生負債利息 500 000 元，計算 2017 年聯合槓桿系數。

解：計算過程如下：

（1）2016 年該企業的邊際貢獻總額＝銷售收入總額−變動成本總額

$$=100\ 000×50-100\ 000×30$$

$$=100\ 000×20$$

$$=2\ 000\ 000\ （元）$$

（2）2016 年該企業的息稅前利潤＝邊際貢獻總額−固定成本

$$=2\ 000\ 000-1\ 000\ 000$$

$$=1\ 000\ 000\ （元）$$

（3）2017 年該企業的經營槓桿系數＝$\dfrac{基期邊際貢獻}{基期息稅前利潤}$

$$=\frac{2\ 000\ 000}{1\ 000\ 000}$$

$$=2$$

（4）2017 年該企業的息稅前利潤增長率＝20%×2

$$=40\%$$

（5）2017 年聯合槓桿系數＝$\dfrac{基期邊際貢獻}{基期息稅前利潤-基期利息}$

$$=\frac{2\ 000\ 000}{1\ 000\ 000-500\ 000}$$

$$=4$$

# 第4章 資本成本與資本結構

## 第3節 資本結構決策

### 一、資本結構的含義

資本結構是指企業各種資金的構成及其比例關係。資本結構是企業籌資決策的核心問題。企業資本結構決策要綜合考慮有關因素影響，運用適當的方法確定最佳資本結構。並在以後追加籌資中繼續保持。企業現有資本結構不合理，應通過籌資活動進行調整，使其趨於合理化。

最佳資本結構是指企業在適度財務風險的條件下，使其預期的綜合資本成本率最低，同時企業價值最大的資本結構。它應作為企業的目標資本結構。

在企業籌資管理活動中，資本結構有廣義和狹義之分。廣義的資本結構是指企業全部資本價值的構成及其比例關係，它不僅包括長期資本，還包括短期資本，主要是短期債權資本。狹義的資本結構是指企業各種長期資本價值的構成及其比例關係，尤其是指長期的股權資本與債權資本的構成及其比例關係。狹義的資本結構下，短期債權資本是作為營運資本來管理的。本章所指資本結構是指狹義的資本結構。

企業資本結構是由企業採用的各種籌資方式籌集資金而形成的。各種籌資方式不同的組合類型決定着企業資本結構及其變化。企業籌資方式有很多，但總的來看分為負債資本和權益資本兩類，因此，資本結構問題總的來說是負債資本的比例問題，即負債在企業全部資本中所占的比重。

### 二、影響資本結構的因素

影響資本結構的因素包括：

（一）企業財務狀況

企業的獲利能力越強、財務狀況越好、變現能力越強，就有能力負擔財務上的風險，其舉債籌資就越有吸引力。衡量企業財務狀況的指標主要有流動比率、投資收益率等。

（二）企業資產結構

（1）擁有大量固定資產的企業，主要通過長期負債和發行股票籌集資金；

（2）擁有較多流動資產的企業，更多依賴流動負債籌集資金；

（3）資產適用於抵押貸款的公司舉債額較多；

（4）以研發為主的公司則負債很少。

（三）企業產品銷售情況

如果企業的銷售比較穩定，其獲利能力也相對穩定，則企業負擔固定財務費用的能力相對較強；如果銷售具有較強的週期性，則企業將冒較大的財務風險。

(四) 投資者和管理人員的態度

如果一個企業股權較分散，企業所有者並不擔心控制權旁落，因而會更多地採用發行股票的方式來籌集資金。反之，有的企業被少數股東所控制，爲了保證少數股東的絕對控制權，多採用優先股或負債方式籌集資金。喜歡冒險的財務管理人員，可能會安排比較高的負債比例；一些持穩健態度的財務人員則使用較少的債務。

(五) 貸款人和信用評級機構的影響

一般而言，大部分貸款人都不希望企業的負債比例太大。同樣，如果企業債務較多，信用評級機構可能會降低企業的信用等級，從而影響企業的籌資能力。

(六) 行業因素

不同行業，資本結構有很大差別。財務經理必須考慮本企業所在的行業，以確定最佳的資本結構。

(七) 所得稅稅率的高低

企業利用負債可以獲得減稅利益，因此，所得稅稅率越高，負債的好處越多；如果稅率很低，則採用舉債方式的減稅利益就不顯著。

(八) 利率水平的變動趨勢

如果財務管理人員認爲利息率暫時較低，但不久的將來有可能上升，企業應大量發行長期債券，從而在若干年內把利率固定在較低的水平上。

### 三、資本結構理論

資本結構理論是關於公司資本結構、公司綜合資本成本率和公司價值三者之間關係的理論。它是公司財務理論的核心內容之一，也是資本結構決策的重要理論基礎。在現實中，資本結構是否影響企業價值這一問題一直存有爭議。

從資本結構理論的發展來看，主要有早期資本結構理論、MM 資本結構理論和新的資本結構理論。

(一) 早期資本結構理論

早期的資本結構理論主要有以下三種觀點：

1. 淨收益理論

該理論認爲，利用債務可以降低企業的綜合資本成本。由於債權的投資報酬率固定，債權人有優先求償權，所以，債權投資風險低於股權投資風險，債權資本成本率一般低於股權資本成本率。因此，負債程度越高，加權平均資本成本就越低。當負債比率達到 100% 時，企業價值將達到最大。

這是一種極端的資本結構理論觀點。這種觀點雖然考慮到財務槓桿利益，但忽略了財務風險。很明顯，如果公司的債權資金比例過高，財務風險就會很高，公司的加權平均資本成本率就會上升，公司的價值反而下降。

2. 淨營業利潤理論

該理論認爲，資本結構與企業的價值無關，決定企業價值高低的關鍵要素是企

## 第 4 章　資本成本與資本結構

業的淨營業利潤。如果企業增加成本較低的債務資本，即使債務成本本身不變，但由於加大了企業風險，也會導致權益資本成本的提高。這一升一降，相互抵消。企業的加權平均資本成本仍保持不變。也就是說，不論企業的財務槓桿程度如何，其整體的資本成本不變，企業的價值也就不受資本結構的影響。因而不存在最佳資本結構。

這是另一種極端的資本結構理論觀點。這種觀點雖然認識到債券資金比例的變動會產生財務風險，也可能影響公司的股權資本成本率，但實際上公司的加權平均資本成本不可能是一個常數。公司淨營業收益的確會影響公司價值，但公司價值不僅僅取決於公司淨營業收益的多少。

3. 傳統折中理論

除上述兩種極端觀點外，還有一種介於這兩種極端觀點之間的折中觀點。按照這種觀點，增加債務資本對提高公司價值是有利的，但債務資本規模必須適中。如果公司負債過度，只會導致綜合資本成本率上升，公司價值下降。

上述早期的資本結構理論是對資本結構理論的一些初級認識，有其片面性和缺陷，還沒有形成系統的資本結構理論。

(二) MM 資本結構理論

1958 年，美國的莫迪利亞尼和米勒提出了著名的 MM 理論，也由此榮獲諾貝爾經濟學獎。MM 資本結構理論的基本結論可以簡要地歸納為：在符合該理論的假設之下，公司的價值與其資本結構無關。公司的價值取決於其實際資產，而非各類債務和股權的市場價值。

這些假設主要有如下幾項：無稅收、資本可以自由流通、充分競爭、預期報酬率相同的債券價格相同、完全信息、利率一致、高度完善和均衡的資本市場等。

MM 理論提出了兩個重要命題：

命題 1：無論企業有無債權資本，其價值等於公司所有資產的預期收益額按適合該公司風險等級的必要報酬率予以折現。其中，企業資產的預期收益額相當於企業扣除利息、稅收之前的預期盈利即息稅前利潤，與企業風險等級相適應的必要報酬率相當於企業的加權資本成本率。

命題 2：利用財務槓桿的公司，其股權資本成本率隨籌資額的增加而提高。因為便宜的債務給公司帶來的財務槓桿利益會被股權資本成本率的上升而抵消，所以，公司的價值與其資本結構無關。因此，在沒有企業和個人所得稅的情況下，任何企業的價值，無論其有無負債，都等於經營利潤除以適用於其風險等級的收益率。風險相同的企業，其價值不受有無負債及負債程度的影響。

修正的 MM 資本結構理論提出，有債務的企業價值等於有相同風險但無債務企業的價值加上債務的節稅利益。因此，在考慮所得稅的情況下，由於存在稅額庇護利益，企業價值會隨負債程度的提高而增加，股東也可獲得更多好處。於是，負債越多，企業價值也會越大。

### (三) 新的資本結構理論

20 世紀 80 年代後又出現了一些新的資本結構理論，主要有代理成本理論、信號傳遞理論和啄序理論等。

#### 1. 代理成本理論

代理成本理論是通過研究代理成本與資本結構的關係而形成的。這種理論指出，公司債務的違約風險是財務槓桿系數的增函數；隨著公司債務資本的增加，債權人的監督成本隨之上升，債權人會要求更高的利率。這種代理成本最終要由股東承擔，公司資本結構中債務比率過高會導致股東價值的降低。根據代理成本理論，債務資本適度的資本結構會增加股東的價值。

上述資本結構的代理成本理論僅限於債務的代理成本。除此之外，還有一些代理成本涉及公司的雇員、消費者和社會等，在資本結構的決策中也應予以考慮。

#### 2. 信號傳遞理論

信號傳遞理論認為，公司可以通過調整資本結構來傳遞有關盈利能力和風險方面的信息，以及公司如何看待股票市價的信息。

按照資本結構的信息傳遞理論，公司價值被低估時會增加債務資本；反之，公司價值被高估時會增加股權資本。當然，公司的籌資選擇並非完全如此。例如，公司有時可能並不希望通過籌資行為告知公眾公司的價值被高估的信息，而是模仿被低估價值的公司去增加債務資本。

#### 3. 啄序理論

資本結構的啄序理論認為，公司傾向於首先採用內部籌資，比如留用利潤，因之不會傳導任何可能對股價不利的信息；如果需要外部籌資，公司將先選擇債務籌資，再選擇其他外部股權籌資，這種籌資順序的選擇也不會傳遞對公司股價產生不利影響的信息。

按照啄序理論，不存在明顯的目標資本結構，因為雖然留用利潤和增發新股均屬股權籌資，但前者最先選用，後者最後選用；盈利能力較強的公司之所以安排較低的債務比率，並不是因為已確立較低的目標債務比率，而是因為不需要外部籌資；盈利能力較差的公司選用債務籌資是由於沒有足夠的留用利潤，而且在外部籌資選擇中債務籌資為首選。

## 四、資本結構決策分析

### (一) 資本成本比較法

資本成本比較法是指在適度財務風險的條件下，測算可供選擇的不同資本結構或籌資組合方案的綜合資本成本率，並以此為標準相互比較，確定最佳資本結構的方法。

該方法的基本思路是：決策前先擬訂若干個備選方案，分別計算各方案的加權

# 第 4 章 資本成本與資本結構

平均資本成本，並根據加權平均資本成本的高低來確定最佳資本結構。

企業籌資可分爲創立初期的初始籌資和發展過程中的追加籌資兩種情況。相應地，企業的資本結構可分爲初始籌資的資本結構決策和追加籌資的資本結構決策。下面分別說明資本成本比較法在這兩種情況下的運用。

1. 初始籌資的資本結構決策

在企業籌資實務中，企業對擬定的籌資總額可以採用多種籌資方式來籌集，每種籌資方式的籌資額也有不同安排，由此會形成若干預選資本結構或籌資組合方案。在資本成本比較法下，可以通過綜合資本成本率的測算及比較來做出選擇。

【例4-21】長城公司在初創時需要資本總額爲5 000萬元，有以下三個籌資組合方案可供選擇，有關資料經測算列入表4-9。

表4-9　　　　長城公司初始籌資組合方案資料測算表　　　　單位：萬元

| 籌資方式 | 初始籌資額 | 籌資方案1資本成本率（%） | 初始籌資額 | 籌資方案2資本成本率（%） | 初始籌資額 | 籌資方案3資本成本率（%） |
|---|---|---|---|---|---|---|
| 長期借款 | 400 | 6 | 500 | 6.5 | 800 | 7 |
| 長期債券 | 1 000 | 7 | 1 500 | 8 | 1 200 | 7.5 |
| 優先股 | 600 | 12 | 1 000 | 12 | 500 | 12 |
| 普通股 | 3 000 | 15 | 2 000 | 15 | 2 500 | 15 |
| 合計 | 5 000 | — | 5 000 | — | 5 000 | — |

假定長城公司的三個籌資組合方案的財務風險相當，都是可以承受的。下面分兩步分別測算這三個籌資組合方案的綜合資本成本率並比較其高低，以確定最佳籌資組合方案，即最佳資本結構。

第一步，測算各方案各種籌資方式的籌資額與籌資總額的比率及綜合資本成本率。

方案1　　　　各種籌資方式的籌資額與籌資總額的比率

長期借款　　　400÷5 000＝8%

長期債券　　　1 000÷5 000＝20%

優先股　　　　600÷5 000＝12%

普通股　　　　3 000÷5 000＝60%

綜合資本成本率爲：

6%×8%＋7%×20%＋12%×12%＋15%×60%＝12.32%

方案2　　　　各種籌資方式的籌資額與籌資總額的比率

長期借款　　　500÷5 000＝10%

長期債券　　　1 500÷5 000＝15%

優先股　　　　1 000÷5 000＝20%

普通股　　　　2 000÷5 000＝40%

綜合資本成本率爲：

6.5%×10%+ 8%×30%+ 12%×20%+ 15%×40% = 11.45%

方案 3　　　　各種籌資方式的籌資額與籌資總額的比率

長期借款　　　800÷5 000=16%

長期債券　　　1 200÷5 000=24%

優先股　　　　500÷5 000=10%

普通股　　　　2 500÷5 000=50%

綜合資本成本率爲：

7%×16%+ 7.5%×24%+ 12%×10%+ 15%×50% = 11.62%

第二步，比較各個籌資組合方案的綜合資本成本率並做出選擇。籌資組合方案1、2、3 的綜合資本成本率分別爲12.32%、11.45%和11.62%。經比較，方案 2 的綜合資本成本率最低，故在適度財務風險的條件下，應選擇籌資組合方案 2 作爲最佳籌資組合方案，由此形成的資本結構可確定爲最佳資本結構。

2. 追加籌資的資本結構決策

企業在持續的生產經營活動中，由於經營業務或對外投資的需要，有時會追加籌資。因追加籌資以及籌資環境的變化，企業原定的最佳資本結構未必仍是最優的，需要進行調整。因此，企業應在有關情況的不斷變化中尋求最佳資本結構，實現資本結構的最優化。

企業追加籌資可有多個籌資組合方案可供選擇。按照最佳資本結構的要求，在適度財務風險的前提下，企業選擇追加籌資組合方案可用兩種方法：一是直接測算各備選追加籌資方案的邊際資本成本率，從中比較、選擇最佳籌資組合方案；二是分別將各備選追加籌資方案與原有最佳資本結構匯總，測算比較各個追加籌資方案下匯總資本結構的綜合資本成本率，從中比較、選擇最佳籌資方案。

【例 4-22】長城公司擬追加籌資 1 000 萬元，現有兩個追加籌資方案可供選擇，有關資料經測算整理後列入表 4-10。

表 4-10　　　　　　　長城公司追加籌資方案資料測算表　　　　　單位：萬元

| 籌資方式 | 追加籌資額 | 籌資方案 1 資本成本率（%） | 追加籌資額 | 籌資方案 2 資本成本率（%） |
| --- | --- | --- | --- | --- |
| 長期借款 | 500 | 7 | 600 | 7.5 |
| 優先股 | 200 | 13 | 200 | 13 |
| 普通股 | 300 | 16 | 200 | 16 |
| 合計 | 1 000 | — | 1 000 | — |

(1) 追加籌資方案的邊際資本成本比較法。

追加方案 1　　　各種籌資方式的籌資額與籌資總額的比率

長期借款　　　500÷1 000=50%

# 第4章 資本成本與資本結構

優先股　　　　　　200÷1 000＝20%
普通股　　　　　　300÷1 000＝30%

追加籌資方案1的邊際資本成本率爲：

7%×50%＋13%×20%＋16%×30%＝10.9%

追加方案2　　各種籌資方式的籌資額與籌資總額的比率

長期借款　　　　　600÷1 000＝60%
優先股　　　　　　200÷1 000＝20%
普通股　　　　　　200÷1 000＝20%

追加籌資方案2的邊際資本成本率爲：

7.5%×60%＋13%×20%＋16%×20%＝10.3%

比較兩個方案的邊際資本成本率，方案2的邊際資本成本率爲10.3%，低於方案1的邊際資本成本率10.9%。因此，在適度財務風險的情況下，方案2優於方案1，應選擇追加籌資方案2，由此形成長城公司新的資本結構。即：

追加籌資後的資本總額爲6 000萬元，其中，長期借款1 100萬元，長期債券1 500萬元，優先股1 200萬元，普通股2 200萬元。

（2）備選追加籌資方案與原有資本結構匯總後的綜合資本成本率比較法。

追加籌資方案和原資本結構資料匯總表如4-11所示。

表4-11　　　　追加籌資方案和原資本結構資料匯總表　　　　單位：萬元

| 籌資方式 | 原資本結構 | 資本成本率（%） | 追加籌資額 | 籌資方案1資本成本率（%） | 追加籌資額 | 籌資方案2資本成本率（%） |
|---|---|---|---|---|---|---|
| 長期借款 | 500 | 6.5 | 500 | 7 | 600 | 7.5 |
| 長期債券 | 1 500 | 8 | | | | |
| 優先股 | 1 000 | 12 | 200 | 13 | 200 | 13 |
| 普通股 | 2 000 | 15 | 300 | 16 | 200 | 16 |
| 合計 | 5 000 | — | 1 000 | — | 1 000 | — |

追加籌資方案1與原資本結構匯總後新的資本結構爲：

追加方案1　　各種籌資方式的籌資額與籌資總額的比率

原長期借款　　　　500÷6 000＝8.33%
新長期借款　　　　500÷6 000＝8.33%
長期債券　　　　　1 500÷6 000＝25%
原優先股　　　　　1 000÷6 000＝16.67%
新優先股　　　　　200÷6 000＝3.33%
普通股　　　　　　（2 000＋300）÷6 000＝38.33%

追加籌資方案1與原資本結構匯總後的綜合資本成本率爲：

6.5%×8.33%＋7%×8.33%＋8%×25%＋12%×16.67%＋13%×3.33%＋15%×60%

157

= 11.69%

追加籌資方案 2 與原資本結構匯總後新的資本結構為：

| 追加方案 1 | 各種籌資方式的籌資額與籌資總額的比率 |
|---|---|
| 原長期借款 | 500÷6 000＝8.33% |
| 新長期借款 | 600÷6 000＝10% |
| 長期債券 | 1 500÷6 000＝25% |
| 原優先股 | 1 000÷6 000＝16.67% |
| 新優先股 | 200÷6 000＝3.33% |
| 普通股 | （2 000＋200）÷6 000＝36.67% |

追加籌資方案 2 與原資本結構匯總後的綜合資本成本率為：

6.5%×8.33%＋7.5%×10%＋8%×25%＋12%×16.67%＋13%×3.33%＋16%×36.67%＝11.59%

在上述計算中，根據股票的同股同利原則，原有普通股應按新發行股票的資本成本率計算，即全部股票按新發行股票的資本成本率計算其總的資本成本率。

比較兩個追加籌資方案與原有資本結構匯總後的綜合資本成本率，方案 2 與原資本結構匯總後的綜合資本成本率為 11.59%，低於方案 1 與原有資本結構匯總後的綜合資本成本率。因此，在適度財務風險的前提下，追加籌資方案 2 優於方案 1，由此形成長城公司新的資本結構。

由此可見，長城公司追加籌資後，雖然改變了資本結構，但經過分析測算，做出正確的籌資決策，公司仍可保持資本結構的最優化。

3. 資本成本比較法的優缺點

資本成本比較法的測算原理容易理解，測算過程簡單。但此法僅以資本成本率最低為決策標準，沒有具體測算財務風險因素，其決策目標實質上是利潤最大化而不是公司價值最大化。資本成本比較法一般適用於資本規模較小、資本結構較為簡單的非股份制企業。

（二）每股收益分析法

每股收益分析法是利用每股收益無差別點來進行資本結構決策的方法。每股收益無差別點是指兩種或兩種以上籌資方案下普通股每股收益相等時的息稅前利潤點，也稱息稅前利潤平衡點。

資本結構是否合理可以通過分析每股收益的變化來衡量，能提高每股收益的資本結構是合理的資本結構。按每股收益大小判斷資本結構的優劣可以運用每股收益分析法。

每股收益無差別點處的息稅前利潤的計算公式為：

$$\frac{(\overline{EBIT-I_1})(1-T)}{N_1}=\frac{(\overline{EBIT-I_2})(1-T)}{N_2}$$

# 第4章 資本成本與資本結構

式中，$EBIT$為每股收益無差別點處的息稅前利潤，$I_1$、$I_2$為兩種籌資方式下的年利息，$N_1$、$N_2$為兩種籌資方式下的流通在外的普通股股數，$T$為所得稅稅率。

根據每股收益分析法，可以分析判斷在什麼樣的銷售水平下，適於採用何種資本結構。當息稅前利潤大於每股收益無差別點的息稅前利潤時，運用負債籌資可獲得較高的每股收益；反之，運用權益籌資可獲得較高的每股收益。每股收益越大，風險也越大，如果每股收益的增長不足以彌補風險增加所需要的報酬，儘管每股收益增加，股價仍會下降。

【例4-23】長城公司目前擁有長期資本 7 500 萬元，其資本結構為：長期債務 1 000 萬元，普通股權益 6 500 萬元，現準備追加籌資 2 500 萬元，有兩種籌資方式可供選擇：增發普通股和增加長期債務。有關資料如表 4-12 所示。

表 4-12　　　　　　長城公司目前和追加籌資的資本結構資料表　　　　　　單位：萬元

| 資本種類 | 原資本結構 | 增加籌資後資本結構 ||
|---|---|---|---|
| | | 增發普通股(A方案) | 增發公司債券(B方案) |
| 公司債券 | 1 000 | 1 000 | 3 500 |
| 普通股 | 6 500 | 9 000 | 6 500 |
| 資本總額 | 7 500 | 10 000 | 10 000 |
| 年債務利息額 | 80 | 80 | 330 |
| 普通股股數（萬股） | 1 000 | 1 200 | 1 000 |

註：原公司債券利率8%，新增長期債券利率10%。
　　發行股票時，每股發行價格為12.50元。

根據資本結構的變化情況，我們可以採用每股收益分析法考核資本結構對普通股每股收益的影響。假定預計息稅前利潤為 2 000 萬元，所得稅稅率為25%，則這兩種籌資方式追加籌資後的普通股每股收益如表 4-13 所示。

表 4-13　　　　　　長城公司預計追加籌資後的每股收益　　　　　　單位：萬元

| 項目 | 增發普通股 | 增加長期債務 |
|---|---|---|
| 預計息稅前利潤 | 2 000 | 2 000 |
| 減：長期債務利息 | 80 | 330 |
| 稅前利潤 | 1 920 | 1 670 |
| 減：所得稅（25%） | 480 | 417.5 |
| 稅後利潤 | 1 440 | 1 252.5 |
| 普通股股數（萬股） | 1 200 | 1 000 |
| 普通股每股收益 | 1.2 | 1.252 |

由表 4-13 的測算結果可見，採用不同籌資方式追加籌資後，普通股每股收益是不相等的。在息稅前利潤爲 2 000 萬元的條件下，當增發普通股時，普通股每股收益爲 1.2 元，當增加長期債務時，普通股每股收益較高，爲 1.252 元。這反應了在息稅前利潤一定的條件下不同資本結構對普通股每股收益的影響。

但究竟息稅前利潤爲多少時發行普通股有利，息稅前利潤爲多少時發行公司債券有利，需要測算每股收益無差別點的息稅前利潤。

現將長城公司兩個籌資方案的資料代入公式：

$$\frac{(\overline{EBIT}-80)(1-25\%)}{1\,200}=\frac{(\overline{EBIT}-330)(1-25\%)}{1\,000}$$

求得 $\overline{EBIT}=1\,580$（萬元）

即當息稅前利潤爲 1 580 萬元時，增發普通股和追加長期債務的每股收益相等。爲驗證結果，可列表測算，見表 4-14。

表 4-14　　　　　　長城公司每股收益無差別點測算表　　　　　　單位：萬元

| 項目 | 增發普通股 | 增加長期債務 |
| --- | --- | --- |
| 息稅前利潤 | 1 580 | 1 580 |
| 減：長期債務利息 | 80 | 330 |
| 稅前利潤 | 1 500 | 1 250 |
| 減：所得稅（25%） | 375 | 312.5 |
| 稅後利潤 | 1 125 | 937.5 |
| 普通股股數（萬股） | 1 200 | 1 000 |
| 普通股每股收益 | 0.937 5 | 0.937 5 |

上述每股收益無差別點的分析結果還可以通過圖 4-10 來表示。

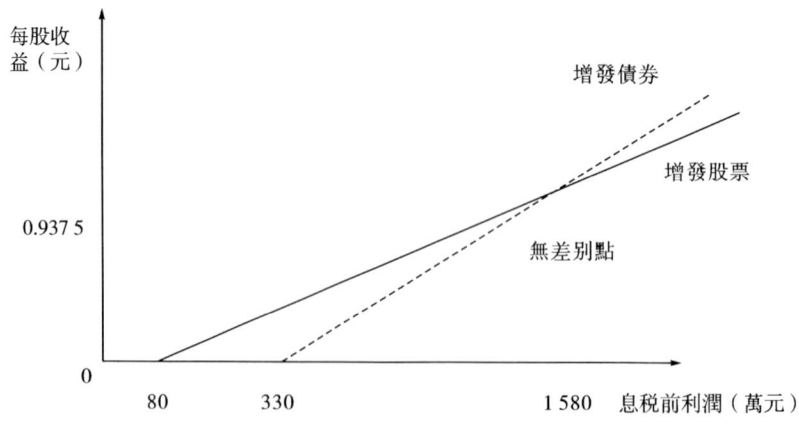

圖 4-10　長城公司每股收益無差別點分析示意圖

# 第4章 資本成本與資本結構

由圖4-10可知，每股收益無差別點的息稅前利潤爲1 580元的意義在於：當息稅前利潤大於1 580元時，增加長期債務比增發普通股更有利；當息稅前利潤小於1 580元時，增加長期債務則不利。

上述結論在4-13表中已得到了部分驗證，即息稅前利潤爲2 000萬元，大於無差別點的息稅前利潤1 580元，增發長期債務的每股收益爲1.252元，高於增發普通股的每股收益1.2元，因此，增發長期債券比增發普通股更有利。

現舉例說明預計息稅前利潤小於每股收益無差別點息稅前利潤的情況。

【例4-24】假設長城公司息稅前利潤爲1 000萬元，其他有關資料見表4-12。下面通過表4-15測算每股收益。

表4-15　　　　息稅前利潤爲1 000萬元時的每股收益測算表　　　　單位：萬元

| 項目 | 增發普通股 | 增加長期債務 |
| --- | --- | --- |
| 預計息稅前利潤 | 1 000 | 1 000 |
| 減：長期債務利息 | 80 | 330 |
| 稅前利潤 | 920 | 670 |
| 減：所得稅（25%） | 230 | 167.5 |
| 稅後利潤 | 690 | 502.5 |
| 普通股股數（萬股） | 1 200 | 1 000 |
| 普通股每股收益 | 0.575 | 0.502 5 |

由表4-15可見，當息稅前利潤爲1 000萬元，小於無差別點的息稅前利潤1 580元，增發長期債務的每股收益爲0.502 5元，低於增發普通股的每股收益0.575元，因此，增發普通股比增發長期債券更有利。

【例4-25】長城公司當前資本結構如表4-16所示。

表4-16　　　　　　　　長城公司資本結構表

| 籌資方式 | 金額（萬元） |
| --- | --- |
| 長期債券（年利率8%） | 1 000 |
| 普通股（4 500萬股） | 4 500 |
| 留存收益 | 2 000 |
| 合計 | 7 500 |

公司因生產發展需要，年初準備增加資金2 500萬元，現有兩個籌資方案可供選擇：

甲方案爲增加發行1 000萬股普通股，預計每股發行價2.5元；

乙方案爲按面值發行每年年末付息、票面利率爲10%的公司債券2 500萬元。

假定股票與債券的發行費用均可忽略不計；適用的所得稅稅率為25%。

要求：

(1) 計算兩種籌資方案下每股收益無差別點的息稅前利潤。

(2) 計算處於每股收益無差別點時乙方案的財務槓桿系數。

(3) 如果公司預計息稅前利潤為1 000萬元，指出該公司應採用的籌資方案。

(4) 如果公司預計息稅前利潤為1 800萬元，指出該公司應採用的籌資方案。

(5) 如果公司預計息稅前利潤在每股收益無差別點增長10%，計算採用乙方案時該公司每股收益的增長幅度。

解答：計算過程如下：

(1) 計算兩種籌資方案下每股收益無差別點的息稅前利潤：

甲方案年利息 = 1 000×8% = 80（萬元）

乙方案年利息 = 1 000×8%+2 500×10% = 80+250 = 330（萬元）

$$\frac{(\overline{EBIT}-80)(1-25\%)}{4\ 500+1\ 000} = \frac{(\overline{EBIT}-330)(1-25\%)}{4\ 500}$$

求得：$\overline{EBIT}$ = 1 455（萬元）

(2) 每股收益無差別點時乙方案的財務槓桿系數

$$DFL = \frac{1\ 455}{1\ 455-(1\ 000\times8\%+2\ 500\times10\%)}$$

$$= \frac{1\ 455}{1\ 455-330}$$

$$= 1.29$$

(3) 因為公司預計息稅前利潤為1 000萬元，小於每股收益無差別點的息稅前利潤1 455萬元，該公司應採用甲方案（增發普通股）。

(4) 因為公司預計息稅前利潤為1 800萬元，大於每股收益無差別點的息稅前利潤1 455萬元，該公司應採用乙方案（發行公司債券）。

(5) 乙方案每股收益的增長率 = 1.29×10% = 12.9%

應當說明的是，這種分析方法只考慮了資本結構對每股收益的影響，並假定每股收益最大，股票價格也最高。但對資本結構對發行的影響不予考慮，是不全面的。因為隨著負債的增加，投資者的風險加大，股票價格和企業價值也會有下降的趨勢，所以，單純用這種方法有時會做出錯誤的決策。但在資金市場不完善的時候，投資人主要根據每股收益的多少來做出投資決策，每股收益的增加也的確有利於股票價格的上升。

每股收益分析法的原理比較容易理解，測算過程較為簡單。它以普通股每股收益最高為決策標準，也沒有具體測算財務風險因素，其決策目標實際上是每股收益最大化而不是企業價值最大化，可用於資本規模不大、資本結構不太複雜的股份有限公司。

## 第4章　資本成本與資本結構

(三) 公司價值分析法

1. 公司價值分析法的含義

公司價值分析法是在充分反應公司財務風險的前提下，以公司價值的大小為標準，經過測算確定公司最佳資本結構的方法。與比較資金成本法和每股收益分析法相比，公司價值比較法充分考慮了公司的財務風險和資本成本等因素的影響，進行資本結構的決策以公司價值最大為標準，更符合企業價值最大化的財務目標；但其測算原理及測算過程較為複雜，通常用於資本規模較大的上市公司。

2. 公司價值的測算

一個公司的價值是指該公司目前值多少。關於公司價值的內容和測算基礎及方法，主要有以下三種觀點：

(1) 公司價值等於其未來淨收益（或現金流量，下同）按照一定的折現率折現的價值，即公司未來淨收益的折現值。這種測算方法的原理有其合理性，但因其中所含的不確定因素很多，這種測算方法尚難以在實踐中加以應用。

(2) 公司價值是其股票的現行市場價值。根據這種觀點，公司股票的現行市場價值可按其現行市場價格來計算，有其客觀合理性。但一方面，股票的價格受各種因素的影響，其市場價格經常處於波動之中，很難確定按哪個交易日的市場價格計算；另一方面，只考慮股票的價值而忽略長期債務的價值不符合實際情況。股票的價值和長期債務的價值是相互影響的。如果公司的價值只包括股票的價值，就無須進行資本結構的決策，這種測算方法也就不能用於資本結構的決策。

(3) 公司價值等於其長期債務和股票的折現價值之和。這種測算方法相對比較合理，也比較現實。從公司價值的內容來看，它不僅包括了公司股票的價值，還包括了公司長期債務的價值，用公式表示如下：

$$公司價值 = 公司長期債務的現值 + 公司股票的現值$$

為簡化計算，假定長期債務的現值等於其面值（或本金），股票的現值按公司未來淨收益的折現現值計算，計算公式如下：

$$公司股票現值 = \frac{(息稅前利潤 - 利息)(1 - 所得稅稅率)}{普通股資本成本率}$$

其中，普通股資本成本率可用資本資產定價模型計算，即

$$普通股資本成本率 = R_F + \beta(R_M - R_F)$$

式中，$R_F$ 表示無風險報酬率；$\beta$ 表示公司股票的貝塔系數；$R_M$ 表示所有股票的市場報酬率。

由於債務資本的市價最終要向其面值回歸，為簡化起見，債務資本的市價通常按其面值確定。

## 本章小結

1. 資本成本是企業籌集和使用資本而付出的代價，包括籌資費用和用資費用兩部分。

2. 資本成本率包括個別資本成本率、綜合資本成本率和邊際資本成本率三種。

3. 經營風險是指由於商品經營上的原因給公司的收益帶來的不確定性，影響經營風險的因素主要有產品需求、價格和產品成本變動等，通常用經營槓桿系數來衡量這一風險；財務風險是指舉債經營給公司收益帶來的不確定性。影響財務風險的因素主要有資本供求、利率水平、獲利能力以及資本結構的變化等。財務風險通常用財務槓桿系數來衡量。

4. 經營槓桿是指由於企業經營成本中固定成本的存在而導致息稅前利潤變動率大於業務量（或銷售收入）變動率的現象。營業槓桿系數是指企業息稅前利潤率相當於業務量（或銷售收入）變動率的倍數，反應了企業經營風險的大小。

5. 財務槓桿是指由於企業債務資本中固定費用的存在而導致普通股每股收益變動率大於息稅前利潤變動率的現象。財務槓桿系數是指企業普通股每股收益變動率大於息稅前利潤變動率的倍數，反應了企業財務風險的大小。

6. 聯合槓桿是指營業槓桿和財務槓桿的綜合。財務槓桿系數是指企業普通股每股收益變動率相當於產銷量（或銷售收入）變動率的倍數。它是經營槓桿系數和財務槓桿系數的乘積。

7. 最佳資本結構是指企業在適度財務風險的條件下，使其預期的綜合資本成本率最低，同時企業價值最大的資本結構。

8. 企業資本結構決策的方法主要有資本成本比較法、每股收益分析法和公司價值比較法。

## 習題

一、名詞解釋

1. 資本成本
2. 資本結構
3. 個別資本成本率
4. 綜合資本成本率
5. 邊際資本成本率
6. 經營槓桿
7. 財務槓桿
8. 資本結構決策
9. 經營風險
10. 財務風險

二、單項選擇題

1. 在個別資本成本的計算中，不必考慮籌資費用影響因素的是（　　）。

　　A. 長期借款成本　　　　　　B. 債務成本

## 第4章 資本成本與資本結構

　　C. 留用利潤成本　　　　　　　D. 普通股成本

2. 一般來說，在企業的各種資金來源中，資本成本最高的是（　　）。

　　A. 優先股　　　　　　　　　　B. 普通股
　　C. 債券　　　　　　　　　　　D. 長期借款

3. 債券成本一般要低於普通股成本，這主要是因為（　　）。

　　A. 債券的發行量小　　　　　　B. 債券的利息固定
　　C. 債券利息具有抵稅效應　　　D. 債券的籌資費用少

4. 某股票當前的市場價格為20元/股，每股股利1元，預期股利增長率為4%，則其資本成本率為（　　）。

　　A. 4%　　　　　　　　　　　　B. 5%
　　C. 9.2%　　　　　　　　　　　D. 9%

5. 如果企業的股東或經理人員不願承擔風險，則股東或管理人員可能盡量採用的增資方式是（　　）。

　　A. 發行債券　　　　　　　　　B. 融資租賃
　　C. 發行股票　　　　　　　　　D. 向銀行借款

6. 如果預計企業的資本報酬率高於借款的利率，則應（　　）。

　　A. 提高負債比例　　　　　　　B. 降低負債比例
　　C. 提高股利支付率　　　　　　D. 降低股利支付率

7. 每股收益無差別點是指使不同資本結構的每股收益相等時的（　　）。

　　A. 銷售收入　　　　　　　　　B. 變動成本
　　C. 固定成本　　　　　　　　　D. 息稅前利潤

8. 如果企業一定期間內的固定生產成本和固定財務費用均不為零，則由上述因素共同作用而導致的槓桿效應屬於（　　）。

　　A. 經營槓桿效應　　　　　　　B. 財務槓桿效應
　　C. 聯合槓桿效應　　　　　　　D. 風險槓桿效應

9. 假定某企業的股權資本與債務資本的比例為6：4，據此可斷定該企業（　　）。

　　A. 只存在經營風險　　　　　　B. 經營風險大於財務風險
　　C. 經營風險小於財務風險　　　D. 同時存在經營風險和財務風險

10. 下列各項中，運用普通股每股收益無差別點確定最佳資本結構時，需計算的指標是（　　）。

　　A. 息稅前利潤　　　　　　　　B. 營業利潤
　　C. 淨利潤　　　　　　　　　　D. 利潤總額

11. 利用無差別點進行企業資本結構分析時，當預計銷售額高於無差別點時，採用（　　）籌資更有利。

　　A. 留用利潤　　　　　　　　　B. 股權

165

C. 債務　　　　　　　　　　D. 內部

12. 經營槓桿產生的原因是企業存在（　　）。

　　A. 固定營業成本　　　　　B. 銷售費用

　　C. 財務費用　　　　　　　D. 管理費用

13. 與經營槓桿系數同方向變化的是（　　）。

　　A. 產品價格　　　　　　　B. 單位變動成本

　　C. 銷售量　　　　　　　　D. 企業的利息費用

14. 在息稅前利潤大於零的情況下，只要企業存在固定成本，那麼經營槓桿系數必（　　）。

　　A. 大於 1　　　　　　　　B. 與銷售量成正比

　　C. 與固定成本成反比　　　D. 與風險成反比

15. 某企業本期財務槓桿系數為 1.5，本期息稅前利潤為 450 萬元，則本期實際利息費用為（　　）。

　　A. 100 萬元　　　　　　　B. 675 萬元

　　C. 300 萬元　　　　　　　D. 150 萬元

### 三、多項選擇題

1. 下列籌資活動會加大財務槓桿作用的有（　　）。

　　A. 增發普通股　　　　　　B. 利用留存收益

　　C. 增發公司債券　　　　　D. 增加銀行借款

　　E. 發行優先股

2. 確定企業資本結構時（　　）。

　　A. 如果企業的銷售不穩定，則可較多地採用負債籌資

　　B. 為了保證原有股東的控制權，一般應盡量避免普通股籌資

　　C. 若預期市場利率會上升，企業應盡量利用短期負債

　　D. 所得稅稅率越高，負債籌資利益越明顯

　　E. 所得稅稅率越低，負債籌資利益越明顯

3. 如果不考慮優先股，籌資決策中聯合槓桿系數的性質包括（　　）。

　　A. 聯合槓桿系數越大，企業的經營風險越大

　　B. 聯合槓桿系數越大，企業的財務風險越大

　　C. 聯合槓桿系數能夠起到財務槓桿和經營槓桿的綜合作用

　　D. 聯合槓桿能夠表達企業邊際貢獻與息稅前利潤的比率

　　E. 聯合槓桿系數能夠估計出銷售額變動對每股收益的影響

4. 資本結構分析所指的資本包括（　　）。

　　A. 長期債務　　　　　　　B. 優先股

　　C. 普通股　　　　　　　　D. 短期借款

　　E. 應付帳款

# 第4章 資本成本與資本結構

5. 資本結構決策的每股收益分析法體現的目標包括（　　　）。
   A. 股東權益最大化　　　　　B. 無形資產
   C. 公司價值最大化　　　　　D. 股票價值最大化
   E. 資金最大化

6. 決定資本成本高低的因素有（　　　）。
   A. 資金供求關係變化　　　　B. 預期通貨膨脹率高低
   C. 證券市場價格波動程度　　D. 企業風險的大小
   E. 企業對資金的需求量

7. 下列關於財務槓桿的論述中，正確的有（　　　）。
   A. 在資本總額及負債比率不變的情況下，財務槓桿系數越高，每股收益增長越快
   B. 財務槓桿效益指利用債務籌資給企業自有資金帶來的額外收益
   C. 與財務風險無關
   D. 財務槓桿系數越大，財務風險越大
   E. 財務風險是指全部資本中債務資本比率的變化帶來的風險

8. 下列關於經營槓桿系數表述中，正確的有（　　　）。
   A. 在固定成本不變的情況下，經營槓桿系數說明了銷售額變動所引起息稅前利潤變動的幅度
   B. 在固定成本不變的情況下，營業收入越多，經營槓桿系數越大，經營風險就越小
   C. 在固定成本不變的情況下，營業收入越多，經營槓桿系數越小，經營風險就越小
   D. 當銷售額達到盈虧臨界點時，經營槓桿系數趨近於無窮大
   E. 企業一般可以通過增加營業收入、降低單位變動成本、降低固定成本比重等措施使經營風險降低

9. 下列關於聯合槓桿系數的描述中，正確的有（　　　）。
   A. 用來估計銷售量變動對息稅前利潤的影響
   B. 用來估計營業收入變動對每股收益造成的影響
   C. 揭示經營槓桿和財務槓桿之間的相互關係
   D. 揭示企業面臨的風險對企業投資的影響
   E. 為達到某一個既定的聯合槓桿系數，經營槓桿和財務槓桿可以有很多不同的組合

10. 在個別資本成本中，須考慮所得稅因素的有（　　　）。
    A. 債券成本　　　　　　　B. 優先股成本
    C. 銀行借款成本　　　　　D. 普通股成本
    E. 留存收益成本

167

## 四、判斷題

1. 發行股票籌資，既能為企業帶來槓桿利益，又具有抵稅效應，所以企業在籌資時應優先考慮發行股票。（　）

2. 由於經營槓桿的作用，當息稅前利潤下降時，普通股每股收益會下降得更快。（　）

3. 在各種資金來源中，凡是須支付固定性用資費用的資金都能產生財務槓桿效應。（　）

4. 經營槓桿是通過擴大銷售來影響稅前利潤的，它可以用邊際貢獻除以稅前利潤來計算，它說明了銷售額變動引起稅前利潤變化的幅度。（　）

5. 一般而言，一個投資項目，只有當其投資報酬率低於其資本成本率時，在經濟上才是合理的；否則，該項目將無利可圖，甚至發生虧損。（　）

6. 某種資本的用資費用高，其成本率就高；反之，用資費用低，其成本率就低。（　）

7. 根據企業所得稅法的規定，企業債務的利息不允許從稅前利潤中扣除。（　）

8. 根據企業所得稅法的規定，企業以稅後利潤向股東分派股利，故股權資本成本沒有抵稅效應。（　）

9. 一般而言，從投資者的角度，股票投資的風險高於債券，因此，股票投資的必要報酬率可以在債券利率的基礎上再加上股票投資高於債券投資的風險報酬率。（　）

10. 在一定的產銷規模內，固定成本總額相對保持不變。如果產銷規模超出了一定的限度，固定成本總額也會發生一定的變動。（　）

11. 資本成本比較法一般適用於資本規模較大，資本結構較為複雜的非股份制企業。（　）

12. 公司價值比較法充分考慮了公司的財務風險和資本成本等因素的影響，進行資本結構的決策以公司價值最大化為標準，通常用於資本規模較大的上市公司。（　）

13. 每股收益分析法的決策目標是股東財富最大化或股票價值最大化，而不是公司價值最大化。（　）

14. 資本成本包括籌資費用和用資費用兩部分，其中籌資費用是資本成本的主要內容。（　）

15. 發行普通股籌資沒有規定的利息負擔，因此，其資本成本率較低。（　）

16. 在計算債券資本成本率時，債券籌資額應按發行價格確定，而不應按面值確定。（　）

17. 經營槓桿並不是經營風險的來源，而只是放大了經營風險。（　）

18. 在其他條件不變的情況下，權益乘數越大則財務槓桿係數越大。（　）

## 第4章　資本成本與資本結構

19. 若固定成本爲零、其他因素不變時，銷售增長率與息稅前利潤增長率相等。
（　　）
20. 資本成本是市場經濟條件下，資本所有權與資本使用權相分離的產物。
（　　）

### 五、簡答題

1. 簡述資本結構的意義。
2. MM 資本結構理論的基本觀點有哪些？
3. 在資本結構決策中，爲什麼必須以公司價值最大化爲目標？
4. 簡述資本結構的種類。

### 六、計算題

1. 某企業計劃籌集資金 1 000 萬元，所得稅稅率爲 25%。有關資料如下：
（1）向銀行借款 200 萬元，借款年利率 7%，手續費 2%。
（2）按溢價發行債券，債券面值爲 300 萬元，溢價發行債券 320 萬元，票面利率爲 9%，期限爲三年，每年支付一次利息，籌資費率爲 3%。
（3）發行普通股 400 萬元，每股 10 元，上期每股股利 1.2 元，預計股利增長率爲 5%，籌資費率爲 6%。
（4）其餘所需資金通過留存收益獲得。
要求：
（1）計算個別資本成本率。
（2）計算該企業加權平均資本成本率。

2. 某公司 2016 年只經銷一種產品，息稅前利潤總額爲 900 萬元，變動成本率爲 40%，債務籌資的利息爲 400 萬元，單位變動成本爲 1 000 元，銷售數量爲 10 000 臺，預計 2017 年息稅前利潤會增加 10%。
要求：
（1）計算該公司 2017 年的經營槓桿系數、財務槓桿系數、聯合槓桿系數。
（2）預計 2017 年該公司的每股收益增長率。

3. 某企業全部固定成本和費用爲 300 萬元，企業資產總額爲 5 000 萬元，資產負債率爲 40%，負債平均利息率爲 5%，淨利潤爲 1 500 萬元。公司適用的所得稅稅率爲 25%。
要求：
（1）計算經營槓桿系數、財務槓桿系數、聯合槓桿系數。
（2）預計銷售增長 20%，公司每股收益增長多少？

4. 某企業經銷甲產品，有關數據如下表所示：

某企業財務各類相關項目表

| 項目 | 2015 年 | 2016 年 |
|---|---|---|
| 單價 | 10 元/件 | 10 元/件 |
| 單位變動成本 | 5 元/件 | 15 元/件 |
| 銷量 | 10 000 件 | 20 000 件 |
| 固定成本 | 20 000 元 | 20 000 元 |

計算該公司 2016 年的經營槓桿系數。

5. 某公司 2016 年的淨利潤爲 750 萬元，所得稅稅率爲 25%。該公司全年固定成本總額爲 1 500 萬元，公司年初發行了一種債券，數量爲 10 000 張，每張面值爲 1 000 元，發行價格爲 1 100 元，債券年利息爲當年利潤總額的 10%，發行費用占發行價格的 2%，計算確定的 2017 年財務槓桿系數爲 2。

要求：根據上述資料計算如下指標：

(1) 2016 年利潤總額。
(2) 2016 年利息總額。
(3) 2016 年息稅前利潤總額。
(4) 2016 年債務籌資成本。
(5) 2017 年經營槓桿系數。

6. 已知某公司當前資金結構如下：

| 籌資方式 | 金額（萬元） |
|---|---|
| 長期債券（年利率 8%） | 1 000 |
| 普通股（4 500 萬股） | 4 500 |
| 留存收益 | 2 000 |
| 合計 | 7 500 |

因生產發展需要，公司年初準備增加資金 2 500 萬元，現有兩個籌資方案可供選擇：

甲方案爲追加發行 1 000 萬股普通股，每股市價 2.5 元；

乙方案爲按面值發行每年年末付息，票面利率爲 10% 的公司債券 2 500 萬元。假定股票與債券的發行費用均可忽略不計；適用的所得稅稅率爲 25%。

要求：

(1) 計算兩種籌資方案下每股收益無差別點的息稅前利潤。

(2) 如果公司息稅前利潤爲 1 600 萬元，指出該公司應採用的籌資方案。

(3) 若公司預計息稅前利潤在每股收益無差別點上增加 10%，計算採用乙方案時該公司每股利潤的增長幅度。

## 第4章 資本成本與資本結構

7. 已知：某公司2013年12月31日的長期負債及所有者權益總額爲18 000萬元，其中，發行在外的普通股8 000萬股（每股面值1元），公司債券2 000萬元（按面值發行，票面年利率爲8%，每年年末付息，三年後到期），資本公積4 000萬元，其餘均爲留存收益。

2014年1月1日，該公司擬投資一個新的建設項目需追加籌資2 000萬元，現有A、B兩個籌資方案可供選擇。

A方案：發行普通股，預計每股發行價格爲5元。

B方案：按面值發行票面年利率爲8%的公司債券（每年年末付息）。假定該建設項目投產後，2014年度公司可實現息稅前利潤4 000萬元，所得稅稅率25%。

要求：

(1) 計算A方案的下列指標：

增發普通股的股份數；2014年公司的全年債券利息。

(2) 計算B方案下2014年公司的全年債務利息。

(3) 計算A、B兩方案的每股收益無差別點，並爲該公司做出決策。

# 5

## 學習目標

瞭解投資的意義、分類，在此基礎上瞭解項目投資的分類、特點、管理原則及投資過程分析，熟悉項目投資現金流量的概念及計算，掌握項目投資評價指標的分類、特點和計算方法；瞭解項目投資評價方法的選擇以及各種方法之間的關係，熟練掌握獨立和互斥方案的投資決策方法，理解項目投資風險相關分析方法的基本思想。

## 第1節 項目投資決策概述

### 一、投資的含義及種類

1. 投資的含義

企業投資是企業為了在將來獲取收益而向一定對象進行的資金投放行為。企業投資活動是企業財務活動的重要組成部分，正確的投資戰略計劃和投資活動是增長企業價值的驅動力。

企業投資的意義在於：

（1）企業投資是實現財務管理目標的基本前提。企業財務管理的目標是企業價值的最大化，企業通過把籌集到的資金投放到報酬高、回收快、風險小的項目上去，使企業的價值不斷提高，為股東創造財富。

（2）企業投資對企業自身的生存和發展具有重要意義。投資既是企業維持簡單

## 第5章 項目投資決策

再生產的基礎，也是擴大再生產的必要條件。在市場經濟條件下，企業必須適時更新現有的機器設備，改革舊的生產工藝和產品；需要擴大其經營規模，擴建廠房，購置機器設備等，同時為了分散風險，也要實行多元化經營，這些都離不開企業的投資活動。

（3）企業投資是企業創造財富、滿足人類生存和發展需要的保證。人類社會的存在和發展，是以充實豐富的物質為基礎的，企業投資活動在滿足其自身創造財富的同時，也在為社會創造財富，不斷滿足社會的物質要求。

2. 投資的種類

根據不同的標準，企業投資可以分為不同的種類。

（1）按投資回收期的長短，企業投資可以分為短期投資和長期投資。

短期投資又叫流動資產投資，是指1年內可以收回的投資，主要包括現金、應收帳款、應收票據、存貨以及準備在短期內變現的有價證券等。短期投資是企業為保證日常生產活動正常運行而進行的投資，具有時間短、變現能力強、流動性大等特點。短期投資的管理是企業營運資金管理的重要內容。長期投資是指1年以上才能收回的投資，主要包括機器、設備、廠房等固定資產的投資及對無形資產的投資，也包括準備長期持有的有價證券。企業的長期投資一般耗資巨大，回收期較長，且難於變現，風險較高。一旦投資決策失誤，對企業的長期影響較大，成本較高。

（2）按投資與企業生產經營的關係，企業投資可分為直接投資和間接投資。

直接投資又稱為生產性投資，是指把資金投放到生產經營性資產，以便獲取利潤的投資，如建造廠房、購置機器設備和原材料等。間接投資又稱為金融投資或證券投資，是指把資金投放於證券等金融資產，以便取得股利或利息收入的投資，如企業對政府債券、金融債券、企業債券和股票等方面的投資等。隨著我國金融市場的完善和多渠道籌資的形成，企業間接投資將越來越廣泛。

（3）按投資發生作用的地點分，企業投資可分為對內投資與對外投資。

對內投資是指把資金投向公司內部，購置各種生產經營用資產的投資。對外投資是指公司以現金、實物、無形資產等方式或者以購買股票、債券等有價證券方式向其他單位的投資。對內投資都是直接投資，對外投資主要是間接投資，也可以是直接投資。

（4）按投資對未來的影響程度，企業投資可分為戰術性投資和戰略性投資。

戰術性投資是指不影響企業全局和發展方向的投資，如更新設備等局部性投資，此類投資一般投資額不大，風險較低，見效較快，發生的次數較多。戰略性投資是指對企業全局及未來有重大影響的投資，如對新產品投資、轉產投資、建立分企業投資等。此類投資往往投資額大，回收期長，風險較高。

（5）按照投資的風險程度，企業投資可分為確定性投資和風險性投資。

確定性投資是指投資風險很小且對未來收益可以進行相當準確預測的投資。風險性投資是指投資風險大，未來收益難以準確預測的投資。企業的大多數戰略性投資基本上都屬於風險性投資，在進行決策時，應採用科學的投資風險分析方法，做出正確的投資決策。

### 二、項目投資的種類和特點

項目投資是指以擴大生產能力和改善生產條件爲目的的資本性支出。項目投資是對企業自身的投入，是一種對內的直接投資。這種投資結果往往形成經營性資產，通常包括固定資產投資、無形資產投資、開辦費投資和流動資金投資等內容。項目投資是企業的一項戰略性投資，是企業投資的重要組成部分，會對企業產生深遠的影響。

1. 項目投資的種類

（1）按投資在生產過程中的作用，項目投資可分爲初始投資和後續投資。

初始投資是在建立新企業時所進行的各種投資。它的特點是投入資金通過建設形成企業的原始資產，爲企業的生產、經營創造必要的條件。追加投資則是指爲鞏固和發展企業再生產所進行的各種投資，主要包括爲維持企業簡單再生產所進行的更新性投資，爲實現擴大再生產所進行的追加性投資，爲調整生產經營方向所進行的轉移性投資等。

（2）按項目投資決策的角度，項目投資可分爲獨立投資和互斥投資。

獨立投資又稱採納與否投資，是指在只有一個項目可供選擇的情況下，決定是否投資於該項目的投資。在這種投資中，項目間不能相互取代，且某一投資項目的收益和成本不會因其他項目的採納與否而受到影響。對獨立投資而言，若無資金總量的限制，只需評價其經濟上是否可行即可決定取捨，項目可全部或部分入選。互斥投資又稱互不相容投資，是指在兩個或兩個以上的項目中，只能選擇其中之一的投資，各投資項目間相互排斥，不能同時存在。例如，在同一塊土地上，是建廠房還是建職工宿舍，只能選擇其中之一。對互斥方案的評價必須逐個分析或進行優劣排序，只有排在第一位的方案才是企業應該實施的投資方案。顯然，對互斥投資項目而言，即使每個投資項目本身從經濟上評價都可行，也不能同時入選，而只能選最優的方案。

2. 項目投資的特點

項目投資具有如下特點：

（1）投資數額大。

項目投資與固定資產的新建、改建、擴建有關，一般涉及的金額都比較大，從前期調查、項目立項到具體資源的投入以及項目工程的實施，整個過程都需要大量的資金投入，對企業資金運用、資金籌措以及未來現金流量都會產生很大的影響。

## 第 5 章　項目投資決策

（2）影響時間長。

項目的初始投資是一次性的，巨額的投資只有在以後較長的一個時期內才能逐步收回，占用在固定資產上的資金數額較大，週期較長，所以必須對項目進行嚴格的技術上和經濟上的可行性分析，合理估計項目回收期。

（3）發生頻率低。

企業內部長期投資一般較少發生，特別是大規模的固定資產投資，一般要幾年甚至幾十年才發生一次。但每次資金的投放量卻比較大，對企業未來的財務狀況有較大的影響。

（4）變現能力差。

項目投資的實物形態主要是廠房和機器設備等固定資產，這些資產不易改變用途，出售困難，變現能力較差。因此，有人稱項目投資具有不可逆轉性。

（5）投資風險高。

項目投資一旦形成，就會在一個較長的時間內固化爲一定的物質形態，具有投資剛性，即無法在短期內做出更改，且面臨較大的市場不確定性和其他風險，決策失誤將造成不可挽回的損失。所以，在投資之前一定要採用專門的方法進行風險決策分析。

3. 項目投資的程序

（1）項目提出。

企業各級領導都可以提出新的投資項目。一般情況下，企業的高層領導提出的投資項目，大多數是大規模的戰略性投資，其方案一般由生產、市場、財務等各方面的專家組成的專門小組做出。基層或中層人員提出的主要是戰術性投資項目，方案由主管部門組織人員擬訂。

（2）項目評價。

對投資項目進行評價，是可行性研究的核心內容。企業在確定投資項目的可行性後，就要對項目進行評價，測量各個項目的成本、收益，並考慮與此相關的風險，爲投資決策提供財務數據，然後採用一定的財務評價指標，對各個項目的風險和報酬做出評估，以此爲選擇最好的項目做準備。

（3）項目決策。

投資項目經過評價後，企業領導要做出最後的決策，投資額較小的項目，有時中層領導就有決策權；投資額較大的項目，一般由總經理做出決策；投資額特別大的項目，要由董事會甚至股東大會投票表決。測算項目的風險和報酬以及選擇項目是投資決策中最重要的兩個環節。

（4）項目實施。

決定對某項目進行投資後，要積極籌措資金，實施投資。企業應該根據籌資方案，及時足額籌集資金，以順利實施投資。在項目實施過程中，要對工程進度、工程質量、施工成本進行控制，以便投資項目按預算規定完成。

（5）項目監測。

對投資項目進行監測，可以評價企業在選擇投資方案的過程中，對投資項目的收益、成本與風險的估計是否正確，是否要根據實際情況對計劃進行修訂和調整。例如，在籌資過程中，如果資本市場發生劇烈變化，使得資金的籌措比較困難或成本加大，導致原來有利的項目變得無利可圖，乃至虧損，那麼企業就有必要調整其投資計劃；在項目實施過程中，如果產品市場發生重大變化，原有的投資決策已經不適合目前局勢，那麼就要對投資項目是否中途停止做出決策，以避免更多的損失。

## 第2節 項目投資現金流量的計算

### 一、現金流量的概念

現金流量指的是在投資活動過程中，由於某一個項目而引起的現金支出或現金收入的數量。在投資決策分析中，"現金"是一個廣義的概念，不僅包括貨幣資金，也包含與項目相關的非貨幣資源的變現價值。比如在投資某項目時，投入企業原有的固定資產的價值，這時的"現金"就包含了該固定資產的變現價值，或其重置成本。項目投資中的現金流量包括現金流入量、現金流出量和淨現金流量。

（一）現金流出量

在投資決策中，一個項目的現金流出量指的是在實施該項目的過程中所需投入的資金，通常包括五個方面的現金流出：①投放在固定資產、無形資產和其他資產的購建支出。②項目建成投產後為正常經營活動而投放在流動資產上的營運資金。③運營期內製造和銷售產品（或提供服務）所發生的各種付現成本，如為使機器設備正常運轉而投入的維護修理費等。④運營期內應繳納的稅金及附加。⑤所得稅。

現金流出量主要是指為滿足正常生產經營而動用貨幣資金支付的成本費用。由於固定資產折舊費、無形資產攤銷屬於非付現的營運成本，所以不屬於現金流出的內容。

（二）現金流入量

現金流入量指的是由於實施了某項目而增加的現金。項目投資通常會引起下列三個現金流入量：①項目投產後每年可增加的營業利潤。②項目報廢時的殘值收入或中途轉讓時的變現收入。③項目結束時收回來的原來墊支在各種流動資產上的營運資金。

固定資產的折舊費用雖然將導致營業利潤的下降，但不會引起現金的支出，所以可將其視為一項現金流入。與折舊相同，遞延資產的攤銷、無形資產的攤銷也形

## 第 5 章　項目投資決策

成企業的一項資金流入。

（三）淨現金流量

淨現金流量（又稱現金淨流量），是指在項目計算期內由每期現金流入量與同期現金流出量之間的差額所形成的序列指標。它是計算項目投資決策評價指標的主要依據。這里所説的每期可以是每年，也可以是項目持續的整個年限。現金流量通常是按年度計算的。當某年的現金流入量大於某年的現金流出量時，該年的現金淨流量爲正值；反之，當某年的現金流入量小於某年的現金流出量時，該年的現金淨流量爲負值。

　　某年淨現金流量（$NCF_t$）＝該年現金流入量－該年現金流出量

### 二、項目投資現金流量的内容

項目計算期是指從投資建設開始到最終清理結束整個過程的全部時間，包括建設期和運營期。其中，建設期，是指項目資金正式投入開始到項目建成投産爲止所需要的時間，建設期的第一年年初稱爲建設起點，建設期的最後一年年末稱爲投産日。項目計算期的最後一年年末稱爲終結點，假定項目最終報廢或清理均發生在終結點（但更新改造除外），從投産日到終結點之間的時間間隔稱爲運營期。具體如圖 5-1 所示。

項目計算期＝建設期＋運營期
運營期＝試産期＋達産期

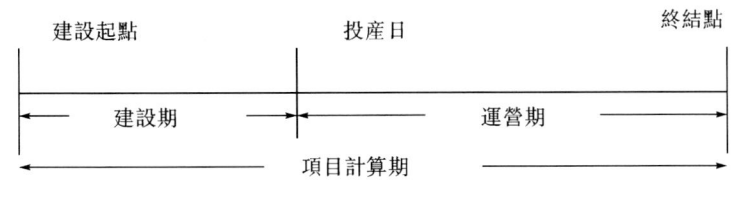

```
    建設起點           投産日                    終結點
      |—————————————————|—————————————————————————|
      |←─── 建設期 ───→|←─────── 運營期 ───────→|
      |←──────────────── 項目計算期 ────────────→|
```

圖 5-1　項目計算的期間

根據在項目計算期内現金流動的時間，項目投資的現金流量通常包括初始現金流量、營業現金流量、終結現金流量三個部分。

1. 初始現金流量

初始現金流量是指爲使項目建成並投入使用而發生的有關現金流量，有時也稱初始投資。主要的現金流項目包括：

（1）建設投資。這是指在建設期内按一定生産經營規模和建設内容進行的固定資産投資、無形資產投資和開辦費投資等項投資的總稱，是建設期發生的主要現金流出量。該投資可能是一次性支出，也可能分幾次支出，是原始總投資中的長期投資。

177

項目總投資＝原始投資+建設期資本化利息

原始投資＝建設投資+墊支流動資金

建設投資＝固定資產投資+無形資產投資+開辦費投資

固定資產原值＝固定資產投資+建設期資本化利息

【例5-1】A企業擬新建一條生產線，需要在建設起點一次投入固定資產投資200萬元，在建設期末投入無形資產投資25萬元。建設期爲1年，建設期資本化利息爲10萬元，全部計入固定資產原值。流動資金投資合計爲20萬元。

根據上述資料可計算該項目有關指標如下：

固定資產原值＝200+10＝210（萬元）

建設投資＝200+25＝225（萬元）

原始投資＝225+20＝245（萬元）

項目總投資＝245+10＝255（萬元）

（2）流動資產投資。這是指項目投產前後分次或一次投放於流動資產上的資本增加額，又稱墊支流動資金或營運資金墊支。項目要正常運轉，除了固定資產等投資外，還有追加原材料、在產品、產成品，這些資產投入後直至項目終結時才能收回。

某年流動資金投資額(墊支數)＝本年流動資金需用數–截至上年的流動資金投資額

或　　　　　　　　　　　　＝本年流動資金需用數–上年流動資金需用數

本年流動資金需用數＝本年流動資產需用數–本年流動負債可用數

上式中的流動資產只考慮存貨、現實貨幣資金、應收帳款和預付帳款等項内容；流動負債只考慮應付帳款和預收帳款。

【例5-2】B企業擬建的生產線項目，預計投產第一年的流動資產需用額爲30萬元，流動負債需用額爲15萬元，假定該項投資發生在建設期末；預計投產第二年流動資產需用額爲40萬元，流動負債需用額爲20萬元，假定該項投資發生在投產後第一年年末。根據上述資料可估算該項目各項指標如下：

投產第一年的流動資金需用額＝30-15＝15（萬元）

第一次流動資金投資額＝15-0＝15（萬元）

投產第二年的流動資金需用額＝40-20＝20（萬元）

第二次流動資金投資額＝20-15＝5（萬元）

流動資金投資合計＝15+5＝20（萬元）

（3）其他投資費用。這是指不屬於以上各項的投資費用，如投資項目的籌建費、職工培訓費等。

（4）原有固定資產的變價收入。這是指固定資產重置時，舊設備出售所得的淨現金流量，即原有固定資產變價收入與清理過程中發生的清理費用之間的差額。如果變價收入大於清理費用，爲現金流入量，相反則爲現金流出量。

## 第 5 章　項目投資決策

（5）所得稅效應。這是指固定資產重置時，舊設備出售所得的淨現金流量以及相應的稅負損益。按規定，出售資產時，如果售價高於原價或帳面淨值，應繳納所得稅，多繳的所得稅構成現金流出量；如果售價低於帳面淨值，可以抵減當年所得稅支出，少繳的所得稅構成現金流入量。

假設某企業要進行固定資產更新與否的決策。若更換舊設備，則可獲得舊設備的出售收入 8 萬元，此時舊設備的帳面淨值為 6 萬元，則企業須為此支付所得稅 0.5 萬元 [（8-6）×25%]（所得稅稅率為 25%）。因此，出售舊設備所產生的現金流入量是 8-0.5=7.5（萬元）。但是，若假設舊設備出售時的帳面淨值是 10 萬元，則企業會產生虧損 2 萬元。這 2 萬元可以作為一項費用支出在稅前利潤中扣除。因而會產生稅收抵免 0.5 萬元。此時出售舊設備所產生的現金流入量是 8+0.5=8.5（萬元）。

2. 營業現金流量

營業現金流量是指項目投入使用後，在壽命期內由於生產經營所帶來的現金流入和流出的數量。現金流入量主要是營運各年的營業收入，現金流出量主要是營運各年的付現成本，以及需要支付的稅金及附加和所得稅。付現成本也叫經營成本，是指經營期內為滿足正常生產經營活動而需要實際支付現金的有關成本費用，如產品製造成本、管理費用、營業費用中需要支付現金的部分，不包括財務費用。

每年現金流入量和現金流出量的差額即為年營業淨現金流量。

營業淨現金流量=營業收入-付現成本-所得稅

或　營業淨現金流量=稅後淨損益+折舊

　　　　　　　　=稅前利潤×(1-稅率)+折舊

　　　　　　　　=(營業收入-營業成本)×(1-稅率)+折舊

　　　　　　　　=(營業收入-付現成本-折舊)×(1-稅率)+折舊

　　　　　　　　=營業收入×(1-稅率)-付現成本×(1-稅率)-折舊×(1-稅率)+折舊

　　　　　　　　=營業收入×(1-稅率)-付現成本×(1-稅率)+折舊×稅率

需要注意的是，在營業期間某一年發生的設備改良支出是一種投資，應作為該年的現金流出量，以後年份通過折舊收回。對於在營業期間某一年發生的設備大修理支出來說，如果本年內攤銷完畢，應直接作為該年的現金流出量；如果跨年攤銷，則本年作為現金流出量，攤銷年份作為非付現成本處理。

3. 終結現金流量

終結現金流量是指項目經濟壽命終了時發生的非經營現金流量。包括以下兩個方面。

（1）固定資產報廢時殘值收入或變價淨收入及出售時的稅負損益。出售時稅負損益的確定方法與初始投資時出售舊設備發生的稅負損益相同。如果報廢時，固定資產殘值收入大於稅法規定的數額，應上繳所得稅，形成現金流出；反之，則可抵減所得稅，形成現金流入。

（2）收回的墊支營運資金。這部分資金不受稅收因素的影響，稅法將其視爲資金的內部轉移，因此，收回的流動資金僅僅是現金流量的增加。

（3）停止使用的土地的變價收入。

（4）爲結束項目而發生的各種清理費用。

項目終結淨現金流量＝實際固定資產殘值收入＋原投入的流動資金－（實際殘值收入－預計殘值）×稅率

當然，在營業期的最後一年仍然有生產經營的現金流入量和流出量，其計算和營業現金流量的計算一樣。

不同類型的投資項目，其現金流量的具體內容存在差異。單純固定資產投資只涉及固定資產投資，而一般不涉及無形資產投資、其他資產投資和流動資金投資，以新增生產能力、提高生產效率爲特徵。完整工業投資項目投資，不僅包括固定資產投資、其他資產投資和流動資金投資，還可能包括無形資產投資。

### 三、估算項目投資現金流量的假設以及應註意的問題

1. 假設

（1）投資項目類型的假設。假設投資項目只包括單純固定資產投資項目、完整工業投資項目和更新改造投資項目三種類型。

（2）財務可行性分析假設。在實際工作中，評價一個項目是否可行，不僅要考慮財務可行性，也要考慮環境（是否產生污染）、技術上是否可行，人力能否跟上等各方面。在財務管理中，評價一個項目是否可行只考慮財務可行性問題。

（3）全投資假設。即使實際存在借入資金，也將其作爲自有資金對待（但在計算固定資產原值和總投資額時，還需要考慮借款利息因素）。

（4）建設期投入全部資金假設。不論項目的原始總投資是一次投入，還是分次投入，除個別情況外，假定它們都是在建設期投入的，即在項目的經營期沒有原始投資投入。

（5）經營期與折舊年限一致假設。假設項目主要固定資產的折舊年限或使用年限與經營期相同。

（6）時點指標假設。對於建設投資假設在建設期內有關年度的年初或年末發生；流動資金投資則假設在年初發生；經營期內各年的收入、成本、折舊、攤銷、利潤、稅金等項目的確認均假設在年末發生；假設項目最終報廢或清理均發生在終結點（但更新改造項目除外）。

（7）確定性假設。假設與項目現金流量有關的價格、產銷量、成本水平、所得稅稅率等因素均爲已知常數。

# 第 5 章　項目投資決策

2. 應註意的問題

（1）只有增量現金流量才是與項目相關的現金流量。所謂增量現金流量是指接受或者拒絕某一投資方案後，企業總現金流量因此發生的變動。考慮增量現金流量是在確定項目投資的相關現金流量時應遵循的基本原則。只有增量現金流量才是與項目相關的現金流量。

（2）盡量利用現有會計利潤數據。

（3）要區分相關成本和非相關成本。相關成本是指與特定決策有關的，在分析評價時必須考慮的成本，例如差額成本、重置成本、機會成本等。與此相反，與特定決策無關的、在分析評價時不必加以考慮的成本是非相關成本，例如沉沒成本、歷史成本、帳面成本等。

（4）充分關註機會成本。機會成本指在決策過程中由於選擇某個方案而放棄其他方案所喪失的潛在收益。例如，閑置的廠房是進行轉產經營還是出租，如果進行轉產經營則相關的租金收入就是該項決策的機會成本。

機會成本不是我們通常意義上的"成本"，它不是一項支出或費用，而是失去的收益。這種收益不是實際發生的，而是潛在的，它總是針對具體的方案而言的。

（5）要考慮項目對公司其他部門的影響。企業在進行投資分析時，不應將新產品銷售收入作爲增量收入來處理，而應扣除其他部門因此減少的銷售收入。例如，新產品上市造成其他產品銷售收入的減少。

【例 5-3】A 公司準備購入一臺設備以擴大生產能力，現有甲、乙兩個方案可供選擇。甲方案需投資 15 000 萬元，一年後建成投產。使用壽命 6 年，採用直線法計提折舊，6 年後設備無殘值。6 年中每年的銷售收入爲 6 000 元，每年的付現成本爲 2 500 元。乙方案需投資 18 000 元，一年後建成投產時需另外增加營運資金 3 000 元。該方案的使用壽命也是 6 年，採用直線法計提折舊，6 年後殘值 3 000 元。6 年中每年的銷售收入爲 8 500 元，付現成本第一年爲 3 000 元，以後每年將增加維修費 300 元。假設所得稅稅率爲 25%，試計算兩方案的現金流量。

兩方案的現金流量計算過程如下：

（1）計算兩方案每年的折舊額。

甲方案每年的折舊額 = $\dfrac{15\,000}{6}$ = 2 500（元）

乙方案每年的折舊額 = $\dfrac{18\,000 - 3\,000}{6}$ = 2 500（元）

（2）計算兩個方案的營業現金流量（見表 5-1）。

表 5-1　　　　　　　　　兩個方案的營業現金流量表　　　　　　　單位：元

|  | 第 2 年 | 第 3 年 | 第 4 年 | 第 5 年 | 第 6 年 | 第 7 年 |
|---|---|---|---|---|---|---|
| 甲方案： |  |  |  |  |  |  |
| 銷售收入(1) | 6 000 | 6 000 | 6 000 | 6 000 | 6 000 | 6 000 |
| 付現成本(2) | 2 500 | 2 500 | 2 500 | 2 500 | 2 500 | 2 500 |
| 折舊(3) | 2 500 | 2 500 | 2 500 | 2 500 | 2 500 | 2 500 |
| 稅前利潤(4)=(1)-(2)-(3) | 1 000 | 1 000 | 1 000 | 1 000 | 1 000 | 1 000 |
| 所得稅(5)=(4)×25% | 250 | 250 | 250 | 250 | 250 | 250 |
| 稅後利潤(6)=(4)-(5) | 750 | 750 | 750 | 750 | 750 | 750 |
| 營業現金流量=(3)+(6) | 3 250 | 3 250 | 3 250 | 3 250 | 3 250 | 3 250 |
| 乙方案： |  |  |  |  |  |  |
| 銷售收入(1) | 8 500 | 8 500 | 8 500 | 8 500 | 8 500 | 8 500 |
| 付現成本(2) | 3 000 | 3 300 | 3 600 | 3 900 | 4 200 | 4 500 |
| 折舊(3) | 2 500 | 2 500 | 2 500 | 2 500 | 2 500 | 2 500 |
| 稅前利潤(4)=(1)-(2)-(3) | 3 000 | 2 700 | 2 400 | 2 100 | 1 800 | 1 500 |
| 所得稅(5)=(4)×25% | 250 | 675 | 600 | 525 | 450 | 375 |
| 稅後利潤(6)=(4)-(5) | 2 250 | 2 025 | 1 800 | 1 575 | 1 350 | 1 125 |
| 營業現金流量=(3)+(6) | 4 750 | 4 525 | 4 300 | 4 075 | 3 850 | 3 625 |

（3）再結合初始現金流量和終結現金流量編制兩方案的全部現金流量（見表5-2）。一般我們假定固定資產投資在年初進行，各年營業現金流量在年末發生，終結現金流量在最後一年年末發生。

表 5-2　　　　　　　　　兩個方案的營業現金流量表　　　　　　　單位：元

|  | 0 | 1 | 2 | 3 | 4 | 5 | 6 | 7 |
|---|---|---|---|---|---|---|---|---|
| 甲方案： |  |  |  |  |  |  |  |  |
| 固定資產投資 | -15 000 |  |  |  |  |  |  |  |
| 營業現金流量 |  |  | 3 250 | 3 250 | 3 250 | 3 250 | 3 250 | 3 250 |
| 現金流量合計 | -15 000 |  | 3 250 | 3 250 | 3 250 | 3 250 | 3 250 | 3 250 |
| 乙方案： |  |  |  |  |  |  |  |  |
| 固定資產投資 |  |  |  |  |  |  |  |  |
| 流動資產投資 |  |  |  |  |  |  |  |  |
| 營業現金流量 | -18 000 | -3 000 | 4 750 | 4 525 | 4 300 | 4 075 | 3 850 | 3 625 |
| 固定資產殘值 |  |  |  |  |  |  |  | 3 000 |
| 營運資金回收 |  |  |  |  |  |  |  | 3 000 |
| 現金流量合計 | -18 000 | -3 000 | 4 750 | 4 525 | 4 300 | 4 075 | 3 850 | 9 625 |

# 第 5 章　項目投資決策

## ● 第 3 節　項目投資決策評價指標

傳統的財務會計按權責發生制計算企業的收入和成本，並以收入減去成本後的利潤作爲收益，用來評價企業的經濟效益。在投資決策中則應以按收付實現制計算的現金流量作爲評價的基礎。這主要是因爲：①採用現金流量有利於科學地考慮時間價值因素；②採用現金流量保證了評價的客觀性；③在投資分析中，現金流動狀況比盈虧狀況更爲重要；④採用現金流量考慮了項目投資的逐步回收問題。

### 一、項目投資決策評價指標的類型

項目投資決策評價指標有很多，本書主要介紹靜態投資回收期、總投資收益率、淨現值、淨現值率和內部收益率五個指標。

上述評價指標可以按以下標準進行分類：

1. 按是否考慮資金時間價值分類

按該標準可以分爲靜態分類指標和動態分類指標。前者是指在計算過程中不考慮資金時間價值因素的指標，簡稱靜態指標，包括總投資收益率和靜態投資回收期；後者是指在計算過程中充分考慮和利用資金時間價值因素的指標。

2. 按指標性質不同分類

正指標意味着指標值的大小與投資的好壞成正相關關係，即指標值越大，該項目越好，越值得投資，包括淨現值、獲利指數、內含報酬率、會計收益率等；反指標意味着指標值的大小與投資項目的好壞成負相關關係，即指標值越小，該項目越好，越值得投資，反指標包括靜態投資回收期。

3. 按指標在決策中的重要性分類

按該標準可分爲主要指標、次要指標和輔助指標。淨現值、內部收益率等爲主要指標，靜態投資回收期爲次要指標，總投資收益率爲輔助指標。

### 二、靜態評價指標的計算方法及特徵

（一）靜態投資回收期

靜態投資回收期，簡稱回收期（PP），是指以投資項目經營淨現金流量抵償原始總投資所需要的全部時間，一般以年爲單位。回收期越短，項目越有利。

在原始投資一次支出、每年營業淨現金流量相等時，回收期的計算爲：

$$投資回收期（PP）= \frac{原始投資額}{每年淨現金流量（NCF）}$$

如果每年的營業淨現金流量不等，或原始投資是分幾年投入的，那麼計算回收期要根據每年年末尚未回收的投資額加以確定。

【例5-4】某企業有兩項投資項目，有關數據如表5-3所示。

表5-3　　　　　　　　　　各項目的數據資料　　　　　　　　　　單位：萬元

| 年份 | A項目 淨收益 | A項目 折舊 | A項目 NCF | B項目 淨收益 | B項目 折舊 | B項目 NCF |
|---|---|---|---|---|---|---|
| 0 | | | (20 000) | | | (12 000) |
| 1 | 1 800 | 10 000 | 11 800 | 600 | 4 000 | 4 600 |
| 2 | 3 240 | 10 000 | 13 240 | 600 | 4 000 | 4 600 |
| 3 | | | | 600 | 4 000 | 4 600 |
| 合計 | 5 040 | | 5 040 | 1 800 | | 1 800 |

其中，B項目每期的NCF均爲4 600（4 000+600）元，所以其回收期爲：

回收期（B）＝ $\dfrac{12\,000}{4\,600}$ ＝2.61（年）

A項目的回收期分別爲1.62年，A項目的計算過程見表5-4所示。

表5-4　　　　　　　　　　回收期的計算過程　　　　　　　　　　單位：萬元

| 年份 | 投資額 | 每年淨現金流量（淨收益+折舊） | 每年尚未收回的投資額 |
|---|---|---|---|
| 0 | (20 000) | | |
| 1 | | 11 800 | 8 200 |
| 2 | | 13 240 | 0 |

回收期（A）＝1+（8 200÷13 240）＝1.62（年）

決策標準：只有靜態投資回收期指標小於或等於基準投資回收期的投資項目才具有財務可行性。

回收期法的優點是：計算簡便；容易爲決策者正確理解；可以大體上衡量項目的流動性和風險。

回收期法的缺點是：忽視了時間價值，把不同時間的貨幣收支看成是等效的，無法體現回收期內現金流量的分布先後而導致的項目實際優劣；沒有考慮回收期以後的現金流，也就是沒有衡量項目的盈利性；容易促使公司接受短期項目，而放棄有戰略意義的長期項目。

（二）投資報酬率

爲了克服回收期法忽視項目盈利性這一缺點，人們提出了投資報酬率法。投資報酬率（ROI）用來表示年平均利潤占總投資的百分率。

計算公式如下：

ROI＝（年平均利潤÷投資總額）×100%

仍以例5-4的資料計算：

## 第5章 項目投資決策

$$ROI（A） = \frac{(1\ 800+3\ 240)\div 2}{20\ 000}\times 100\% = 12.6\%$$

$$ROI（B） = \frac{600}{12\ 000}\times 100\% = 5\%$$

計算時公式的分母也可使用平均投資額，這樣計算的結果可能會提高一倍，但不改變項目的優先次序。

決策標準：只有投資報酬率指標大於或等於基準總投資收益率指標的投資項目才具有財務可行性。

投資報酬率法的優點是：它是一種衡量盈利性的簡便方法，使用的概念易於理解；財務報表上的相關數據易於取得；考慮了整個項目壽命期的全部利潤。缺點是它仍然沒有考慮貨幣的時間價值，忽視了淨收益的時間分布對於項目經濟價值的影響。

靜態評價指標的共同缺點是都未考慮貨幣的時間價值，把不同時間的現金流入與現金流出看成是等效的。正是由於在計算中忽略了資金時間價值因素，靜態評價指標擁有的共同優點是計算簡便，容易為投資人所理解。

### 三、動態評價指標的計算方法及特徵

（一）淨現值

淨現值（NPV），是指項目在未來現金流入的現值與未來現金流出的現值之間的差額，它是評估項目是否可行的最重要的指標。按照這種方法，在項目計算期內，所有未來的現金流入流出都要按設定的折現率或資本成本折算現值。如果計算的淨現值為正數，表明投資報酬率大於資本成本，該項目可以增加股東財富，可以採納。如果淨現值為零，表明投資報酬率等於資本成本，不改變股東財富，沒有必要採納。如果淨現值為負數，表明投資報酬率小於資本成本，該項目會減少股東財富，應該放棄。如果有多個備選方案，則應該選擇淨現值最大的方案。

計算淨現值公式如下：

$$NPV = \left(\sum_{t=1}^{n}\left(\frac{NCF_t}{(1+r)^t} - A_0\right)\right)$$

式中　$n$——項目預計使用期限

$NCF_t$——項目實施第 $t$ 年的淨現金流量

$r$——折現率（資本成本率或公司要求的報酬率）

$A_0$——原始總投資

$t$——年數（$t=1, 2, \cdots, n$）

根據例 5-4 的資料，假設該企業的資金成本為 10%。

淨現值（A） = （11 800×0.909 1+13 240×0.826 4）-20 000
　　　　　　 = 21 669 - 20 000 = 1 669（萬元）

淨現值（B）= 4 600×（P/A，10%，3）-12 000
            = 11 440 - 12 000 = -560（萬元）

A 項目的淨現值為正數，說明這個項目的投資報酬率均超過 10%，可以採納。B 項目淨現值為負數，說明該項目的報酬率達不到 10%，應該放棄。

影響淨現值大小的因素有兩個：項目的現金流量和折現率。前者與淨現值的大小呈同向變化，後者與淨現值的大小呈反向變化。

淨現值法考慮了項目整個壽命期的各年的現金流量的狀況，而且進行折現，既體現了時間價值因素，也反應了項目的收益狀況，在理論上較為完善。但是這一指標的缺點之一是無法直接反應投資項目的實際收益率水平；另外一個不足就是該指標是一個絕對量指標，不便於不同投資項目獲利能力的比較。為了彌補這一不足，有人提出淨現值率（NPVR）指標。

淨現值率＝投資項目淨現值/原始投資的現值合計×100%

淨現值率是一個折現的相對量正指標。它的優點在於可以從動態的角度反應項目投資的資金投入與淨產出之間的關係，而且其計算比其他折現相對指標簡單。它的缺點是與淨現值指標相似，無法直接反應投資項目的實際收益率。

決策原則：$NPVR \geq 0$，方案可行。

淨現值法在應用中的主要難點是如何確定折現率。在項目評價中，正確選擇折現率至關重要。如果選擇的折現率過低，會導致一些經濟效益差的項目得以通過，浪費了有限的社會資源；如果折現率選擇的過高，會導致一些效益較好的項目不能通過，使得社會資源不能充分發揮作用。

在財務可行性評價中，折現率可以按以下方法確定：第一，以投資項目的資本成本作為折現率，企業進行投資是為了在未來獲得收益，這個收益至少應該補償為了籌資而花費的成本。第二，以資本的機會成本作為折現率。資本的機會成本是指如果不用於這個項目，而用於其他項目可能獲得的投資收益率。這個收益率是確定該項目是否可以接受的最低收益率。第三，根據不同階段採用不同的折現率。在計算項目建設期現金流量現值時，以貸款的實際利率作為折現率；在計算項目生產期現金流量的現值時，以全社會資金平均收益率作為折現率。第四，以行業平均收益率作為項目折現率。

（二）獲利指數

獲利指數（PI）又稱現值指數，是指投資項目未來各年的現金流入量的現值合計與投資額現值合計的比率。獲利指數的計算方法與淨現值的計算方法類似，主要區別在於淨現值指標計算的是絕對數，獲利指數計算的是相對數。

計算獲利指數公式如下：

$$現值指數 = \sum_{t=0}^{n} \frac{I_t}{(1+i)^t} \div \sum_{t=0}^{n} \frac{O_t}{(1+i)^t} = 現金流入量現值 / 現金流出量現值$$

現值指數的經濟意義是每元投資在未來獲得的淨收益，它反應投資的效率；而

## 第5章 項目投資決策

淨現值指標反應投資的效益。它與淨現值率有以下關係：

現值指數（$PI$）= 1+淨現值率（$NPVR$）

根據例5-4的資料，三個項目的現值指數如下：

現值指數（A）= 21 669÷20 000 = 1.08

現值指數（B）= 11 440÷12 000 = 0.95

獲利指數其實是淨現值的變形，所以獲利指數的決策原則是：接受獲利指數大於1的項目，放棄獲利指數小於1的項目。若有多個方案備選，則應選獲利指數最大的。

當備選方案的投資額不等且彼此之間相互獨立，可用獲利指數法確定方案的優劣次序；若爲互斥方案，當採用淨現值法和獲利指數法出現不一致結果時，應以淨現值法的結果爲準。因爲淨現值是一個絕對指標，反應投資的效益，更符合財務管理的目標。

以現值指數作爲項目投資的評價指標，其優缺點與淨現值基本相同，但有一個重要的區別，就是現值指數可以從動態的角度反應項目投資的資金投入與總產出之間的關係，彌補了淨現值在不同投資額方案之間不能比較的缺陷，使投資額根本不同的項目可以直接用現值指數進行對比。其缺點是除了無法直接反應投資項目的實際收益率外，其計算過程比淨現值計算過程複雜，口徑也不一致。

（三）內含報酬率

內含報酬率（IRR），是指項目投資實際渴望達到的收益率。它與投資折現率的選擇無關，實質上，它是能使項目的淨現值等於零時的折現率。滿足下式成立的IRR就是內含報酬率：

$$NPV = \sum_{t=0}^{n} \frac{NCF_t}{(1+IRR)^t} = 0$$

淨現值和獲利指數雖然考慮了時間價值，可以說明投資項目的報酬率高於或低於資本成本，但沒有揭示項目本身可以達到的報酬率是多少。內含報酬率是根據項目本身的現金流量狀況計算得出的，是項目本身的投資報酬率。

內含報酬率的決策準則是：IRR≥基準收益率或資本成本，方案可行；否則，方案不可行。

內含報酬率的計算，通常需要"逐步測試法"。首先，估計一個折現率，用它計算項目的淨現值。如果淨現值爲正數，說明項目本身的報酬率超過了折現率，應提高折現率後進一步測試；如果淨現值爲負數，說明項目本身的報酬率低於折現率，應降低折現率後進一步測試。經過多次測試，找到使淨現值接近於零的折現率，再通過"插值法"來精確計算項目的內含報酬率。

根據例5-4的資料，已知A項目的淨現值爲正數，說明它的投資報酬率大於10%，因此，應提高折現率進一步測試。測試過程如表5-5所示。

表 5-5　　　　　　　　　　A 項目內含報酬率的測試　　　　　　　　　單位：萬元

| 年份 | 現金淨流量 | 折現率＝18% | | 折現率＝16% | |
|---|---|---|---|---|---|
| | | 折現系數 | 現值 | 折現系數 | 現值 |
| 0 | (20 000) | 1 | (20 000) | 1 | (20 000) |
| 1 | 11 800 | 0.847 | | 0.862 | 10 172 |
| 2 | 13 240 | 0.718 | | 0.743 | 9 837 |
| 淨現值 | | | (499) | | 9 |

接下來採用"插值法"可以精確計算出內含報酬率。

內含報酬率（A）＝ 16% ＋ （2%×$\frac{9}{9+499}$）＝ 16.04%

B 項目各期現金流量相等，符合年金形式，內含報酬率的計算可以直接用年金現值表來確定，不需要進行逐步測試。

原始投資＝每年現金流入量×年金現值系數

12 000 ＝ 4 600×(P/A, i, 3)

(P/A, i, 3) ＝ 2.609

採用"插值法"可以得出 B 項目的內含報酬率：

內含報酬率（B）＝ 7% ＋ （1%×$\frac{2.624-2.609}{2.624-2.577}$）＝ 7.32%

計算出每個項目的內含報酬率之後，根據企業的資本成本對項目進行取舍。由於企業的資本成本為 10%，那麼 A 項目可以接受，B 項目應放棄。

內含報酬率是一個貼現的相對數正指標，它的優點是：可以從動態的角度直接反應投資項目的實際收益率水平；不受基準收益率高低的影響，比較客觀。缺點是計算複雜；當運營期大量追加投資時，可能出現多個 IRR，或偏高或偏低，缺乏實際意義。

內含報酬率法和獲利指數法都是採用相對比率來評估項目，而不像淨現值法那樣使用絕對數來評估項目；但是，在計算內含報酬率時不必事先估計資本成本，只是最後需要一個實際的資本成本來判斷項目是否可行，而獲利指數法則需要事先確定一個合適的資本成本作為折現率，才能進行計算。

## 第 4 節　項目投資方案決策分析

由於各評價指標的運用範圍不同、自身特徵不同，而且它們之間的關係比較複雜，因此，必須針對性質不同的每一類決策方案選擇恰當的方法和有效的評價指標。

# 第 5 章　項目投資決策

決策方案可分為獨立方案和互斥方案。

## 一、獨立方案財務可行性評價及投資決策

獨立方案是指一組互相獨立、互不排斥的方案。獨立方案投資決策就是指對特定投資項目採納與否的決策，而且該項目的取捨只取決於項目本身的經濟價值，而不用考慮其他項目採納與否的影響。例如，某公司擬進行幾項投資活動，這一組投資方案有擴建某生產車間、購置一輛運輸汽車、新建一棟辦公樓等。這一組投資方案中各方案之間沒有關聯，相互獨立，公司既可以全部不接受，也可以接受其中一個或多個或全部接受。

對於獨立方案而言，評價其財務可行性也就是對其做出最終決策的過程。對於一組獨立方案中的任何一個方案，都存在着"接受"或"拒絕"的選擇。只有完全具備或基本具備財務可行性的方案，才可以接受；完全不具備或基本不具備財務可行性的方案，只能選擇"拒絕"。

(一) 判斷方案完全具備財務可行性的條件

如果某一投資項目的所有評價指標均處於可行區間，則可以斷定該投資項目無論從哪個方面看都具備財務可行性，或完全具備可行性。

(二) 判斷方案是否完全不具備財務可行性的條件

如果某一投資方案的評價指標均處於不可行區間，則可以斷定該投資方案無論從哪個方面看都不具備財務可行性，或完全不具備可行性，應當徹底放棄該投資方案。

(三) 判斷是否基本具備財務可行性的條件

如果在評價過程中發現某方案的主要指標處於可行區間（如 $NPV \geq 0$，$PI \geq 1$，$IRR \geq i$），但次要或輔助指標處於不可行區間（如 $PP > \dfrac{n}{2}$ 或 $ROI<i$），則可以斷定該方案基本上具有財務可行性。

(四) 判斷方案是否基本不具備財務可行性的條件

如果在評價過程中發現某方案出現 $NPV<0$，$PI<1$，$IRR<i$ 的情況，即使有 $PP \leq \dfrac{n}{2}$ 或 $ROI \geq i$ 發生，也可斷定該方案基本上不具有財務可行性。

在對獨立方案進行財務可行性評價的過程中，除了要熟練掌握和運用上述判定條件外，還要註意以下兩點：①主要評價指標在評價財務可行性的過程中起主導作用。在對獨立項目進行財務可行性評價和投資決策過程中，當靜態投資回收期或投資報酬率等評價結論與淨現值等主要指標的評價結論不一致時，應當以主要指標的結論為準。②利用動態指標對同一個投資項目進行評價和決策，會得出完全相同的結論。在對同一個投資項目進行財務可行性評價時，淨現值、淨現值率、獲利指數和內含報酬率指標的評價結論是一致的。

**【例5-5】** 某項目建設期為1年，建設期期初投資1 000萬元，運營期期初投資1 000萬元，運營期每年的淨現金流量分別為100萬元、1 000萬元、1 800萬元、1 000萬元、1 000萬元，折現率為6%。計算該項目的靜態投資回收期和淨現值，並評價該項目的財務可行性。

解：靜態投資回收期：

包括建設期的靜態投資回收期 $= 3 + \dfrac{900}{1\,800} = 3.5$（年）

不包括建設期的靜態投資回收期 $= 3.5 - 1 = 2.5$（年）

$NPV = 100 \times (P/F, 6\%, 2) + 1\,000 \times (P/F, 6\%, 3) + 1\,800 \times (P/F, 6\%, 4) + 1\,000 \times (P/F, 6\%, 5) + 1\,000 \times (P/F, 6\%, 6) - 1\,000 - 1\,000 \times (P/F, 6\%, 1) = 1\,863.3$（萬元）

因為該項目的淨現值 > 0，包括建設期的投資回收期3.5年 $> \dfrac{6}{2}$ 年，所以該項目基本具備財務可行性。

## 二、多個互斥項目的比較決策

### （一）原始投資相同且項目計算期相等時

此種情況應採用淨現值法，運用淨現值指標。決策原則：選擇淨現值大的方案作為最優方案。

**【例5-6】** 某企業面臨A、B兩個投資項目：A項目投資額為1 000萬元，無建設期，運營期每年產生的淨現金流量分別為200萬元、400萬元、580萬元和750萬元；B項目投資額也為1 000萬元，無建設期，運營期為4年，每年產生的淨現金流量均為450萬元。該企業的最低投資報酬率為9%。分析該選擇哪個項目投資。

解：$NPV(A) = 200 \times (P/F, 9\%, 1) + 400 \times (P/F, 9\%, 2) + 680 \times (P/F, 9\%, 3) + 800 \times (P/F, 9\%, 4) - 1\,000 = 183.48 + 336.68 + 448.88 + 531.3 - 1\,000 = 500.34$（萬元）

$NPV(B) = 450 \times (P/A, 9\%, 4) - 1\,000 = 457.87$（萬元）

由於A、B兩個項目投資額和項目計算期都相同，而A項目的淨現值大於B項目的，所以應該選擇A項目。

### （二）原始投資不相同，但項目計算期相同時

此種情況應採用差額內部收益率法。差額內部收益率是根據差量的淨現金流量計算的使得淨現值為0的折現率。其計算方法與內部收益率是一樣的，只不過所依據的是差量淨現金流量。

決策原則：當差額內部收益率指標大於或等於基準收益率或設定折現率時，原始投資額大的方案較優；反之，則投資少的方案為優。差額投資內部收益率法特別適用於更新改造項目的決策。

## 第 5 章 項目投資決策

$$\sum_{t=0}^{n} [\Delta NCF_t \times (P/F, \Delta IRR, t)] = 0$$

利用以上公式求解 $\Delta IRR$ 即可。

【例 5-7】A 項目原始投資的現值爲 150 萬元,1~10 年的淨現金流量爲 29.29 萬元;B 項目的原始投資額爲 100 萬元,1~10 年的淨現金流量爲 20.18 萬元。行業基準折現率爲 10%。要求:(1) 計算差量淨現金流量 $\Delta NCF$;(2) 計算差額內部收益率 $\Delta IRR$;(3) 用差額內部收益率法做出比較投資決策。

解:(1) 差量淨現金流量:
$\Delta NCF_0 = -150-(-100) = -50$(萬元)
$\Delta NCF_{1\sim10} = 29.29-20.18 = 9.11$(萬元)
(2) 差額內部收益率:
$(P/A, \Delta IRR, 10) = 50/9.11 \approx 5.488\ 50$
$(P/A, 12\%, 10) = 5.650\ 2 > 5.488\ 54$
$(P/A, 14\%, 10) = 5.216\ 1 < 5.488\ 5$
採用插值法:
$(\Delta IRR-12\%)/(14\%-12\%) = (5.488\ 5-5.650\ 2)/(5.216\ 1-5.650\ 2)$
$\Delta IRR = 12\% + [(5.650\ 2-5.488\ 5)/(5.650\ 2-5.216\ 1) \times (14\%-12\%)] \approx 12.74\%$
(3) 用差額投資內部收益率法決策
由於計算出差額內部收益率爲 12.74%
$\because \Delta IRR = 12.74\% > i = 10\%$,$\therefore$ 應當投資 A 項目。

如果已知行業基準折現率是 14%,則因爲 $\Delta IRR = 12.74\% < 14\%$,所以應投資 B 項目。

(三) 項目計算期不同時的決策

1. 最小公倍數法

最小公倍數法是使項目的壽命期相等的方法。也就是通過求出兩個項目使用年限的最小公倍數,對兩個項目的淨現值分別進行調整,調整後淨現值最大的方案爲最優方案。

【例 5-8】某公司要在兩個投資項目中選取一個,A 項目初始投資 170 000 元,項目使用壽命爲 3 年,每年產生 80 000 元的現金淨流量,3 年後報廢無殘值;B 項目初始投資 240 000 元,項目使用壽命 6 年,每年產生 64 000 元的現金淨流量,6 年後報廢無殘值。公司的資本成本爲 10%,那麼,該選擇哪個項目呢?

兩個項目的淨現值計算如下:
$NPV(A) = 80\ 000 \times (P/A, 10\%, 3) - 170\ 000 = 28\ 952$(元)
$NPV(B) = 64\ 000 \times (P/A, 10\%, 6) - 240\ 000 = 38\ 739.2$(元)

項目的淨現值表明 B 項目優於 A 項目,但是這種分析是不正確的,因爲沒有考慮兩個項目的壽命期是不同的。如果採用 A 項目,在 3 年後還要進行相同的投資才能與 B 項目的壽命相同。因此，採用最小公倍數法，求出兩個項目壽命的最小公倍數，本題爲 6 年，那麽，B 項目原來就是按 6 年計算的淨現值，不用調整。對於 A 項目，必須要重新計算一個假設壽命爲 6 年的淨現值，如表 5-6 所示。

表 5-6　　　　　　　　　投資項目的現金流量表　　　　　　　　單位：萬元

| 項目 | 0 | 1 | 2 | 3 | 4 | 5 | 6 |
| --- | --- | --- | --- | --- | --- | --- | --- |
| 第 0 年投資的現金流量 | -17 | 8 | 8 | 8 | | | |
| 第 3 年投資的現金流量 | | | | -17 | 8 | 8 | 8 |

計算 A 項目 6 年現金流量的淨現值：

$NPV(A) = 28\ 952 + 28\ 952 \times (P/F, 10\%, 3) = 50\ 703.6$（元）

這時才能對兩個項目進行比較，因爲 A 項目的淨現值大於 B 項目的，所以該選擇 A。

由於本題中兩個項目的最小公倍數是 6，計算相對簡單，如果一個項目的壽命爲 8 年，另一個項目的壽命爲 9 年，那麽最小公倍數爲 72 年。這樣，採用此法工作量非常大，很不方便。

2. 等額年金法

該方法又叫等值年金法，是將互斥項目的淨現值按資本成本等額分攤到每年，求出項目每年的平均淨現值。由於轉化成了年金，項目在時間上是可比的，而且從淨現值轉化爲年金只是做了貨幣時間價值的一種等值交換，兩種方法是等價的。因此，等額年金法和淨現值法得出的結論應該是一致的。其計算如下：

$$等額年金 = \frac{NPV}{(P/A, i, n)}$$

決策原則：選擇等額年金最大的方案。

在例 5-8 中，兩個項目的等額年金分別爲：

A 項目的等額年金 $= \dfrac{28\ 952}{(P/A, 10\%, 3)} = 11\ 641.8$（元）

B 項目的等額年金 $= \dfrac{38\ 739.2}{(P/A, 10\%, 6)} = 8\ 894.7$（元）

通過計算得知，A 項目的等額年金比 B 項目大，所以，應該選擇 A 項目。這個計算結果與最小公倍數法計算的結果是一致的。而且等額年金法計算簡單，在壽命期不等的互斥項目的比較決策中較爲常用。

（四）固定資產更新決策

固定資產更新是指對技術上或經濟上不宜繼續使用的舊資產，用新的資產更換或用先進的技術對原有設備局部改造。固定資產更新決策主要研究兩個問題：一個是決定是否更新，另一個是決定選擇什麽樣的資產進行更新。

更新決策不同於一般的投資決策。一般來說，更新設備並不改變企業的生產能

# 第 5 章　項目投資決策

力，不增加企業的現金流入，而主要是現金流出。這就給採用貼現現金流量分析帶來了困難，無論對哪個方案都很難計算其淨現值和內含報酬率。如果，新舊設備的未來使用年限相等，在分析時主要採用差額分析法；如果新舊設備的壽命期不等，則主要採用年均成本法。

1. 壽命期相等的更新決策——差額分析法

在新舊設備未來使用年限相等的情況下，通常採用差額分析法，包括差額淨現值法和差額投資內部收益率法。

決策原則：當更新改造項目的差額淨現值大於 0，應當進行更新；反之，則不應當進行更新。當更新改造項目的差額內部收益率指標大於或等於基準折現率或設定折現率時，應當進行更新；反之，就不應當進行此項更新。

在進行此類決策時，還要注意以下幾點：

（1）需要考慮在建設起點舊設備可能發生的變價淨收入；

（2）舊固定資產提前報廢發生淨損失而抵減的所得稅額＝舊固定資產清理淨損失×適用的企業所得稅稅率。在沒有建設期時發生在第一年年末，有建設期時，發生在建設期期末。

（3）差量折舊＝（差量原始投資－差量回收殘值）÷尚可使用年限

【例 5-9】甲企業打算在 2020 年年末購置一套不需要安裝的新設備，以替換一套尚可使用 5 年、折舊價值爲 91 000 元、變價淨收入爲 80 000 元的舊設備。取得新設備的投資額爲 285 000 元。到 2025 年年末，新設備的預計淨殘值超過繼續使用舊設備的預計淨殘值 5 000 元。使用新設備可使企業在 5 年內每年增加營業利潤 10 000 元。新舊設備均採用直線法計提折舊。假設全部資金來源均爲自有資金，適用的企業所得稅稅率爲 25%，折舊方法和預計淨殘值的估計均與稅法的規定相同。該企業的資本成本爲 10%。

要求：

（1）計算更新設備比繼續使用舊設備增加的投資額。

更新設備比繼續使用舊設備增加的投資額＝285 000－80 000＝205 000（元）

（2）計算經營期因更新設備而每年增加的折舊。

更新設備而每年增加的折舊＝（205 000－5 000）/5＝40 000（元）

（3）計算經營期每年因營業利潤增加而導致的所得稅變動額。

每年因息稅前利潤增加而導致的所得稅變動額＝10 000×25%＝2 500（元）

（4）計算經營期每年因營業利潤增加而增加的淨利潤。

每年因營業利潤增加而增加的淨利潤＝10 000－2 500＝7 500（元）

（5）計算因舊設備提前報廢發生的處理固定資產淨損失。

因舊設備提前報廢發生淨損失＝91 000－80 000＝11 000（元）

（6）計算經營期第 1 年因舊設備提前報廢發生淨損失而抵減的所得稅額。

因舊設備提前報廢發生淨損失而抵減的所得稅額＝11 000×25%＝2 750（元）

(7) 計算建設期起點的差量淨現金流量 $\Delta NCF_0$。

$\Delta NCF_0 = -(285\,000 - 80\,000) = -205\,000$（元）

(8) 計算經營期第1年的差量淨現金流量 $\Delta NCF_1$。

$\Delta NCF_1 = 7\,500 + 40\,000 + 2\,750 = 50\,250$（元）

(9) 計算經營期第2~4年每年的差量淨現金流量 $\Delta NCF_{2\sim4}$。

$\Delta NCF_{2\sim4} = 7\,500 + 40\,000 = 47\,500$（元）

(10) 計算經營期第5年的差量淨現金流量 $\Delta NCF_5$。

$\Delta NCF_5 = 7\,500 + 40\,000 + 5\,000 = 52\,500$（元）

$\Delta NPV = -205\,000 + 50\,250 \times (P/F,10\%,1) + 47\,500 \times (P/A,10\%,3) \times (P/F,10\%,1) + 52\,500 \times (P/F,10\%,5) = -205\,000 + 45\,682.275 + 107\,389.94 + 32\,597.25 = 19\,330.5$（元）

由於差額淨現值為正數，說明資產更新後比不更新獲利更大，應選擇購買新設備。

2. 壽命期不相等的更新決策——年均成本法

固定資產的年均成本，是指該資產引起的現金流出的年平均值。如果不考慮貨幣的時間價值，它是未來使用年限內的現金流出總額與使用年限的比值，如果考慮時間價值因素，它是未來使用年限內現金流出總現值與年金現值系數的比值，即平均每年的現金流出。

【例5-10】某企業有一舊設備，使用部門提出更新要求，有關數據如表5-7所示。

表5-7　　　　　　　　新舊設備的資料　　　　　　　　單位：元

|  | 舊設備 | 新設備 |
| --- | --- | --- |
| 原值 | 2 200 | 2 400 |
| 預計使用年限 | 10 | 10 |
| 已經使用年限 | 4 | 0 |
| 最終殘值 | 200 | 300 |
| 變現價值 | 600 | 2 400 |
| 年運行成本 | 700 | 400 |

假設該企業的最低報酬率為15%，不考慮所得稅的影響。

(1) 不考慮貨幣的時間價值。

舊設備的年均成本 $= \dfrac{600 + 700 \times 6 - 200}{6} = 767$（元）

新設備的年均成本 $= \dfrac{2\,400 + 400 \times 10 - 300}{10} = 610$（元）

## 第 5 章　項目投資決策

（2）考慮貨幣的時間價值。

如果考慮貨幣的時間價值，有三種計算方法。

①計算現金流出的總現值，然後分攤給每一年。

$$舊設備年均成本 = \frac{600+700\times(P/A,15\%,6)-200\times(P/F,15\%,10)}{(P/A,15\%,6)}$$

$$= \frac{600+700\times3.784-200\times0.432}{3.784} = 836（元）$$

$$新設備年均成本 = \frac{2\,400+400\times(P/A,15\%,10)-300\times(P/F,15\%,10)}{(P/A,15\%,10)}$$

$$= \frac{2\,400+400\times5.019-300\times0.247}{5.019} = 863（元）$$

②由於各年已經有相等的運行成本，只要將原始投資和殘值攤銷到每年，然後求和，也可以得到每年平均的現金流出量。

$$舊設備年均成本 = \frac{600}{(P/A,15\%,6)}+700-\frac{200}{(F/A,15\%,6)} = 836（元）$$

$$新設備年均成本 = \frac{2\,400}{(P/A,15\%,10)}+400-\frac{300}{(F/A,15\%,10)} = 863（元）$$

③將殘值在原投資中扣除，視同每年承擔相應的利息，然後與淨投資額攤銷及年運行成本總計，求出每年的年均成本。

$$舊設備年均成本 = \frac{600-200}{(P/A,15\%,6)}+200\times15\%+700 = 836（元）$$

$$新設備年均成本 = \frac{2\,400-300}{(P/A,15\%,10)}+300\times15\%+400 = 863（元）$$

通過上述計算可知，使用舊設備的年均成本較低，不宜進行設備更新。

## 第 5 節　項目投資風險分析

企業在長期投資過程中，往往面臨不同種類、不同程度的風險，因而在未來現金流量中必然包含不等數量、不同分布的風險報酬。正確計量風險報酬是制定正確的投資決策的前提，實踐中許多投資失敗的例子都充分說明了這一點。

爲了正確決策，必須在投資決策指標的計算中恰當反應風險因素的修正影響；或者在指標計算中考慮風險因素的影響，採取風險調整貼現率法；或者在指標計算中剔除風險因素的影響，採取風險調整現金流量法。

### 一、風險調整貼現率法

將與特定投資項目有關的風險報酬，加入到資本成本或企業要求的最低投資報酬率中，構成按風險調整的貼現率，並據以計算投資決策指標，進行決策分析的方法叫風險調整貼現率法。採用該方法的基本原理是：如果現金流量包含風險報酬，則貼現率就必須考慮風險報酬率，通過加大貼現率把現金流量中包含的風險影響（即風險報酬）予以消除，從而使指標能正確地反應無風險條件下的決策。

可以考慮採取以下三種方法調整貼現率。

1. 用資本資產定價模型（CAPM）調整貼現率

由於企業投資往往面臨兩種風險：可分散風險和不可分散風險，而不可分散風險又可以由 $\beta$ 系數值表述。因此，特定投資項目按風險調整的貼現率可按下式計算：

$$K_j = R_F + \beta_j \times (R_m - R_F)$$

式中　$K_j$——第 $j$ 種股票或 $j$ 種證券組合的必要收益率；

　　　$R_F$——無風險收益率；

　　　$\beta_j$——第 $j$ 種或第 $j$ 種證券組合的 $\beta$ 系數；

　　　$R_m$——所有股票或所有證券的平均收益率。

2. 按風險等級調整貼現率

該方法的基本思路是對影響投資項目風險的各個因素進行評分，然後根據評分確定風險等級，並據以調整貼現率。

操作時，可以根據不同期間影響因素及變動情況確定各因素得分，然後計算各期間的總得分；隨總得分的增加，風險等級也隨之增加，於是可以由專業人員根據經驗等確定相應的貼現率。

該方法既可以用於多個方案貼現率的確定（此時對每一方案的整個期間來講，貼現率可以是一個，也可以在不同小期間對應不同的貼現率），也可以用於單個方案貼現率的確定。

3. 按風險等級調整貼現率

由於任何一項投資的報酬率均由兩部分組成：無風險報酬率和風險報酬率。其計算公式如下：

$$K_j = R_F + bV$$

從上式可以看出，風險報酬率既取決於標準離差率 $V$，也取決於風險價值系數 $b$。標準離差率 $V$ 的確定已講過，而風險價值系數 $b$ 的大小則由投資者根據經驗，並結合其他因素加以確定。通常有以下幾種方法：

（1）根據以往同類項目的有關數據確定。根據以往同類投資項目的投資收益率、無風險收益率和收益標準離差率等歷史資料，可以求得風險價值系數。假設進行某項投資，其同類項目的投資收益率爲10%。無風險收益率爲6%，收益標準離差率爲50%。根據公式 $K = R_F + bV$，可計算如下：

$$b = (K - R_F) \div V = (10\% - 6\%) \div 50\% = 8\%$$

（2）由企業領導或有關專家確定。如果現在進行的投資項目缺乏同類項目的歷史資料，不能採用上述方法計算，則可以根據主觀的經驗加以確定。可以由企業領

## 第 5 章　項目投資決策

導，如總經理、財務副經理、財務主任等研究確定，也可以由企業組織有關專家確定。這時，風險價值系數的確定在很大程度上取決於企業對風險的態度。比較敢於冒風險的企業，往往把風險價值系數定得低些；而比較穩健的企業，則往往定得高些。

（3）由國家有關部門組織專家確定。國家財政、銀行、證券管理部門可以組織有關方面的專家，根據各行業的條件和有關因素，確定各行業的風險價值系數。這種風險價值系數的國家參數由有關部門定期頒布，供投資者參考。

### 二、風險調整現金流量法

按風險調整現金流量法又稱肯定當量法。該方法的基本思路是先用一個系數把有風險的現金收支調整為無風險的現金收支，然後用無風險的貼現率去計算淨現值，以使用淨現值法的規則判斷投資機會的可取程度。

$$NPV = \left( \sum_{t=1}^{n} \partial_t NCF_t (P/F, I_C, t) \right)$$

式中　$\partial_t$——現值指數或獲利指數；

　　　$I_C$——項目期限；

　　　$NCF_t$——在項目實施第 $t$ 年的淨現金流量。

肯定當量系數，是指不肯定的 1 元現金流量期望值相當於使投資者滿意的肯定的金額的系數，它可以把各年不肯定的現金流量換算成肯定的現金流量。

$\partial_t$ = 肯定的現金流量/不肯定的現金流量期望值

我們知道，肯定的 1 元比不肯定的 1 元更受歡迎。不肯定的 1 元，只相當於不足 1 元的金額，兩者的差額與不肯定的程度高低有關。如果仍以標準離差率表示現金流量的不確定程度，則如表 5-8 所示。

表 5-8　　　　　　　標準利差率與肯定當量系數的經驗關係

| 標準利差率 | 肯定當量系數 |
| --- | --- |
| 0.00~0.07 | 1 |
| 0.08~0.15 | 0.9 |
| 0.16~0.23 | 0.8 |
| 0.24~0.32 | 0.7 |
| 0.33~0.42 | 0.6 |
| 0.43~0.54 | 0.5 |
| 0.55~0.70 | 0.4 |

使用肯定當量法時，由於分子部分的現金流量已通過肯定當量系數，從不肯定的現金流量換算成了肯定的現金流量，分母部分的折現率也就應當使用對應的無風

險折現率。

【例5-11】華安公司計劃投資A項目，該項目計算期為五年，各年現金流量及項目規劃人員根據計算期內不確定因素測得的肯定當量係數如表5-9所示。另外，該公司無風險報酬率為8%，那麼該項目到底是否可行？

表5-9　　　　　　　各年現金流量及肯定當量係數表

| $t$ | 0 | 1 | 2 | 3 | 4 | 5 |
| --- | --- | --- | --- | --- | --- | --- |
| $NCF_t$ | -50 000 | 20 000 | 20 000 | 20 000 | 20 000 | 20 000 |
| $\partial_t$ | 1.0 | 0.95 | 0.90 | 0.85 | 0.80 | 0.75 |

根據表5-9的資料，採用肯定當量法利用淨現值進行項目評價：

$NPV = 0.95 \times 20\,000 \times 0.925\,8 + 0.9 \times 20\,000 \times 0.857\,3 + 0.85 \times 20\,000 \times 0.793\,8 + 0.8 \times 20\,000 \times 0.735\,0 + 0.75 \times 20\,000 \times 0.680\,6 - 50\,000 = 18\,485.20$（元）

從上面的計算結果可以看出，可以對A項目進行投資。

肯定當量法是用調整淨現值公式中的分子的辦法來考慮風險，風險調整貼現率法是用調整淨現值公式中的分母的辦法來考慮風險，這是兩者的重要區別。肯定當量法克服了風險調整貼現率法誇大近期風險的缺點，可以根據各年不同的風險程度，分別採用不同的肯定當量係數，但如何確定肯定當量係數比較困難。

## 本章小結

本章闡述了項目投資的基本概念以及項目現金流量的含義以及計算。重點介紹了項目評估的方法，包括不考慮時間價值的非貼現方法以及考慮時間價值的貼現方法。非貼現方法主要通過靜態投資回收期和會計收益率指標來進行分析；貼現方法主要通過淨現值、現值指數、內含報酬率指標進行分析。通過各種指標的運用，熟悉了各種項目評價的具體方法，並對方法進行比較，得出在所有的評價方法中，淨現值法是最好的評價方法，因其符合企業價值最大化的財務管理目標。

## 習題

**一、單項選擇題**

1. 在全部投資均於建設起點一次投入，建設期為零，投產後每年淨現金流量相等的條件下，為計算內部收益率IRR所求得的年金現值係數的數值應等於該項目的（　　）。

　　A. 淨現值率指標的值　　　　　　B. 投資收益率指標的值

## 第 5 章  項目投資決策

　　C．回收系數　　　　　　　　　D．靜態投資回收期指標的值

2．在有資金限額的綜合投資決策中，應當選擇（　　）的項目。

　　A．成本最低　　　　　　　　　B．總淨現值最大

　　C．現值指數最大　　　　　　　D．內含報酬率最高

3．下列表述中不正確的是（　　）。

　　A．淨現值是未來報酬的總現值與初始投資額現值之差

　　B．淨現值等於零時，說明此時的貼現率為內含報酬率

　　C．當淨現值大於零時，獲利指數小於1

　　D．當淨現值大於零時，說明該投資方案可行

4．下列各項中，不屬於靜態投資回收期優點的是（　　）。

　　A．計算簡便　　　　　　　　　B．便於理解

　　C．直觀反應返本期限　　　　　D．正確反應項目總回報

5．某公司擬進行一項固定資產投資決策，設定折現率為10%，有四個方案可供選擇。其中：甲方案的淨現值率為-12%；乙方案的內部收益率為9%；丙方案的項目計算期為10年，淨現值為960萬元，（P/A，10%，10）= 6.144 6；丁方案的項目計算期為11年，年等額淨回收額為136.23萬元。最優的投資方案是（　　）。

　　A．甲方案　　　B．乙方案　　　C．丙方案　　　D．丁方案

### 二、多項選擇題

1．靜態投資回收期法的弊端有（　　）。

　　A．沒考慮時間價值因素

　　B．忽視回收期滿後的現金流量

　　C．無法利用現金流量信息

　　D．計算方法過於複雜

2．確定一個投資方案可行的必要條件是（　　）。

　　A．內含報酬率大於1　　　　　B．淨現值大於0

　　C．現值指數大於1　　　　　　D．內含報酬率不低於貼現率

　　E．現值指數大於0

3．下列固定資產更新改造項目的現金流量中，應在項目投資現金流量表中現金流入量項目填列的有（　　）。

　　A．因使用新固定資產而增加的營業收入

　　B．處置固定資產的變現收入

　　C．新舊固定資產回收餘值的差額

　　D．因提前報廢舊固定資產所發生的清理淨損失而發生的抵減所得稅額

4．某投資項目，若直接利用年金現值系數計算該項目內部收益率指標所要求的前提條件有（　　）。

　　A．建設期為零

B. 全部投資於建設起點一次投入
C. 在建設起點沒有發生任何投資
D. 投產後淨現金流量爲普通年金形式

5. 某投資項目設定折現率爲10%，投資均發生在建設期，投資現值爲100萬元，投產後各年淨現金流量現值之和爲150萬元，則下列各選項正確的有（　　）。

A. 淨現值爲50萬元　　　　B. 淨現值率爲50%
C. 內部收益率小於10%　　D. 內部收益率大於10%

### 三、判斷題

1. 投資項目的經營成本不應包括運營期間固定資產折舊費、無形資產攤銷費和財務費用。（　　）

2. 根據項目投資的理論，在各類投資項目中，運營期現金流出量中都包括固定資產投資。（　　）

3. 根據項目投資理論，完整工業項目運營期某年的所得稅前淨現金流量等於該年的自由現金流量。（　　）

4. 在項目投資決策中，淨現金流量是指經營期內每年現金流入量與同年現金流出量之間的差額所形成的序列指標。（　　）

5. 對可能給企業帶來災難性損失的項目，企業應主動採取合資、聯營和聯合開發等措施，以規避風險。（　　）

### 四、計算題

1. 某投資項目的A方案如下：項目原始投資1 000萬元，其中，固定資產投資750萬元，流動資金投資200萬元，其餘爲無形資產投資（投產後在經營期內平均攤銷），全部投資的來源均爲自有資金。該項目建設期爲2年，經營期爲10年，固定資產投資和無形資產投資分2年平均投入，流動資金投資在項目完工時（第2年年末）投入。固定資產的壽命期爲10年，按直線法計提折舊，期滿有50萬元的淨殘值；流動資金於終結點一次收回。預計項目投產後，每年發生的相關營業收入（不含增值稅）和經營成本分別爲600萬元和200萬元，所得稅稅率爲25%，該項目不享受減免所得稅的待遇。

要求：

（1）計算項目A方案的下列指標：①項目計算期；②固定資產原值；③固定資產年折舊；④無形資產投資額；⑤無形資產年攤銷額；⑥經營期每年總成本；⑦經營期每年息稅前利潤；⑧經營期每年息前稅後利潤。

（2）計算該項目A方案的下列稅後淨現金流量指標：①建設期各年的淨現金流量；②投產後1~10年每年的經營淨現金流量；③終結點淨現金流量。

（3）按14%的行業基準折現率，計算A方案淨現值指標，並據此評價該方案的財務可行性。

## 第 5 章　項目投資決策

（4）該項目的 B 方案原始投資爲 1 200 萬元，於建設起點一次投入，建設期 1 年，經營期不變，經營期各年現金流量 $NCF_{2-11}$ = 300 萬元。計算該項目 B 方案的淨現值指標，並據以評價該方案的財務可行性。

2. 某企業打算購置一套不需要安裝的新設備，以替換一套尚可使用 5 年、折舊價值爲 91 000 元、變價收入爲 95 000 元、清理費用爲 15 000 元的舊設備。目前有兩種更新方案：

甲方案：購置 A 設備。該新設備的投資額爲 285 000 元。到 5 年末，A 設備的預計淨殘值超過繼續使用舊設備的預計淨殘值 5 000 元。使用新設備可使企業在 5 年內每年增加銷售收入 80 000 元，經營成本 30 000 元，新舊設備均採用直線法計提折舊。適用的企業所得稅稅率爲 25%，折舊方法和預計淨殘值的估計均與稅法的規定相同。

乙方案：購置 B 設備。B 設備的有關資料如下：
$\Delta NCF_0$ = -348 517（元），$\Delta NCF_{1-5}$ = 85 000（元）

要求：

（1）計算甲方案的下列指標：
①A 設備比繼續使用舊設備增加的投資額；
②經營期因更新設備而每年增加的折舊；
③經營期每年增加的息稅前利潤；
④因舊設備提前報廢發生的處理固定資產淨損失；
⑤經營期第 1 年因舊設備提前報廢發生淨損失而抵減的所得稅額；
⑥項目計算期各年的差量淨現金流量 $\Delta NCF$；
⑦方案甲的差額內部收益率（$\Delta IRR_1$）。

（2）計算乙方案的下列指標：
①B 設備比繼續使用舊設備增加的投資額；
②B 設備的投資額；
③乙方案的差額內部收益率（$\Delta IRR_2$）。

（3）已知當前企業投資的必要報酬率爲 6.5%，則按差額內部收益率法對甲乙兩方案做出評價，並爲企業做出是否更新改造設備的最終決策，同時說明理由。

### 五、問答題

1. 試述投資決策中用現金流量代替利潤指標的原因。
2. 項目投資的決策指標有哪些？各有什麽優缺點？
3. 爲什麽在進行獨立項目和互斥項目方案決策時，淨現值法要優於內含報酬率法？
4. 在企業資金受限的情況下，如何運用各種指標進行決策？
5. 面對壽命期不等、投資額也不同的互斥方案，應該如何決策？

**6**

## 學習目標

通過本章學習，掌握證券投資的目的、特點、種類與基本程序；掌握證券投資的風險和收益率；掌握股票投資和債券投資的估價方法及投資收益率的計算方法；熟悉投資基金的含義、種類、基金的價值和報價，投資基金的價值與收益率的計算方法及基金投資的優缺點；瞭解衍生金融資產投資；瞭解證券組合的策略和方法。

## 第 1 節　證券投資管理概述

### 一、證券的含義與種類

1. 證券的含義

證券是指發行人爲籌集資金而發行的、表示其持有人對發行人直接或間接享有股權或債權並可轉讓的書面憑證。投資者通過對各種證券的投資，可有效地利用貨幣資本並進行資源的優化配置，取得可觀的投資收益。

2. 證券的種類

證券按不同的標準，可以進行不同的分類。常見的分類標準主要有：

（1）按照性質的不同，總的來看證券可以分爲兩大類：無價證券和有價證券。無價證券是指單純證明事實的憑證或認定持證人是某種財產權的合法權利者，證明對持證人所履行的義務是有效的憑證。有價證券是一種具有一定票面金額，證明持證人有權按期取得一定收入，並可以自由轉讓和買賣的所有權或債權憑證。有價證

## 第6章 證券投資

券是最重要的一種證券，它是權利的價值量化。有價證券按照所體現的內容不同，分爲貨物證券、貨幣證券和資本證券三類。本章"證券投資決策"中所涉及的內容就是資本證券投資決策的內容。

（2）按照證券的發行主體不同，可以劃分爲政府證券、金融證券和公司證券。政府證券是指中央政府或地方政府爲籌集資金而發行的證券，它通常由財政部門發行，政府擔保。金融證券是指經中央銀行或其他政府金融主管部門批准，由銀行或其他金融機構爲籌措資金而發行的證券。公司證券是指由各類企業爲籌集資金而發行的證券。

（3）按照證券的收益狀況不同，可以劃分爲固定收益證券和變動收益證券。固定收益證券是指在證券的票面上規定有固定收益率的證券，如一般債券、優先股票等。變動收益證券是指證券的票面上沒有標明固定的收益率，其收益情況隨企業經營狀況的變動而變動的證券。普通股股票是最典型的變動收益證券。浮動利率債券也屬於變動收益證券。

（4）按照證券的期限不同，可以劃分爲短期證券和長期證券。短期證券是指到期時間短於1年的證券；長期證券是指到期時間長於1年的證券，如長期公司債券等。

（5）按照證券所體現的權益關係不同，可以劃分爲所有權證券和債權證券。所有權證券又稱權益證券，是指體現證券持有人和證券發行單位所有權關係的證券。這種證券的持有人一般對發行單位都有一定的管理權和控制權。股票是典型的所有權證券。債權證券是指證券的持有人是證券發行單位的債權人的證券，如債券。

（6）按照證券收益的決定因素不同，可以劃分爲原生證券和衍生證券。原生證券又稱基本證券，是指其收益大小主要取決於發行者的財務狀況的證券，包括股票、債券和基金；衍生證券是指從原生證券上衍生出的證券，如期貨合約、期權合約等，其收益主要取決於原生證券的價格。

（7）按照證券募集方式的不同，可以劃分爲公募證券和私募證券。公募證券又稱公開發行證券，是指發行人向不特定的社會公衆廣泛發售的證券。私募證券又稱內部發行證券，是指面向少數特定投資者發行的證券。

### 二、證券投資的含義與目的

1. 證券投資的含義

證券投資是指企業通過購買股票、債券、基金以及衍生證券等資產，通過證券的交易來獲取收益的一種投資行爲，它是企業對外投資的重要組成部分。證券投資本質屬於金融投資，投資的結果具有高度的不確定性，同時也是一種高收益的投資，體現了收益與風險對稱的原則。

2. 證券投資的目的

企業進行證券投資的目的從投資的期限來看是不同的：進行短期證券投資，是爲了提高現金資產的效率，實現投資收益；進行長期證券投資即有收益性要求，也是爲了獲得對相關企業的控制權。

（1）保持資產的流動性。作爲現金的替代物，企業一般都有一定量的有價證券，以替代較大量的非盈利現金餘額，並在現金流出超過現金流入時，將有價證券售出，以增加現金。同時，投資於有價證券，既可以保持企業資產的流動性，提高企業的短期償債能力；又可以使企業根據未來對資金的需求，購買期限和流動性較爲恰當的證券，在滿足未來財務需求的同時，獲得證券帶來的收益。

（2）滿足季節性經營對現金的需求。從事季節性經營的企業在一年內某些月份往往有剩餘現金，而在另幾個月會會出現資金短缺現象，這些企業通常在現金有剩餘時購入短期有價證券，而在現金短缺時出售有價證券。

（3）獲取較高的收益。一些比較成熟的企業往往擁有比較充裕的現金，但企業本身可能沒有有利可圖的機會，於是爲了提高收益率便把長期閒置的現金投資於證券，以便增加收益。另外，成長或擴充中的企業一般每隔一段時間就會發行或出售長期證券，但發行長期證券所獲得的資金不可能一次使用完，而是逐漸、分次使用。爲了與籌集長期資金相配合，企業將暫時不用的資金投資於有價證券，以獲取高於銀行利率的收益。

（4）獲得對相關企業的控制權。當從戰略上考慮需控制另一家企業時，投資者往往通過購入相關企業的股票實現對該企業的控制。按照現行規定，一般地，當企業通過股票投資擁有另一企業 20% 以上的股權資本時，則認爲該企業對另一企業的財務與經營決策具有重大影響。

（5）分散風險。企業通過多元化經營可有效地分散經營風險，其方式不排除對各種證券的投資。證券投資是一種流動性強的金融投資，在承擔風險的同時又創造了轉移風險的機制，投資者通過購買不同的證券，進行證券的投資組合，可以起到分散風險的作用。

## 第 2 節　證券投資的風險與收益率

### 一、證券投資的風險

證券投資屬於高風險投資品種，企業應充分評估各種潛在的風險，有效加以控制。一般而言，證券投資的主要風險有利率風險、期限風險、購買力風險、違約風險和流動性風險。

# 第6章 證券投資

1. 利率風險

利率風險是指由於市場利率的變動而導致證券價格和收益發生變動的風險。利率風險是各種證券都要面臨的風險，市場利率的變動會使證券的價格呈反向變化。市場利率上升時，證券市場上證券的價格下跌；而當市場利率下降時，證券市場上的證券價格上升。因此，投資者在實施證券投資時應對市場利率的發展走向進行必要的預期，從中獲利。

2. 期限風險

期限風險是指證券到期日長短不同給投資者帶來的風險。通常，投資期限是任何一項投資都需考慮的重要因素之一。一般來說，證券到期的期限越長，證券市場利率發生變動的可能性就越大，投資者承受的不確定性因素就越多，該證券的投資風險就越大，爲彌補期限風險必然要求相應提高投資報酬率。

3. 購買力風險

購買力風險又稱通貨膨脹風險，是指由於通貨膨脹而使證券到期或出售時所獲得的現金的購買力下降的風險。在通貨膨脹時期，由於貨幣的貶值，從而使證券投資人獲得的固定利息收入或到期收回的本金實際上也發生了貶值，從而使證券投資的實際收益率大大低於名義收益率。因此，在通貨膨脹時期，投資固定收益的證券要比投資變動收益的證券（如浮動利率證券）承受更大的購買力風險。

4. 違約風險

違約風險是指由於證券發行單位不能按時支付利息和償還本金，給證券投資者所帶來損失的風險。如果證券發行者嚴重經營不善，並部分或全部喪失了還本付息能力時，這種違約風險就會變爲現實。這種風險是證券投資中較常見的風險，除政府證券外，其他證券一般都存在違約風險，只不過違約風險大小有所不同。一般來說，信用等級低的證券違約風險要大於信用等級高的證券違約風險。

5. 流動性風險

流動性風險是指投資者無法在短期內按合理價格出售證券的風險，又稱變現力風險。如果某種證券能在較短的時間內按照市價變現或轉讓出售，則說明這種證券的流動性較強，投資於這種證券投資者所承擔的流動性風險較小；反之，如果某種證券在市場上很難按照現行市價出售，則該種證券的流動性較差，證券投資者會遭受一定的損失，承擔一定的流動性風險。一般來說，證券流動性風險的大小，除了取決於證券市場的成熟與否外，主要與證券發行單位的信用狀況有關。政府證券或者實力雄厚，並且又能上市交易的大公司發行的證券，信用等級高，其變現能力較強，證券投資者的流動性風險就小；而那些不知名的小公司等發行的證券，由於變現能力差，證券投資者往往要承擔較大的流動性風險。

## 二、證券投資的收益率

證券投資收益是投資者讓渡一定資產使用權獲得的報酬，包括證券交易現價與原價的價差以及定期的股利或利息收益。證券投資的收益有絕對數和相對數兩種表示方法，在財務管理中通常用相對數，即收益率來表示。計算一年內收入流量的證券收益常用的有如下幾種：息票收益率、本期收益率、到期收益率、持有期收益率。

### 1. 息票收益率

息票收益率，也稱息票利息率，是指證券發行人承諾在一定時期內支付的名義利息率，即證券票面上標明的收益與投資本金的比率。計算公式爲：

息票收益率＝支付的年利息（股利）總額/證券的面值

### 2. 本期收益率

本期收益率又稱當前收益率，指支付的證券利息額與本期證券的市場價格的比值，即證券票面上標明的收益與證券市場價格的比率。計算公式爲：

本期收益率＝支付的年利息（股利）總額/證券的市場價格

式中，支付的年利息（股利）總額是指上年已經發放的金額。

【例6-1】某投資者購買面值爲1 000元，券面利率爲8%，每年付息一次的人民幣債券10張，償還期爲10年。如果購買價格爲950元，則該認購者本期收益率是多少？

$$本期收益率 = \frac{1\,000 \times 8\%}{950} \times 100\% = 8.42\%$$

### 3. 到期收益率

到期收益率是最常用的計算證券收益率的方式。它既考慮到證券的利息收入，又考慮到市場價格與面值的差額，較前兩種方法更真實。

（1）短期證券到期收益率。短期證券到期收益率的計算一般比較簡單，因爲期限短，所以一般不用考慮時間價值因素。其計算公式爲：

$$短期證券到期收益率 = \frac{證券利息（股息）收入 + 證券賣出價 - 證券買入價}{證券買入價 \times 到期年限} \times 100\%$$

【例6-2】某人於2016年6月1日以102元的價格購買一面值爲100元、利率爲8.56%、每年12月1日支付一次利息的2004年發行的5年期國債，並持有到2016年12月1日到期，則：

$$短期證券到期收益率 = \frac{100 \times 8.56\% + 100 - 102}{102 \times 0.5} \times 100\% = 12.86\%$$

（2）長期證券到期收益率。長期證券到期收益率的計算比較複雜，因爲涉及的時間較長，所以要考慮資金時間價值因素。在已知未來的本息收入情況下，投資者願意付的現期價格是按照他所預期的收益率將未來的貨幣收入折成現值。計算公式爲：

## 第 6 章　證券投資

$$P = \sum_{t=1}^{n} \frac{F_t}{(1+i)^t}$$

式中：$i$——到期收益率；

$F_t$——證券第 $t$ 年的現金收入；

$n$——持有期限；

$P$——證券的當期市場價格。

4. 持有期收益率

持有期收益率和到期收益率相似，只是持有人在到期前出售其證券。

（1）短期持有收益率。短期持有收益率的計算一般不用考慮時間價值因素。其計算公式爲：

$$短期證券持有收益率 = \frac{證券利息(股息)收入 + 證券賣出價 - 證券買入價}{證券買入價 \times 持有年限} \times 100\%$$

【例 6-3】2015 年 2 月 9 日，光明公司購買四方公司每 1 股市價爲 64 元的股票，2006 年 1 月，光明公司每股獲現金股利 3.90 元，2016 年 2 月 9 日，光明公司將該股票以每股 66.50 元的價格出售。則持有期收益率爲：

$$i = \frac{3.9 + 66.5 - 64}{64 \times 1} \times 100\% = 10\%$$

（2）長期持有收益率。長期持有收益率的計算與長期到期收益率的計算公式相同：

$$P = \sum_{t=1}^{n} \frac{F_t}{(1+i)^t}$$

上式中所有的符號與到期收益率一致，只有 $F_t$ 一項在這裏是證券出售時所發生的現金流量，而不是到期時的現金流量。

下面對股票和債券兩種投資對象分別舉例說明長期持有收益率的計算。

①持有期超過 1 年的股票持有期收益率的計算。

如果投資者持有股票的時間超過 1 年，則需要按每年復利一次考慮資金時間價值。其實質是計算使所持有的股票現金流量淨現值爲零的折現率，也稱持有股票的內含報酬率或內部收益率。股票持有期間的現金流量一般包括股利及出售股票時的賣出價。根據長期持有收益率公式確定出的 i 就是股票持有期年均收益率。根據長期持有收益率公式確定 i，需要利用插值法的原理進行。

【例 6-4】中盛公司於 2003 年 2 月 1 日以每股 3.2 元的價格購入 H 公司股票 500 萬股，2014 年、2015 年、2016 年分別分派現金股利每股 0.25 元、0.32 元、0.45 元，並於 2016 年 4 月 2 日以每股 3.5 元的價格售出，要求計算該項投資的持有期收益率。

首先，採用測試法進行測試，見表 6-1。

表 6-1　　　　　　　　　　　　　測試表　　　　　　　　　　　　　單位：萬元

| 時間 | 股利及出售股票的現金流量 | 測試係數 10% | 現值 | 測試係數 12% | 現值 | 測試係數 14% | 現值 |
|---|---|---|---|---|---|---|---|
| 2003 年 | -1 600 | 1.000 | -1 600 | 1.000 | -1 600 | 1.000 | -1 600 |
| 2004 年 | 125 | 0.909 | 113.625 | 0.893 | 111.625 | 0.877 | 109.625 |
| 2005 年 | 160 | 0.826 | 132.160 | 0.797 | 127.520 | 0.769 | 123.040 |
| 2006 年 | 1 975 | 0.751 | 1 483.225 | 0.712 | 1 406.2 | 0.657 | 1 333.125 |
| 淨現值 |  |  | 129.010 |  | 45.345 |  | -34.210 |

然後，採用插值法計算投資收益率。由於折現率 12% 時淨現值爲 45.345 萬元，折現率 14% 時淨現值爲 -34.210 萬元，因此，該股票投資收益率必然介於 12% 與 14% 之間。這時，可以採用插值法計算投資收益率：

$$\left.\begin{array}{l} 12\% \\ ?\% \\ 14\% \end{array}\right\}x\% \qquad \left.\begin{array}{l} 45.345\% \\ 0 \\ -34.21 \end{array}\right\}45.345\%\Bigg\}79.555$$

$$\frac{x\%}{2\%}=\frac{45.345}{79.555}$$

$x\% = 1.14\%$

於是，該項投資持有期收益率 = 12% + 1.14% = 13.14%

② 持有期超過 1 年的債券持有期收益率的計算。

對持有期超過 1 年的債券收益率的確定，應按每年復利一次計算持有期年均收益率。其實質是計算使所持有的債券現金流量淨現值爲零的折現率，也稱特有債券的內含報酬率或內部收益率。我們只討論基本債券模型，即所持有的債券是每年年末付息，到期還本的情況，則根據長期持有收益率公式確定出的 i 就是債券持有期年均收益率。根據長期持有收益率公式確定 i，需要利用插值法的原理進行。

【例 6-5】大明公司於 2003 年 2 月 1 日以 924.28 元購買一張面值爲 1 000 元的債券，其票面利率爲 8%，每年 2 月 1 日計算並支付一次利息，該債券於 2008 年 1 月 31 日到期，按面值收回本金，試計算該債券的收益率。

由於無法直接計算收益率，因此必須用插值法進行計算。假設要求的收益率爲 9%，則其現值可計算如下：

$P = 1\,000 \times 8\% \times (P/A, 9\%, 5) + 1\,000 \times (P/F, 9\%, 5)$
　 $= 80 \times 3.889\,7 + 1\,000 \times 0.649\,9$
　 $= 311.18 + 649.90$
　 $= 961.08$（元）

961.2 元大於 924.28 元，說明收益率應大於 9%。下面用 10% 再一次進行測試，其現值計算如下：

$P = 1\,000 \times 8\% \times (P/A, 10\%, 5) + 1\,000 \times (P/F, 10\%, 5)$

　　$= 80 \times 3.790\,8 + 1\,000 \times 0.620\,9$

　　$= 303.26 + 620.90$

　　$= 924.16$（元）

計算出的現值正好爲924.16元，説明該債券的收益率爲10%。

## 第3節　證券投資決策

### 一、股票投資決策

1. 股票投資的目的和特點

股票投資是指投資者將資金投向股票，通過股票交易和收取股利以獲得收益的投資活動。例如，用資金購買優先股、購買普通股，都屬於股票投資。企業進行股票投資的目的主要有兩種：一是獲利，即作爲一般的證券投資，獲取股利收入及股票買賣差價；二是控股，即通過購買某一企業的大量股票達到控制該企業的目的。

股票投資具有如下特點：

（1）股票投資是權益性投資。股票投資與債券投資儘管都是證券投資，但投資性質不同。股票投資屬於股權性質的投資，股票投資者一旦出資購買了股票，其投資資金便具有不可返還性，不會如同債券投資那樣在一定期限收回投資本金。

（2）股票投資的風險性大。股票投資的風險通常比債券投資的風險大。主要原因有二：一是股票投資除了不能定期收回投資本金外，其股利收入的大小與所投資公司的經營情況密切相關，如果出現經營虧損，投資者則不能享受到股利分配；二是股票價格受股市價格波動的影響，往往脱離其票面價值，股市價格的變化莫測，使股票價格具有較大的波動性。

（3）股票投資的收益不穩定。股票投資的收益主要是所投資公司發放的股利和轉讓股票的價差收益。由於股利收入和股票價差收入的不穩定性，導致股票投資收益不穩定。

（4）股票價格的波動性較大。股票價格既受發行公司經營狀況影響，又受股市投機等因素的影響，波動性極大。

2. 股票的估價模型

進行股票投資之前，必須對股票進行估價。所謂股票估價，就是對股票的投資價值或股票內在價值進行評估。股票的內在價值是由普通股帶來的未來現金流量的現值決定的，這是股票投資決策的基礎。股票投資的未來現金流量主要是股票持有期間的股利和將來出售股票的價款。

股票的價值不同於股票的市場價格。股票的市場價格是當前證券市場上形成的股票交易價格，如果所估計的股票價值大於或等於股票的市場價格，則表明企業投資於該股票是可行的，該股票值得投資；否則，應放棄對該股票的投資。

（1）股票的基本估價模型。

股票的基本估價模型是指對投資者短期持有、未來準備出售股票的估價。這種情況下，股票的未來現金流入是持有股票期間收到的股利和出售時的股價。因此，股票的價值用公式表示如下：

$$V = \sum_{t=1}^{n} \frac{d_t}{(1+k)^t} + \frac{P_n}{(1+k)^n}$$

式中：$V$ 爲股票目前內在價值；$P_n$ 未來出售時預計的股票價格；$K$ 爲投資者要求的必要報酬率；$d_t$ 第 $t$ 期的預期股利；$t$ 爲預計持有股票的期數。

【例6-6】某公司擬購買 ABC 公司發行的股票，預計4年後出售可得收入2 500元，該批股票在4年中每年可得股利收入150元，該股票預期收益率爲16%。則其價值爲：

$$V = \sum_{t=1}^{4} \frac{150}{(1+16\%)^4} + \frac{2\ 500}{(1+16\%)^4}$$

$= 150 \times 2.798 + 2\ 500 \times 0.552$

$= 1\ 799.70$（元）

即該公司在 ABC 公司的股票價格低於 1 799.70 元時，才可以進行投資。

（2）永久持有、股利固定的股票估價模型。

如果投資者投資的股票是準備長期持有並且股利穩定不變，則這種股票的股利類似於永續年金，股票的價值即永續年金的現值。則股票價值的估價模型如下：

$$V = \frac{d}{K}$$

式中：$d$ 爲每年固定的股利，其他符號的含義同前。

【例6-7】某公司股票每年分配股利2元，若投資者最低報酬率爲16%，要求計算該股票的價值。

$V = 2 \div 16\% = $（元）

即該公司股票價格低於 12.5 元時，投資者才可以進行投資。

（3）永久持有、股利固定增長的股票估價模型。

投資者投資的股票如果是準備長期持有而且股利每年按照固定的增長率增長，則這種股票屬於股利固定增長的股票。假設上年股利爲 $d_0$，每年股利與上年相比增長率爲 $g$，$K>g$，則其價值的計算公式如下：

$$V = \frac{d_0(1+g)}{K-g} = \frac{d_1}{K-g} \text{（且 } K>g\text{）}$$

式中：$d_0$ 爲上年發放的股利；$d_1$ 爲投資後第1年預期發放的股利；$g$ 爲每年股利增長率，其餘符號的含義同前。

## 第6章 證券投資

【例6-8】萬達公司本年每股將派發股利0.2元,以後每年的股利按4%遞增,預期投資報酬率爲9%,要求計算該公司股票的內在價值。

$$V=\frac{0.2}{(9\%-4\%)}=4（元/股）$$

即該公司股票價格低於4元時,投資者才可以進行投資。

3. 股票估價模型的局限性

(1) 運用條件較爲嚴格。股票估價模型的實質是未來現金流量折現法,這種方法運用的前提條件是必須已知未來各期的現金流量、折現期以及折現率,反應在股票估價模型上就是必須明確未來期間股利流入量的預測數、持有期間以及預期股票的必要報酬率這三個要素,而這幾個數據的預測較爲困難,容易造成主觀隨意性。

(2) 估價模型只考慮了三個基本要素,而決定股票價值的其他很多因素（如投機行爲等）沒有在模型中得到反應。

## 二、債券投資

1. 債券投資的目的和特點

債券投資是指投資者將資金投向債券以取得資金收益的一種投資活動。例如,企業購買的國庫券、公司債券、短期融資券等都是屬於債券投資。企業進行債券投資的主要目的是合理地利用暫時閒置的資金,調節現金餘額,並獲得適當或穩定的資金收益。

債券投資的特點主要表現在以下幾方面：

(1) 債券投資中債務人的償還期限有限定。任何債券都規定有到期的期限,債券到期後,投資者根據規定收回投資,借款人必須按時償還債券本金。

(2) 債券投資有較好的流動性。如果債券投資者在債券到期前需要現金,可將持有的債券售出或拿到銀行等金融機構做抵押獲得抵押款。

(3) 債券投資風險相對較小。債券票面價值不會受到市場價格變動的影響,並且債券利息一定,只要將債券持有到期滿,一般情況下,投資者的期望收益不會發生變動,收益的穩定性高,風險較小。同時,債券交易市場越發達,債券投資的安全性也就越大。

(4) 債券投資者能獲取一定的投資收益。債券投資既能保本又能生息,而且生息幅度大於銀行儲蓄；同時,在特定的時間還可以獲取出售的價差收益；債券投資與股票投資相比,其收益相對穩定。

2. 債券的估價模型

債券估價就是對所投資的債券在某一時點內在價值量的評估。企業在進行債券投資時,首先考慮的問題是所選擇的債券是否有投資的價值。如果是新發行的債券,估價模型計算結果反應了債券的發行價格。

(1) 債券估價的基本模型。

一般情況下的債券估價是對按照復利計息、票面利率固定、定期付息、到期償還本金的債券所進行的估價。其計算公式如下：

$$V = \sum_{t=1}^{n} \frac{F \cdot i}{(1+k)^t} + \frac{F}{(1+k)^n}$$

此模型可以按照求普通年金現值的思路進行計算，可簡化為：

$$V = F \cdot i(P/A, k, n) + F \cdot (P/F, k, n)$$

式中：$V$ 為債券的價值；$F$ 為債券的面值；$i$ 為債券的票面利率；$k$ 為貼現率（可以用當時的市場利率或者投資者要求的必要報酬率替代）；$t$ 為計息期數，$n$ 為債券投資時間。以下債券估價模型符號含義同基本模型符號。

【例6-9】某企業想投資於面值為1 000元，票面利率為8%，5年到期，每年付息，到期還本的 A 債券。該債券現行的發行價格為1 050元。該企業所要求的投資必要報酬率為10%。問企業估計的該債券目前價值為多少？企業是否會投資於該債券？

企業估計的 A 債券價值如下：

$V = 1\ 000 \times 8\% \times (P/A, 10\%, 5) + 1\ 000 \times (P/F, 10\%, 5)$

$= 80 \times 3.791 + 1\ 000 \times 0.621 = 924.28$（元）

由於該債券現行發行價格為1 050元，高於企業對該債券的估價，因此，企業不會對該債券進行投資。

(2) 到期一次還本付息的債券估價模型。

我國很多債券都屬於這種類型，它是指用於估算到期一次還本付息，不計算復利的債券。其債券價值的計算公式如下：

$$V = \frac{F + F \cdot i \cdot n}{(1+k)^n}$$

此模型可簡化為：

$$V = (F \cdot i \cdot n + F) \cdot (P/F, k, n)$$

【例6-10】某公司打算購買一種到期一次還本付息的債券，該債券的面值為1 000元，期限5年，票面利率為10%，不計復利，當前市場利率為8%。問該債券發行價格為多少時，公司才能購買？

$V = 1\ 000 \times (1 + 5 \times 10\%) \times (P/F, 8\%, 5) = 1\ 020$（元）

債券價格必須低於1 020元時，該公司才可以購買。

(3) 貼現債券的估價。

貼現債券是指以貼現方式發行的，沒有票面利率，到期按票面額償還的債券。其債券價值的計算公式如下：

$$V = \frac{F}{(1+k)^n}$$

# 第6章 證券投資

【例6-11】某債券面值爲1 000元,期限爲6年,以折現方式發行,期內不計利息,到期按面值償還,當時市場利率爲6%。其價格爲多少時,企業才能購買?

$V = 1\,000 \times (P/F, 6\%, 6) = 1\,000 \times 0.705 = 705$(元)

該債券的價格只有低於705元時,企業才能購買。

3. 債券投資的優缺點

(1) 債券投資的優點。

①本金的安全性高。與股票投資相比,債券投資風險相對較小。政府債券有國家財政做後盾,不會發生違約風險,其本金的安全性最高,通常被視爲無風險證券。金融債券和公司債券的持有人,也由於擁有優先求償權,其本金損失的可能性較小。

②債券投資的收入穩定性較強。一般情況下,債券都有固定的票面利率,債券持有人可以定期取得固定的利息收入,這種較穩定的利息收入便於債券投資者合理安排資金收支。

③市場流動性好。債券需要經過嚴格審批才可發行,發行成功後債券可以在金融市場上進行流通,因此債券一般都可以在金融市場上迅速出售,具有較好的流動性。

(2) 債券投資的缺點。

①債券投資者可能會承受一定的投資風險。債券投資風險主要包括利率風險、通貨膨脹風險、違約風險、流動性風險及期限風險等。

②債券投資者對資金使用單位無經營管理權,無權對債券發行單位的經營管理施行控制和管理,投資於債券只是取得收益的一種方式。

### 三、基金投資決策

(一) 投資基金概述

1. 投資基金的含義

投資基金是通過發行基金股份或受益憑證等有價證券聚集衆多的不確定投資者的出資,交由專業投資機構經營運作,以規避投資風險並謀取投資收益的證券投資工具。在美國投資基金稱爲"共同基金",英國和我國香港地區稱爲"單位信托基金",日本和我國臺灣地區稱爲"證券投資信托基金"。

投資基金按照穩健和分散的投資原則,選擇股票、債券等金融工具進行組合投資,再將組合投資的收益按照基金投資者的投資比例進行分配。基金投資人在享受證券投資的收益的同時,也承擔因投資虧損而產生的風險;而專用型投資機構將收取一定的管理費用,以保證投資機構的順利運作。所以,證券投資基金是以投資組合的方法進行證券投資的一種利益共享、風險共擔的集合投資方式。

2. 投資基金的種類

（1）契約型基金和公司型基金。

根據投資基金組織形式劃分，可分爲契約型基金和公司型基金。

契約型基金又稱單位信託基金、信託型投資基金，是指專門的投資機構（銀行和企業）共同出資組建一家基金管理公司並依據一定的信託契約通過發行受益憑證來募集社會上的閑散資金而設立的一種投資基金。基金管理人可以作爲基金的發起人，通過發行受益憑證將資金籌集起來組成信託財產，並依據信託契約，由基金託管人負責保管信託財產，具體辦理證券、現金管理及有關的代理業務等；基金投資者，即受益憑證的持有人，他們以購買受益憑證——基金單位持有證的方式加入投資基金，並依照契約享受投資收益。

公司型投資基金是指按照公司法以公司形態組成的，以發行股份的方式募集資金，主要投資於有價證券的投資機構。一般投資者購買該公司的股份即爲認購基金，同時也就成爲該公司的股東，憑其持有的基金份額領取股息或紅利，依法享有投資收益。公司型投資基金成立後，通常委託專業的基金管理公司管理基金資產，同時還會委任第三方作爲基金託管人保管基金資產。基金管理人和基金託管人的職責與契約型投資基金中的基金管理人和基金託管人的職責基本相同。

契約型基金與公司型基金的區別有以下兩點：

首先，投資者的地位不同。契約型基金的投資者作爲基金契約的受益人，對基金的重要投資決策並沒有發言權；而公司型基金的投資者在購買基金的股份後成爲該公司的股東，是以股利形式取得收益，並通過股東大會和董事會享有管理基金公司的權利。

其次，基金運營依據不同。契約型基金的資金是信託資產，需要依據基金契約運營基金；契約期滿後一般來說基金的運營隨之終止；而公司型基金的資金爲公司的法人資本，公司型基金需要依據基金公司章程運營基金，除非依據公司法破產清算，否則公司型基會的運營一般都具有永久性。

（2）封閉式基金和開放式基金。

根據投資基金設定後能否追加投資份額或贖回投資份額分爲封閉式基金和開放式基金。

封閉式投資基金是指基金的發起人在設立基金時，提前限定基金資本總額以及基金發行份數（或發行的基金單位），籌集到這個總量後，基金即宣告成立，並封閉起來，總量不再增減的投資基金。在封閉期間內，封閉式投資基金的受益憑證不能追加認購或贖回，但由於封閉式基金一般在證券交易場所上市交易，所以投資者可以在證券交易所買賣基金證券，基金交易在基金投資者之間完成。

開放式投資基金是指基金規模不固定，可以隨時根據市場供求狀況發行新份額或被投資人贖回的投資基金。開放式基金不上市交易，一般通過銀行申購或贖回，但追加購買或贖回的價格不同於原始發行價，而是以基金當時的淨資產價值爲基礎

## 第 6 章　證券投資

加以確定。投資者可以隨時按投資基金的報價在國家規定的場所，如銀行等託管人的櫃臺提出申購或贖回申請，基金交易是在投資者與基金管理人或其代理人之間進行。開放式基金已經逐漸成爲世界投資基金的主流。

封閉式基金與開放式基金的區別有以下幾點：

首先，期限和發行規模要求不同。封閉式投資基金均有明確的封閉期限，我國規定一般不得少於五年，同時在招募説明書中列明其基金規模；而開放式投資基金沒有固定期限，投資者可以隨時向基金管理人贖回基金單位，投資者在基金的存續期間內也可隨時申購基金單位，而且開放式基金沒有發行規模限制。

其次，基金單位的交易價格計算標準不同。封閉式基金的交易由市場供求關係決定，常常出現溢價或者折價的現象，並且在基金價格之外要支付手續費；而開放式基金的交易是櫃臺交易，其交易價格取決於每一基金份額淨資產值的大小，不直接受市場供求關係影響，通常申購價是基金份額淨資產加一定的申購費，贖回價是基金份額淨資產減去一定的贖回費。

最後，投資策略不同。封閉式基金在存續期內不得要求贖回，資本不會減少，可以將所募集到的資金全部進行長期投資，有利於基金管理公司制定長期的投資策略；開放式投資基金必須保留一部分的現金，基金規模不是固定的。爲應對投資者隨時贖回兌現的需要，開放式基金管理人往往需要保留較大份額的流動性、變現性較強的資產，不能全部用於長期投資。

（3）股票基金、債券基金、貨幣基金、金融衍生品基金。

根據投資對象不同，投資基金可以分爲股票基金、債券基金、貨幣基金、金融衍生品基金。

股票基金是指投資於股票的投資基金。與個人投資股票市場相比，股票基金具有風險小、變現性和流動性強的特點。

債券基金是以國債、金融債券、企業債券等固定收益類金融工具爲主要投資對象的基金。債券基金一般情況下定期派息，因此較股票基金來説，其風險和收益水平都較低。

貨幣基金一般以貨幣市場短期證券或等同於現金的證券爲投資對象，如銀行短期存款、國庫券、政府公債、商業票據等。這類基金安全性好、流動性高，投資風險小，投資成本低，享有"準儲蓄"的美稱。

金融衍生品基金包括期貨基金、期權基金、指數基金和認股權證基金，一般説來，這類基金的投資風險較通常的股票要大得多，屬於高風險基金，也可能獲得較高的投資收益。

（二）投資基金的估價

投資基金的估價涉及三個概念：基金價值、基金單位淨值和基金報價。

1. 基金價值

基金價值是指在基金投資上所能帶來的現金流量。由於投資基金不斷變換投資組合。未來收益較難預測，再加上資本利得是投資基金的主要收益來源，變化莫測的證券價格使得對資本利得的準確預計非常困難。因此基金的價值主要由基金資產的目前現金流量決定。這種目前的現金流量用基金的淨資產價值來表示，即基金的價值取決於基金淨資產的現在價值。

基金淨資產價值＝基金總資產市場價值－基金負債總額

需要注意的是，基金價值的確定依據與股票、債券等其他證券的價值確定依據有很大的區別。股票、債券的價值都是指由於投資而帶來的未來現金流量的折現值。也就是說，是未來的而不是現在的現金流量決定着股票、債券的價值；而基金的價值取決於目前能給投資者帶來的現金流量。

2. 基金單位淨值

基金單位淨值又稱單位淨資產值或單位資產淨值，是指某一時點每一基金單位（或基金股份）所具有的市場價值。其計算公式如下：

$$基金單位淨值 = \frac{基金淨資產價值總額}{基金單位總份額}$$

基金單位淨值是評價基金價值最直觀的指標，也是衡量一個基金經營業績好壞的最基本指標。基金單位淨值一般應大於1，在風險一定的情況下，基金單位淨值越大越好，當基金單位淨值小於1時，對於開放式基金而言，管理人就會面臨被贖回的壓力。

3. 基金報價

基金報價是指基金的交易價格。從理論上說，基金的價值決定了基金的價格，基金交易價格的計算是以基金單位淨值爲基礎的。一般情況下，基金交易價格與基金單位淨值趨於一致，即基金單位淨值高，基金的交易價格也高。

封閉型基金在二級市場上競價交易，其交易價格的高低由供求關係和基金業績決定，圍繞着基金單位淨值上下波動。開放型基金是櫃臺交易，其基金份額的申購和贖回價格都直接按基金單位資產淨值來計算。開放型基金通常採用兩種報價形式，即認購價（賣出價）和贖回價（買入價）。開放型基金櫃臺交易價格的計算公式如下：

基金認購價＝基金單位淨值＋基金認購費

基金贖回價＝基金單位淨值－基金贖回費

【例6-12】某基金公司目前基金資產帳面價值爲4 000萬元，負債帳面價值爲500萬元，基金資產目前的市場價值3 000萬元，基金股份數爲1 000萬股。假設公司收取首次認購費，認購費率爲基金資產淨值的4%，不再收取贖回費，要求計算該基金的認購價和贖回價。

該基金淨資產價值＝3 000－500＝2 500（萬元）

基金單位淨值＝2 500/1 000＝2.5（元/股）

基金認購價＝2.5＋2.5×4%＝2.6（元/股）

## 第6章 證券投資

基金贖回價＝2.5－0＝2.5

(三) 投資基金的收益與風險

1. 投資基金的收益

反應基金投資者的投資收益的指標是基金收益率，或稱爲基金投資回報率，它通過基金淨資產的價值變化來衡量基金增值情況。基金淨資產的價值是以市價計量的，基金資產的市場價值增加，意味着基金的投資收益增加。基金收益率的計算公式如下：

$$基金收益率=\frac{年末持有基金份數 \times 基金單位淨值年末數 - 年初持有基金份數 \times 基金單位淨值年初數}{年初持有基金份數 \times 基金單位淨值年初數}$$

當年初和年末持有基金份數沒有變化，則基金的收益率就簡化爲基金單位淨值在本年內的變化幅度。一般來說，基金收益率越高，基金資產的運營效率越高；基金的表現越好，基金投資人的收益就越高。

2. 投資基金的風險

基金投資除了具有與股票投資、債券投資等相同的系統性風險外，還具有自己獨特的風險。

(1) 組合投資證券的價格風險。投資基金主要投資於股票和債券等證券，股票和債券等價格的下跌，會對基金收益產生很大的不利影響。當然，基金管理人可以通過組合長期投資、分散投資期限等方法來分散該風險。但是，對於開放式基金而言，基金管理人無時不在的贖回義務極大地限制了其投資的期限組合搭配，相對於封閉式基金來說，開放式基金不能有效地利用投資組合來規避這一類風險。

(2) 基金管理人風險。基金管理人水平的高低、內部控制是否有效等，都會直接影響基金投資的收益水平。優秀的基金管理人可以對證券市場的走勢做出比較準確的判斷，並能選擇出合適的標的進行投資組合以獲得較高的收益；反之，基金投資便會承擔較大的基金管理人風險。

(3) 流動性風險。任何一種投資工具都存在流動性風險，亦即投資人在需要賣出時面臨的變現困難和不能在適當價格上變現的風險。例如開放式基金在正常情況下必須以基本資產淨值爲基準承擔贖回義務，投資者不存在由於在適當價位找不到買家的流動性風險，但當基金面臨巨額贖回或暫停贖回的極端情況時，基金投資人有可能會承擔無法贖回或因淨值下跌而低價贖回的風險。這就是開放式基金的流動性風險。

(四) 投資基金的優缺點

基金投資最主要的優點是具有專家理財優勢，其投資風險要比股票投資小而比債券投資大，其收益比債券投資高而比股票投資低，即能夠在承擔不太大的風險下獲得較高的收益。

基金投資的缺點是不能獲得很高的投資收益。由於投資基金主要運用的是投資組合策略，因此在降低投資風險的同時，也喪失了獲取較大收益的機會。同時，在大盤整體大幅度下跌的情況下，投資人可能承擔較大的風險。

**四、衍生金融資產投資**

衍生金融資產是以基礎金融產品爲基礎和買賣對象，價格由基礎金融產品決定的金融合約或支付互換協議。基礎性金融產品既可以是貨幣、股票、債券等金融資產，也可以是金融資產的價格，如利率、匯率、股價、指數等。

（一）期貨投資

1. 期貨投資的含義及其特點

期貨是買賣雙方在有組織的交易所內以公開競價的形式達成的，在將來某一個特定時間按確定的價格購買或出售某項資產的協議。期貨主要有兩大類：一是商品期貨，如大豆、石油等期貨交易；二是金融期貨，如外匯期貨、利率期貨、股票期貨、股票指數期貨等。

期貨投資是指爲了避免風險或以盈利爲目的而進行投資，從事期貨交易的活動。企業買入期貨合約，就等於同意在將來某一指定日期、指定地點、按約定價格從交易對方那里購進某種商品或證券；企業賣出期貨合約，就等於同意在將來某指定日期、指定地點、按約定價格交付或賣出某種商品或證券給交易對方。

期貨投資有如下特點：

（1）以小博大。由於期貨交易實行保證金交易和逐日盯市制度，所以進行期貨投資不需要按照期貨合約價值交納現金，只需每日收盤時按市價計算要交納的保證金（一般爲成交金額的10%左右）數額，多退少補。因此，投資者只需支付少量的保證金就可以進行大額的期貨交易。

（2）投資管理標準化。期貨交易所採用會員制，只有交易所會員才有資格進場交易，且期貨交易的對象只是一紙統一的期貨合約。期貨合約已經由期貨交易所對指定商品、證券的種類、價格、數量、交收月份、交收地點等都做出了統一規定，具有固定的格式和內容，是一種標準化書面協議書，即實行標準化管理。相關的管理機構還對期貨合約的價格浮動界限與每天交易額都有限定，以防止交易欺詐和壟斷。

（3）投機性強。儘管期貨合約中寫明了指定數量的資產必須在規定的時日交出，但期貨投資的交易中並不真正轉移資產的所有權。真正需要履約進行現貨交割的是極少數，絕大部分交易都在合約到期前通過做相反交易、對衝交易而了結，只進行現金差額結算，減少或免除實物交換，這種交易的實質是買空和賣空。期貨投資對衝交易多，實物交割少，具有明顯的投機性。

（4）具有保值和套利功能。期貨投資保值是指利用期貨合約爲現貨市場上的現貨進行保值，以衝抵現貨市場上價格變動所帶來的價格風險從而實現現貨保值。期

## 第 6 章　證券投資

貨投資套利是指期貨市場參與者利用不同月份、不同市場、不同商品之間的差價，同時買入和賣出兩張不同類別的期貨合約以從中獲取風險利潤的交易行爲。

2. 期貨投資策略

（1）套期保值策略。套期保值是指通過買賣期貨合約來避免因市場價格波動給自己帶來的風險。具體地說，就是通過採取與現貨市場上相反的立場買賣期貨，以確保現在擁有或將來擁有的財產的價格。

實務中，投資者利用期貨投資進行套期保值的具體方式包括買入套期保值和賣出套期保值兩種。買入套期保值又稱多頭套期保值，是指交易者預先在期貨市場買入期貨，以便將來在現貨市場買進現貨時不致因價格上漲而給自己造成經濟損失的一種套期保值方式。賣出套期保值又稱空頭套期保值，是指持有現貨的投資者爲了避免未來出售資產的價格下跌，而事先在期貨市場簽訂賣出期貨合約來達到現貨保值目的的套期保值方式。如果被套期的商品與用於套期的商品相同，屬於直接保值的形式；如果被套期的商品和套期的商品不相同，但是價格聯動關係密切，則屬於交叉保值的形式。

（2）套利策略。套利策略是指投資者利用不同市場之間或不同證券之間出現的暫時價格差異，立即買入過低定價的金融工具或期貨合約，同時賣出過高定價的工具或期貨合約，從中獲取無風險或幾乎無風險利潤的投資策略。套利一般包括跨期套利、跨品種套利、跨市套利等形式。

（二）期權投資

1. 期權投資的含義及其特點

（1）期權投資的含義。期權又稱選擇權，是一種能在未來指定時期、以指定價格買入或賣出一定數量的某種特定商品或證券的權利。期權根據投資的對象，可以分爲利率期權、外匯期權、股票期權等。根據所賦予的權利不同，分爲看漲期權（認購期權）和看跌期權（認售期權）。

期權投資是指爲了固定成本或規避風險而投資從事期權交易的活動。期權交易的對象是期權合約。

（2）期權投資的特點。首先，期權投資買賣的是一種特殊的權利，期權投資者擁有的是權利而非責任。其次，期權投資的風險小於期貨投資風險。最後，期權投資需要真正進行交割的比率比期貨交易的更少，因爲期權投資者可以放棄期權合約的權利。

2. 期權投資策略

期權投資策略可以分爲買入看漲期權、買入看跌期權、買入看漲價看跌雙向期權等。

（1）買入看漲期權。看漲期權又稱買入期權或買進期權，是指期權的所有者在規定的期限內按所確定的履約價格（或協議價格）買進一定數量特定商品或證券的權利。買入看漲期權時，最關鍵的是投資者對後市的預測是否能夠證實，如股票的市價在協議期限內能漲到股票的協議購買價與期權價格之和之上，則投資者購買期權就有利可圖；若投資者的預測不現實，購買看漲期權的投資者就會虧損，但這種虧損是有限的，因為投資者有不行使期權的權利，所以其損失僅限於購買期權的費用。

(2) 買入看跌期權。看跌期權又稱賣出期權，是指期權的所有者在規定的期限內按所確定的履約價格（或協議價格）賣出一定數量特定商品或證券的權利。在投資者預測期權標的物價格將下跌的情況下，可通過買入認售期權而建立認售期權頭寸。如果在有效期內，標的物價格下跌，則該認售期權的價值得到體現；若在有效期內，標的物價格並沒有下跌，或雖然下跌但沒有跌至協議購買價與期權價格之和之下，此時投資者只有將看跌期權以低於成本價在市場上拋售，或到期後放棄行權，這時投資者肯定要發生虧損，但這種虧損是有限的，虧損額限定在購入看跌期權成本之內。

(3) 買入看漲看跌雙向期權。這種期權既包括看漲期權又包括看跌期權，所以也稱為多空套做。在這種期權交易合同中，購買者同時買入某種標的物的看漲權和看跌權。其目的是在股市的盤整期間，投資者對後市無法做出正確推斷的情況下，在減少套牢和踏空風險的同時獲得利潤。購買雙向期權的盈利機會最多，但其支付的費用也最大。

(三) 其他金融衍生工具投資

1. 可轉換債券

可轉換債券，是指可以轉換為普通股的債券，賦予持有者按事先約定在一定時間內將其轉換為公司股票的選擇權。在轉換權行使之前債券持有者是發行公司的債權人，權利行使之後則成為發行公司的股東。

可轉換債券由於具有選擇權，因此具有投資價值。可轉換債券的投資決策一般包括：①投資時機選擇。一般在新的經濟增長週期啟動時、利率下調時、行業景氣回升時、轉股價調整時為較好的投資時機。②投資對象選擇。應選擇優良的債券為投資對象。③套利機會。可以在股價高漲時，決策債轉股獲得收益；也可以在可轉換債券市場價格高於其內在價值時出售進行套利。

2. 遠期利率協定

遠期利率協議是指交易雙方約定在未來某一日期，交換協議期間內一定名義本金基礎上分別以合同利率和參考利率計算的利息的金融合約。

遠期利率協定是防範將來利率變動風險的一種金融工具，其特點是預先鎖定將來的利率。在遠期利率協定市場中，遠期利率協定的買方是為了防止利率上升引起籌資成本上升的風險，希望在現在就鎖定將來的籌資成本。用遠期利率協定防範將來利率變動的風險，實質上是用遠期利率協定市場的盈虧抵補現貨資金市場的風險，因此遠期利率協定具有預先決定籌資成本或預先決定投資報酬率的功能。

### 3. 貨幣互換

貨幣互換（又稱貨幣掉期）是指兩筆金額相同、期限相同、計算利率方法相同，但貨幣不同的債務資金之間的調換，同時也進行不同利息額的貨幣調換。

貨幣互換是一項常用的債務保值工具，主要用來控制中長期匯率風險，把以一種外匯計價的債務或資產轉換為以另一種外匯計價的債務或資產，達到規避匯率風險、降低成本的目的。早期的"平行貸款""背對背貸款"就具有類似的功能。但是無論是"平行貸款"還是"背對背貸款"仍然屬於貸款行為，在資產負債表上將產生新的資產和負債。而貨幣互換作為一項資產負債表外業務，能夠在不對資產負債表造成影響的情況下，達到同樣的目的。

## 第4節　證券投資組合

我們已經知道，任何一種證券投資對象，都存在或多或少的風險。投資者在做投資決策時，只能根據經驗和所掌握的資料對未來的收益進行估計。實踐證明，只要科學地選擇足夠多的證券進行組合投資，就能基本分散掉大部分可避免風險，這就是證券投資組合。

### 一、證券投資組合的意義

證券投資組合是證券投資的重要武器，它是指在進行證券投資時，不是將所有的資金都投向單一的某種證券，而是有選擇地投向一組證券的做法。其意義表現在以下幾個方面：

（1）最大限度地降低投資風險，將風險控制在投資者可以承受的範圍內。我們說證券組合可以最大限度地降低風險，是指那些合理有效的證券投資組合。

（2）可以提高投資的收益。一個有效的證券資產組合可以在一定的風險條件下實現收益的最大化或在一定的收益水平上使投資風險最小化。

### 二、證券投資組合的策略

證券投資組合策略是投資者根據市場上各種證券的具體情況以及投資者對風險的偏好與承擔能力，選擇相應證券進行組合時所採用的方針。常見的證券投資組合策略有以下幾種：

（1）保守型策略。這種策略要求盡量模擬證券市場現狀（無論是證券種類還是各證券的比重）。將盡可能多的證券包括進來，以便分散掉全部可避免風險，從而得到與市場平均報酬率相同的投資報酬率。保守型投資組合策略的好處是基本上能分散掉可避免風險，不需要高深的證券投資專業知識，證券投資的管理費用比較低。

但缺點是所得到的收益也不會高於證券市場的平均收益。因此，保守型策略屬於收益不高、風險不大的策略。

（2）冒險型策略。冒險型投資組合策略的特點是選擇成長型的股票比較多，組合的隨意性強，變動頻繁，因此採用這種投資組合，如果做得好，可以取得遠遠超過市場平均報酬的投資收益，但如果失敗，會發生較大的損失。這種策略屬於收益高、風險大的策略。

（3）適中型策略。該組合策略認為股票的價格主要由企業的經營業績決定，只要企業的經濟效益好，股票的價格終究會體現其優良的業績。因此選擇適中型策略的人必須具備豐富的投資經驗，擁有進行證券投資的各種專業知識，善於對證券進行分析。適中型策略如果做得好，可以獲得較高的收益，而又不會承擔太大風險，所以是一種最常見的投資組合策略。

### 三、證券投資組合的方法

常用的證券投資組合方法主要有以下幾種：

（1）投資組合的三分法。一般而言，風險大的證券對經濟形勢的變化比較敏感，當經濟處於繁榮時期，風險大的證券獲得高額收益，但當經濟衰退時，風險大的證券卻會遭受巨額損失；風險小的證券對經濟形勢的變化則不十分敏感，一般都能獲得穩定收益，而不致遭受損失。比較流行的投資組合三分法是：三分之一投資於風險較大的有發展前景的成長性股票；三分之一投資於安全性較高的債券或優先股等有價證券；三分之一投資於中等風險的有價證券。

（2）按風險等級和報酬高低進行投資組合。證券的風險大小可以分為不同的等級，收益也有高低之分。投資者可以測定出自己期望的投資收益率和所能承擔的風險程度，然後，在市場中選擇相應風險和收益的證券作為投資組合。一般來說，在選擇證券進行投資組合時，同等風險的證券，應盡可能選擇報酬高的；同等報酬的證券，應盡可能選擇風險低的；並且要選擇一些風險呈負相關的證券進行投資組合。

（3）選擇不同的行業、區域和市場的證券作為投資組合。這種投資組合的做法是：盡可能選擇足夠數量的證券進行投資組合，不可集中投資於同一個行業的證券，選擇證券的區域也應盡可能分散，將資金分散投資於不同的證券市場，選擇不同期限的投資進行組合等。

## 本章小結

對於投資者而言，證券是投資的工具，投資者通過對各種證券的投資，能有效地利用貨幣資本並進行資源的優化配置。實務中，投資者採用的證券投資形式較多

## 第 6 章 證券投資

的是債券投資、股票投資、基金投資以及期貨、期權投資。本章以股票、債券為代表，以基金、衍生金融資產為補充，系統介紹了證券投資以及證券投資組合的策略和方法。通過學習，應掌握證券投資的目的、特點、種類與基本程序，熟練掌握股票、債券、證券組合投資的價值評估和決策方法，熟悉基金投資和衍生金融工具的基本類型及相關操作程序。

### 習題

#### 一、單項選擇題

1. 下列各項中，屬於證券投資系統風險的是（　　）。
   A. 利息率風險　　　　　　B. 違約風險
   C. 破產風險　　　　　　　D. 企業在市場競爭中失敗

2. 下列各項中，不能衡量證券投資收益水平的是（　　）。
   A. 持有期收益率　　　　　B. 息票收益率
   C. 到期收益率　　　　　　D. 標準離差率

3. 某公司擬發行面值為 1 000 元、不計複利、5 年後一次還本付息、票面利率為 10% 的債券。已知發行時資金市場利率為 12%，則該公司債券的發行價格為（　　）元。
   A. 851.10　　　B. 907.84　　　C. 931.35　　　D. 993.44

4. 在證券投資中，通過隨機選擇足夠數量的證券進行組合可以分散掉的風險是（　　）。
   A. 所有風險　　　　　　　B. 市場風險
   C. 系統性風險　　　　　　D. 非系統性風險

5. 低風險、低收益證券所占比重較小，高風險、高收益證券所占比重較高的投資屬於（　　）。
   A. 冒險型投資組合　　　　B. 適中型投資組合
   C. 保守型投資組合　　　　D. 隨機型投資組合

#### 二、多項選擇題

1. 契約型基金又稱單位信託基金，其當事人包括（　　）。
   A. 受益人　　　B. 管理人　　　C. 託管人　　　D. 投資人

2. 在下列各項中，屬於證券投資風險的有（　　）。
   A. 違約風險　　　　　　　B. 購買力風險
   C. 流動性風險　　　　　　D. 期限性風險

3. 與股票投資相比，債券投資的優點有（　　）。
   A. 本金安全性好　　　　　B. 投資收益率高
   C. 購買力風險低　　　　　D. 收益穩定性強

223

4. 投資基金的缺點有（　　）。

  A. 具有專家理財優勢　　　　B. 無法獲得很高的投資收益

  C. 具有資金規模優勢　　　　D. 在大盤整體大幅度下躍的情況下

5. 下列說法正確的是（　　）。

  A. 普通股在通貨膨脹時比其他固定收益證券能更好地避免購買力風險

  B. 如果一項資產能在短期內按市價大量出售，則該種資產的流動性較好

  C. 一項投資期限越長，投資者受到不確定因素的影響就越大，承擔的風險越大

  D. 普通股同其他證券一樣，存在着違約風險

### 三、判斷題

1. 投資基金的收益率是通過基金淨資產的價值變化來衡量的。（　　）

2. 短期證券的變現力強，收益率低；長期證券收益率較高，但風險較大。（　　）

3. 國庫券的利率是固定的，並且沒有違約風險，因此也就沒有利息率風險。（　　）

4. 如果不考慮影響股價的其他因素，零成長股票的價值與市場利率成正比，與預期股利成反比。（　　）

5. 由於債券投資只能按債券的票面利率得到固定的利息，所以公司的盈利狀況不會影響該公司債券的市場價格，但會影響該公司股票的價格。（　　）

### 四、計算題

1. A企業於2013年1月5日以每張1 020元的價格購買B企業發行的利隨本清的企業債券。該債券的面值為1 000元，期限為3年。票面年利率為10%，不計複利。購買時市場年利率為8%，不考慮所得稅。要求：（1）利用債券估價模型評價A企業購買此債券是否合算？（2）如果A企業於2014年1月5日能將該債券以1 130元的市價出售，計算該債券的持有期收益率。（3）如果A企業於2015年1月5日能將該債券以1 220元的市價出售，計算該債券的持有期收益率。（4）如果A企業打算持有至到期日，計算A企業投資債券的持有期收益率。（5）根據上述計算結果判斷，A企業應選擇債券的最佳持有期限為幾年。

2. 甲公司慾投資購買債券，目前有三家公司債券可供挑選。

（1）A公司債券，債券面值為1 000元，5年期，票面利率為8%，每年付息一次，到期還本，債券的發行價格為1 105元，若投資人要求的必要收益率為6%。則A公司債券的價值為多少；若甲公司慾投資A公司債券並一直持有至到期日，其持有期收益率為多少；應否購買？

（2）B公司債券，債券面值為1 000元，5年期，票面利率為8%，單利計息，到期一次還本付息，債券的發行價格為1 105元，若投資人要求的必要收益率為6%，則B公司債券的價值為多少；若甲公司慾投資B公司債券並一直持有至到期

## 第 6 章　證券投資

日，其持有期收益率為多少；應否購買？

（3）C 公司債券，債券面值為 1 000 元，5 年期，票面利率為 8%，C 公司採用貼現法付息。發行價格為 600 萬，期內不付息，到期還本，若投資人要求的必要收益率為 6%，則 C 公司債券的價值為多少；若甲公司慾投資 A 公司債券，並一直持有至到期日，其持有期收益率為多少；應否購買？

（4）若甲公司持有 B 公司債券 1 年後將其以 1 200 元的價格出售，則持有收益率為多少？

3. 甲企業計劃利用一筆長期資金投資購買股票。現有 M 公司股票和 N 公司股票可供選擇，甲企業只準備投資一家公司股票。已知 M 公司股票現行市價為每股 9 元，上年每股股利為 0.15 元，預計以後每年以 6% 的增長率增長。N 公司股票現行市價為每股 7 元，上年每股股利為 0.60 元，股利分配政策將一貫堅持固定股利政策。甲企業所要求的投資必要報酬率為 8%。

要求：

（1）利用股票估價模型，分別計算 M、N 公司股票價值。

（2）代甲企業做出股票投資決策。

4. 資料：某公司以每股 12 元的價格購入某種股票，預計該股票的年每股股利為 0.4 元，並且將一直保持穩定，若打算持有 5 年後再出售，預計 5 年後股票價格可以翻番，則投資該股票的持有收益率為多少。

# 7

## 學習目標

瞭解營運資金的概念及其管理原則；掌握現金的持有動機、現金管理的意義，掌握現金預算和最佳現金持有量決策的基本方法，熟悉現金管理日常控制；掌握應收帳款的功能、成本及其管理目標，掌握信用政策和管理方法；掌握存貨的功能與成本，熟悉存貨規劃及控制方法，掌握經濟批量、再訂貨點和保險儲備的計算。

## 第 1 節　營運資金概述

營運資金管理屬於短期財務問題，也包括投資和籌資兩個方面。由於競爭加劇和環境動盪，營運資金管理對於企業盈利能力以及生存能力的影響越來越大，該領域也越來越受到重視。財務經理的大部分時間被用於進行營運資金管理，而非長期決策。營運資金管理比較複雜，涉及企業的所有部門，尤其需要採購、生產、銷售和信息處理等部門的配合與努力。

### 一、營運資金的含義

營運資金，又稱循環資本，是指一個企業維持日常經營所需要的資金。它通常有廣義和狹義之分。通常所說的營運資金多指後者。

廣義的營運資金，也稱為總營運資金，簡單來說，就是生產經營活動中的短期資產。

## 第7章 營運資金管理

狹義的營運資金，也稱爲淨營運資本，通常指流動資產減流動負債後的差額。當流動資產大於流動負債時，淨營運資本是正值，表示流動負債提供了部分流動資產的資金來源，另外的部分是由長期資金來源支持的，這部分金額就是淨營運資本。淨營運資本也可以理解爲長期籌資用於流動資產的部分，即長期籌資淨值。

由於：

$$流動資產+長期資產＝權益+長期負債+流動負債$$

所以：

$$流動資產-流動負債＝（權益+長期負債）-長期資產$$
$$淨營運資本＝長期籌資-長期資產＝長期籌資淨額$$
$$流動資產＝流動負債+長期籌資淨額$$

這個公式說明，流動資產投資所需資金的一部分由流動負債支持，另一部分由長期籌資支持。儘管流動資產和流動負債都是短期項目，但是絕大多數健康運轉的企業的淨營運資本是正值。因此，長期財務和短期財務有内在聯繫。

使用"營運資金"這個概念，是因爲在企業的流動資產中，來源於流動負債的部分由於面臨債權人的短期索求權，而無法供企業在較長期限内自由運用。只有扣除短期負債之後的剩餘流動資產，即營運資金，才能爲企業提供一個寬裕的自由使用期間。

營運資金是流動資產的一個有機組成部分，因其具有較強的流動性而成爲企業日常生產經營活動的潤滑劑和衡量企業短期償債能力的重要指標。在客觀上存在現金流入量與流出量不同步和不確定的現實情況下，企業持有一定量的營運資金十分重要。

營運資金管理主要解決兩個問題：一是如何確定短期資產的最佳持有量，二是如何籌措短期資金。具體而言，這兩個問題分別涉及每一種短期資產以及每一種短期負債的管理方式與管理策略的制定。因此，從本質上看，營運資金管理包括短期資產和短期負債的各個項目，體現了對公司短期性財務活動的概括。通過對營運資金的分析，我們可以瞭解短期資產流動性、短期資產變現能力和短期償債能力。

### 二、營運資金的特點

營運資金的特點體現在流動資產和流動負債的特點上。

（一）流動資產的特點

流動資產，又稱短期資產，是指可以在一年以内或者超過一年的營業週期内變現或耗用的資產。

與長期投資、固定資產、無形資產、遞延資產等各種長期資產相比，流動資產具有如下幾個特點：

1. 投資回收期短

投資於流動資產的資金一般在一年或一個營業週期内收回，對企業影響的時間短；而固定資產等長期資產的價值則需要經過多次轉移才能逐步收回或得以補償。

2. 流動性強

流動資產中的現金、銀行存款等項目本身就可以隨時用於支付、償債等經濟業務，流動資產中其他的短期金融資產、存貨、應收帳款等相對於固定資產等長期資產來說比較容易變現，這對於財務上滿足臨時性資金需求具有重要意義。

3. 財務風險小

公司應用較多的流動資產，由於周轉快、流動性強，可在一定程度上降低財務風險。

3. 具有並存性

流動資產在循環周轉過程中，各種不同形態的流動資產在空間上同時並存，在時間上依次繼起。因此，合理地配置流動資產各項目的比例，是保證流動資產得以順利周轉的必要條件。

4. 具有波動性

流動資產容易受到企業內外環境的影響，其資金占用量的波動往往很大，財務人員應有效地預測和控制這種波動，以防止其影響企業正常的生產經營活動。

（二）流動負債的特點

與長期負債籌資相比，流動負債籌資具有以下特點：

1. 速度快

申請短期借款往往比申請長期借款更容易、更便捷，通常在較短的時間內便可獲得。

2. 彈性大

與長期債務相比，短期貸款給債務人更大的靈活性。

3. 成本低

在正常情況下，短期負債籌資所發生的利息支出低於長期負債籌資的利息支出。

4. 風險大

儘管短期債務的成本低於長期債務，但其風險卻高於長期債務。

### 三、營運資金的周轉

營運資金周轉，是指企業的營運資金從現金投入生產經營開始，到最終轉化為現金為止的過程。營運資金周轉通常與現金周轉密切相關，現金的周轉過程主要包括以下三個方面：①存貨周轉期，是指將原材料轉化成產成品並出售所需要的時間；②應收帳款周轉期，是指將應收帳款轉換為現金所需要的時間；③應付帳款周轉期，是指從收到尚未付款的材料開始到現金支出之間所用的時間。

現金循環週期的變化會直接影響所需營運資金的數額。一般來說，存貨周轉期和應收帳款周轉期越長，應付帳款周轉期越短，營運資金數額就越大；相反，存貨

# 第 7 章 營運資金管理

周轉期與應收帳款周轉期越短，應付帳款周轉期越長，營運資金數額就越小。此外，營運資金周轉的數額還受到償債風險、收益要求和成本約束等因素的制約。因此，爲提高營運資金的周轉效率，營運資金應維持在一個合理的水平上。

## 第 2 節 現金管理

現金是指在生產過程中暫時停留在貨幣形態的資金，包括庫存現金、銀行存款和其他貨幣資金。

現金是比較特殊的資產，一方面，其流動性最強，代表着企業直接的支付能力和應變能力；另一方面，其收益性最弱。現金管理的過程就是在現金的流動性和收益性之間進行權衡選擇的過程，其目的是在保證企業經營活動現金需要的同時，盡可能降低現金的占用量，降低企業閑置的現金數量，提高資金收益率。現金管理主要是確定現金最佳持有量、合理利用"浮遊量"、推遲支付應付款及採用匯票付款等方式延遲現金支出。

### 一、持有現金的動機

企業持有一定數額的現金，主要是基於以下三個方面的動機：

（一）交易動機

交易動機，即企業在正常生產經營秩序下應當保持一定的現金支付能力。企業的日常經營中，爲了正常的生產、銷售的運行必須保持一定的現金餘額。銷售產品得到的收入往往不能馬上收到現金，而採購原材料、支付工資等則需要現金支持，爲了進一步的市場交易，需要一定的現金餘額。通常情況下，企業爲滿足交易動機所持有的現金餘額主要取決於企業的銷售水平。企業銷售擴大，銷售額增加，所需現金餘額也隨之增加。

（二）預防動機

預防動機，是企業爲應付緊急情況而需要保持的現金支付能力。由於市場行情的瞬息萬變、自身經營條件的好壞以及其他各種不確定因素的存在，現金的流入和流出也經常是不確定的，企業通常難以對未來現金流入量和流出量做出準確的估計和預期。因此，爲了應對一些突發事件和偶然情況，企業必須在正常業務活動現金需要量的基礎上，追加一定數額的現金餘額以應付未來現金流入和流出的隨機波動，保證生產經營的安全順利進行。所以，基於這種企業購、產、銷行爲需要的現金，就是交易動機要求持有的現金。

（三）補償動機

銀行在爲企業提供服務時，往往需要企業在銀行中保留存款餘額來補償服務費用。同時，銀行貸給企業款項也需要企業在銀行中有一定數額的存款來保證銀行的資金安全。這種出於銀行要求而保留在企業銀行帳戶中的存款就是補償動機要求的現金持有。

（四）投資動機

企業在保證生產經營正常進行的基礎上，還希望有一些回報率較高的投資機會，此時也需要企業持有現金。投資動機只是企業確定現金餘額時所需考慮的次要因素之一，其持有量的大小往往與企業在金融市場的投資機會及企業對待風險的態度有關。

## 二、現金的成本

企業持有現金的成本通常由以下三部分構成：

（一）持有成本

現金的持有成本，是指企業因保留一定現金餘額而增加的管理費用和喪失的再投資收益。

企業保留現金，對現金進行管理，會發生一定的管理費用，如管理人員工資、必要的安全措施費等。這部分費用具有固定成本的性質，它在一定範圍內與現金持有量的多少關係不大，是決策無關成本。

再投資收益是企業不能同時用該現金進行有價證券投資等所產生的機會成本，這種成本在數額上等同於資本成本。放棄的再投資收益即機會成本屬於變動成本，它與現金持有量呈正比例關係。

（二）轉換成本

轉換成本，是企業用現金購入有價證券以及轉讓有價證券換取現金時付出的交易費用，即現金與有價證券相互轉換的成本，如委託買賣傭金、委託手續費、證券過戶費、實物交割手續費等。

（三）短缺成本

現金短缺成本，是指在現金持有量不足而又無法及時通過有價證券變現加以補充而給企業造成的損失，包括直接損失和間接損失。現金的短缺成本與現金持有量呈反方向變動關係。

## 三、現金持有量的確定

確定最佳現金持有量的模式主要有成本分析模式和存貨模式。

（一）成本分析模式

成本分析模式是根據現金有關成本，分析預測其總成本最低時現金持有量的一種方法。運用成本分析模式確定現金最佳持有量，只考慮因持有一定量的現金而產生的機會成本及短缺成本，而不予考慮管理費用和轉換成本。

# 第7章 營運資金管理

機會成本即因持有現金而喪失的再投資收益，與現金持有量呈正比例變動關係。用公式表示爲：

機會成本＝現金持有量×有價證券利率（或報酬率）

短缺成本與現金持有量呈反方向變動關係。

圖 7-1 對這兩種現金持有成本與現金持有量的關係進行了描述。當兩種成本之和，也即總成本達到最小值時，企業所持有的現金水平爲最佳持有量。

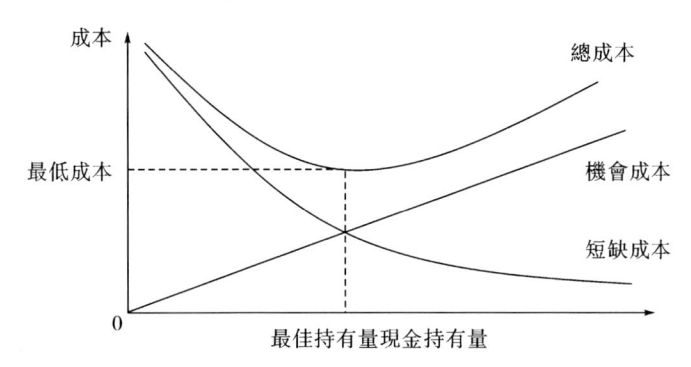

圖 7-1　現金持有成本與最佳現金持有量

成本分析模式的計算步驟是：

（1）根據不同現金持有量測算各備選方案的有關成本數值；

（2）按照不同現金持有量及其有關部門成本資料，計算各方案的機會成本和短缺成本之和，即總成本，並編制最佳現金持有量測算表；

（3）在測算表中找出相關總成本最低時的現金持有量，即最佳現金持有量。

【例7-1】長城公司現有甲、乙、丙、丁四種現金持有方案，有關成本資料如表7-1 所示。

表 7-1　　　　　　　長城公司的備選現金持有方案　　　　　　單位：萬元

| 項目 | 方案甲 | 方案乙 | 方案丙 | 方案丁 |
| --- | --- | --- | --- | --- |
| 現金持有量 | 100 | 200 | 300 | 400 |
| 機會成本率 | 10% | 10% | 10% | 10% |
| 短缺成本 | 80 | 50 | 30 | 10 |

根據表 7-1 計算的最佳現金持有量測算表如表 7-2 所示。

表 7-2　　　　　　　長城公司最佳現金持有量測算表　　　　　　單位：萬元

| 方案 | 現金持有量 | 機會成本 | 短缺成本 | 相關總成本 |
| --- | --- | --- | --- | --- |
| 甲 | 100 | 100×10%＝10 | 80 | 90 |
| 乙 | 200 | 200×10%＝20 | 50 | 70 |

231

表7-2(續)

| 方案 | 現金持有量 | 機會成本 | 短缺成本 | 相關總成本 |
|---|---|---|---|---|
| 丙 | 300 | 300×10% = 30 | 30 | 60 |
| 丁 | 400 | 400×10% = 40 | 10 | 50 |

根據分析比較表7-2中各方案的總成本可知，丁方案的相關總成本最低，因此，長城公司持有400萬元的現金時，各方面的總代價最低，400萬爲最佳現金持有量。

(二) 存貨模式

確定現金最佳持有量的存貨模式來源於存貨的經濟批量模型，這一模型最早由美國學者鮑默爾於1952年提出，因此又稱鮑默爾模型。

存貨模型假設企業的現金收入每隔一段時間發生一次，現金支出則是在一定時期內均衡發生，由於現金流入的速度小於現金流出的速度，因此，當某一時點企業現金餘額下降爲零時，企業通過出售有價證券來補充現金。隨後，當現金餘額再次下降爲零時，企業再次出售有價證券。伴隨著企業再生產過程不斷進行，此過程不斷重複。

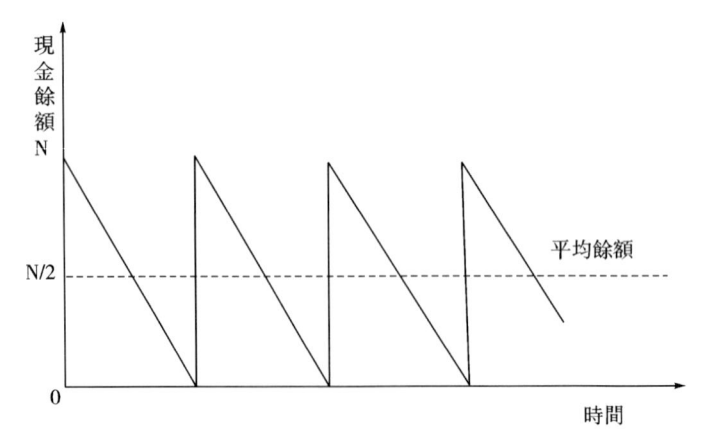

圖7-2 確定現金餘額的存貨模型

利用存貨模式計算最佳現金持有量時，不考慮短缺成本。持有現金資產的總成本包括兩個方面：一是持有成本中的機會成本，是指持有現金所放棄的收益，這種成本通常是有價證券的利息，它與現金餘額成正比例；二是固定性轉換成本，包括經紀人費用及其他管理成本等，這種成本只與交易的次數有關，而與現金的持有量無關。

如果現金期初餘額較大，那麼持有現金的機會成本就高，但轉換成本減少；相反，如果現金期初餘額較小，那麼持有現金的機會成本就低，但轉換成本上升。機

## 第 7 章　營運資金管理

會成本和固定性轉換成本隨著現金持有量的變動而呈現出相反的變動趨勢，而能夠使現金管理的機會成本與固定性轉換成本之和保持最低的現金持有量，即為最佳現金持有量。

設 $T$ 為一個週期內現金總需求量；$F$ 為每次轉換有價證券的固定成本；$Q$ 為最佳現金持有量（每次證券變現的數量）；$i$ 為短期有價證券利息率（機會成本率）；$TC$ 為現金管理相關總成本。則：

現金管理相關總成本 = 持有機會成本 + 固定性轉換成本

即：
$$TC = (Q/2) \times i + (T/Q) \times F$$

現金管理的相關總成本與現金持有量呈凹型曲線關係。持有現金的機會成本與證券變現的交易成本相等時，現金管理的相關總成本最低。此時的現金持有量為最佳現金持有量，即：

$$Q = \sqrt{\frac{2TF}{i}}$$

將上式代入總成本計算公式得：

最低現金管理相關總成本 $TC = \sqrt{2TFi}$

【例 7-2】長城公司現金收支狀況比較穩定，預計全年需要現金 500 萬元，現金與有價證券的轉換成本為每次 400 元，有價證券的年利率為 10%，則：

最佳現金持有量 $(Q) = \sqrt{\dfrac{2 \times 5\,000\,000 \times 400}{10\%}} = 200\,000$（元）

最低現金管理相關總成本 $(TC) = \sqrt{2 \times 5\,000\,000 \times 400 \times 10\%} = 20\,000$（元）

其中：轉換成本 = (5 000 000 ÷ 200 000) × 400 = 10 000（元）

持有機會成本 = (200 000 ÷ 2) × 10% = 10 000（元）

有價證券交易次數 = 5 000 000 ÷ 200 000 = 25（次）

有價證券交易間隔期 = 360 ÷ 25 = 14.4（天）

### 四、現金收支管理

現金收支管理的目的在於提高現金的使用效率，為達到這一目的，企業應註意做好以下幾項工作：

1. 力爭現金流量同步

企業的現金流入和流出一般來說很難準確預測，為了應對這種不確定性可能帶來的問題，企業往往需要保留比最佳現金持有量多的現金餘額。為了盡量減少企業持有現金帶來的成本增加和盈利減少，企業財務人員需要提高預測和管理能力，使現金流入和流出能夠合理匹配，實現同步化的理想效果。現金流動同步化的實現可以使企業所持有的交易性現金餘額降到最低水平，從而減少持有成本，提高企業的盈利水平。

2. 合理利用"浮遊量"

所謂現金的"浮遊量"是指企業帳戶上現金餘額與銀行帳戶上所示的存款餘額之間的差額。比如，從企業開出支票，收票人收到支票並存入銀行，至銀行將款項劃出企業帳戶，中間需要一段時間。在這段時間里，儘管企業已經開出了支票，但仍可動用在活期存款帳戶上的這筆資金。

由於企業收、付款與銀行轉帳業務之間存在時間差，這會使本應顯示同一餘額的企業帳簿和銀行記錄之間出現差異。爲了保證企業的安全運轉，財務人員必須對這個差異有清楚的瞭解，在使用現金浮遊量時一定要控制好使用的時間，避免發生銀行存款的透支；正確判斷企業的現金持有情況，避免出現高估或低估企業餘額的錯誤。

3. 加速收款

這主要指縮短應收帳款的時間。發生應收帳款會增加企業資金的占用，但可以通過賒銷來擴大企業的銷售規模，增加銷售收入。當企業銷售實現時，並不意味着已經得到了可以自由支配的現金收入，因爲企業很多交易都是通過支票、匯票或其他銀行轉帳方式實現的。這些現象的存在，使企業無法立即動用銷售收入，可能會造成企業現金短缺的被動局面。應收帳款收現延遲的部分原因是企業無法控制的，比如銀行的操作，但有些原因企業應該關註和盡量處理，如應收帳款的信用政策等。企業應利用應收帳款吸引顧客，同時從各個方面努力加快應收帳款的收現速度，縮短收款時間，在這兩者之間找到適當的平衡點。

4. 推遲應付帳款的支付

推遲應付帳款的支付，是指企業在不影響自己信譽的前提下，盡可能地推遲應付款的支付期，充分運用供貨方所提供的信用優惠。如遇企業急需現金，甚至可以放棄供貨方的折扣優惠，在信用期的最後一天支付款項，但要權衡折扣優惠與急需現金之間的利弊得失。

## 第 3 節　應收帳款管理

應收帳款是指企業因對外賒銷產品、材料、提供勞務等而應向購貨單位或接受勞務的單位收取的款項。隨著市場經濟的發展，商業信用的廣泛應用，企業應收帳款數額明顯增加，已成爲短期資產管理中一個日益重要的問題。

### 一、應收帳款的功能與成本

(一) 應收帳款的功能

應收帳款的功能，主要包括以下兩個方面：

# 第7章 營運資金管理

1. 增加銷售

這是發生應收帳款的主要原因。隨著市場經濟的發展,商業競爭日益激烈。競爭機制的作用迫使企業以各種手段擴大銷售。除了依靠產品質量、價格、售後服務、廣告等外,賒銷也是擴大銷售的手段之一。對於同等的產品價格、類似的質量水平、一樣的售後服務,實行賒銷的產品或商品的銷售額將大於現金銷售的產品或商品的銷售額。這是因爲顧客將從賒銷中得到好處。出於擴大銷售的競爭需要,企業不得不以賒銷或其他優惠方式招攬顧客。於是就產生了應收帳款,形成企業的商業信用。

雖然賒銷僅僅是影響銷售量的因素之一,但在銀根緊縮、市場疲軟、資金匱乏的情況下,賒銷的促銷作用還是十分明顯的,特別是在企業銷售新產品、開拓新市場時,賒銷更具有重要的意義。

2. 減少存貨

企業持有產成品存貨,要追加管理費、倉儲費、保險費等支出;相反,企業持有應收帳款,則不需要上述支出。因此,無論是季節性生產企業還是非季節性生產企業,當產成品存貨較多時,一般都可以採用較爲優惠的信用條件進行賒銷,把存貨轉化爲應收帳款,減少產成品存貨,節約各項支出。

(二) 應收帳款的成本

持有應收帳款,在增加銷售的同時也要付出一定的代價。應收帳款的成本主要包括:

1. 應收帳款的機會成本

應收帳款的機會成本是指因資金投放在應收帳款上而喪失的其他收入。企業資金不投放於應收帳款,便可用於其他投資並獲得收益,如投資於有價證券便會有利息收入。這一成本的大小通常與企業維持賒銷業務所需要的資金數量(即應收帳款投資額)、資本成本率有關。其計算步驟如下:

(1) 計算應收帳款平均餘額。

$$應收帳款平均餘額 = \frac{年賒銷額}{360} \times 平均收帳天數$$

$$= 平均每日賒銷額 \times 平均收帳天數$$

(2) 計算維持賒銷業務所需要的資金。

$$維持賒銷業務所需要的資金 = 應收帳款平均餘額 \times \frac{變動成本}{銷售收入}$$

$$= 應收帳款平均餘額 \times 變動成本率$$

(3) 計算應收帳款的機會成本。

應收帳款的機會成本 = 維持賒銷業務所需要的資金 × 資金成本率

公式中的資金成本率一般可按有價證券利息率計算;平均收帳天數一般按客户各自賒銷額占總賒銷額比重爲權數的所有客户收帳天數的加權平均數計算,並假設企業的成本水平保持不變(即單位變動成本不變,固定成本總額不變)。因此,隨著賒銷業務的擴大，只有變動成本隨之上升。

【例7-3】假設長城公司預計2016年度賒銷額爲600萬元，應收帳款平均收帳天數爲60天，變動成本率爲60%，則應收帳款的機會成本計算如下：

應收帳款平均餘額 $= \dfrac{6\,000\,000}{360} \times 60 = 1\,000\,000$（元）

維持賒銷業務所需要的資金 $= 1\,000\,000 \times 60\% = 600\,000$（元）

應收帳款的機會成本 $= 600\,000 \times 10\% = 60\,000$（元）

上述計算表明，企業投放600 000元的資金可以維持6 000 000元的賒銷業務，相當於墊支資金的10倍之多。這一較高的倍數在很大程度上取決於應收帳款的收帳速度。在正常情況下，應收帳款收帳天數越少，一定數量資金所維持的賒銷額就越大；應收帳款收帳天數越多，維持相同賒銷額所需要的資金就越大。而應收帳款機會成本在很大程度上取決於企業維持賒銷業務所需要資金的多少。

2. 應收帳款的管理成本

應收帳款的管理成本主要包括：①調查顧客信用情況的費用；②收集各種信息的費用；③帳簿的記錄費用；④收帳費用；⑤其他費用。

3. 應收帳款的壞帳成本

應收帳款因故不能收回而發生的損失，就是壞帳成本。壞帳成本一般與應收帳款的數量成正比。

企業提供商業信用，採取賒銷、分期收款等銷售方式，可以擴大銷售、增加利潤。但應收帳款的增加，也會造成資本成本、壞帳損失等費用的增加。應收帳款管理的基本目標，就是在充分發揮應收帳款增加銷售、降低庫存功能的基礎上，盡可能降低應收帳款機會成本、管理成本和壞帳損失，使通過商業信用、擴大銷售所增加的收益大於相關的各項費用，最大限度地提高應收帳款投資的效益。

## 二、應收帳款政策的制定

應收帳款政策又稱爲信用政策，是企業財務政策的一個重要組成部分。企業要管好用好應收帳款，必須事先制定合理的信用政策。信用政策主要包括信用標準、信用條件和收帳政策三部分。

### （一）信用標準

信用標準，是指顧客獲得企業的商業信用所應具備的最低條件。如果顧客達不到信用標準，便不能享受企業的信用或只能享受較低的信用優惠。

信用標準，通常以預期的壞帳損失率爲判斷標準。如果企業把信用標準定得過高，只對信譽很好、壞帳損失率很低的顧客給予賒銷，將使許多客户因信用品質達不到所設的標準而被企業拒之門外，其結果則是儘管會減少企業的壞帳損失，減少應收帳款的機會成本和收帳費用，但這不利於企業市場競争能力的提高和銷售收入的增加，甚至會使銷售收入減少；相反，如果信用標準定得較爲寬鬆，雖然有利

# 第 7 章　營運資金管理

於企業擴大銷售，提高市場競爭力和占有率，但會相應增加壞帳損失、收帳費用和應收帳款的機會成本。因此，企業應根據具體情況進行權衡。

【例7-4】長城公司準備對信用標準進行修訂，提出甲、乙兩個方案。兩個備選方案的賒銷水平、壞帳比率和收帳費用等相關數據如表7-3所示。

表 7-3　　　　　　　　　　　信用標準備選方案　　　　　　　　　　單位：萬元

| 項目 | 甲方案（較緊的信用標準） | 乙方案（較鬆的信用標準） |
| --- | --- | --- |
| 年賒銷額 | 1 200 | 1 320 |
| 收現期 | 30 天 | 60 天 |
| 壞帳損失率 | 2% | 3% |
| 收帳費用 | 12 | 15 |
| 應收帳款平均餘額 | 1 200÷360×30 = 100 | 1 320÷360×60 = 220 |
| 維持賒銷所需資金 | 100×60% = 60 | 220×60% = 132 |
| 應收帳款機會成本 | 60×10% = 6 | 132×10% = 13.2 |

其中，變動成本率60%，有價證券利率為10%。

為評價備選的兩種信用標準的優劣，必須計算兩個方案各自將產生的收益和成本，並對兩個方案所能產生的淨收益進行比較。測算結果如表7-4所示。

表 7-4　　　　　　長城公司備選的兩種信用標準測試結果　　　　　　單位：萬元

| 項目 | 甲方案（較緊的信用標準） | 乙方案（較鬆的信用標準） |
| --- | --- | --- |
| 年賒銷額 | 1 200 | 1 320 |
| 減：變動成本（60%） | 720 | 792 |
| 信用成本前收益 | 480 | 528 |
| 減：應收帳款機會成本 | 6 | 13.2 |
| 　壞帳損失 | 1 200×2% = 24 | 1 320×3% = 39.6 |
| 　收帳費用 | 12 | 15 |
| 信用成本後收益 | 438 | 460.2 |

根據表7-4的資料可知，兩個備選方案中，乙方案獲利更多。因此，在其他條件不變的情況下，公司最好選用乙方案。

(二) 信用條件

信用條件是指公司要求客戶支付賒銷款項的條件，包括信用期限、折扣期限和現金折扣。信用期限是公司為客戶規定的最長付款時間。折扣期限是為客戶規定的可享受現金折扣的付款時間。現金折扣是在客戶提前付款時給予的優惠。

比如，銷售合同中的"3/10，N/30"就是一項信用條件。它規定：如果在發票開出後10日内付款，可享受3%的現金折扣，如果不想取得現金折扣，這筆貨款必須在30日内付清。在這裡，30日爲信用期限，10日爲折扣期限，3%爲現金折扣。提供比較優惠的信用條件能增加銷售量，但也會增加額外的負擔，比如會增加應收帳款的機會成本、壞帳成本、現金折扣成本等。

公司在決定應當對客戶核定多長的折扣期限、給予客戶多大程度的現金折扣優惠時，必須將信用期限及加速收款所得到的收益與付出的現金折扣成本結合起來加以考慮。如果加速收款帶來的收益能夠充裕地彌補現金折扣成本，公司就可以採取現金折扣或進一步改變當前的信用條件；反之，現金優惠政策就是不恰當的。

【例7-5】長城公司目前採用上例乙方案的信用標準。預測的年度賒銷收入淨額爲1 320萬元，其信用條件是"$N/60$"，變動成本率爲60%，有價證券利率爲10%。假設公司固定成本總額保持不變，現公司提出方案丙，即改變信用條件爲"$N/90$"，各個備選方案的賒銷水平、壞帳比率和收帳費用等有關數據如表7-5所示。

表7-5　　　　　　　　　信用條件備選方案　　　　　　　　金額：萬元

| 項目 | 丙方案 | 乙方案 |
| --- | --- | --- |
| 年賒銷額 | 1 800 | 1 320 |
| 收現期 | 90天 | 60天 |
| 壞帳損失率 | 5% | 3% |
| 收帳費用 | 30 | 15 |
| 應收帳款平均餘額 | 1 800÷360×90 = 450 | 1 320÷360×60 = 220 |
| 維持賒銷所需資金 | 450×60% = 270 | 220×60% = 132 |
| 應收帳款機會成本 | 270×10% = 27 | 132×10% = 13.2 |

根據上述資料，長城公司對兩個備選方案的信用條件分析與決策見表7-6。

表7-6　　　　　　長城公司信用條件分析與決策　　　　　　單位：萬元

| 項目 | 丙方案 | 乙方案 |
| --- | --- | --- |
| 年賒銷額 | 1 800 | 1 320 |
| 減：變動成本（60%） | 1 080 | 792 |
| 信用成本前收益 | 720 | 528 |
| 減：應收帳款機會成本 | 27 | 13.2 |
| 壞帳損失 | 1 800×5% = 90 | 1 320×3% = 39.6 |
| 收帳費用 | 30 | 15 |
| 信用成本後收益 | 573 | 460.2 |

以上計算表明，採用更爲優惠的丙方案能給公司帶來更高的收益。

## 第7章 營運資金管理

（三）收帳政策

收帳政策是指公司向客戶收取逾期未付款的收帳策略與措施。公司收帳政策是通過一系列收帳程序的組合來完成的。這些程序包括給客戶電話、傳真、發信、拜訪、融通、法律行動等。

公司對不同的客戶應制定不同的收帳政策。一般公司為了擴大產品銷售量，增強競爭能力，往往對客戶的逾期未付款項規定一個允許拖欠的期限。超過規定的期限，公司就將進行各種形式的催收。如果企業採用較為積極的收帳政策，可能會減少應收帳款投資，減少壞帳損失，但會增加收帳成本，而且如果催收過急，又可能傷害無意拖欠的顧客，影響公司未來的銷售和利潤。相反，如果採用較為消極的收帳政策，可能會增加應收帳款投資，增加壞帳損失，但會減少收帳成本。因此，公司在制定收帳政策時必須綜合考慮，做到寬嚴適度。

一般來說，收帳費用支出越多，壞帳損失越少，但兩者並不一定存在線性關係，如圖 7-3 所示。通常情況是：

（1）開始花費一些收帳費用，應收帳款和壞帳損失有小部分降低；

（2）收帳費用繼續增加，應收帳款和壞帳損失明顯減少；

（3）收帳費用達到某一限度後，應收帳款和壞帳損失的減少就不再明顯了，這個限度稱為飽和點。

在制定信用政策時，應權衡增加收帳費用與減少應收帳款機會成本和壞帳損失之間的得失。

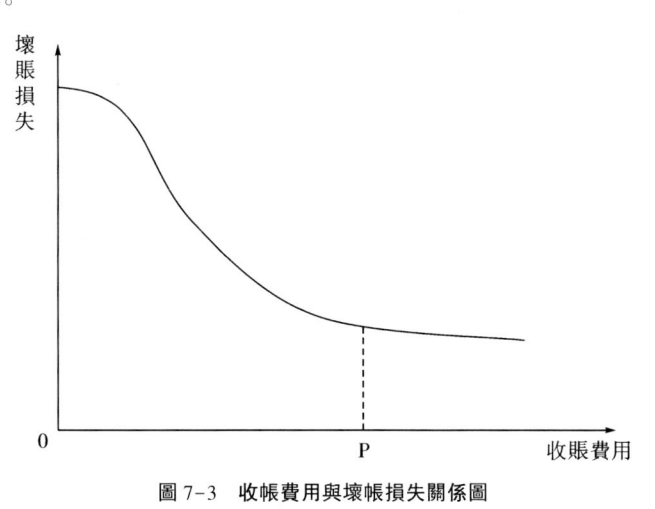

圖 7-3 收帳費用與壞帳損失關係圖

【例 7-6】長城公司現行收帳政策和擬改變的收帳政策如表 7-7 所示。

表7-7　　　　　　　　　收帳政策及備選方案　　　　　　　單位：萬元

| 項目 | 現行收帳政策 | 建議收帳政策 |
|---|---|---|
| 年賒銷額 | 3 600 | 3 600 |
| 年收帳費用 | 10 | 20 |
| 平均收現期 | 60 | 30 |
| 壞帳損失率 | 3% | 1% |

假設變動成本率60%，有價證券利率為10%，則兩種收帳政策分析評價如表7-8所示。

表7-8　　　　　　　長城公司收帳政策分析評價　　　　　　　單位：萬元

| 項目 | 現行收帳政策 | 建議收帳政策 |
|---|---|---|
| 年賒銷額 | 3 600 | 3 600 |
| 應收帳款平均餘額 | 3 600÷360×60＝600 | 3 600÷360×30＝180 |
| 維持賒銷所需資金 | 600×60%＝360 | 180×60%＝108 |
| 應收帳款機會成本 | 360×10%＝36 | 108×10%＝10.8 |
| 壞帳損失 | 3 600×3%＝108 | 3 600×1%＝36 |
| 收帳費用 | 10 | 20 |
| 信用成本合計 | 154 | 66.8 |

因此，擬改變的收帳政策將使公司收益87.2萬元。

### 三、應收帳款的日常控制

完善信用部門的管理職能，建立系統性的應收帳款全過程的管理體系非常重要。完整的客戶檔案是信用管理的基礎。客戶檔案應包括以下內容：客戶基本資料、客戶信用資料、賒銷合同、以往交易記錄等。信用管理部門依靠完整的客戶資料評價和跟蹤客戶的信用狀況，確定客戶的信用額度，對逾期帳款進行有效管理。客戶檔案應從與客戶建立交易關係前就着手建立，並在客戶關係的發展過程中予以及時補充和更新。

（一）企業的信用調查

對客戶的信用進行評價是日常管理的重要內容，只有正確地評價顧客的信用狀況，才能合理地執行企業的信用政策。要合理地評價顧客的信用，必須對顧客信用進行調查，搜集有關的信息資料。信用調查有兩類：

1. 直接調查

直接調查是指調查人員直接與被調查單位接觸，通過當面採訪、詢問、觀看、

## 第 7 章  營運資金管理

記錄等方式獲取信用資料的一種方法。直接調查能保證收集資料的準確性和及時性，但如果被調查單位拒絕合作，則會使調查資料不完整。

2. 間接調查

間接調查是以被調查單位以及其他單位保存的有關原始記錄或資料爲基礎，通過加工整理獲得被調查單位信用資料的一種方法。這些資料主要來自於：

（1）財務報表。有關單位的財務報表是信用資料的重要來源。通過財務報表分析，基本上能掌握一個企業的財務狀況和盈利狀況。

（2）信用評估機構。我國的信用評估機構目前有三種形式：①獨立的社會評估機構，它們只根據自身的業務吸收有關專家參加，不受行政干預和集團利益的牽制，獨立自主地開辦信用評估業務；②政策性銀行負責組織的評估機構，一般由銀行有關人員和各部門專家進行評估；③由商業銀行組織的評估機構，由商業銀行組織專家對其客户進行評估。

專門的信用評估部門通常評估方法先進，評估調查細緻，評估程序合理，可信度較高。

（3）銀行。銀行是信用資料的一個重要來源，許多銀行都設有信用部爲其顧客提供服務。但銀行的資料一般僅在同業之間交流，而不願向其他單位提供。

（4）其他。瞭解企業的信用還可以從財稅部門、消費者協會、工商管理部門、企業的上級主管部門、證券交易部門等處獲取。另外，書籍、報紙、雜誌等也可以提供有關顧客的信用情況。

（二）企業的信用評估

公司由於實施商業信用而使應收帳款的收回產生了不確定性，這便是信用風險。爲了預防和控制信用風險，公司必須對每一個信用申請者進行評估，並且考慮客户發生壞帳或者延遲付款的可能性。信用評估程序一般包括：

（1）獲取申請者的相關信息；

（2）分析信息，以確定申請者的信用可靠度；

（3）進行信用決策，實施信用標準。

信用評估的方法很多，最常用的信用評估方法是"5C"評估法和信用評分法。

1. "5C" 評估法

它是通過對影響客户信用的 5 個主要因素進行定性分析，以判別客户的還款意願和能力的一種專家分析法。這 5 個因素英文都以 C 開頭，故稱之爲 5C 評估法。

（1）品質（character）。品質是指客户的信譽，即履行償債義務的可能性。這一點經常被視爲評價客户信用的首要因素。企業必須設法瞭解客户過去的付款記錄，看其是否有按期如數償還的一貫做法，以及與其他供貨企業的關係是否良好。這是衡量客户是否信守契約的重要標準，也是決定是否賒銷的首要條件。

（2）能力（capacity）。能力是指客户的償債能力，即其流動資產的數量和質量以及與流動負債的比例關係等。客户的流動資產越多，即流動比率越高，其轉化爲現金支付款項的能力就越強。同時，公司還應關註客戶流動資產的質量，看其是否有存貨過多、過時或質量下降，是否有過多的不良債權等影響其變現能力和支付能力的情況。

(3) 資本（capital）。資本是指客戶的實力和財務狀況，表明客戶可能償還債務的背景。

(4) 抵押（collateral）。抵押是指客戶拒付款項或無力支付款項時能被用作抵押的資產。這對於不知底細的客戶或信用狀況有爭議的客戶尤為重要。一旦這些客戶的款項無法收回，便以抵押品抵補。如果這些客戶能提供足夠的抵押，就可以考慮向他們提供相應的信用。

(5) 條件（conditions）。條件是指可能影響顧客付款能力的經濟環境。一旦出現經濟不景氣等因素，會對客戶的付款能力產生多大的影響，客戶的應對措施如何等，這需要瞭解客戶在過去經濟困境時期的付款歷史。

2. 信用評分法

信用評分法是先對一系列財務比率和信用情況指標進行評分，然後進行加權平均，得出客戶綜合的信用分數，並以此進行信用評估的一種方法。進行信用評分的基本公式是：

$$Y = a_1 x_1 + a_2 x_2 + a_3 x_3 + \cdots + a_n x_n = \sum_{i=1}^{n} a_i x_i$$

式中，$Y$ 表示某公司的信用評分，$a_i$ 表示事先擬定出的對第 $i$ 種財務比率或信用品質進行加權的權數；$x_i$ 表示第 $i$ 種財務比率或信用品質的評分。

(三) 監控應收帳款

企業控制應收帳款的最好方法是拒絕向具有潛在風險的客戶賒銷產品，或在某些情況下，特別是對耐用消費品的銷售，可將賒銷的商品作為附屬擔保品進行有擔保銷售。對於已經發生的應收帳款，則必須加強收帳工作的管理，及時瞭解帳款回收情況，根據客戶償付貨款的不同情況做出反應，這主要通過帳齡分析、觀察應收帳款平均帳齡來實現。

1. 帳齡分析表

公司應收帳款能否收回以及能收回多少，不一定完全取決於時間的長短，但一般來說，帳款被拖欠的時間越長，發生壞帳的可能性越大。調查數據顯示，應收帳款逾期的時間越長，追帳的成功率就越低。因此，企業應實施嚴密的監督，隨時掌握回收情況。實施對應收帳款回收情況的監督，可通過編制帳齡分析表進行。

帳齡分析就是將所有賒銷客戶應收帳款按帳齡分為幾類後，顯示每一類的總數額和所占的比例。它勾畫出了沒有收回的應收帳款的質量，如表 7-9 所示。

# 第7章 營運資金管理

表 7-9 長城公司 2016 年度帳齡分析表

| 應收帳款帳齡 | 客戶數量 | 應收金額（萬元） | 金額比例（%） |
|---|---|---|---|
| 信用期內（1個月） | 30 | 3 000 | 30 |
| 超過信用期 1 個月 | 15 | 2 000 | 20 |
| 超過信用期 2 個月 | 10 | 2 000 | 20 |
| 超過信用期 3 個月 | 5 | 1 000 | 10 |
| 超過信用期 6 個月 | 3 | 1 000 | 10 |
| 超過信用期 1 年 | 2 | 500 | 5 |
| 超過信用期 2 年 | 1 | 300 | 3 |
| 超過信用期 3 年及以上 | 5 | 200 | 2 |
| 合計 | — | 10 000 | 100 |

通過帳齡分析表 7-9，可以分析如下：

（1）有多少欠款還在信用期內。由於這部分欠款沒有超過信用期，屬正常欠款，但到期後能否收回還應具體分析，故應及時控制。

（2）有多少欠款已超過信用期，超過時間不等的款項各占多少，有多少欠款最終形成壞帳。表 7-9 顯示，有 7 000 萬的應收帳款已超過信用期，所占比例爲 70%。拖欠時間較短的（如 1 個月內）有 2 000 萬元，所占比例爲 20%，其收回的可能性相對較大；帳齡越長的應收帳款，其發生壞帳的可能性越大。公司應針對不同客戶採取不同的收帳方法、制定經濟可行的收帳政策，防止出現不良債權。此外，還應借助於帳款預期率、帳款回收週期、帳齡結構、壞帳率等財務比率進行客戶信用風險分析。

2. 應收帳款平均帳齡

除了帳齡分析表外，財務經理往往計算應收帳款平均帳齡，即該企業的所有未得到清償的應收帳款的平均帳齡。對應收帳款平均帳齡的計算通常有兩種方法。

第一種方法是計算所有個別的沒有清償的發票的加權平均帳齡。使用的權數是個別的發票金額占應收帳款總額的比例。

另一種簡化的方法是利用帳齡分析表。假設帳齡在 0~30 天的所有應收帳款帳齡爲 15 天（0 天和 30 天的中點），帳齡在 31~60 天的所有應收帳款帳齡爲 45 天，而帳齡在 61~90 天的所有應收帳款帳齡爲 75 天等，然後，通過計算 15、45、75 的加權平均數，就能夠計算出平均帳齡以及權數是帳齡爲 0~30 天、31~60 天、61~90 天的應收帳款占全部應收帳款的比例。

在實際業務中，可以通過比較方式，對應收帳款帳齡和客戶的信用質量實施過程監督和評價。表 7-10 是長城公司對甲、乙兩個客戶的帳齡及其信用分析的簡要過程。

表7-10　　　　　　　長城公司帳齡分析比較表（甲、乙客戶）　　　　　　　單位：萬元

| 帳齡 \ 客戶金額 | 客戶甲 應收帳款數額 | 結構（％） | 客戶乙 應收帳款數額 | 結構（％） |
|---|---|---|---|---|
| 0～30 天 | 1 500 000 | 75.00 | 800 000 | 40.00 |
| 31～60 天 | 300 000 | 15.00 | 400 000 | 20.00 |
| 61～90 天 | 200 000 | 10.00 | 300 000 | 15.00 |
| 91～180 天 | 0 | 0 | 200 000 | 10.00 |
| 181～360 天 | 0 | 0 | 300 000 | 15.00 |
| 合計 | 2 000 000 | 100.00 | 2 000 000 | 100.00 |

根據表7-10，計算長城公司甲、乙客戶應收帳款的平均帳齡爲：

甲客戶應收帳款平均帳齡 = $15 \times 75\% + 45 \times 15\% + 75 \times 10\% = 25.5$

乙客戶應收帳款平均帳齡 = $15 \times 40\% + 45 \times 20\% + 75 \times 15\% + 145 \times 10\% + 270 \times 15\%$ = 81.25

通過表7-10和甲、乙兩客戶平均帳齡的計算可知，儘管甲、乙兩客戶的應收帳款總額相同，但是乙客戶的平均帳齡遠高於甲客戶，表明其發生壞帳的可能性也遠高於甲客戶。如果兩家的信用條件相同，說明長城公司在對乙客戶應收帳款管理方面存在某些漏洞，比如可能對客戶的信用分析不夠，導致較多的低信用客戶享受到不該享受的商業信用，或者長城公司只是在政策上過於放鬆，導致一些逾期款項無法及時收回等。

（四）催收拖欠款項

企業對不同過期帳款的收款方式，包括準備爲此付出的代價，構成其收帳政策，這是信用管理中的一個重要方面。

由於收取帳款的各個環節都要發生費用，因此收帳政策還要在收帳費用和所減少的壞帳損失之間進行權衡。這一點在很大程度上要依靠企業管理人員的經驗，也可以根據應收帳款總成本最小化的原理，通過對各收帳方案成本大小的比較，確定收帳方式。一般的方式是：對過期較短的客戶，不宜頻繁過多打擾，以免以後失去市場；對過期稍長的客戶，可寫信催款；對過期很長的客戶，則頻繁催款，且措辭嚴厲。

企業應該在應收帳款發生後，積極制定各種控制措施，盡量按時回收款項，防止壞帳、呆帳的出現。具體措施包括：

1. 確定合理的收帳程序

（1）信函通知。當帳款過期幾天時，可發給對方一封有禮貌的通知信件；如果仍然沒有收到付款，可以發出1～2封甚至更多的郵件，措辭可以更爲嚴厲和迫切。

（2）電話催收。在送出最初的幾封信後，給顧客打電話。如果顧客有財務上的

## 第 7 章　營運資金管理

困難，可以考慮採用折中的辦法。收回一部分貨款總比完全收不回來好些。

（3）派員面談。如果再無效，公司的收帳人員可直接與顧客面談，協商解決。

（4）訴訟程序。如果談判不成，帳款數額相當大，可以通過法律途徑來解決。

2. 確定合理的收帳方法

客戶拖欠貨款的原因有很多，但可以概括爲兩類：無力償還和故意拖欠。

無力償還是指顧客因爲經營管理不善，財務出現困難，沒有資本償還到期債務。對於這種情況，要進行具體分析。如果客戶是暫時遇到困難，經過努力可以東山再起，公司應該幫助顧客渡過難關，以便收回較多的帳款；如果顧客遇到嚴重困難，已達到破產界限，無法恢復活力，則公司應及時向法院起訴，以期在破產清算時得到債權的部分清償。

故意拖欠是指客户雖然有能力付款，但爲了無償使用或有其他目的而想方設法不付款。這時則需要確定合理的收帳方法，以達到回籠貨款的目的。目前採取收帳公司追帳的方式比較可行，可彌補公司在經驗方面的不足。

總之，對應收帳款的催收要遵循以下幾個原則：催收貨款的順序應該是從成本最低的手段開始，只有在前面方法失敗後才繼續採用成本較高的方法；早期的收款接觸要友好，語氣也弱一些，後來的聯繫則可以逐漸嚴厲；收款決策遵循成本收益原則，一旦繼續收款的努力所產生的現金流量小於繼續收款所追加的成本，那麼停止向顧客追討是正確的決策。

## 第 4 節　存貨管理

企業存貨在流動資產中所占的比重較大，一般爲 40%～60%。存貨管理的好壞，對企業財務狀況的影響極大。因此，加強存貨的規劃與控制，使存貨保持在最優水平，便成爲財務管理的一項重要內容。

### 一、存貨的功能與成本

存貨是指企業在生產經營過程中持有以備出售的產成品或商品、處在生產過程中的在產品和半成品、在生產過程或提供勞務過程中耗用的材料和物料等。具體包括各類材料、燃料、低值易耗品、在產品、半成品、產成品、協作件、商品等，可以分爲三大類：原材料存貨、在產品存貨和產成品存貨。

企業持有充足的存貨，不僅有利於生產過程的順利進行，節約採購費用與生產時間，而且能夠迅速地滿足客户各種訂貨的需要，從而爲企業的生產與銷售提供較大的機動性，避免因存貨不足帶來的機會損失。然而，存貨的增加必然要占用更多的資金，將使企業付出更多的持有成本（即存貨的機會成本），而且存貨儲存的管理費用也會增加，影響企業獲利能力的提高。因此，如何在存貨的功能（收益）與成本之間進行利弊權衡，在充分發揮存貨功能的同時降低成本、增加收益、實現它們的最佳組合，成為存貨管理的基本目標。

（一）存貨的功能

如果工業企業能夠在生產投料時隨時購入所需的原材料，或者商業企業能在銷售時購入該項商品，就不需要存貨。但實際上，企業總有儲備存貨的需要，並且會因此占用或多或少的資金。

存貨的功能是指存貨在生產經營過程中的作用。具體包括以下幾個方面：

1. 儲備必要的原材料和在產品，可以保證市場正常進行

生產過程中所需要的原材料，是生產中必備的物質資料。為了保證生產順利進行，必須適當地儲備一些材料。儘管有些企業自動化程度很高，並借助電腦進行管理，提出了"零庫存"的管理目標，但要完全達到這一目標並非易事。存貨在生產不均衡和商品供求關係波動時，可起到緩解矛盾的作用。即使生產能按照事先規劃好的程序來進行，但要每天都採購材料也不現實，經濟上也不一定合算。因此，為了保證生產正常進行，儲備適當的原材料是必需的。出於同樣的原因，在產品也需要保持一定的儲備。

2. 儲備必要的產成品，有利於銷售

企業的產品，一般不是生產一件出售一件，而是要組織成批生產成批銷售才經濟合算。這是因為：一方面，顧客為節省採購成本和其他費用，一般要成批採購；另一方面，為了達到運輸上所需要的最低批量，也應組織成批發運。此外，為了應對市場上突然到來的需求，也應適當儲存一些產成品。

3. 適當儲存原材料和產成品，便於組織均衡生產，降低產品成本

有些企業生產的產品屬於季節性產品，有些企業產品需求很不穩定。如果根據需求狀況時高時低地進行生產，有時生產能力可能得不到充分利用，有時又會出現超負荷生產，這些情況都會使生產成本提高。為了降低生產成本，實行均衡生產，就要儲備一定的產成品存貨，也要相應地保持一定的原材料存貨。

4. 留有各種存貨的保險儲備，可以防止意外事件造成的損失

在採購、運輸、生產和銷售過程中，都可能發生意外事故，保持必要的存貨保險儲備，可避免或減少損失。

（二）存貨的成本

與儲備存貨有關的成本，通常包括以下幾項：

1. 採購成本

採購成本由買價、運雜費等構成。採購成本經常用數量與單價的乘積來確定。採購成本一般與採購數量成正比例變化。為降低採購成本，企業應研究材料的供應情況，貨比三家，價比三家，爭取採購質量好、價格低的材料物資。

# 第7章 營運資金管理

2. 訂貨成本

訂貨成本是指為訂購材料、商品而發生的成本，即取得訂單的成本。如辦公費、差旅費、郵資、電話費等支出。訂貨成本中有一部分與訂貨次數無關，如常設採購機構的基本開支等，稱為訂貨的固定成本；另一部分與訂貨次數有關，如差旅費等，稱為訂貨的變動成本。企業要想降低訂貨成本，往往需要大批量採購，以減少訂貨次數。

3. 儲存成本

儲存成本是指在物資儲存過程中發生的倉儲費、搬運費、保險費、存貨占用資金所應計的利息費等。（若企業用現金購買存貨，便失去了現金存放銀行或投資於證券本應取得的利息，是為"放棄利息"；若企業借款購買存貨，便要支付利息費用，是為"付出利息"。）

一定時期內的儲存成本總額，等於該時期內平均存貨量與單位儲存成本之積。企業要想降低儲存成本，則需要小批量採購，以減少儲存數量。

4. 缺貨成本

缺貨成本是指由於存貨供應中斷而造成的損失，包括存貨供應中斷造成的停工損失、產成品庫存缺貨造成的拖欠發貨損失和喪失銷售機會的損失（還應包括需要主觀估計的商譽損失）。這部分損失較難準確估算。

## 二、存貨決策

存貨的決策涉及四項內容：決定進貨項目、選擇供應單位、決定進貨時間和決定進貨數量。決定進貨項目和選擇供應單位是供應部門和生產部門的職責。財務部門要做的是決定進貨時間和進貨數量。按照存貨管理的目的，需要通過合理的進貨批量和進貨時間，使存貨的總成本最低，這個批量叫作經濟訂貨量或經濟批量。有了經濟訂貨量，可以很容易地找出最適宜的進貨時間。

（一）經濟訂貨量

經濟訂貨量又稱經濟批量，是指一定時期儲存成本與訂貨總成本總和最低的採購批量。

與存貨總成本有關的變量（即影響總成本的因素）很多，為了解決比較複雜的問題，有必要簡化或捨棄一些變量，研究解決簡單的問題，然後再擴展到複雜的問題。這需要設立一些假設，在此基礎上建立經濟訂貨量的基本模型。

1. 經濟訂貨批量基本模型

經濟訂貨量基本模型以如下假設條件為前提：

（1）企業一定時期的進貨總量可以較為準確地予以預測；

（2）存貨的耗用或者銷售比較均衡；

（3）存貨的價格穩定，且不存在數量折扣，進貨日期完全由企業自行確定，並且每當存貨量降爲零時，下一批存貨均能馬上一次到位；

(4) 倉儲條件及所需現金不受限制；

(5) 不允許出現缺貨情形；

(6) 所需存貨市場供應充足，不會因買不到所需存貨而影響其他方面。

由於企業不允許出現缺貨，即每當存貨數量降爲零時，下一批訂貨便會隨即全部購入，故不存在缺貨成本。此時與存貨訂購批量、批次直接相關的就只有進貨費用和儲存成本兩項。即：

存貨相關總成本＝相關訂貨成本＋相關年儲存成本

$$=\frac{存貨全年計劃進貨總量}{每次進貨批量}\times 每次進貨費用+\frac{每次進貨批量}{2}\times 單位存貨年儲存成本$$

圖 7-4 對兩種成本與訂貨量之間的關係進行了描述。可見，隨著訂購批量的變化，這兩種成本此消彼長。確定最佳採購批量的目的，就是要尋找使這兩種成本之和最小的訂購批量，也即圖 7-4 中的 Q 點。

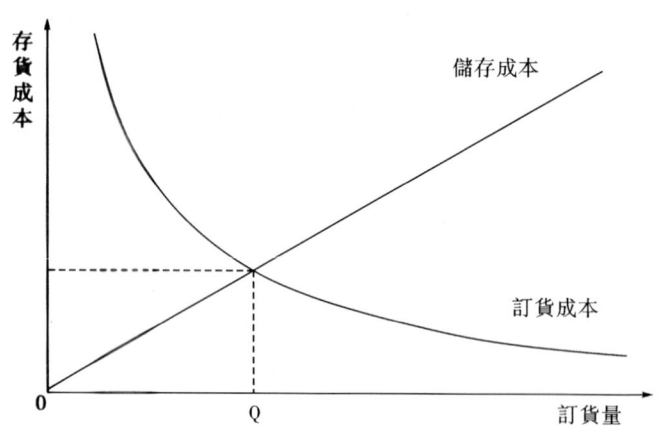

圖 7-4　存貨成本與訂貨量之間的關係

假設：$Q$ 爲經濟訂貨批量；$A$ 爲某種存貨年度計劃進貨總量；$B$ 爲平均每次訂貨費用；$C$ 爲單位存貨年度單位儲存成本；$P$ 爲進貨單價。則：

$$訂購批數=\frac{A}{Q} \qquad (7-1)$$

$$平均庫存量=\frac{Q}{2} \qquad (7-2)$$

$$訂貨成本=B\times\frac{A}{Q} \qquad (7-3)$$

$$儲存成本=C\times\frac{Q}{2} \qquad (7-4)$$

## 第 7 章　營運資金管理

$$存貨相關總成本（T）= B \times \frac{A}{Q} + C \times \frac{Q}{2} \qquad (7\text{-}5)$$

令式（7-5）的一階導數等於零，可得：

$$經濟訂貨批量（Q）= \sqrt{\frac{2AB}{C}} \qquad (7\text{-}6)$$

$$經濟訂貨批數（N）= \frac{A}{Q} = \sqrt{\frac{AB}{2B}} \qquad (7\text{-}7)$$

$$經濟訂貨批量平均占用資金（W）= P \times \frac{Q}{2} = P\sqrt{\frac{AB}{2C}} \qquad (7\text{-}8)$$

$$經濟訂貨批量的存貨相關總成本（T）= \sqrt{2ABC} \qquad (7\text{-}9)$$

【例 7-7】某企業全年需要耗用甲材料 360 000 千克，該材料的採購單價爲 100 元/千克，每次的訂貨費用爲 800 元，單位年儲存成本 4 元，則：

$$經濟訂貨批量（Q）= \sqrt{\frac{2AB}{C}} = 12\ 000（千克）$$

$$經濟訂貨批數（N）= \frac{A}{Q} = \sqrt{\frac{AC}{2B}} = \sqrt{\frac{360\ 000 \times 4}{2 \times 800}} = 30（批）$$

$$經濟訂貨批量平均占用資金（W）= P \times \frac{Q}{2} = P\sqrt{\frac{AB}{2C}}$$

$$= 100 \times \sqrt{\frac{360\ 000 \times 800}{2 \times 4}}$$

$$= 100 \times 6\ 000 = 600\ 000（元）$$

$$經濟訂貨批量的存貨相關總成本（T）= \sqrt{2ABC}$$

$$= \sqrt{2 \times 360\ 000 \times 800 \times 4} = 48\ 000（元）$$

2. 有數量折扣的經濟批量模型

基本經濟批量模型假設存貨採購單價不隨批量而變動。但事實上，很多企業爲了鼓勵客戶購買更多的商品，銷售企業通常在銷售時都有數量折扣，即對大批量採購在價格上給予一定的優惠。即實行商業折扣或稱價格折扣。購買越多，所獲得的價格優惠越大。在這種情況下，進貨企業對經濟批量的確定，除考慮訂貨成本和儲存成本外，還應考慮存貨的進價成本，因爲此時的存貨進價成本已經與進貨數量的大小有了直接的聯繫，屬於決策的相關成本。

即在經濟進貨批量基本模型其他各種假設條件均具備的前提下，存在數量折扣時的存貨相關總成本可按下式計算：

存貨相關總成本＝進價成本＋相關訂貨成本＋相關儲存成本

實行數量折扣的經濟進貨批量具體確定步驟如下：

第一步，按照經濟訂貨批量基本模型確定經濟訂貨批量；

第二步，計算按照經濟訂貨批量進貨時的存貨相關總成本；

第三步，計算按照給予數量折扣的訂貨批量進貨時的存貨相關總成本。

如果給予數量折扣的進貨批量是一個範圍，如進貨數量爲1 000~1 999千克可享受2%的價格優惠，此時按給予數量折扣的最低進貨批量，即按1 000千克計算存貨相關總成本。

因爲在給予數量折扣的進貨批量範圍內，無論進貨量是多少，存貨進價成本總額都是相同的，而相關總成本的變動規律是：進貨批量越小，相關總成本就越低。

第四步，比較不同進貨批量的存貨相關總成本，最低存貨相關總成本對應的訂貨批量，就是實行數量折扣的最佳經濟訂貨批量。

【例7-8】某企業全年需要耗用乙材料3 600噸，該材料的採購標準單價爲1 000元/噸。銷售企業規定，客戶每批訂貨量不足200噸的，按照標準價格計算；每批訂貨量200噸以上，300噸以下的，價格優惠2%；每批訂貨量300噸以上的，價格優惠3%。每次的訂貨費用爲800元，單位年儲存成本400元。

則按經濟訂貨批量基本模型確定的經濟訂貨批量

$$Q = \sqrt{\frac{2AB}{C}} = \sqrt{\frac{2 \times 3\ 600 \times 800}{400}} = 120 \text{（噸）}$$

每次進貨120噸時的存貨相關總成本

$T = 3\ 600 \times 1\ 000 + 120/2 \times 400 + 3\ 600/120 \times 800$

　$= 3\ 600\ 000 + 24\ 000 + 24\ 000 = 36\ 48\ 000$（元）

每次進貨200噸時的存貨相關總成本

$T = 3\ 600 \times 1\ 000 \times (1-2\%) + 200/2 \times 400 + 3\ 600/200 \times 800$

　$= 3\ 528\ 000 + 40\ 000 + 14\ 400 = 36\ 48\ 000$（元）$= 3\ 582\ 400$（元）

每次進貨300噸時的存貨相關總成本

$T = 3\ 600 \times 1\ 000 \times (1-3\%) + 300/2 \times 400 + 3\ 600/300 \times 800$

　$= 3\ 492\ 000 + 60\ 000 + 9\ 600 = 36\ 48\ 000$（元）$= 3\ 561\ 600$（元）

通過比較發現，每次進貨爲300噸時的存貨相關總成本最低，所以此時最佳經濟訂貨批量爲300噸。

（二）再訂貨點

爲了保證生產和銷售的正常進行，工業企業必須在材料用完之前訂貨，商品流通企業必須在商品售完之前訂貨，但究竟在上一批購入的存貨還有多少時，訂購下一批貨物呢？這就是再訂貨點的控制問題。

再訂貨點，就是訂購下一批存貨時本批存貨的儲存量。

## 第 7 章 營運資金管理

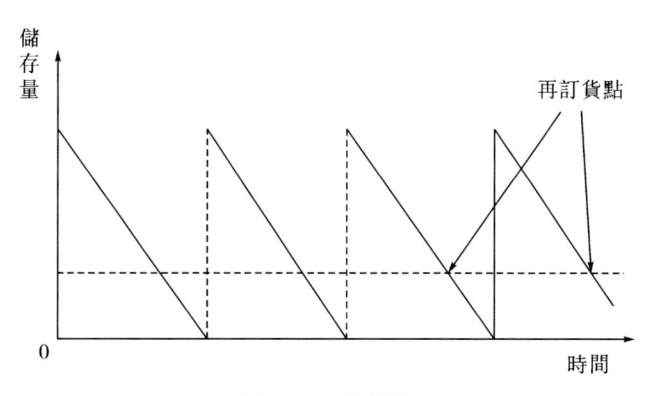

圖 7-5 再訂貨點

確定再訂貨點，必須考慮以下因素：（1）平均每天的耗用量，以 $n$ 表示；（2）從發出訂單到貨物驗收完畢所用的時間，以 $t$ 表示。

再訂貨點的計算公式爲：

$$R = nt$$

【例 7-9】長城公司每天正常耗用乙材料 100 千克，訂購乙材料的在途天數爲 7 天，計算乙材料再訂貨點。

再訂貨點 $R = nt = 100 \times 7 = 700$（千克）

因此，在長城公司乙材料的存貨儲備量降到 700 千克時，應當開始進行存貨採購。

(三) 保險儲備

保險儲備，又稱安全儲備，是指爲了防止耗用量突然增加或交貨延期等意外情況而進行的儲備，用 $S$ 來表示。

保險儲備的水平由企業預計的最大日耗用量和最長收貨時間所決定，可能的日消耗量越大，收貨時間越長，企業應當持有的保險儲備水平也就越大。保險儲備 $S$ 的計算公式爲：

$$S = \frac{1}{2}(mr - nt)$$

式中，$m$ 表示預計的最大日耗用量；$r$ 表示預計的最長收貨時間。

【例 7-10】承例 7-9，預計長城公司乙材料的最大日耗用量爲 150 千克，預計最長收貨時間爲 10 天，計算該公司的保險儲備和再訂貨點。

$$\begin{aligned} 保險儲備 S &= \frac{1}{2}(mr - nt) \\ &= \frac{1}{2}(150 \times 10 - 100 \times 7) \\ &= 400 \text{（千克）} \end{aligned}$$

# 中級財務管理

由以上計算可知，企業在再訂貨點發出訂貨指令，但在所定原材料到達之前有一段交貨期，這時如果沒有保險儲備，企業將不得不中止生產，造成的損失通常稱爲"缺貨成本"，而保險儲備的存在則避免了這種情況。企業面臨的不確定性越大，需要的保險儲備量就越多，但是，從另一方面看，保險儲備雖然保證了企業在不確定條件下的正常生產，但保險儲備的存在需要企業支付更多的儲存成本。因此，管理人員必須在缺貨成本和保持保險儲備耗費的成本之間進行權衡。

保險儲備的存在不會影響經濟訂貨批量的計算，但會影響再訂貨點的確定。考慮保險儲備情況下的再訂貨點計算公式爲：

$$R = nt+S$$
$$= nt + \frac{1}{2}(mr-nt) = \frac{1}{2}(mr+nt)$$

式中符號含義同前。

再訂貨點 = $R = nt+S$

$$= \frac{1}{2}(mr+nt)$$

$$= \frac{1}{2}(150×10+100×7)$$

$$= 1\ 100\ （千克）$$

保險儲備的存在雖然可以減少缺貨成本，但增加了儲存成本，最優的存貨政策就是要在這些成本之間進行權衡，選擇使總成本最低的再訂貨點和保險儲備量。

### 三、存貨控制的 ABC 分類法

存貨 ABC 分類管理是義大利經濟學家巴雷特於 19 世紀首創的，是一種實際應用較多的方法。經過不斷發展和完善，ABC 法已經廣泛用於存貨管理、成本管理和生產管理。

ABC 分類管理就是按照一定的標準，根據重要性程度，將企業的存貨劃分爲 A、B、C 三類，分別實行分品種重點管理、分類別一般控制和按總額靈活掌握的存貨管理方法。

企業存貨品種繁多，尤其是大中型企業的存貨往往多達上萬種甚至數十萬種。實際上，不同的存貨對企業財務目標的實現具有不同的作用。有的存貨儘管品種數量很少，但金額巨大，如果管理不善，將給企業造成極大的損失。相反，有的存貨雖然品種數量繁多，但金額微小，即使管理當中出現一些問題，也不至於對企業產生較大的影響。因此，無論是從能力還是經濟角度，企業均不可能也沒有必要對所有存貨不分巨細地嚴加管理。ABC 分類管理正是基於這一考慮而提出的，其目的在於使企業分清主次，突出重點，以提高存貨資金管理的整體效果。

# 第 7 章 營運資金管理

1. 存貨 ABC 分類的標準

分類的標準主要有兩個：一是金額標準，二是品種數量標準。其中金額標準是最基本的，品種數量標準僅作爲參考。

A 類存貨的特點是金額巨大，但品種數量較少；B 類存貨金額一般，品種數量相對較多；C 類存貨品種數量繁多，但價值金額卻很小。一般而言，三類存貨的金額比重大致爲 A：B：C＝7：2：1，而品種數量比重大致爲 A：B：C＝1：2：7。可見，由於 A 類存貨占用着企業絕大多數的資金，只要能夠控制好 A 類存貨，基本上也就不會出現較大的問題。同時，由於 A 類存貨品種數量較少，企業完全有能力按照每一個品種進行管理。B 類存貨金額相對較小，企業不必像對待 A 類存貨那樣花費太多的精力。同時，由於 B 類存貨的品種數量遠遠多於 A 類存貨，企業通常沒有能力對每一具體品種進行控制，因此可以通過劃分類別的方式進行管理。C 類存貨儘管數量品種繁多，但其所占金額卻很小，對此，企業只要把握一個總金額就完全可以。不過，在此需要提醒的是，由於 C 類存貨大多與消費者的日常生活息息相關，雖然這類存貨的直接經濟效益對企業並不重要，但如果企業能夠在服務態度、花色品種、存貨質量、價格方面加以重視的話，其間接經濟效益是無法估量的。相反，企業一旦忽視了這些方面的問題，其間接的經濟損失同樣也是無法估量的。

2. A、B、C 三類存貨的具體劃分

運用 A、B、C 分類管理一般有以下幾個步驟：

（1）列示企業全部存貨的明細表，並計算出每種存貨在一定時間內（一般爲一年）的價值總額及占全部存貨金額的百分比；

（2）按照金額標誌由大到小進行排序，並累加金額百分比；

（3）當金額百分比累加到 70% 左右時，以上存貨視爲 A 類存貨；百分比爲 70% ~90% 的存貨爲 B 類存貨，其餘則爲 C 類存貨。

（4）對 A 類存貨進行重點規劃與控制，對 B 類存貨進行次重點管理，對 C 類存貨只進行一般管理。

【例 7-11】長城公司共有 20 種材料，總金額爲 2 000 000 萬元，按照金額多少的順序排列並按上述原則將其劃分爲 A、B、C 三類，列表如表 7-11 所示。

表 7-11　　　　　　　　　A、B、C 分類表

| 材料編號 | 金額（元） | 金額比重 | 累積金額比重 | 類別 | 各類存貨數量比重 | 各類存貨金額比重 |
|---|---|---|---|---|---|---|
| 1 | 800 000 | 40% | 40% | A | 10% | 70% |
| 2 | 600 000 | 30% | 70% | | | |
| 3 | 150 000 | 7.5% | 77.5% | B | 20% | 20% |
| 4 | 100 000 | 5% | 82.5% | | | |
| 5 | 80 000 | 4% | 86.5% | | | |
| 6 | 70 000 | 3.5% | 90% | | | |

表7-11(續)

| 材料編號 | 金額(元) | 金額比重 | 累積金額比重 | 類別 | 各類存貨數量比重 | 各類存貨金額比重 |
|---|---|---|---|---|---|---|
| 7 | 50 000 | 2.5% | 92.5% | | | |
| 8 | 40 000 | 2% | 94.5% | | | |
| 9 | 30 000 | 1.5% | 96% | | | |
| 10 | 20 000 | 1% | 97% | | | |
| 11 | 15 000 | 0.75% | 97.75% | | | |
| 12 | 9 000 | 0.45% | 98.2% | | | |
| 13 | 8 000 | 0.4% | 98.6% | C | 70% | 10% |
| 14 | 7 000 | 0.35% | 98.95% | | | |
| 15 | 6 000 | 0.3% | 99.25% | | | |
| 16 | 5 000 | 0.25% | 99.5% | | | |
| 17 | 4 000 | 0.2% | 99.7% | | | |
| 18 | 3 000 | 0.15% | 99.85% | | | |
| 19 | 2 000 | 0.1% | 99.95% | | | |
| 20 | 1 000 | 0.05% | 100% | | | |
| 合計 | 2 000 000 | 100//5 | — | — | 100% | 100% |

3. ABC 分類法在存貨管理中的應用

通過對存貨進行 ABC 分類，可以使企業分清主次，採取相應的對策進行有效的管理、控制。企業在組織經濟進貨批量、儲存期分析時，對 A、B 兩類存貨可以分別按品種、類別進行，對 C 類存貨只需要加以靈活掌握即可，一般不必進行上述各方面的測算與分析。此外，企業還可以運用 ABC 分類法區分 A、B、C 三類，通過研究各類消費者的消費傾向、檔次等，對各檔次存貨的需要量（額）加以估算，併購進相應數量的存貨。這樣，能夠使存貨的購進與銷售工作有效地建立在市場調查的基礎上，從而收到良好的控制效果。

## 第 5 節　流動負債管理及籌資策略

### 一、流動負債籌資的特徵與分類

(一) 流動負債籌資的特徵

流動負債是指將在 1 年（含 1 年）或者超過 1 年的一個營業週期內償還的債務。其主要有短期借款和商業信用等，是企業為滿足臨時性流動資金的需要而籌集短期資金的具體形式。通常具有如下特徵：

1. 籌資速度快

流動負債籌資通常期限較短，債權人承擔的風險相對較小，往往顧慮較少，不

## 第7章 營運資金管理

需要像長期籌資一樣對籌資方進行全面、複雜的財務調查，因此籌資更容易。

2. 籌資彈性較好

在籌集長期資金時，資金提供者出於資金安全方面的考慮通常會向籌資方提出較多的限制性條款或相關約束條件；流動負債籌資的相關限制和約束相對較少，使得籌資方在資金的使用和配置上顯得更加靈活、富有彈性。

3. 籌資成本低

當籌資期限較短時，債權人所承擔的利率風險相對較小，因此向籌資方索取的資金使用成本也相對較低。

4. 籌資風險大

流動負債籌資通常需要在短期內償還，因而要求籌資方在短期內拿出足夠的資金償還債務，這對籌資方的資金營運和配置提出了較高的要求，如果籌資企業在資金到期時不能及時償還，就有陷入財務危機的可能。此外，流動負債利率通常波動較大，無法在較長時期內將籌資成本鎖定在某個較低水平，因此也有可能高於長期負債的利率水平。

(二) 流動負債籌資的分類

流動負債籌資的分類方式通常有以下幾種：

（1）按應付金額是否確定，可以分為應付金額確定的短期負債和應付金額不確定的短期負債。

應付金額確定的短期負債是指根據合同或法律規定，到期必須償付，並有確定金額的短期負債，如短期借款、應付票據、應付帳款等。

應付金額不確定的短期負債是指根據公司生產經營狀況，到一定時期才能確定的短期負債或應付金額需要估計的短期負債，如應交稅費、應付股利等。

（2）按短期負債的形成情況，可以分為自然性短期負債和臨時性短期負債。

自然性短期負債是指產生於公司正常的持續經營活動中，不需要正式安排，由於結算程序的原因自然形成的那部分短期負債。在公司生產經營過程中，由於法定結算程序的原因，使一部分應付款項的支付時間晚於形成時間，這部分已經形成但尚未支付的款項便成為公司的短期負債，如商業信用、應付工資、應交稅金等。

臨時性短期負債是因為臨時的資金需求而發生的負債，由財務人員根據公司對短期資金的需求情況，通過人為安排形成，如短期銀行借款等。

### 二、短期借款籌資

短期借款又稱銀行流動資金借款，是指企業向銀行和其他非銀行金融機構借入的期限在一年以內的借款，是企業籌集短期資金的重要方式。企業短期借款通常包括信用借款、擔保借款和票據貼現三類。

(一) 短期借款籌資的種類

1. 信用借款

信用借款又稱無擔保借款，是指不用保證人擔保或沒有財產作爲抵押，僅憑借款人的信用而取得的借款。信用借款一般都由貸款人給予借款人一定的信用額度或雙方簽訂循環貸款協議。因此，這種借款又分爲兩類：

(1) 信用額度借款。

信用額度借款是一種商業銀行與企業之間商定的在未來一段時間內銀行能向企業提供無擔保貸款的最高限額的借款。信用額度一般是在銀行對企業信用狀況進行詳細調查後確定的。信用額度借款一般要做出如下規定：

①信用額度的期限。一般一年建立一次，更短期的也有。

②信用額度的數量。該項內容規定銀行能貸給企業的最高限額。如果信用額度的數量是1 000萬元，企業已從該銀行借入的尚未歸還的金額已達800萬元，那麼，企業最多還能借200萬元。

③應支付的利率以及其他一些條款。

(2) 循環協議借款。

循環協議借款是一種特殊的信用額度借款，在此借款協議下，企業和銀行之間也要協商確定貸款的最高限額，在最高限額內，企業可以借款、還款、再借款、再還款，不停地周轉使用。

循環協議借款與信用額度借款的區別主要在於：

①持續時間不同。信用額度借款的有效期一般爲一年，而循環協議借款可超過一年。在實際應用中，很多是無限期的，因爲只要銀行和企業之間遵照協議進行，貸款可一再延長。

②法律約束力不同。信用額度借款一般不具有法律約束力，不構成銀行必須給企業提供貸款的法律責任，而循環協議借款具有法律約束力，銀行要承擔限額內的貸款義務。

③費用支付不同。企業採用循環協議借款，除支付利息外，還要支付協議費。協議費是對循環貸款限額中未使用的部分收取的費用，正是因爲銀行收取協議費，才構成了它爲企業提供資金的法定義務。在信用額度借款的情況下，一般無須支付協議費。

2. 擔保借款

擔保借款是指有一定的保證人擔保或利用一定的財產做抵押或質押而取得的借款。擔保借款又分爲以下三類：

(1) 保證借款。保證借款是指按《中華人民共和國擔保法》規定的保證方式以第三人承諾在借款人不能償還借款時，按約定承擔一般保證責任或連帶責任而取得的借款。

(2) 抵押借款。抵押借款是指按《中華人民共和國擔保法》規定的抵押方式以

# 第 7 章　營運資金管理

借款人或第三人的財產作爲抵押物而取得的借款。

（3）質押借款。質押借款是指按《中華人民共和國擔保法》規定的質押方式以借款人或第三人的動產或權利作爲質押物而取得的借款。

3. 票據貼現

票據貼現是商業票據的持有人把未到期的商業票據轉讓給銀行，貼付一定利息以取得銀行資金的一種借貸行爲。票據貼現是商業信用發展的產物，實爲一種銀行信用。銀行在貼現商業票據時，所付金額要低於票面金額，其差額爲貼現息。貼現息與票面面值的比率就是貼現率，銀行通過貼現把款項貸給銷貨單位，到期向購貨單位收款，所以要收取利息。

採用票據貼現形式，企業一方面給購買單位提供臨時資金融通，另一方面在本身需要資金時又可及時得到資金，有利於企業把業務搞活，把資金用活。

（二）短期借款籌資的考慮因素

企業在進行短期借款決策時，主要考慮短期借款的利息支出和貸款銀行選擇等兩方面因素。

1. 短期銀行借款利息的支付方式

短期銀行借款的利息支付方式主要有以下三種：

（1）利隨本清法。利隨本清法，又稱收款法，是在借款到期償還本金時一並支付利息的方法。採用這種付息方式，借款的名義利率等於其實際利率。

（2）貼現法。貼現法是銀行在發放貸款時預先扣除貸款利息，借款人可以使用的款項只是本金扣除利息後的餘額，但借款利息需按本金全額支付，這就導致借款的實際利率高於名義利率。

$$貼現貸款實際利率 = \frac{利息}{貸款總額 - 利息} \times 100\%$$

【例 7-12】長城公司從銀行取得借款 1 000 萬元，期限爲 1 年，名義利率 10%，利息 100 萬元，按照貼現法付息，企業實際可動用的貸款爲 900 萬元（1 000-100）。該項貸款的實際利率爲：

$$貼現貸款實際利率 = \frac{利息}{貸款總額 - 利息} \times 100\%$$

$$= \frac{100}{1\,000 - 100} \times 100\%$$

$$= 11.11\%$$

或　　$$貼現貸款實際利率 = \frac{名義利率}{1 - 名義利率} \times 100\%$$

$$= \frac{10\%}{1 - 10\%} \times 100\%$$

$$= 11.11\%$$

(3) 加息法。加息法是銀行發放分期等額償還貸款時採用的利息收取方法。此方法下，銀行將按照名義利率計算的利息加到貸款的本金上，計算出貸款的本利和，要求企業在貸款期限內分期等額償。這種借款使借款公司在借款期限內實際只使用了貸款本金的一半，卻按貸款本金支付了全部利息，公司承擔的實際利率是名義利率的 2 倍。

【例 7-13】長城公司從銀行取得借款 1 000 萬元，期限爲 1 年，名義利率 10%，分 12 個月等額償還本息。該項貸款的實際利率爲：

$$加息貸款實際利率 = \frac{貸款額 \times 利息率}{貸款總額/2} \times 100\%$$

$$= \frac{1\ 000 \times 10\%}{1\ 000/2} \times 100\%$$

$$= \frac{100}{500} \times 100\%$$

$$= 20\%$$

2. 貸款銀行的選擇

公司向銀行借款是借貸雙方雙向選擇的行爲。銀行爲了自身投資的安全，會選擇產品市場前景好、現金流動性強、償債能力強的公司作爲貸款對象。而公司也會在金融市場越來越完善的情況下，結合自身的融資需求，選擇合適的銀行，以利於公司生產經營業務長期穩定地發展。

公司在選擇貸款銀行時，應註意銀行間存在的重大差別。這些差別主要表現在以下幾個方面：

(1) 貸款銀行的風險政策。

銀行由於其經營目的、資本實力、決策者的風險承擔能力等方面存在差異，因而其對待風險的政策是不同的。一些銀行偏好比較保守的信貸政策，另一些銀行則喜歡開展一些"創新性業務"。這些政策一定程度上反應了銀行管理者的個性和銀行存款的特徵。通常資本實力雄厚、業務範圍大、分支機構多的銀行風險承擔能力較強；而規模較小的地方銀行、專業銀行風險承擔能力相對較弱。

(2) 貸款銀行的金融服務水平。

借款企業與銀行簽訂了借款合同，銀企雙方就形成了債權債務關係。公司不僅需要銀行的資本支持，還需要銀行提供相關的金融服務。如宏觀貨幣政策的諮詢、資本市場利率的預期、外匯風險的規避、市場前景預測等。如果銀行擁有素質較高的專業人員就能向公司提供相關的服務。有些銀行甚至設有專門機構提供建議和諮詢。

(3) 貸款銀行與借款企業的合作關係。

良好的銀企關係是互惠互利、共同發展。在借款企業資金周轉出現問題、財務狀況不佳時，有些銀行要求公司無論遭受何種困難，都必須無條件地償還其貸款。而另一些銀行十分顧及"老交情"，並不會急於向公司催繳貸款本息，而是千方百

# 第 7 章　營運資金管理

計地向公司施以援手，與公司一同分析問題產生的原因，採取措施幫助公司擺脫困境，渡過難關，幫助這些公司獲得更有利的發展條件。這樣的銀行是借款公司願意選擇的。

（4）銀行貸款的專業化程度。

銀行在貸款專業化方面存在着極大的差異。大銀行有專門的部門負責不同類型的針對行業特徵的專業化貸款。小銀行則比較註重公司市場經營所處的經濟環境。借款者可以從經營業務十分熟悉並且經營豐富的銀行那裏獲得更主動的支持和更有創新性的合作。

（三）短期借款籌資的基本程序

銀行短期借款的程序與銀行長期借款的程序基本相同。現結合流動資金借款的特點說明如下：

1. 企業提出申請

向銀行借入短期借款時，必須在批準的資金計劃占用額範圍內，按市場經營的需要，逐筆向銀行提出申請。企業在申請書上應寫明借款種類、借款數額、借款用途、借款原因、還款日期。另外，還要詳細寫明流動資金的占用額、借款限額、預計銷售額、銷售收入資金率等有關內容。

2. 銀行對企業申請的審查

銀行接到企業提出的借款申請書後，應對申請書進行認真的審查。審查內容主要包括：

（1）審查借款的用途和原因，做出是否貸款的決策；

（2）審查企業的產品銷售和物資保證情況，決定貸款的數額；

（3）審查企業的資金周轉和物資耗用狀況，確定貸款的期限。

3. 簽訂借款合同

爲了維護借貸雙方的合法權益，保證資金的合理使用，企業向銀行借入流動資金時，雙方應簽訂借款合同。借款合同主要包括以下幾部分內容：

（1）基本條款。這是借款合同的基本內容，主要強調雙方的權利和義務。具體包括借款數額、借款方式、款項發放的時間、還款期限、還款方式、利息支付方式、利息率等。

（2）保證條款。這是保證款項能順利歸還的一系列條款。包括借款按規定的用途使用、有關的物資保證、抵押財產、保證人及其責任等內容。

（3）違約條款。這是對雙方若有違約現象時應如何處理的條款。主要載明對企業逾期不還或挪用貸款等如何處理和銀行不按期發放貸款的處理等內容。

（4）其他附屬條款。這是與借貸雙方有關的其他一系列條款，如雙方經辦人、合同生效日期等條款。

4. 企業取得借款

借款合同簽訂後，若無特殊原因，銀行應該按合同規定的時間向企業提供貸款，企業便可取得借款。

如果銀行不按合同約定按期發放貸款，應償付違約金。如果企業不按合同約定使用借款，也應償付違約金。

5. 短期借款的歸還

借款企業應按照借款合同的規定按時、足額支付借款本息。貸款銀行在短期貸款到期一個星期之前，應當向借款企業發送還本付息通知單，借款企業應當及時籌措資金，按期還本付息。

不能按期歸還借款的，借款人應當在借款到期日之前向貸款人申請貸款展期，但是否同意展期應由貸款人視情況而定。申請保證借款、抵押借款、質押借款展期的，還應當由保證人、抵押人、出質人出具同意的書面證明。

（四）短期借款籌資的優缺點

1. 短期借款籌資的優點

（1）籌資速度快。企業獲取短期借款所需時間要比長期借款短得多，因為銀行發放長期貸款前，通常要對企業進行比較全面的調查分析，花費時間較長。

（2）籌資彈性大。短期借款數額及借款時間彈性較大，企業可在需要資金時借入，在資金充裕時還款，便於企業靈活安排。

2. 短期借款籌資的缺點

（1）籌資風險大。短期資金的償還期短，在籌資數額較大的情況下，如企業資金調度不周，就有可能出現無力按期償付本金和利息，甚至最終被迫破產。

（2）資本成本較高。與其他短期籌資方式相比，短期借款資本成本要比商業信用、短期融資券高出許多，而抵押借款因需要支付股利和服務費用，成本更高。

（3）限制較多。向銀行借款，銀行要在對企業的經營和財務狀況進行調查以後才能決定是否貸款，有些銀行還要求對企業有一定的控制權，要求企業把流動比率、負債比率維持在一定的範圍內，這些都會構成對企業的限制。

### 三、商業信用籌資

商業信用是指商品交易中的延期付款或延期交貨而形成的借貸關係，是企業之間的一種直接信用關係。商業信用是由商品交易中錢與貨在時間上的分離而產生的。它產生於銀行信用之前，但銀行信用出現之後，商業信用依然存在。

早在簡單的商品生產時期，就已經出現了賒銷現象。我國商業信用的推行隨著市場經濟的發展而日益廣泛，形式多樣，範圍廣闊，將逐漸成為企業籌集短期資金的重要方式。

（一）商業信用的形式

利用商業信用籌資，主要有以下兩種形式：

1. 賒購商品

賒購商品是一種最典型、最常見的商業信用形式。在這種形式下，買賣雙方發

# 第 7 章 營運資金管理

生商品交易,買方收到商品後不立即支付現金,可延遲到一定時期以後付款。

2. 預收貨款

在這種形式下,賣方要先向買方收取貨款,但要延遲到一定時期以後交貨,這等於賣方向買方先借一筆資金,是另一種典型的商業信用形式。通常,購買單位對於緊俏商品樂於採用這種形式,以便取得商品。另外,市場週期長、售價高的商品,如輪船、飛機等,生產企業也經常向訂貨者分次預收貨款,以緩解資金占用過多的矛盾。

(二) 商業信用的條件

所有信用的條件,是指銷貨人對付款時間和現金折扣所做的具體規定。如 "2/10, $n/30$" 便屬於一種信用條件。信用條件主要有以下幾種形式:

1. 預收貨款

這是企業在銷售商品時,要求買方在賣方發出貨物之前支付貨款的情形。一般用於以下兩種情況:

(1) 賣方已知買方信用欠佳;
(2) 銷售生產週期長、售價高的商品。

在這種信用條件下,銷貨單位可以得到暫時的資金來源,但購貨單位不但不能獲得資金來源,還要預先墊付一筆資金。

2. 延期付款,但不提供現金折扣

這是指企業購買商品時,賣方允許買方在交易發生後一定時期內按發票金額支付貨款的情形,如 "net45",是指在 45 天內按發票金額付款。這種條件下的信用期間一般為 30~60 天,但有些季節性的生產企業可能為顧客提供更長的信用期間。在這種情況下,買賣雙方存在商業信用,買方可因延期付款而取得資金來源。

3. 延期付款,但早付款可享受現金折扣

在這種條件下,買方若提前付款,賣方可給予一定的現金折扣,如買方不享受現金折扣,則必須在一定時期內付清帳款。如 "2/10, $n/30$" 便屬於這種信用條件。應用現金折扣的目的主要是加速帳款的收現速度。現金折扣一般為發票金額的 1%~5%。在這種條件下,雙方存在信用交易。買方若在折扣期內付款,則可獲得短期的資金來源,並能得到現金折扣;若放棄現金折扣,則可在較長時間內占用賣方的資金。

(三) 現金折扣成本的計算

在採用商業信用形式銷售產品時,為鼓勵購買單位盡早付款,銷貨單位往往都規定一些商業信用,這主要包括現金折扣和付款期間兩部分內容。如果銷貨單位提供現金折扣,購買單位應盡量爭取此項折扣,因為喪失現金折扣的成本很高。其資本成本率可按一些公式計算:

$$放棄現金折扣的資本成本率 = \frac{CD}{1-CD} \times \frac{360}{N}$$

式中，CD 表示現金折扣的百分比；N 表示失去折扣後延期付款天數。

【例7-14】長城公司按照"2/10，n/30"的條件購買 10 000 元的原材料。現計算不同情況下長城公司所承受的商業信用成本。

如果長城公司在 10 天內付款，便可享受 10 天的免費信用期間，並獲得 2%的現金折扣，免費信用額爲 9 800 元（10 000-10 000×2%）。

如果長城公司在 10 天後、30 天內付款，則將承受因放棄現金折扣而造成的機會成本。具體資本成本率計算如下：

$$放棄現金折扣的資本成本率 = \frac{CD}{1-CD} \times \frac{360}{N}$$

$$= \frac{2\%}{1-2\%} \times \frac{360}{30-10}$$

$$= 36.73\%$$

由此可見，長城公司放棄現金折扣的機會成本是很高的。如果公司不能在放棄現金折扣的信用期間內獲得高於這一成本率的報酬率，那麼放棄現金折扣是不理性的選擇。

如果公司當前短期資金確實非常緊缺，那麼應當進一步考慮能否以低於放棄折扣機會成本的利率借入資金，假如能夠以低於 36.73%的利率籌得資金，公司就應當在現金折扣期內用借入的資金支付貨款，享受現金折扣。

（四）商業信用籌資的優缺點

1. 商業信用籌資的優點

作爲企業在日常生產經營過程中自發形成而且比較常見的一種短期籌資方式，使用信用籌資的優點主要包括以下幾個方面：

（1）使用方便。因爲商業信用與商品買賣同時進行，屬於一種自發性籌資，不用進行非常正規的安排，而且不需辦理手續，一般也無附加條款，使用比較方便。

（2）成本低。如果沒有現金折扣，或者公司不放棄現金折扣，則利用商業信用籌資沒有實際成本。

（3）限制少。商業信用的使用比較靈活且具有彈性，如果公司利用銀行借款籌資，銀行往往對貸款的使用規定一些限制條件，商業信用則限制較少。

2. 商業信用籌資的缺點

但商業信用籌資也存在着一定的不足。其主要缺點是：

（1）商業信用的時間一般較短，尤其是應付帳款，不利於公司對資本的統籌運用，如果拖欠，則有可能導致公司信用地位和信用等級下降。另外，如果公司享受現金折扣，則付款時間會更短。

（2）若公司放棄現金折扣，則會付出較高的資本成本。

（3）在法治不健全的情況下，若公司缺乏信譽，容易造成公司之間相互拖欠，影響資金運轉。

# 第 7 章　營運資金管理

## 四、應付費用

(一) 應付費用的概念

應付費用是指企業在生產經營過程中因結算及分配政策的原因而形成的一些應付而未付的費用，如應付工資、應付租金、應交稅金等。這些應付費用的特點一般是形成在先，支付在後，因此在支付之前的這段時間，可以被公司所利用，相當於無償占用了收款方的資金。而且由於這些應付費用的支付時間往往比較固定，占用的時間也比較固定，因此通常稱為定額負債，是公司短期融資的一種形式。

應付費用的籌資額通常取決於企業經營規模、涉足行業及其他因素。其融資規模大小會隨著公司經營活動的變化自動調節，而且，通過應付費用所籌集的資金不用支付任何代價，因而是一項免費的資金來源。但這種特殊的籌資方式並不能為企業自由利用，需要注意應付款項的支付日期。企業如果無限期地拖欠應付費用，極有可能產生較高的顯性或隱性成本。例如，企業拖欠職工工資和應付租金，便會遭到職工的反對，直接影響企業的整體生產經營。

(二) 應付費用籌資額的計算

為了準確把握應付費用所能產生的籌資規模，從而順利保證籌資計劃、降低企業整體籌資成本，企業通常要測算經營活動所產生的各種應付費用的總額。當前常用的應付費用籌資額的計算方法包括兩種：一種是按照平均占用天數計算，另一種是按照經常占用天數計算。

1. 按平均占用天數計算

平均占用天數，是指從應付費用產生之日起到實際支付之日止平均占用的天數。應付費用的籌資額可以利用平均每日發生額與平均占用天數的乘積確定，即：

$$應付費用籌資額 = 平均每日發生額 \times 平均占用天數$$

【例 7-15】長城公司某年預計支付增值稅金額為 360 000 元，每月上繳一次，則按平均占用天數計算的應付稅金籌資額為：

$$應付稅金籌資額 = \frac{360\ 000}{360} \times \frac{30}{2} = 15\ 000 （元）$$

2. 按經常占用天數計算

經常占用天數，是指在正常生產經營活動中，應付費用通常占用的天數。例如，按照國家稅收徵管法規定，稅金應當在特定日期之前繳納。此時，應付費用的籌資額應當利用平均每日發生額與經常占用天數來計算，即：

$$應付費用籌資額 = 平均每日發生額 \times 經常占用天數$$

【例 7-16】沿用 7-5 的資料，假定增值稅按規定在次月 5 日繳納，則按經常占用天數計算的應繳稅費籌資額為：

$$應繳稅費籌資額 = \frac{360\ 000}{360} \times 4 = 4\ 000 （元）$$

### 五、短期融資券

（一）短期融資券的含義、要素及特徵

1. 短期融資券的含義

短期融資券又稱商業票據、短期債券，它是一種新型的短期融資方式。它是由大型工商企業發行的無擔保的票據，主要銷售對象是其他企業、機構投資者和銀行。與傳統的商業票據不同的是，短期融資券完全擺脫了商品交易過程，是公司獨立的融資行為。

在我國，短期融資券是指企業依照《短期融資券管理辦法》的條件和程序在銀行間債券市場發行和交易並約定在一定期限內還本付息的有價證券，是企業籌措短期（一年以內）資金的直接融資方式。

2. 短期金融券的要素

短期金融券的要素包括以下幾個方面：

（1）發行方式。短期融資券可以由融通資金的公司自行發行，也可以委託中介機構發行。前者可以節省委託發行費，降低融資成本；後者降低了發行風險，卻加大了融資成本。《短期融資券管理辦法》規定，我國的工商企業發行短期融資券融資，必須委託金融機構承銷，公司不得自行銷售。

（2）發行價格。短期融資券可以按面值發行，也可以低於面值的價格貼現發行。

（3）發行期限。國際金融市場上短期融資券的發行，期限一般有 3 個月、6 個月和 9 個月三種。我國《短期融資券管理辦法》規定，短期融資券的期限不超過 365 天，發行公司可在不超過這一期限的範圍內自行確定發行期限。

（4）利率。信譽較好的大公司既可以通過發行短期融資券融資，也可以憑借自身的優質信譽向銀行申請優惠利率貸款。只要兩種融資方式的成本不同，公司就會放棄利率較高的融資方式，選擇利率較低的融資方式。所以，從長遠看，這兩種融資方式的利率將達到均衡。但短期內相比由於市場供求關係的變化，兩者是存在差別的。我國《短期融資券管理辦法》規定，短期融資券的相關費用由發行企業和承銷機構協商確定。

3. 短期融資券的特徵

我國短期融資券具有以下特徵：

（1）發行人為非金融企業；

（2）它是一種短期債券品種，期限不超過 365 天；

（3）發行利率（價格）由發行人和承銷商協商確定；

（4）發行對象為銀行間債券市場的機構投資者，不向社會公眾發行；

（5）實行餘額管理，待償還融資券餘額不超過企業淨資產的 40%；

（6）可以在全國銀行間及債券市場機構投資人之間流通轉讓。

# 第 7 章　營運資金管理

(二) 短期融資券的種類

(1) 按照發行方式分類，可將短期融資券分為經紀人代銷的融資券和直接銷售的融資券。

經紀人代銷的融資券，又稱間接銷售融資券，是指先由發行人賣給經紀人，然後由經紀人再賣給投資者的融資券。經紀人主要有銀行、信託投資公司、債券公司等。企業委託經紀人發行融資券，要先支付一定數額的手續費。

直接銷售的融資券，是指發行人直接銷售給最終投資者的融資券。直接發行融資券的公司通常是經營金融業務的公司或自己有附屬金融機構的公司。它們有自己的分支網點，有專門的金融人才，因此，有力量自己組織推銷工作，從而節約了間接發行時應付給債券公司的手續費。

(2) 按發行人的不同分類，可將短期融資券分為金融企業的融資券和非金融企業的融資券。

金融企業的融資券主要是指由各大公司所屬的財務公司、各種信託投資公司、銀行控股公司等發行的融資券。這類融資券一般都採用直接發行方式。

非金融企業的融資券是指那些沒有設立財務公司的工商企業所發行的融資券。這類企業一般規模不大，多數採用間接方式來發行融資券。

(3) 按融資券的發行和流通範圍分類，可將短期融資券分為國內融資券和國際融資券。

國內融資券是一國發行者在其國內金融市場上發行的融資券。發行這種融資券一般只要遵循本國法規和金融市場慣例即可。

國際融資券是一國發行者在其本國以外的金融市場上發行的融資券。發行這種融資券，必須遵循有關國家的法律和國際金融市場的慣例。

(三) 短期融資券的發行

1. 短期融資券的發行條件

依照中國人民銀行頒布的《短期融資券管理辦法》的規定，短期融資券是指中華人民共和國境內具有法人資格的非金融企業，在銀行間債券市場發行並約定在一定期限內還本付息的有價證券。

按照《短期融資券管理辦法》規定，我國企業申請發行短期融資券是指中華人民共和國境內具有法人資格的非金融企業，在銀行間債券市場發行並約定在一定期限內還本付息的有價證券。

按照《短期融資券管理辦法》的規定，我國企業申請發行短期融資券應符合下列條件：

(1) 在中華人民共和國境內依法設立的企業法人；
(2) 具有穩定的償債資金來源，最近一個會計年度盈利；
(3) 流動性良好，具有較強的到期償債能力；
(4) 發行融資券募集的資金用於本企業市場經營；

（5）近三年沒有違法和重大違規行爲；

（6）近三年發行的融資券沒有延遲支付本息的情形；

（7）具有健全的內部管理體系和募集資金的使用償付管理制度；

（8）均應經過在中國境內工商註冊且具備債券評級能力的評級機構的信用評級，並將評級結果向銀行間債券市場公示；

（9）待償還融資券餘額不超過企業淨資產的40%。

2. 短期融資券的發行程序

（1）公示做出發行短期融資券的決策；

（2）辦理發行短期融資券的信用評級；

（3）向有關審計機構提出發行申請；

（4）審批機關對企業提出的申請進行審查和批準；

（5）正式發行短期融資券，取得資金。

（四）短期融資券籌資的優缺點

1. 短期融資券籌資的優點

（1）短期融資券的籌資成本較低。短期融資券的成本主要包括利息、委託發行費用和債券評級費用。短期融資券融資成本與發行公司的信用狀況密切相關，信譽卓著的大公司所發行的短期融資券利率通常低於銀行同期貸款利率。

（2）短期融資券的籌資數額比較大。一般而言，出於貸款的安全性考慮，銀行不會向企業發放巨額的短期借款，銀行對公司貸款的額度通常不超過公司資本的10%。我國的《短期融資券管理辦法》規定，公司待償還融資券餘額不超過公司淨資產的40%，這一規定使發行公司能夠融通比銀行貸款數額更多的資金。

（3）發行短期融資券可以提高企業信譽和知名度。由於短期融資券發行條件的限制，目前能夠在資本市場上發行短期融資券的公司數量有限。只有那些知名度高、信譽卓著的大公司才能夠獲得資格。因此一個公司如果能發行自己的短期融資券，說明該公司有良好的信譽；同時，隨著短期融資券的發行，公司威望和知名度也大大提高。

2. 短期融資券籌資的缺點

（1）發行短期融資券的風險比較大。短期融資券期限短，短期必須償還，一般不會有延期的可能。如果到期不能償還，會對企業的信譽等產生較嚴重的影響，因此，風險較大。

（2）發行短期融資券的彈性比較小。短期融資券發行時不附有提前償還條款，在短期融資券發行後，即使公司現金充裕，也不能提前償還。短期融資券適用於公司融通數額較大的資金，小額資金的融通不適宜採用這一方式。

（3）發行短期融資券的條件比較嚴格。並不是任何企業都能發行短期融資券，必須是信譽好、實力強、效益高的企業才能使用，而一些小企業或信譽不夠好的企業則不可能利用短期融資券來籌集資金。

# 第7章 營運資金管理

## 六、短期籌資策略

公司的短期籌資策略一般是針對不同類型的資產來說的。按照資產周轉時間的長短（即流動性）可以把公司的資產分為兩大類：一類是長期資產（在這里主要指固定資產），另一類是短期資產。

進一步，按照短期資產的用途，又可以將短期資產劃分為臨時性短期資產和永久性短期資產。臨時性短期資產是指由於季節性或臨時性原因占用的流動資產，如銷售旺季增加的應收帳款和存貨等；永久性流動資產是指用於滿足公司長期穩定需要的流動資產，如保險儲備中的存貨或現金等。與此相適應，公司的資金需求也分為臨時性資金需求和永久性資金需求兩部分。前者一般是通過短期負債融資實現的，後者一般是通過長期負債和股權資金融資實現的。

公司的短期融資策略就是對臨時性短期資產、永久性短期資產和固定資產的來源進行管理。通常有以下三種可供公司選擇的籌資政策。

（一）穩健型籌資策略

這是一種較為謹慎的融資策略。其特點是：臨時性短期負債只滿足部分臨時性短期資產的需要，其他短期資產和長期資產，用自發性短期負債、長期負債和股權資本來籌集滿足（具體見圖7-6）。對此，可以用以下兩個公式來表示：

部分臨時性短期資產＝臨時性短期負債

永久性短期資產＋靠臨時性短期負債未籌足的臨時性短期資產＋固定資產
＝自發性短期負債＋長期負債＋股權資本

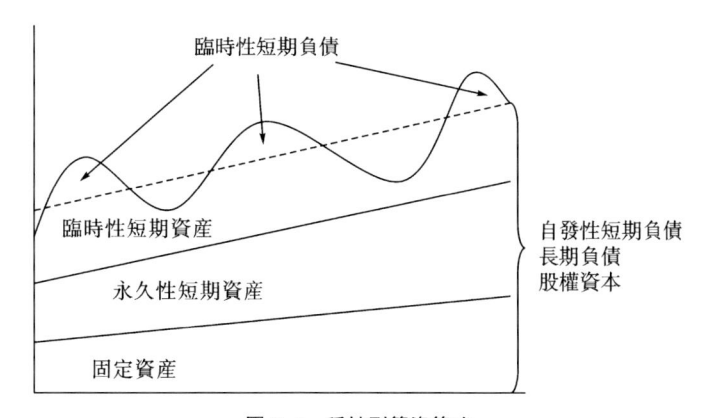

圖7-6　穩健型籌資策略

穩健型融資政策的主要目的是規避風險。採取這一政策，臨時性短期負債在公司的全部資金來源中所占比例較小，公司保留較多營運資本，其優點是可增強公司的償債能力，降低公司無法償還到期債務的風險，同時，也降低了利率變動風險。但降低風險的同時也降低了公司的報酬，因為長期負債和股權資本在公司的資金來源中所占比例較大，並且兩者的資本成本高於臨時性短期負債的資本成本，在生產經營淡季，公司仍然要負擔長期債務的利息，即使將過剩的長期資金投資於短期有價證券，其投資收益一般也會低於長期負債的利息，所以穩健型籌資政策是一種風險低、報酬也低的籌資政策。

這種策略通常適合於長期資金多餘，但又找不到更好投資機會的公司。

(二) 激進型籌資策略

這是一種擴張型融資策略。其特點是：臨時性短期負債不但要滿足臨時性短期資產的需要，還要滿足一部分永久性短期資產的需要，有時甚至全部短期資產都要由臨時性短期負債支持（具體見圖7-7）。對此，可以用以下兩個公式來表示：

臨時性短期資產+部分永久性短期資產=臨時性短期負債

永久性短期資產+靠臨時性短期負債籌得的部分+固定資產

=自發性短期負債+長期負債+股權資本

激進型籌資策略的主要目的是追求高利潤。一方面，採取這一策略，由於臨時性短期負債的資本成本相對於長期負債和股權資本來說一般較低，而激進型籌資政策下臨時性短期負債所占比例較大，因此該政策下，公司的資本成本較低。但另一方面，由於公司為了滿足永久性短期資產的長期、穩定的資金需要，必然要在臨時性短期負債到期後重新舉債或申請債務展期，將不斷地舉債和還債，加大了籌資和還債的風險。因此激進型籌資政策是一種報酬高、風險大的籌資政策。

這種籌資策略一般適合於長期資金來源不足或短期負債成本較低的公司。

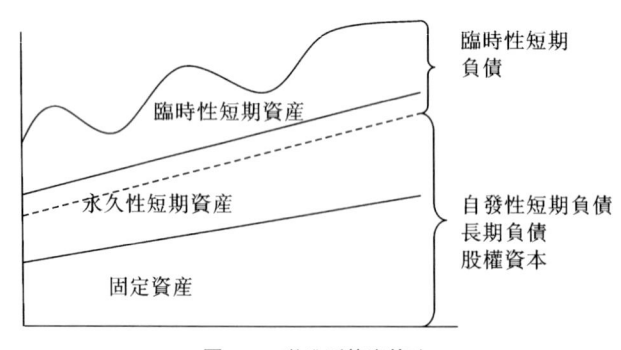

圖 7-7　激進型籌資策略

(三) 折中型融資策略

這是一種介於上述兩者之間的融資策略，是指公司的發展結構與公司資產的壽命週期相對應。其特點是：臨時性短期資產所需資金用臨時性短期負債籌集，永久性短期資產和固定資產所需資金用自發性短期負債和長期負債、股權資本籌集（具體見圖7-8）。折中型融資策略的基本思想是：公司將資產和資金來源在期限和數額上相匹配，以降低公司不能償還到期債務的風險，同時，採用較多的短期負債籌資也可以使資本成本保持較低水平。這一策略可以用以下兩個公式來解決：

## 第 7 章　營運資金管理

臨時性短期資產＝臨時性短期負債

永久性短期資產＋固定資產＝自發性短期負債＋長期負債＋股權資本

在這種策略下，只要公司短期籌資計劃嚴密，實現現金流動與預期安排一致，則在經營低谷時，公司除自發性短期負債外沒有其他短期負債，只有在經營高峰期，公司才舉借臨時性短期負債。

這種融資策略的風險介於穩健型和激進型策略之間。這種策略要求公司負債的到期結構與公司資產的壽命週期相匹配，這樣既可以減少公司到期不能償還的風險，又可以減少公司資金的占用量，提高資金的利用效率。這種策略是一種理想的融資策略，但較難實現。

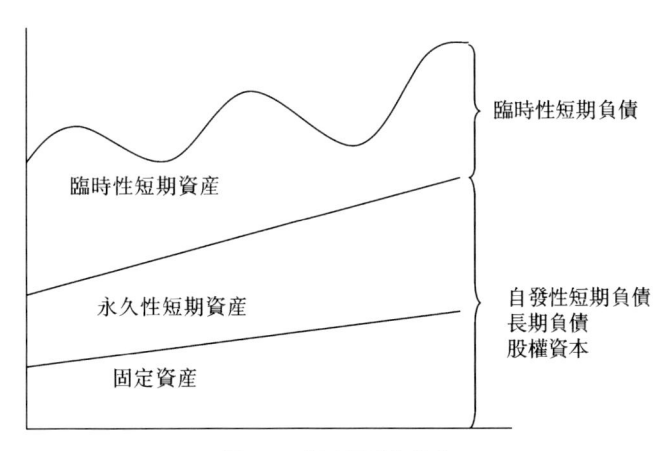

圖 7-8　折中型融資策略

上述三種融資策略孰優孰劣，並無絕對標準，公司應結合自身的實際情況，靈活運用這些策略。在選擇組合策略時，應註意以下幾個問題：

第一，資產與債務償還期相匹配。例如，在銷售旺季，庫存資產增加所需要的資金，一般應以短期負債來解決；而在銷售淡季，庫存減少，釋放出的現金即可用於歸還短期負債。如果採用長期資金，在銷售淡季就會出現資金閑置，即使投資於有價證券，其收益相對也較低；相反，如果固定資產投資以短期銀行借款融資，則無法用該項投資產生的現金流入量還本付息。按照資產與債務償還期相匹配的原則，公司應將長期資金來源用於固定資產投資。因爲不論公司的盈利能力如何，如果沒有足夠的現金支付到期債務或當前費用，公司就會陷入財務危機。

第二，淨營運資本應以長期資金來源解決。淨營運資本是流動負債抵補流動資產後的差額，在公司流動負債規模既定的情況下，這部分資產必須依靠長期負債或所有者權益來解決。

第三，保留一定的資金或融資能力。這樣可使公司在需要時能夠更方便地使用資金，保留一定的資金並非一定意味着公司實際上擁有一部分現金節餘，它還包括

## 中級財務管理

公司的借貸能力，即公司保持一定的借款額度，需要時隨時取得借款。但這一原則容易造成資金使用效率低下，導致某種機會成本的喪失，因此，公司應在資金使用方便和資金使用效率之間尋找一個合適的均衡點。

## 本章小結

1. 流動資產具有流動性、安全性和收益性的特點。在公司短期投資決策中，決策者必須對各項流動資產的最佳數量予以確定，以便指導理財實務。

2. 公司留存一定數量現金的動機包括交易性需要、預防性需要和投機性需要。現金管理的主要內容包括：目標現金持有量的確定和現金流量日常管理。

3. 最佳現金持有量的成本分析模型是通過分析持有現金的相關成本，確定持有成本最低時的現金持有模式。存貨模式是在相關假設下，以科學的數學模式確定目標現金持有量。

4. 應收帳款的管理目標，就是正確衡量信用成本和信用風險，合理確定需要政策，及時回收帳款，保證流動資產的質量。應收帳款成本是指公司持有一定應收帳款所付出的代價，包括機會成本、管理成本和壞帳成本。

5. 信用風險是公司由於實施商業信用而使應收帳款收回產生的不確定性。客戶的信用風險分析可採用5C評估法和信用評分法。5C評估法主要是分析客戶的品質、能力、資本、抵押和條件。

6. 信用標準是指客戶獲得公司的交易信用所應具備的條件。信用條件是指公司要求客戶支付賒銷款項的條件，包括需要期限、折扣期限和現金折扣。需要期限是公司為客戶規定的最長付款時間。折扣期限是為客戶規定的可享受現金折扣的付款時間。現金折扣是客戶提前付款時給予的優惠。

7. 公司在確定信用政策時，一般是通過計算不同政策條件下的形式水平與信用成本前收益、應收帳款機會成本、壞帳損失及收帳費用，以信用成本後收益最大或信用成本最低為決策依據。

8. 存貨成本包括取得成本、儲存成本和短缺成本。取得成本是指為取得某種存貨而支出的成本，包括訂貨成本和購置成本兩類。訂貨成本是指取得訂單的成本。購置成本是指存貨本身的價值。儲存成本是指為保持存貨而發生的成本。短缺成本是指由於存貨供應中斷而造成的損失。

9. 經濟訂貨批量是指在各種假設條件下，確定存貨總成本最低時的訂貨批量，以及經濟批量下的存貨總成本、最佳訂貨次數、最佳訂貨週期和經濟批量占用的資本等數學模型。

10. 現金流量日常管理包括加速收款和付款控制以及短期證券投資的現金流量管理。應收帳款全過程管理包括帳齡分析和日常管理相關措施。存貨控制包括ABC

## 第7章 營運資金管理

分析法等。

11. 銀行通常對借款公司提出一些有助於保證貸款按時足額償還的條件，形成了貸款合同中的保護性條款，主要有一般性保護條款、特殊性保護條款和例行性保護條款。

12. 短期負債融資具有速度快、成本低、靈活性大和風險高的特點。短期融資方式主要包括：使用信用、應付費用、短期銀行借款和短期融資券等。

13. 短期籌資策略是指如何配置公司的流動資產與其資金來源。短期融資策略一般有三種類型：穩健型融資策略、激進型融資策略和折中型融資策略。

## 習題

### 一、名詞解釋

1. 營運資本
2. 短期資產
3. 短期金融資產
4. 現金持有成本
5. 現金轉換成本
6. 信用標準
7. 信用條件
8. 5C評估法
9. 經濟批量
10. 保險儲備
11. 再訂貨點
12. 訂貨成本
13. 儲存成本
14. 信用借款
15. 商業信用
16. 信用額度
17. 短期融資券
18. 擔保借款

### 二、單項選擇題

1. 下列關於信用借款的說法中，正確的是（　　）。
   A. 信用借款是指信用額度借款
   B. 信用借款一般都是由貸款人給予借款人一定的信用額度或雙方簽訂循環貸款協議
   C. 信用額度的期限，一般半年簽訂一次
   D. 信用額度具有法律的約束力，構成法律責任

2. 一般來說，如果公司對營運資本的使用能夠達到遊刃有餘的程度，則最有利的短期籌資政策是（　　）。
   A. 折中型
   B. 激進型
   C. 穩健型
   D. 自發型

3. 下列等式中，符合穩健型短期籌資政策的是（　　）。
   A. 臨時性短期資產＝臨時性短期負債
   B. 臨時性短期資產＋部分永久性短期資產＝臨時性短期負債
   C. 部分臨時性短期資產＝臨時性短期負債

D. 臨時性短期資產+固定資產=臨時性短期負債

4. 下列屬於商業信用的說法中，錯誤的是（　　）。

　　A. 商業信用產生於銀行信用之後

　　B. 利用商業信用籌資，主要有賒購商品和預收貨款兩種方式

　　C. 企業利用商業信用籌資限制條件較少

　　D. 商業信用屬於一種自然性籌資，不用作非常正式的安排

5. 如果某企業的信用條件是"2/10, n/30"，則放棄該現金折扣的資本成本率屬（　　）。

　　A. 36%　　　　　　　　　　　　B. 18%

　　C. 35.29%　　　　　　　　　　 D. 36.73%

6. 下列關於應付費用的說法中，錯誤的是（　　）。

　　A. 應付費用是指企業生產經營過程中發生的應付而未付的費用

　　B. 應付費用的籌資額通常取決於企業經營規模、涉足行業等

　　C. 應付費用的資本成本通常為零

　　D. 應付費用可以被企業自由利用

7. 抵押借款中的抵押物一般是指借款人或第三人的（　　）。

　　A. 動產　　　　　　　　　　　　B. 不動產

　　C. 權利　　　　　　　　　　　　D. 財產

8. 下列各項中屬於短期資產的特點是（　　）。

　　A. 占用時間長、周轉快、易變現

　　B. 占用時間短、周轉慢、易變現

　　C. 占用時間短、周轉快、易變現

　　D. 占用時間長、周轉快、不易變現

9. 下列關於現金的說法中，不正確的是（　　）。

　　A. 現金是指可以立即用來購買物品、支付各項費用或用來償還債務的交換媒介或支付手段

　　B. 現金主要包括庫存現金和銀行活期及定期存款

　　C. 現金是流動資產中流動性最強的資產，可直接支用，也可立即投入流通

　　D. 擁有現金較多的企業具有較強的償債能力和承擔風險的能力

10. 在採用5C評估法進行信用評估時，最重要的因素是（　　）。

　　A. 品德　　　　　　　　　　　　B. 能力

　　C. 資本　　　　　　　　　　　　D. 抵押物

11. 下列關於信用期限的描述中，正確的是（　　）。

　　A. 縮短信用期限，有利於銷售收入的擴大

　　B. 信用期限越短，企業壞帳風險越大

　　C. 信用期限越長，表明客戶享受的信用條件越優越

## 第 7 章　營運資金管理

　　D. 信用期限越短，應收帳款的機會成本越高
12. 下列各項中，屬於應收帳款機會成本的是（　　）。
　　A. 壞帳損失　　　　　　　　　B. 收帳費用
　　C. 對客戶信用進行調查的費用　　D. 應收帳款佔用資金的利息費用
13. 信用條件 "2/10, $n/30$" 表示（　　）。
　　A. 信用期限為 10 天，折扣期限為 30 天
　　B. 如果在開票後 10~30 天內付款可享受 2% 的折扣
　　C. 信用期限為 30 天，現金折扣為 20%
　　D. 如果在 10 天內付款，可享受 2% 的現金折扣
14. 下列關於信用標準的說法中，不正確的是（　　）。
　　A. 信用標準是企業同意向顧客提供商業信用而提出的基本要求
　　B. 信用標準主要是規定企業只能對信譽很好、壞帳損失率很低的顧客給予賒銷
　　C. 如果企業的信用標準較嚴，則會減少壞帳損失，減少應收帳款的機會成本
　　D. 如果信用標準較寬，雖然會增加銷售，但會相應增加壞帳損失和應收帳款的機會成本
15. 經濟批量是指（　　）。
　　A. 採購成本最低的採購批量　　B. 訂貨成本最低的採購批量
　　C. 儲存成本最低的採購批量　　D. 存貨總成本最低的採購批量
16. 在對存貨採用 ABC 法進行控制時，應當重點進行控制的是（　　）。
　　A. 數量較大的存貨　　　　　　B. 佔用資金較多的存貨
　　C. 品種多的存貨　　　　　　　D. 價格昂貴的存貨

### 三、多項選擇題

1. 下列關於營運資本的說法中正確的有（　　）。
　　A. 營運資本有廣義和狹義之分
　　B. 通常所說的營運資本多指廣義營運資本
　　C. 廣義的營運資本是指在生產經營活動中的短期資產
　　D. 狹義的營運資本是指短期資產減去短期負債後的餘額
　　E. 營運資本的管理既包括短期資產的管理，又包括短期負債的管理
2. 確定企業資本結構時（　　）。
　　A. 如果企業的銷售不穩定，則可較多地採用負債籌資
　　B. 為了保證原有股東的控制權，一般應盡量避免普通股籌資
　　C. 若預期市場利率會上升，企業應盡量利用短期負債
　　D. 所得稅稅率越高，負債籌資利益越明顯
　　E. 所得稅稅率越低，負債籌資利益越明顯

273

3. 現金管理的內容包括（　　）。
   A. 編制現金收支計劃，以便合理地估計未來的現金需求
   B. 節約使用資金，從暫時閒置的現金中獲得最多的利息收入
   C. 對日常的現金收支進行控制，力求加速收款，延緩付款
   D. 既保證企業交易所需資金，降低風險，又不使企業有過多的閒置資金，以增加收益
   E. 用特定的方法確定最佳現金餘額，當企業的實際現金餘額與最佳現金餘額不一致時，設法達到理想狀況

4. 為了提高現金的使用效率，企業應盡量加速收款，為此，必須滿足的要求有（　　）。
   A. 盡量使顧客早付款
   B. 盡量使用預收帳款等方法
   C. 減少顧客付款的郵寄時間
   D. 減少企業收到顧客開來支票與支票兌現之間的時間
   E. 加快資金存入自己往來銀行的過程

5. 評估顧客信用的5C評估法中的"5C"包括（　　）。
   A. 品德　　　　　　　　B. 能力
   C. 利潤　　　　　　　　D. 資本
   E. 情況

6. 提供比較優惠的信用條件，可增加銷售量，但可能會付出一定的代價，包括（　　）。
   A. 應收帳款機會成本　　B. 壞帳成本
   C. 收帳費用　　　　　　D. 現金折扣成本
   E. 帳簿的記錄費用

7. 應收帳款的管理成本主要包括（　　）。
   A. 調查客戶信用情況的費用　　B. 收集各種信息的費用
   C. 帳簿的記錄費用　　　　　　D. 應收帳款的壞帳損失
   E. 收帳費用

8. 信用條件是指企業要求顧客支付賒銷款項的條件，包括（　　）。
   A. 信用期限　　　　　　B. 現金折扣
   C. 折扣期限　　　　　　D. 機會成本
   E. 壞帳成本

9. 下列關於收帳費用與壞帳損失關係的說法中，正確的有（　　）。
   A. 收帳費用支出越多，壞帳損失越少，兩者呈反比例的線性關係
   B. 收帳費用支出越多，壞帳損失越少，但兩者不一定存在線性關係
   C. 在一定範圍內，壞帳損失隨著收帳費用的增加而明顯減少，但當收帳費

## 第 7 章　營運資金管理

　　　　用增加到一定限度後，壞帳損失的減少就不再明顯了
　　　D. 在制定信用政策時，要權衡增加收帳費用和減少壞帳損失之間的得失
　　　E. 為了減少壞帳損失，可以不斷增加收帳費用
10. 確定再訂貨點，需要考慮的因素有（　　　）。
　　　A. 平均每天的正常耗用量　　　B. 預計每天的最大耗用量
　　　C. 提前時間　　　　　　　　　D. 預計最長收貨時間
　　　E. 保險儲備
11. 關於訂貨成本，下列說法正確的有（　　　）。
　　　A. 訂貨成本是指為訂購材料、商品而發生的成本
　　　B. 訂貨成本一般與訂貨數量無關，而與訂貨次數有關
　　　C. 訂貨成本與訂貨數量和訂貨次數均有關
　　　D. 要降低訂貨成本，需要大批量採購，以減少訂貨次數
　　　E. 要降低訂貨成本，需要小批量採購，以減少儲存數量
12. 關於儲存成本，下列說法中正確的有（　　　）。
　　　A. 儲存成本包括倉儲費、搬運費、保險費、占用資金支付的利息費等
　　　B. 一定時期的儲存成本總額，等於該時期內平均存貨量與單位儲存成本之積
　　　C. 要降低儲存成本，需要小批量採購
　　　D. 要降低儲存成本，需要大批量採購
　　　E. 為了降低存貨總成本，訂貨的數量越少越好
13. 關於保險儲備，下列說法中正確的有（　　　）。
　　　A. 保險儲備是為了防止存貨使用量突增或交貨期延誤等不確定情況所持有的存貨儲備
　　　B. 保險儲備的存在會影響經濟批量的計算
　　　C. 保險儲備的存在會影響再訂貨點的確定
　　　D. 保險儲備的水平由企業預計的最大日消耗量和最長收貨時間確定
　　　E. 當保險儲備增加所帶來的缺貨成本下降的幅度大於儲存成本上升的幅度時，增加保險儲備是有利的
14. 下列各項中屬於商業信用籌資形式的有（　　　）。
　　　A. 分期收款售貨　　　　　　　B. 賒購商品
　　　C. 委託代銷商品　　　　　　　D. 預收貨款
　　　E. 預付貨款
15. 下列關於商業信用的敘述中，正確的有（　　　）。
　　　A. 商業信用有賒購商品和預收貨款兩種形式
　　　B. 商業信用與商品買賣同時進行，屬自然性籌資
　　　C. 無論企業是否放棄現金折扣，商業信用的資本成本都較低
　　　D. 商業信用是企業之間的一種間接信用關係

E. 信用條件"1/10，n/30"表明企業如在10天內付款，則可享受10%的現金折扣

16. 關於商業信用籌資的優缺點，下列說法中正確的有（　　）。
　　A. 商業信用籌資使用方便
　　B. 商業信用籌資限制少且具有彈性
　　C. 使用信用籌資成本較高
　　D. 商業信用可以占用資金的時間一般較長
　　E. 如果沒有現金折扣，或公司不放棄現金折扣，則利用商業信用籌資沒有實際成本

17. 預付貨款是買方在賣方發出貨物之前支付的貨款，一般用於以下情況，包括（　　）。
　　A. 買方資金很充裕，而賣方又急於取得貨款時
　　B. 賣方的貨物非常緊俏，供不應求時
　　C. 買方和賣方有口頭協議
　　D. 賣方已知買方的信用欠佳時
　　E. 銷售生產週期長、售價高的產品

18. 下列各項中，屬於擔保借款的有（　　）。
　　A. 保證借款　　　　　　　　B. 信用額度借款
　　C. 抵押借款　　　　　　　　D. 循環協議借款
　　E. 質押借款

## 四、判斷題

1. 營運資本有廣義和狹義之分，狹義的營運資本又稱淨營運資本，指短期資產減去短期負債後的餘額。（　　）

2. 營運資本具有流動性強的特點，但是流動性越強的資產其收益性就越差。（　　）

3. 擁有大量現金的企業具有較強的償債能力和承擔風險的能力，因此，企業應盡量多地擁有現金。（　　）

4. 企業持有現金的動機包括交易動機、補償動機、預防動機、投資動機。一筆現金餘額只能服務於一個動機。（　　）

5. 現金預算管理是現金管理的核心環節和方法。（　　）

6. 現金持有成本與現金餘額呈正比例變化，而現金轉換成本與現金餘額呈反比例變化。（　　）

7. 在存貨模型中，使現金持有成本和現金轉換成本之和最小的現金餘額即為最佳現金餘額。（　　）

8. 企業控制應收帳款的最好方法是拒絕向具有潛在風險的客戶賒銷商品，或將賒銷的商品作為附屬擔保品進行有擔保銷售。（　　）

## 第7章 營運資金管理

9. 賒銷是擴大銷售的有力手段之一，企業應盡可能放寬信用條件，增加賒銷量。（　）

10. 應收帳款管理的基本目標，就是盡量減少應收帳款的數量，降低應收帳款投資的成本。（　）

11. 企業加速收款的任務不僅是要盡量使顧客早付款，而且要盡快地使這些付款轉化為可用現金。（　）

12. 收帳費用支出越多，壞帳損失越少，兩者是線性關係。（　）

13. 要制定最優的信用政策，應把信用標準、信用條件、收帳政策結合起來，考慮其綜合變化對銷售額、應收帳款機會成本、壞帳成本和收帳成本的影響。（　）

14. 訂貨成本的高低取決於訂貨的數量。（　）

15. 在進行存貨規劃時，保險儲備的存在會影響經濟訂貨批量的計算，同時會影響再訂貨點的確定。（　）

16. 信用額度是指商業銀行和企業之間商定的在未來一段時間內銀行必須向企業提供的無擔保貸款。（　）

17. 商業信用是指商品交易中的延期付款或延期交貨所形成的借貸關係，是企業之間的一種直接信用關係。（　）

18. 賒銷商品和預付貨款是商業信用籌資的兩種典型形式。（　）

19. 商業信用籌資的優點是使用方便、成本低、限制少，缺點是時間短。（　）

20. 應付費用所籌集的資金不用支付任何代價，是一項免費的短期資金來源，因此可以無限制地加以利用。（　）

21. 銀行短期借款的優點是具有較好的彈性，缺點是資本成本較高，限制較多。（　）

22. 由於放棄現金折扣的機會成本很高，因此購買單位應盡量爭取獲得此項折扣。（　）

23. 利用商業信用籌資的限制較多，而利用銀行信用籌資的限制較少。（　）

### 五、簡答題

1. 簡述應收帳款的功能和成本。
2. 簡述存貨 ABC 分類管理的步驟。
3. 什麼是 5C 評估法？
4. 簡述現金管理的目標和內容。
5. 簡述短期籌資的特徵。
6. 在選擇貸款銀行時應該考慮的因素有哪些？
7. 短期籌資策略的主要類型包括哪些？
8. 短期融資券應該遵循什麼樣的發行程序？

9. 使用信用籌資和應付費用籌資應當考慮哪些成本？

10. 試對比分析銀行短期借款、商業信用、短期融資券的特徵和優缺點。

11. 爲了提高資產的流動性，公司應努力使流動資產和流動負債、銷售收入與流動資產的每個部分之間保持平衡。因爲只有存在良好的平衡，公司才能及時償還流動負債的本息，供應商才能按時供貨，公司的銷售才能正常進行。請說明不同的短期籌資策略對公司資產流動性及盈利性的影響。

## 六、思考題

1. 如果您是長城公司的財務總監，您認爲應該如何加強對公司貨幣資金的管理和控制，建立健全貨幣資金的內部控制，確保經營管理活動合法而有效？

2. 信用標準變化與銷售額、壞帳損失、應收帳款的機會成本以及收益之間存在一定的內在聯繫。在實踐中，信用標準變化還會影響公司哪些重要指標？

3. 試分析信用風險產生的主觀原因與客觀原因。公司在實施商業信用時，應如何規避信用風險？在實踐中，5C 評估法有何局限性？

## 七、計算題

1. 長城公司按照"2/20，n/50"的信用條件購入價值 100 000 元的甲材料，並在第 50 天支付貨款，計算長城公司的商業信用資本成本率。

2. 長城公司以貼現方式借入 1 年期貸款 100 萬元，名義利率爲 10%，這筆貸款的實際利率是多少？如果長城公司以分期付款方式借入這筆款項，分 12 個月等額償還，那麼實際利率又是多少？

3. 長城公司有甲、乙兩種備選的現金持有方案。甲方案現金持有量爲 200 000 元，機會成本率爲 12%，短缺成本爲 30 000 元；乙方案現金持有量爲 300 000 元，機會成本率爲 12%，短缺成本爲 10 000 元。

要求：確定該公司應採用哪種方案。

4. 已知某公司現金收支平衡，預計全年現金需要量是 250 000 元，現金與有價證券的轉換成本是每次 500 元，有價證券年利率爲 10%。

要求：

（1）計算最佳現金持有量。

（2）計算最佳現金持有量下的全年現金管理總成本、全年現金轉換成本和全年現金持有機會成本。

（3）計算最佳現金持有量下的全年有價證券交易次數和有價證券交易間隔期。

5. 長城公司本年度需耗用乙材料 36 000 千克，該材料採購成本爲 200 元/千克，年度儲存成本爲 16 元/千克，平均每次進貨費用爲 20 元。

要求：

（1）計算本年度乙材料的經濟進貨批量。

（2）計算本年度乙材料的經濟進貨批量下的相關總成本。

（3）計算本年度乙材料的經濟進貨批量下的平均資金占用額。

# 第7章 營運資金管理

（4）計算本年度乙材料最佳進貨批次。

6. 某企業預測 2015 年度銷售收入淨額為 4 500 萬元，現銷與賒銷比例為 1：4，應收帳款平均收帳天數為 60 天，變動成本率為 50%，企業的資本成本率為 10%。一年按 360 天計算。

要求：

（1）計算 2015 年度賒銷額。

（2）計算 2015 年度應收帳款的平均餘額。

（3）計算 2015 年度維持賒銷業務所需要的資金額。

（4）計算 2015 年度應收帳款的機會成本額。

（5）若 2015 年度應收帳款需要控制在 400 萬元，在其他因素不變的情況下，應收帳款平均收帳天數應調整為多少天？

7. 長城公司全年需外購丙零件 1 200 件，每批進貨費用 400 元，單位零件的年儲存成本 6 元，該零件每件進價 10 元。銷售企業規定：客戶每批購買量不足 600 件時，按標準價格計算，每批購買量超過 600 件，價格優惠 3%。

要求：

（1）計算該公司進貨批量為多少時，才是有利的。

（2）計算該公司的最佳進貨次數。

（3）計算該公司最佳的進貨間隔期是多少天。

（4）計算該公司經濟進貨批量的平均占用資金。

（5）假設市場週期為一年，公司訂貨至到貨的時間為 30 天，則再訂貨點為多少？

8. 某公司以往信用政策下每年銷售 120 000 件丁產品，單價 15 元，變動成本率 60%，固定成本為 100 000 元。企業尚有 40% 的剩餘生產能力，現準備通過給客戶一定的信用政策，以期達到擴大銷售的目的。經過測試可知：

甲方案：如果信用期限為 1 個月，可以增加銷售 25%，所增加部分的壞帳損失率 2.5%，新增收帳費用 22 000 元；

乙方案：如果信用期限為 2 個月，可以增加銷售 32%，所增加部分的壞帳損失率 4%，新增收帳費用 30 000 元；

假定資本成本率為 20%。

要求：

（1）計算採用甲、乙兩方案與現行方案相比增加的信用成本後收益，並根據計算結果做出採用何種方案的決策。

（2）如果企業採用的信用期限為 2 個月，但為了加速應收帳款的回收，決定採用現金折扣的辦法，條件為"2/20，1/40，n/60"，估計占所增加銷售部分的 60% 的客戶會利用 2% 的折扣，20% 的客戶會利用 1% 的折扣，增加銷售部分的壞帳損失率下降到 1.5%，新增收帳費用下降到 15 000 元。計算給予折扣方案與現行方案相比增加的信用成本後收益，試做出是否採用現金折扣方案的決策。

# 8

## 學習目標

本章主要介紹利潤分配管理的相關知識，學完本章應瞭解利潤的含義，利潤預測、利潤計劃的基本知識，利潤分配的程序和原則以及影響因素，熟悉股利相關論、股利無關論，重點掌握固定增長股利政策、固定股利支付率政策、剩餘股利政策、低正常股利加額外股利政策，瞭解股票分割和股票回購的基本原理及法律規定等。

利潤是衡量企業生產經營水平的一項綜合性指標。企業利潤的多少直接影響國家的財政收入，同時也是企業擴大再生產和向投資者提供報酬的主要資金來源。企業應當重視利潤分配管理工作，不斷提高企業的利潤水平。

## 第 1 節　利潤分配管理概述

企業利潤分配是指企業對實現的淨利潤的分配，其實質是確定給投資者分紅與企業留存收益的比例，它關係着國家、企業、職工及所有者等各方面的利益，必須嚴格按照國家的法律和制度執行。廣義的利潤分配是指對企業的收入和利潤進行分配的過程；狹義的利潤分配則是指對企業淨利潤的分配。本節所討論的利潤分配是指淨利潤的分配，即狹義的利潤分配概念。

# 第 8 章 利潤分配管理

## 一、利潤分配的原則和程序

(一) 利潤分配的原則

利潤分配要兼顧與企業有關的相關各方利益，因此在進行利潤分配時應遵循以下原則。

1. 依法分配原則

企業的利潤分配必須依法進行，《公司法》《企業財務通則》等明確規定了企業利潤分配時的法律規章制度，這些法規規定了企業利潤分配的基本要求、一般程序和重大比例，企業應認真執行，不得違反。

2. 資本保全原則

企業的利潤分配必須以資本的保全為前提。企業的利潤分配是對投資者投入資本的增值部分所進行的分配，不是投資者資本金的返還。把企業的資本金進行分配，屬於一種清算行為，而不是利潤分配行為。企業必須在有可供分配留存收益的情況下進行利潤分配，只有這樣才能充分保護投資者的利益。

3. 兼顧各方面利益原則

利潤分配是利用價值形式對社會產品的分配，直接關係到有關各方的切身利益。除依法納稅以外，投資者作為資本投入者、企業所有者，依法享有利潤分配權。職工作為利潤的直接創造者，除了獲得工資及獎金等勞動報酬外，還要以適當方式參與淨利潤的分配。企業進行利潤分配時，應統籌兼顧、合理安排，維護投資者、企業與職工的合法權益。

4. 分配與積累並重原則

企業進行利潤分配，應正確處理長遠利益和近期利益的辯證關係，將兩者有機地結合起來，堅持分配與積累並重。企業通過內部積累不僅為擴大再生產籌措了資金，同時也可增強抵抗風險的能力，提高經營的安全系數和穩定性，也有利於增加所有者的回報，還可以達到以豐補歉、平抑利潤分配數額波動幅度、穩定投資報酬率的效果。

5. 投資與收益對等原則

企業分配收益應當體現"誰投資誰受益"、受益大小與投資比例相適應，即投資與受益對等原則，這是正確處理投資者利益關係的關鍵。投資者因其投資行為而享有收益權，並且其投資收益應同其投資比例相等。這就要求企業在向投資者分配利益時，應本着平等一致的原則，按照各方投入資本的多少來進行分配。

(二) 利潤分配程序

按照《公司法》等法律、法規的規定，企業當年實現的利潤總額，應按照國家有關規定做相應調整後，依法繳納所得稅，然後按下列順序分配。

1. 彌補以前年度虧損

我國法律規定，企業發生的年度虧損，可以用下一年度的稅前利潤進行彌補；

下一年度利潤不足以彌補的，可以用未來五年內的所得稅稅前利潤延續彌補；延續五年未彌補完的虧損，用繳納所得稅之後的利潤彌補。稅後利潤彌補虧損的資金有未分配利潤和盈餘公積金。企業未清算之前，註冊資本和資本公積金不能用於彌補虧損。

2. 提取法定盈餘公積金

按照《公司法》等法律、法規的規定，法定公積金的提取比例爲當年稅後利潤（彌補以前年度虧損後）的10%，法定公積金達到註冊資本的50%時，可不再提取。公司提取的法定盈餘公積金可用於彌補虧損和增加企業的註冊資本。

3. 提取任意公積金

企業從稅後利潤中提取法定公積金後，經股東會或者股東大會決議，還可以從稅後利潤中提取任意公積金。其目的是控制向投資者分配利潤的水平以及調整各年利潤分配的波動，任意公積金計提的基數與盈餘公積金計提基數相同，計提比例由股東大會自主確定。

4. 向投資者分配利潤或股利

淨利潤扣除上述項目後，再加上以前年度的未分配利潤，即爲可供普通股分配的利潤。企業應按"同股同權、同股同利"的原則，向普通股股東支付股利。如企業以前年度長期虧損而未向股東分配股利，可以在用盈餘公積彌補虧損後，經股東大會特別決議，可按照不超過股票面值6%的比率用盈餘公積支付股利，但支付股利後留存的盈餘公積不得低於公司註冊資本的25%。

## 二、股利分配基本理論

股利分配作爲公司收益分配的一個重要方面，無疑應服從收益分配目標，即體現公司價值最大化的要求。然而，有關股利分配是否影響公司價值問題，理論界存在着不同觀點：一種觀點認爲股利分配政策的選擇不影響公司價值，即股利無關論；另一種觀點則認爲股利分配政策的選擇會影響公司價值，即股利相關論。

1. 股利無關論

1961年，美國財務專家米勒（Miller）和莫迪格萊尼（Modigllani）在發表的論文中提出了股利無關學說，因此被稱爲MM理論。股利無關論認爲，在一定假設條件下，股利政策不會對公司的價值或股票的價格產生影響，即股利政策與公司價值無關，企業的價值完全是由企業本身的未來獲利能力和風險水平所決定的，它取決於企業的投資政策，而不是取決於股利分配比例的高低。在企業當期實現利潤一定的情況下，如果企業發放較高的股利給股東，爲了保持目標資本結構，企業就不得不發行更多的股票，使支付股利對股票價格所產生的積極影響完全被增發股票的代價所抵消。對投資者而言，即使企業不發放股利，投資者也完全可以靠出售部分股票的方式來套取現金。因此，股東對股利和資本利得無任何偏好。

# 第8章 利潤分配管理

MM理論是建立在"完美且完全的資本市場"這一嚴格假設前提基礎上的，這一假設包括：①市場無摩擦，即不存在交易成本或者稅收。②所有的參與者對於資產價格、利率以及其他經濟要素都具有相同的預期。③市場的進入與退出是自由的。④信息是無成本的，並且可以同時傳遞給所有的市場參與者。⑤擁有大量的市場參與者，沒有任何人佔據支配地位。但現實的資本市場並不像MM理論所描述的那樣完善，且構成該理論的主要假設都缺乏現實性，因此又出現了與之相反的理論——股利相關論。

2. 股利相關論

股利相關論認爲，公司的股利政策會影響到股票價格，該理論的流派較多，主要觀點包括以下幾種。

（1）股利重要論。股利重要論又稱"一鳥在手"理論。這一理論來源於英國的格言"雙鳥在林，不如一鳥在手"，由萬倫·弋登和約翰·林特納首次提出。該理論認爲用留存收益再投資帶給投資者的收益具有很大的不確定性，並且投資風險隨着時間的推移將進一步增大。因此，投資者更喜歡現金股利，而不大喜歡將利潤留給公司。這是因爲：對投資者來說，現金股利是"在手之鳥"，而公司留利則是"林中之鳥"，隨時都可能飛走。在投資者的眼裏，股利收入要比由留存收益帶來的資本收益更可靠。所以投資者更願意投資派發高股利的股票，從而導致該類股票價格上漲。

（2）信息效應理論。該理論認爲，支付股利是在向投資者傳遞企業的某種信息，因爲投資者與企業管理者存在着明顯的信息不對稱。市場通常將股利增長看作利好消息，這意味着公司有較好的前景。相應地，股利降低通常被認爲是不好的消息，意味着公司的前景令人沮喪。因此，發放高現金股利的股票一般會受到投資者的青睞，股票價格相應會上漲。反之，發放低現金股利或不發放現金股利的股票，往往受到投資者的質疑，並被認爲企業盈利能力差或未來的經營前景不好，以致投資者拋售股票，從而使股票價格下降。

（3）代理理論。該理論認爲，公司發放現金股利需要在資本市場上籌集資金，所以高股利支付率可以迫使公司接受資本市場的監督，從而在一定程度上降低代理成本。現代企業中，所有者與經營者之間是一種委託代理關係，股利政策有助於減緩管理者與股東之間，以及股東與債權人之間的代理衝突。股利政策對管理者的這種約束體現在兩個方面：首先，從投資角度來看，當公司存在大量自由現金時，管理者通過股利發放不僅減少了因過度投資帶來的資源浪費，而且有助於減少管理者潛在的代理成本，從而增加公司價值（這樣可解釋股利增加與股價變動正相關的現象）；其次，從融資角度來看，公司發放股利減少了內部融資，促使其進入資本市場尋求外部融資，從而可以經常接受資本市場的有效監督，從而減少代理成本。因此，在投資規模一定的前提下，公司發放的現金股利越多，需要在資本市場上籌集的資金也越多，高股利支付率迫使公司接受資本市場的監督，從而在一定程度上降低代理成本。

(4) 稅收效應理論。該理論認爲，投資者獲取現金股利和資本利得需要繳納相應的稅收，當兩者的稅負存在顯著差異時，稅負差異會成爲影響股利形式的相當重要的因素。在許多國家的稅法中，長期資本利得率要低於股利收益稅率，投資者自然喜歡公司少支付股利而將較多的收益留下來作爲再投資使用，以期提高股票價格，把股利轉化爲資本利得。同時，爲了獲得較高的預期收益，投資者願意接受較低股票必要報酬率，根據這種理論，只有採取低股利和推遲股利支付的政策，才有可能使公司的股價上漲。

在現實環境中，公司的股利分配政策受到多種因素的影響，而股利相關論的幾種觀點都只是從某一特定角度來解釋股利政策和股價之間的關係，因此分析都不夠全面。

### 三、利潤分配政策影響因素

利潤分配政策的確定受到各方面因素的影響，一般來說，應考慮的主要因素有以下幾方面。

#### (一) 法律法規因素

爲了保護債權人和股東的利益，國家有關法規如《公司法》對企業利潤分配予以了一定的硬性限制。這些限制主要體現爲以下四個方面。

1. 資本保全約束

資本保全是企業財務管理應遵循的一項重要原則。它要求企業發放的股利或投資分紅不得來源於原始投資（或股本），而只能來源於企業當期利潤或留存收益。資本保全的目的是防止企業任意減少資本結構中所有者權益（股東權益）的比例，以維護債權人利益。

2. 資本積累約束

資本積累約束要求企業在分配收益時，必須按一定的比例和基數提取各種公積金。只有當公司提取的公積金累計數額達到註冊資本的50%時才可以不再計提。這一規定的目的是增加企業抵禦風險的能力，維護投資者的利益。另外，它要求在具體的分配政策上，貫徹"無利不分"原則，即當企業出現年度虧損時，一般不得分配利潤。

3. 償債能力約束

償債能力是指企業按時足額償付各種到期債務的能力。現金股利需用企業現金支付，而大量的現金支出必然影響企業的償債能力。因此，企業在確定股利分配數量時，一定要考慮現金股利分配對企業償債能力的影響，如果企業已經無力償還債務或因發放股利將極大地影響企業的償債能力時，則不能分配股利。

4. 超額累積利潤約束

由於資本利得與股利收入的稅率不一致，投資者接受股利繳納的所得稅要高於

# 第 8 章 利潤分配管理

進行股票交易的資本利得所繳納的稅金，企業通過積累利潤來提高其股票價格，則可使股東避稅。有些國家的法律禁止企業過度積累盈餘，如果一個企業的盈餘積累大大超過企業目前及未來投資的需要，則可看作是過度保留，將被加徵額外的稅款。我國法律目前對此尚未做出規定。

(二) 公司因素

公司的生產經營需要不斷地進行籌資、投資，尤其是現金流量的質量對公司的生存至關重要，因此利潤分配對公司經營意義重大，需要考慮以下自身因素來確定利潤分配政策。

1. 資產的流動性

保證企業正常的經營活動所需的現金是確定利潤分配政策的最重要的限制因素。企業資金的正常周轉，如同人體中的血液，對企業生產經營至關重要。因為現金股利支付是一項較大的現金流出，過度的股利分派將會影響到維持企業正常生產經營所必需的資產流動性。企業在進行利潤分配時，必須充分考慮企業的現金流量，而不僅僅是企業的淨收益。因此，如果企業的資產流動性差，即使收益可觀，也不宜分配過多的現金股利。

2. 未來投資機會

企業的利潤分配政策受其未來投資需求的影響。如果企業擁有較多的投資機會，而且投資收益大於投資者期望收益率時，那麼它往往будет傾向於將應分配的收益用於再投資，減少分紅數額。如果企業缺乏良好的投資機會，那麼保留大量盈餘只會造成資金的閒置，可適當增大分紅數額。因此，處於成長中的企業多採取低股利的政策，而陷於經營收縮的企業多採取高股利政策。

3. 舉債能力

企業利潤分配政策受其舉債能力的限制。如果企業具有較強的籌資能力，隨時能籌集到所需資金，那麼企業實現的利潤就可以更多地向所有者分配；而對於一個籌資能力較弱的企業而言，宜保留較多的盈餘。

4. 資產的流動性

企業現金股利的支付能力，在很大程度上受其資產變現能力的限制。企業資產的流動性低，就缺乏充足的現金用於利潤分配。如果一個企業的資產有較強的變現能力，現金的來源較充裕，則其股利支付能力也比較強。

5. 盈利的穩定性

企業的利潤分配政策在很大程度上會受其盈利穩定性的影響。一般來講，一個企業的盈利越穩定，則其股利支付水平也就越高。

6. 籌資成本

留存收益是企業內部籌資的一種重要方式，它同發行股票或舉債相比，具有成本低的優點。因此，很多企業在確定利潤分配政策時，往往將留存收益作為首選的籌資渠道，特別是在負債資金較多、資本結構欠佳的時期。

(三) 股東因素

企業的一個重要的財務目標就是實現股東財富的最大化，因此，在制定利潤分配政策時，必須充分考慮大部分股東的意願，股東在收入、控制權、稅賦、投資機會等方面的考慮會對企業的利潤分配政策產生影響。

1. 收入的穩定性

有的股東依賴企業發放的現金股利維持生活，他們往往要求企業能夠支付穩定的股利，反對企業留存過多的收益。另外，有些股東認為憑借留存利潤使企業股票價格上升而獲得資本利得，具有較大的不確定性，而取得現實的股利比較可靠，因此，這些股東也會傾向於多分配股利。

2. 控制權的稀釋

企業的留存收益是其內部融資的重要渠道之一，如果將大部分的盈利以股利的形式發放出去，當企業為有利可圖的投資機會籌集所需資金，而外部又無適當的籌資渠道可以利用時，可能會有新的股東加入到企業中來，而打破目前已經形成的控制格局，就有可能導致現有股東的控制權被稀釋。因此，這些公司的股東往往會將股利政策作為維持其控制地位的工具，通過限制股利的支付，保留較多的盈餘而避免增發新股，以便從內部的留存收益中取得所需資金。

3. 納稅因素

企業的股利政策會受股東對稅賦因素考慮的影響。一般來講，股利收入的稅率要高於資本利得的稅率，很多高收入的股東會由於對稅賦因素的考慮而偏好於低股利支付水平，以便從股價上漲中獲利。

4. 股東的投資機會

股東的外部投資機會也是企業制定分配政策必須考慮的一個因素。如果企業將留存收益用於再投資的所得報酬低於股東個人單獨將股利收入投資於其他投資機會所得的報酬，則股東會傾向於企業多發放股利給股東。

(四) 債務合同與通貨膨脹

1. 債務合同

為了保證自己的利益不受損害，債權人通常都會在企業借款合同、債券契約，以及租賃合約中加入關於借款企業股利政策的條款，以限制企業股利的發放。這些限制條款經常包括以下幾個方面：①未來的股利只能以簽訂合同之後的收益來發放，即不能以過去的留存收益來發放股利。②營運資金低於某一特定金額時不得發放股利。③將利潤的一部分以償債基金的形式留存下來。④利息保障倍數低於一定水平時不得發放股利。確立這些限制性條款的目的在於，促使企業把收益的一部分按有關條款要求的特定形式（如償債基金等）進行再投資，以擴大企業的經濟實力，從而保障借款的如期償還，維護貸款人的利益。

2. 通貨膨脹

通貨膨脹會帶來貨幣購買力水平下降及固定資產重置資金來源不足，此時，企

# 第 8 章　利潤分配管理

業往往不得不考慮留用一定的利潤，以便彌補由於貨幣購買力水平下降而造成的固定資產重置資金缺口。因此，在通貨膨脹時期，企業一般會採取偏緊的利潤分配政策。

## 第 2 節　利潤分配政策

### 一、利潤分配政策類型

利潤分配政策是爲指導企業利潤分配活動而制定的一系列制度和策略，主要包括股利支付水平以及股利分配方式等內容。利潤分配政策的不同，會影響到企業當期現金流量和內部籌資的水平，並影響到企業籌資方式的選擇。在理財實踐中，公司經常採用的利潤分配政策主要有固定或穩定增長的股利政策、固定股利支付率政策、剩餘股利政策、低正常股利加額外股利政策四種。

（一）固定股利或穩定增長的股利政策

1. 概念

固定股利或穩定增長的股利政策是指公司將每年派發的股利額長期維持在某一特定水平或是在此基礎上維持某一固定比率，並逐年穩定增長。這種股利政策短期看股利支付具有固定性，長期看股利支付具有穩定增長性，因而又稱階梯式的股利政策。只有在確信公司未來的盈利增長不會發生逆轉時，才會宣布實施固定或穩定增長的股利政策。採用該政策的依據是股利重要理論和信號效應理論。

2. 固定股利或穩定增長股利政策的評價

（1）固定股利或穩定增長股利政策的優點。該政策對穩定股價有利，具體來說優點如下：首先，穩定的股利向市場傳遞着公司未來經營前景將會更好的信息，有利於公司樹立良好的形象，消除投資者內心的不確定性，增強投資者信心，進而有利於穩定公司股價。其次，有利於投資者安排收入與支出，穩定的股利尤其吸引那些打算做長期投資的股東，這部分股東希望其投資的獲利能夠成爲其穩定的收入來源，以便安排各種經常性的消費和其他支出。最後，有助於預測現金流出量，便於公司資金調度和財務安排。

（2）固定股利或穩定增長股利政策的缺點。首先，股利的支付與盈餘相互脫節。由於要求保持一個固定的股利支付水平，容易給企業的財務運行帶來壓力，不能體現多盈多分、少盈少分的一般分配原則。因此，當公司盈餘較低時，穩定不變的股利可能會成爲公司的一項財務負擔，導致公司資金短缺，財務狀況惡化，從而影響公司的發展。其次，該政策沒有考慮未來的投資機會，若企業資金短缺，留存收益不足以滿足投資需要，企業必須以外部融資方式籌集資金，造成資金成本較高。

採用固定或穩定增長的股利政策，要求公司對未來的盈利和支付能力做出較準確的判斷。一般來說，公司確定的固定股利額不應太高，要留有餘地，以免陷入公司無力支付的被動局面。固定或穩定增長的股利政策一般適用於經營比較穩定或正處於成長期的公司，且很難被長期採用。

(二) 固定股利支付率政策

1. 概念

固定股利支付率政策是指公司將每年淨收益的某一固定百分比作爲股利分派給股東。這一百分比通常稱爲股利支付率。固定股利支付率越高，公司留存的淨收益比重越少。在這一股利政策下，只要公司的稅後利潤一經計算確定，所派發的股利也就相應確定了，各年股利支付額隨企業經營狀況的好壞而上下波動。固定股利支付率政策的理論依據是股利重要理論。

2. 固定股利支付率政策的評價

(1) 固定股利支付率政策的優點。由於保持了股利與利潤之間的一定比例關係，股利與公司盈餘緊密地配合，體現了多盈多分、少盈少分、無盈不分的股利分配原則，因此該政策做到了風險投資與風險收益對等，公平地對待每一位股東。

(2) 固定股利支付率政策的缺點。①不利於樹立公司良好的形象。大多數公司每年的收益很難保持穩定不變，如果公司每年收益狀況不同，固定支付率的股利政策將導致公司每年股利分配額的頻繁變化。而波動的股利向市場傳遞的信息就是公司未來收益前景不明確、不可靠等，很容易給投資者帶來公司經營狀況不穩定、投資風險較大的不良印象。②容易使公司面臨較大的財務壓力。因爲公司實現的盈利越多，一定支付比率下派發的股利就越多，但公司實現的盈利多，並不代表公司有充足的現金派發股利，只能表明公司盈利狀況較好而已。如果公司的現金流量狀況並不好，卻還要按固定比率派發股利的話，就很容易給公司造成較大的財務壓力。③缺乏財務彈性。股利支付率是公司股利政策的主要內容，模式的選擇、政策的制定是公司的財務手段和方法。在不同階段，根據財務狀況制定不同的股利政策，會更有效地實現公司的財務目標。但在固定股利支付率政策下，公司喪失了利用股利政策的財務方法，缺乏財務彈性。④合適的固定股利支付率的確定難度大。固定股利支付率如果確定得較低，不能滿足投資者對現實股利的要求；如果確定得較高，則企業發展需要大量資金時，又要受其制約。

由於該種政策缺乏財務彈性，實務中，採用固定股利支付率政策的企業較少，該政策只是比較適用於那些處於穩定發展且財務狀況也較穩定的公司。

(三) 剩餘股利政策

1. 概念

剩餘股利政策是指在公司有良好的投資機會時，根據一定的目標資本結構（最佳資本結構），測算出投資所需要的權益資本，先從盈餘當中留用，然後將剩餘的盈餘作爲股利予以分配。剩餘股利政策的理論依據是 MM 股利無關理論。

# 第8章 利潤分配管理

2. 剩餘股利政策的基本步驟

(1) 確定目標資本結構（最優資本結構），根據公司的投資計劃確定公司的最佳資本預算。

(2) 根據公司的目標資本結構及最佳資本預算預計公司資金需求中所需要的權益資本數額。

(3) 盡可能用留存收益來滿足資金需求中所需增加的股東權益數額。

(4) 留存收益在滿足公司股東權益增加需求後，如果有剩餘再用來發放股利。

在這種分配政策下，投資分紅額（股利）成爲公司新的投資機會的函數，隨著投資資金的需求變化而變化。只要存在有利的投資機會，就應當首先考慮其資金需要，然後再考慮公司剩餘收益的分配需要。

剩餘股利政策中的"剩餘"是指首先滿足最優資本結構下的投資項目資金需求後的剩餘盈利，不是指"已提取公積金的稅後淨利全部滿足投資項目的需求後的剩餘盈利"。

【例8-1】天元公司2010年度提取了公積金後的淨利潤爲1 000萬元，第二年的投資計劃所需資金800萬元，該公司的目標資金結構爲自有資金占60％，借入資金占40％。按照目標資金結構的要求，該公司投資所需的自有資金數額爲：

800×60％=480（萬元）

按照剩餘政策的要求，該公司當年可向投資者分紅數額爲：

1 000-480=520（萬元）

假設該公司當年流通在外的普通股爲100萬股，則每股股利爲：

520÷100=5.2（元/股）

3. 剩餘股利政策的評價

剩餘股利政策的優點是：留存收益優先保證再投資的需要，從而有助於降低再投資的資金成本，保持最佳的資本結構，實現公司價值的長期最大化。

剩餘股利政策的缺點是：如果完全執行剩餘股利政策，股利發放額就會每年隨投資機會和盈利水平的波動而波動。即使在盈利水平不變的情況下，股利也將與投資機會的多寡呈反方向變動：投資機會越多，股利越少；反之，投資機會越少，股利發放越多。而在投資機會維持不變的情況下，股利發放額將因公司每年盈利的波動而同方向波動。剩餘股利政策不利於投資者安排收入與支出，也不利於公司樹立良好的形象。

在實際工作中，很少有企業長期奉行剩餘股利政策。通常是那些處於初創時期的企業，在確保投資機會的預計報酬高於投資者必要報酬率並且政策的實施能爲投資者所接受時才採用剩餘股利政策。

(四) 低正常股利加額外股利政策

1. 概念

低正常股利加額外股利政策是指公司事先設定一個較低的正常股利額，每年除了按正常股利額向股東發放現金股利外，還在公司盈利情況較好、資金較為充裕的年度向股東發放高於每年度正常股利的額外股利。低正常股利加額外股利政策的依據是股利重要理論。

2. 低正常股利加額外股利政策的優缺點

該政策的優點主要有：

首先，**靈活性強**，具有較大的財務彈性。由於該政策確定的正常股利數額較低，所以在企業經營困難或投資所需資金量較大時，也能夠保證按照事先確定的數額發放股利；當企業經營較好時，結合投資、籌資的資金需要，選擇合適的額外發放股利比率，使公司在股利發放上具有很強的靈活性，能夠在財務上保持較好的財務彈性。

其次，**有助於企業樹立良好的形象**。由於公司保證即使在最差的經營情況下，也能夠按照既定承諾的股利水平發放正常股利，使投資者保持一個穩定的收益，這有助於公司股票價格的穩定。而當經營狀況允許發放額外股利時，額外股利信息的傳遞有助於公司股票價格的上漲，增強投資者的信心，因此，該政策有助於保護企業的良好形象。

該政策也存在以下缺點：

首先，由於年份之間公司的盈利波動使得額外股利不斷變化，或時有時無，造成分派的股利不同，容易給投資者以公司收益不穩定的感覺。

其次，當公司在較長時期持續發放額外股利後，可能會被股東誤認為是"正常股利"，而一旦取消了這部分額外股利，傳遞出去的信號可能會使股東認為這是公司財務狀況惡化的表現，進而可能會引發公司股價下跌的不良後果。

低正常股利加額外股利政策實質是固定股利政策和固定股利支付率政策的折中政策，既吸收了固定股利政策對股東投資收益的保障優點，同時又能夠使股利與盈利相結合，所以，在資本市場上頗受投資者和公司的歡迎。

該股利政策一般適用於季節性經營公司或受經濟週期影響較大的公司。

## 二、收益分配方案的確定

由於收益分配不但影響股東的利益，也會影響公司的正常運營以及未來的發展，收益分配方案一旦確定，對企業的影響是重大的，因此企業一定要做好收益分配方案的決策，綜合考慮公司面臨的各種具體影響因素，適當遵循收益分配的各項原則，以保證不偏離公司的目標。通常有以下幾方面的內容：

(一) 選擇股利政策類型

由於各個企業自身的發展階段不同、經濟實力不同、經營業務性質不同，各種股利分配政策的適用範圍不同，企業必須考慮它們的諸多影響之後才能確定出應選擇的股利分配政策。在選擇適合企業的股利分配政策時，尤其需注意企業所處的經

## 第 8 章 利潤分配管理

營發展階段，經營發展階段與企業股利分配政策選擇之間有一定的規律可循。

一般來講，企業的經營發展分爲初創階段、快速發展階段、穩定增長階段、成熟階段和衰退階段。在不同階段，企業所選擇的股利分配政策往往不同。

初創階段，由於企業的經濟實力薄弱，獲利能力不穩定，企業的經營風險較高，融資能力差，而在此階段卻往往需要較多的投資，所以，在徵得投資者同意的情況下，最佳的股利分配政策選擇應該爲剩餘股利政策。

快速發展階段，儘管企業的獲利能力增強，有較多的現金淨流量，但處在此階段的企業往往也是投資需求大量增加的階段，爲了既能滿足投資者投資回報的要求又能滿足投資所需資金安排的要求，企業最好採用低正常股利加額外股利政策。

穩定增長階段，企業的獲利能力穩定增長，淨現金流入量增加，但處在此階段的企業投資需求卻相對減少，所以，爲了避免造成過多留存收益的閒置，此階段應採取固定或穩定增長股利政策。

成熟階段，企業的獲利水平穩定，在較長時間的經營過程中，企業此時通常都積累了一定的留存收益，企業的資本實力增強，基本不需追加投資，而且融資能力較強，所以，此階段的企業可以採用固定股利支付率政策。

衰退階段，企業的經營業務發展出現衰退，業務量銳減，企業的獲利水平和現金流量水平都下降，企業開始著手新的項目投資策劃，爲了維持企業的資本結構和融資能力，此階段的股利分配政策宜採用剩餘股利政策。

(二) 確定股利支付水平

股利支付水平通常用股利支付率來衡量。股利支付率是當年發放股利與當年淨利潤之比，或每股股利除以每股收益。股利支付率的制定往往使公司處於兩難境地。低股利支付率政策雖然有利於公司對收益的留存，有利於擴大投資規模和未來持續發展，但顯然在資本市場上對投資者的吸引力大大降低，進而影響公司未來的增資擴股。而高股利支付率有利於增強公司股票的吸引力，有助於公司在公開市場上籌措資金，但過高的股利分配率政策也會產生不良的後果，使公司的留存收益減少，給公司資金周轉帶來影響，加重公司財務負擔。

是否對股東派發股利以及比率的高低，取決於公司對下列因素的權衡：①公司所處的成長週期。②公司的投資機會。③公司的籌資能力及籌資成本。④公司的資本結構。⑤股利信號傳遞功能。⑥貸款協議以及法律限制。⑦股東偏好。⑧通貨膨脹等因素。

(三) 確定股利支付形式

股份有限公司支付股利的基本形式主要有現金股利、股票股利、財產股利和負債股利等，後兩種方式應用較少。我國有關法律規定，股份制企業只能採用現金股利和股票股利兩種方式。

1. 現金股利

現金股利是股份公司以現金的形式發放給股東的股利。這是最常用的股利支付

# 中級財務管理

方式。發放現金股利的多少主要取決於公司的股利政策和經營業績。公司選擇發放現金股利主要出於三個原因：投資者偏好、減少代理成本和傳遞公司的未來信息。公司採用現金股利形式時，必須具備兩個基本條件：①公司要有足夠的未指明用途的留存收益。②公司要有足夠的可以支付的現金。

由於現金具有較強的流動性，且現金股利還可以向市場傳遞一種積極的信息，因此，現金股利的支付有利於支撐和刺激企業的股價，增強投資者的投資信心。

2. 股票股利

股票股利是公司以增發股票的方式所支付的股利，我國實務中通常也稱其為"紅股"。由於股票股利是一種無形支付公司現金的股利支付方式，即以增發股票作為股利的代付手段，因而被上市公司廣泛運用。從理論上講，股票股利的發放只是導致公司的資金在股東權益帳戶之間進行轉移，並沒有使公司的資產流出公司，也沒有增加公司的負債；同時對股東的個人財富也不產生直接的影響。

【例8-2】某公司2008年實現的淨利潤為5 000萬元，資產合計5 600萬元，年終利潤分配前的股東權益項目資料如表8-1所示。

表8-1　　　　　年終利潤分配前的股東權益項目資料

| 股本—普通股（每股面值2元，400萬股） | 800萬元 |
| --- | --- |
| 資本公積金 | 320萬元 |
| 未分配利潤 | 1 680萬元 |
| 所有者權益合計 | 2 800萬元 |

2008年度，該公司的分配方案為：計劃用企業的未分配利潤派發10%的股票股利，即按每10股送1股的方案發放股票股利，按照股票面值確定股票股利價格。

要求：

（1）確定發放股票股利後的普通股股數和股本金額；

（2）確定股票股利分配之後該企業股東權益的構成；

（3）假定李某原持有該企業股票為40萬股，計算其分配股票股利前後所持份額。

解答過程如下。

（1）發放股票股利後的普通股股數 = 400×（1+10%）= 440（萬股）

發放股票股利後的普通股本 = 2×440 = 880（萬元）

（2）企業的未分配利潤分配股票股利即轉增股本後，尚有未分配利潤為：

發放股票股利後的未分配利潤 = 1 680-40×2 = 1 600（萬元）

由於企業本分配年度沒有將資本公積和盈餘公積用以分配股票股利，所以，資本公積和盈餘公積並沒有變化，這樣我們可以確定股票股利分配後該企業股東權益的構成如表8-2所示。

## 第 8 章　利潤分配管理

表 8-2　　　　　　　　　股票股利分配後的股東權益構成

| 股本—普通股（每股面值 2 元，440 萬股） | 880 萬元 |
|---|---|
| 資本公積金 | 320 萬元 |
| 未分配利潤 | 1 600 萬元 |
| 所有者權益合計 | 2 800 萬元 |

發放股票股利後的資本公積金 = 320（萬元）

發放股票股利後的所有者權益總額 = 2 800（萬元）

（3）李某分配股票股利之前所持股份額 = $\frac{40}{400} \times 100\% = 10\%$

李某分配股票股利股數 = 40×10% = 4（萬股）

李某分配股票股利後持股份額 = $\frac{40+4}{440} \times 100\% = 10\%$

通過上例可以說明，由於該公司的淨資產不變，而股票股利派發前後每一位股東的持股比例也不發生變化，那麼他們各自持股所代表的淨資產也不會改變。

表面上看來，除了所持股數同比例增加之外，股票股利好像並沒有給股東帶來直接收益，事實上並非如此。理論上，派發股票股利之後的每股價格會成比例降低，保持股東的持有價值不變，但實務中這並非是必然的結果。因為市場和投資者普遍認為，公司發放股票股利往往預示著公司會有較大的發展和成長，這樣的信息傳遞不僅會穩定股票價格甚至可能使股價不降反升。另外，如果股東把股票股利出售，變成現金收入，還會給他帶來資本利得的納稅上的好處。所以股票股利對股東來說並非像表面上看到的那樣毫無意義。

對公司來講，股票股利的優點主要有：①發放股票股利既不需要向股東支付現金，又可以在心理上給股東以從公司取得投資回報的感覺。②發放股票股利可以降低公司股票的市場價格。一些公司在其股票價格較高，不利於股票交易和流通時，通過發放股票股利來適當降低股價水平，促進公司股票的交易和流通。③發放股票股利，可以降低股價水平。如果日後公司將要以發行股票方式籌資，則可以降低發行價格，有利於吸引投資者。④發放股票可以傳遞公司未來發展前景良好的信息，增強投資者的信心。⑤股票股利降低每股市價的時候，會吸引更多的投資者成為公司的股東，從而可以使股權更為分散，有效地防止公司被惡意控制。

3. 財產股利

財產股利是公司以現金之外的財產分配的股利。由於非現金資產不易分割，財產股利的分派形式受到很大限制，所以只有在股東為數不多的情況下，公司才採用財產股利形式。對於股東眾多的大公司來講，分派股利時實際分發給股東的非現金資產，主要是其持有的由別的公司發行的有價證券。財產股利具體包括：①實物股利。實物股利即發放給股東的實物資產或實物產品。實物股利是用於額外股利的股利形式，這種方式不增加貨幣資金支出，但會減少公司淨值，因此不經常採用。②證券股利。最常見的財產股利是以其他公司的證券代替貨幣資金發放給股東的股息。由於證券流動性及安全性僅次於貨幣資金，投資者願意接受。對公司來說，把證券作爲股利發放給股東，既發放了股利，又實際保留了對其他公司的控制權。財產股利也會引起公司經濟資源的流出，因此可能會影響公司的償債能力和未來的發展。

公司採用財產股利支付形式，主要是出於以下幾方面的原因：

（1）減輕公司現金支付壓力。採用財產股利支付方式，不會增加公司的現金流出。

（2）保持公司股利政策的穩定性。當公司財務出現暫時困難，不支付股利會影響投資者對公司的信心，支付現金股利又缺少資金時，採用財產股利，可以保持公司股利政策的穩定性。

（3）保持公司對其他公司的控制權。當公司爲達到對其他公司進行控制的目的，用大量現金購買其股票後，無多餘現金發放股利，將所購股票作爲股利發放給股東，有利於保持對其他公司的控制權。

財產股利也有缺點，一是不易爲廣大股東所接受，因爲股東所持有股票的目的是獲得現金收入，而不是爲了分得實物；二是以實物支付股利會嚴重影響公司的形象，投資者會普遍認爲公司的財務狀況不好，資產變現能力下降，資金流轉不暢，從而對公司的發展缺乏信心，由此導致股票市價的大跌。因此這種支付形式是"不得已而爲之"的形式。

4. 負債股利

負債股利是公司通過建立一項負債來支付股息和紅利。負債股利使股東又成爲公司的債權人，公司資產總額不變，負債增加，資產淨值減少。負債股利具體包括發行公司債券和本公司開出的票據兩種辦法。兩者都是帶息票據，並有到期日，對於股東來講，到期還本收到貨幣股利的時間較長，但可以獲得額外的利息收入。對於公司來講，增加了支付利息的財務壓力。所以，它只是公司已經宣布並必須立即發放股息而貨幣資金不足時所採用的一種權宜之策。負債股利通常採用應付票據支付。在不得已的情況下，有的公司也採用發行公司債券來抵付股利。負債股利雖然可以達到延期支付的目的，使公司能夠在一定時期內運用這部分資金，但公司由此也承擔了一項負債，增加了公司的財務風險。

財產股利和負債股利實際上是現金股利的替代品，這兩種股利支付方式在我國公司中很少被採用，但也並非爲法律所禁止。

（四）確定股利發放日期

公司在選擇了股利政策、確定了股利支付水平和方式後，應當進行股利的發放。公司股利的發放必須遵循相關的要求，一般先由董事會提出分配預案，然後提交股東大會決議通過後才能進行分配。股東大會決議通過分配預案後，要向股東宣布發放股利的分配方案，按照日程安排來進行。一般情況下，股利的支付需要按照下列

# 第8章 利潤分配管理

日程來進行。

1. 預案公布日

上市公司分派股利時，首先要由公司董事會制訂分紅預案，包括本次分紅的數量、分紅的方式，股東大會召開的時間、地點及表決方式等，以上內容由公司董事會向社會公開發布。

2. 股利宣告日

股利宣告日是指股東大會決議通過並由董事會宣告發放股利的日期。在股利宣告日，所宣告的股利已經成為公司的一項實際負債，即應付股利，同時減少留存收益。公司在宣布分配方案的同時，要公布股權登記日、除息日和股利支付日。

3. 股權登記日

股權登記日是指有權領取股利的股東資格登記的截止日期。由於股票是經常流動的，所以公司在分配股利時，為界定哪些股東可以參加股利分配，需要確定股權登記日。凡是在此指定日期收盤之前取得了公司股票，成為公司在冊股東的投資者都可以作為股東享受公司分派的股利。在此日之後取得股票的股東則無權享受已宣布的股利。

4. 除息日

除息日是指領取股利的權利與股票彼此分開的日期。在除息日之前，購買的股票才能夠領取本次股利。在除息日當天或以後購買的股票則不能夠領取本次股利。我國目前規定除息日為股權登記日後的第一個交易日，也就是說，除息是在股權登記日收盤後、除息日開盤前進行的。而股權登記日、除息日是相連的兩個交易日——或日期相連或中間為節假日休市，或中間交易停牌，中間不可能有交易發生。

除息日對股價具有明顯的影響。在除息日之前的股價中包含了本次股利，在除息日之後的股價中不再包含本次股利，所以股價會相應下降。如果不考慮稅收及交易成本等因素的影響，除息日的開盤價約等於前一天的收盤價減去每股股利。

5. 股利支付日

股利支付日是指公司將股利正式發放給股東的日期。在這一天，公司按公布的分紅方案向股權登記日在冊的股東實際支付股利。

【例8-3】某上市公司2007年3月20日，由公司董事會向公眾發布的分紅預案公告稱："2007年3月18日，公司召開董事會會議，通過每股普通股分派股息0.6元的2006年分紅預案，此分紅方案須經公司股東大會通過後實施，特此公告。"2007年3月24日，公司公布最後分紅方案的公告稱："在2007年3月23日在上海召開的股東大會上，通過了董事會關於每股普通股分派股息0.6元的2006年股息分配方案。股權登記日是2007年4月4日，除息日是2007年4月5日，股東可在2007年4月25日通過上海證券交易所按交易方式領取股息。特此公告。"股利支付程序如圖8-1所示。

```
3月24日    4月4日 4月5日              4月25日
   |        |     |                   |
  宣告日  股權登記日 除息日           股利支付日
```

圖 8-1 股利支付程序

## 第 3 節　股票分割和股票回購

### 一、股票分割

#### （一）股票分割的含義

股票分割又稱拆股，是指企業管理當局將某一特定數額的新股，按一定的比例交換一定數額的流通在外的股份的行為。例如，企業股票按照 1∶2 實施股票分割，意味着用 2 股新股來交換原有的 1 股股票，使分割後市場上的流通股比分割前增加一倍。如果上市公司認為自己公司的股票市場價格太高，不利於其良好地流動，有必要將其降低，就可能進行股票分割，使每股收益和每股淨資產減少，以推動股價下調。

股票分割後，明顯的變化是發行在外的股票數量增加，每股面值下降，每股收益下降，但公司股東權益總額不變，股東權益各項目（普通股股本、資本公積、留存收益）的金額及其相互之間的比例也不會改變。股票分割與股票股利非常相似，都是在不增加股東權益的情況下增加股票數量。所不同的是，股票股利雖然不會引起股東權益總額的改變，但股東權益構成項目之間的比例會發生變化，而股票分割後，股東權益總額及其構成項目的金額都不會發生任何變化，變化的只是股票面值。

【例 8-4】承例 8-2 相關資料，公司現在有兩個方案選擇，一是每 10 股送 1 股的股利分配方案，另一種是將每一股分割為兩股。

（1）計算完成每 10 股送 1 股的方案後的流通股數、股票面值、每股收益和每股淨資產。

（2）若計劃每一股分割為兩股，計算完成這一分配方案後的流通股數、股票面值、每股收益和每股淨資產。

解答過程如下。

（1）發放股票股利後的普通股數 = 400×（1+10%）= 440（萬股）

每股收益 = 5 000/440 = 11.36（元/股）

每股淨資產 = 2 800/440 = 6.36（元/股）

（2）分割後的股數 = 400×2 = 800（萬股）

普通股面值 = 2/2 =（1元/股）

每股收益 = 5 000/800 = 6.25 元（元/股）

# 第 8 章 利潤分配管理

每股淨資產＝2 800/800＝3.5元（元/股）

股票分割與股票股利都具有降低公司股票市價的作用，但二者的使用是有一定條件的。一般來說，股票分割只有在公司股價上漲且預期難以下降時才使用；而在股票價格上漲幅度不大時，一般採用發放股票股利的辦法將股價維持在理想的範圍之內。

(二) 股票分割的作用

股票分割主要有以下作用：

(1) 採用股票分割可使公司股票每股市價降低，促進股票流通和交易。通常認爲，股票價格太高，會降低股票吸引力，不利於股票交易，而股票價格下降則有助於股票交易。通過股票分割可以大幅度降低股票市價，增加投資吸引力。

【例 8-5】假定 A 公司股票分割前每股市場價格爲 20 元，某股東持有 500 股該公司股票，公司按 1 換 2 的比例進行股票分割後，該股東股數增加爲 1 000 股，若分割後每股市價爲 15 元，該股東擁有的股票市值達到了 15 000 元（15 元/股×1 000 股），大於其股票分割前股票市場價值 10 000 元（20 元/股×500）。

(2) 股票分割的信息效應有利於以後股價的提高。企業實行股票分割時，可以向股票市場和廣大投資者傳遞公司業績好、利潤高、具備很好的增長潛力的信息，這有利於公司樹立良好的形象，有利於吸引投資者，促進股票價格的上漲，實現公司價值的最大化。因此，股票分割往往是成長中的公司的行爲。

(3) 股票分割可以爲公司發行新股做準備。公司股票價格太高，會使許多潛在的投資者力不從心而不敢輕易對公司的股票進行投資。在新股發行之前，利用股票分割降低股票價格，促進股票市場交易的活躍，更廣泛地吸引各個層次投資者的注意力。

(4) 股票分割有助於公司併購政策的實施，增強對併購方的吸引力。合並方在兼併或合並另一個公司前，首先將自己的股票加以分割，有利於增強對被合並方股東的吸引力。

【例 8-6】假設有甲、乙兩個公司，甲公司股票每股市價爲 50 元，乙公司股票每股市價爲 5 元，甲公司準備通過股票交換的方式對乙公司實施併購，如果甲公司以 1 股股票換取乙公司 10 股股票，可能會使乙公司的股東心理上難以承受；相反，如果甲公司先進行股票分割，將原來 1 股分拆爲 5 股，然後再以 1：2 的比例換取乙公司股票，則乙公司的股東在心理上可能會容易接受些。通過股票分割的辦法改變被併購公司股東的心理差異，更有利於公司併購方案的實施。

(5) 股票分割帶來的股票流通性的提高和股東數量的增加，會在一定程度上加大對公司股票惡意收購的難度。

與股票分割相對應的是股票的反分割，又稱股票的合並。一般來講，它是在企業股票價格過低、財務較爲困難的情況下採用的一種策略，借以提高股票的面值和市價，增強投資者的投資信心。例如，某企業目前流通股股票面值爲 1 元，每股市價2元，爲提高股價，決定用4股舊股換一股新股的反分割策略。其結果是，企業流通股股票面值提高至8元。

### 二、股票回購

股票回購是指公司出資購回本公司發行的流通在外的股票並予以註銷或作爲庫存股的一種資本運作方式。股票回購使公司流通在外的股份減少，每股收益增加，必然會導致股價上升，股東可以從股票價格的上漲中獲得資本利得。因此，股票回購和現金股利對股東來說有着同等的效果，可以說股票回購是現金股利的替代方式。

我國《公司法》規定，公司不得收購本公司股份。但是，有下列情形之一的除外：①減少公司註冊資本。②與持有本公司股份的其他公司合並。③將股份獎勵給本公司職工。④股東因對股東大會做出的公司合並、分立決議持異議，要求公司收購其股份的。

（一）股票回購的動機

在證券市場上，股票回購的動機主要有以下幾點。

1. 分配公司的超額現金

如果公司持有的現金超過其投資機會所需要的現金，就可以採用股票回購的方式將現金分配給股東。

2. 提高每股收益

由於財務上的每股收益指標是以流通在外的股份數作爲計算基礎，有些公司爲了自身形象、上市需求和投資人渴望高回報等原因，採取股票回購的方式來減少實際支付股利的股份數，從而提高每股收益指標。

3. 改善公司的資本結構

一般來說，公司無論是用現金還是舉債回購股份，都會提高財務槓桿水平，改變公司的資本結構和加權平均資本成本。如當公司認爲其權益資本在資本結構中所占比重過大時，就可能會對外舉債，並用舉債所得的資金來回購其自身的股票，從而直接改變負債和權益資本的比例，降低其整體資金成本，優化公司的資本結構。

4. 穩定或提高公司的股價

由於信息不對稱和預期差異，證券市場上的公司股票價格可能被低估，而過低的股價將會對公司產生負面影響。因此，如果公司認爲自身的股價被低估時，可以進行股票回購，以向市場和投資者傳遞公司真實的投資價值，穩定或提高公司的股價。

5. 鞏固既定控制權或轉移公司控制權

許多股份公司的大股東爲了保證其所代表股份公司的控制權不被改變，往往採取直接或間接的方式回購股票，從而鞏固既有的控制權。另外，有些公司的法定代表人並不是公司大股東的代表，爲了保證不改變在公司中的地位，也爲了能在公司

## 第 8 章　利潤分配管理

中實現自己的意志，往往也採取股票回購的方式分散或削弱原控股股東的控制權，以實現控制權的轉移。

6. 防止惡意收購

20 世紀 80 年代以來，併購浪潮席捲全球。在外流通的股票數量越多，股價越低，公司越容易被惡意收購。股票回購有助於公司管理者避開競爭對手企圖收購的威脅，因爲它可以使公司流通在外的股份數變少，股價上升，從而使收購方要獲得控制公司的法定股份比例變得更爲困難。而且，股票回購可能會使公司的流動資金大大減少，財務狀況惡化，這樣的結果也會減少收購公司的興趣。

7. 滿足認股權的行使

在公司發行可轉換債券、認股權證或施行經理人員股票期權計劃及員工持股計劃的情況下，採取股票回購的方式既不會稀釋每股收益，又能滿足認股權的行使。

8. 用於公司兼併或收購

在兼併或收購的過程中，產權交換的支付方式無非是現金購買或以股票換股票兩種。如果公司有庫存股票，即可以使用公司本身的庫存股票來交換被併購公司的股票，由此可以減少公司的現金支出。

（二）股票回購的影響

1. 股票回購對公司的影響

股票回購對公司的影響主要有：①股票回購需要大量資金支付回購的成本，容易造成資金緊張，資產流動性降低，影響公司的後續發展。②股票回購可能使公司的發起人更註重利潤的兌現，而忽視公司的長遠發展，損害公司的根本利益。③股票回購容易導致公司操縱股價。公司回購自己的股票，容易導致其利用內幕消息進行炒作或操縱財務信息，加劇公司行爲的非規範化，使投資者蒙受損失。因此，各國對股票回購有嚴格的法律限制。

2. 股票回購對股東的影響

對於投資者來說，與現金股利相比，股票回購不僅可以節約個人稅收，而且具有更大的靈活性。因爲股東對公司派發的現金股利沒有是否接受的可選擇性，而對股票回購則具有可選擇性，需要現金的股東可選擇賣出股票，而不需要現金的股東則可繼續持有股票。如果公司急於回購相當數量的股票，而對股票回購的出價太高，以至於偏離均衡價格，那麼結果會不利於選擇繼續持有股票的股東，因爲回購行動過後，股票價格會出現回歸性下跌。

3. 股票回購的方式

（1）按照股票回購的地點不同，可分爲場內公開收購和場外協議收購兩種。場內公開收購是指上市公司把自己等同於任何潛在的投資者，委託在證券交易所有正式交易席位的證券公司，代自己按照公司股票當前市場價格回購。在國外較爲成熟的股票市場上，這一種方式較爲流行。場外協議收購是指股票發行公司與某一類（如國家股）或某幾類（如法人股、B 股）投資者直接見面，通過在店頭市場協商來回購股票的一種方式。協商的內容包括價格和數量的確定，以及執行時間等。很顯然，這一種方式的缺陷就在於透明度比較低，有違股市"三公"原則。

（2）按照籌資方式，可分為舉債回購、現金回購和混合回購。舉債回購是指企業通過向銀行等金融機構借款的辦法來回購本公司股票。其目的無非是防禦其他公司的敵意兼併與收購。現金回購是指企業利用剩餘資金來回購本公司的股票。如果企業既動用剩餘資金，又向銀行等金融機構舉債來回購本公司股票，稱之為混合回購。

（3）可轉讓出售權回購方式。所謂可轉讓出售權，是實施股票回購的公司賦予股東在一定期限內以特定價格向公司出售其持有股票的權利。之所以稱為"可轉讓"是，因為此權利一旦形成，就可以同依附的股票分離，而且分離後可在市場上自由買賣。執行股票回購的公司向其股東發行可轉讓出售權，那些不願意出售股票的股東可以單獨出售該權利，從而滿足了各類股東的需求。此外，因為可轉讓出售權的發行數量限制了股東向公司出售股票的數量，所以這種方式還可以避免股東過度接受回購要約的情況。

## 本章小結

本章主要討論了企業收益管理的相關理論及實務相關知識，內容涉及利潤分配的程序及相關規定，股利分配政策的類型、優缺點及各自的適用範圍，股票分割及股票回購對企業的財務影響等。

## 習題

一、單項選擇題

1. 能使股利與公司盈餘緊密配合的股利分配政策是（　　）。
   A. 剩餘股利政策
   B. 固定或持續增長的股利政策
   C. 固定股利支付率政策
   D. 低正常股利加額外股利政策

2. 造成股利波動較大，給投資者以公司不穩定的感覺，對於穩定股票的價格不利的股利分配政策是（　　）。
   A. 剩餘股利政策
   B. 固定或持續增長的股利政策
   C. 固定股利支付率政策
   D. 低正常股利加額外股利政策

3. 採用低正常股利加額外股利政策的股利分配政策的理由是（　　）。

# 第 8 章 利潤分配管理

　　A. 保持理想的資本結構，使加權平均資本成本最低
　　B. 使公司具有較大的靈活性
　　C. 向市場傳遞着公司正常發展的信息，有利於樹立公司良好形象
　　D. 能使股利的支付與盈餘不脫節

4. 以下股票股利的方式支付股利會引起（　　）。
　　A. 公司資產的流出
　　B. 負債的增加
　　C. 所有者權益的減少
　　D. 所有者權益各項目的結構發生變化

5. 股票分割不會引起（　　）。
　　A. 公司資產的流出
　　B. 負債的增加
　　C. 所有者權益各項目的金額及其結構發生變化
　　D. 每股盈餘下降

## 二、多項選擇題

1. 利潤分配的原則有（　　）。
　　A. 依法分配原則　　　　　B. 兼顧各方面利益原則
　　C. 分配與積累並重原則　　D. 投資與收益對等原則

2. 根據股利相關論，影響股利分配的因素有（　　）。
　　A. 法律因素　　　　　　　B. 股東因素
　　C. 公司的因素　　　　　　D. 債務的因素
　　E. 通貨膨脹

3. 股東從以下哪種角度出發，會希望少發股利（　　）。
　　A. 穩定的收入　　　　　　B. 避稅
　　C. 控制權　　　　　　　　D. 股票價格穩定

4. 公司各期股利發放視當期收益實現而定的股利分配政策是（　　）。
　　A. 剩餘政策　　　　　　　B. 固定股利比例政策
　　C. 固定股利政策　　　　　D. 正常股利加額外股利政策

5. 關於股利分配政策，下列說法正確的是（　　）。
　　A. 剩餘分配政策能充分利用籌資成本最低的資金資源保持理想的資金結構
　　B. 固定股利政策有利於公司股票價格的穩定
　　C. 固定股利比例政策體現了風險投資與風險收益的對策
　　D. 正常股利加額外股利政策有利於股價的穩定和上漲

## 三、判斷題

1. 只有現金股利和股票股利是我國法律允許的股利支付方式。（　　）
2. 信號傳遞理論認爲，在信息不對稱的情況下，公司可以通過股利政策向市場

傳遞有關公司未來盈利能力的信息。（　）

3. 公司只有在當年有淨利潤的情況下才可以向股東支付股利。（　）

4. 股票回購會使得公司流通在外的股份減少，並不改變公司的資本結構。
（　）

5. 剩餘股利政策是指公司實現盈利時，在按規定提取盈餘公積金、公益金後將剩餘的盈餘全部作為股利發放給股東。（　）

### 四、思考題

1. 股利發放程序中的股利宣告日、股權登記日、除息日、股利支付日分別表示什麼意思？

2. 股份公司的股利分配政策有哪些？其具體內容各是什麼？

3. 股利的支付形式有哪些？企業應該如何選擇？

4. 股利政策受哪些因素影響？試分析說明。

5. 股票股利對於公司和股東各有哪些影響和意義？

6. 股票分割對企業財務狀況和經營成果有何影響？股票分割有什麼作用？如何區分股票股利和股票分割？

7. 什麼是股票回購？股票回購有哪些作用？

### 五、計算分析題

1. 某公司去年稅後淨利為1 000萬元，因為經濟不景氣，估計明年稅後淨利降為870萬元，目前公司發行在外普通股為200萬股。該公司決定投資500萬元設立新廠，並維持60%的資產負債率不變。另外，該公司去年支付每股現金股利為2.5元。

要求：(1) 若依固定股利支付率政策，則今年應支付每股股利多少元？

(2) 若依據剩餘股利政策，則今年應支付每股股利多少元？

2. 某企業2004年淨利潤1 000萬元，550萬元發放股利，450萬元留存收益。2005年利潤為900萬元，若企業今年有投資項目700萬元，保持自有資金60%，外部資金40%。

(1) 投資項目要籌集自有資金多少？外部資金多少？

(2) 企業要保持資金結構，2005年還能發放多少股利？

(3) 若不考慮資金結構，企業採取固定股利政策，則應發多少股利，項目投資需從外部籌集多少？

(4) 若不考慮資金結構，企業採取固定股利支付率政策，支付率為多少？應支付多少股利？

(5) 若企業外部籌資困難，全從內部籌資，在不考慮資金結構情況下，應支付多少股利？

# 第8章 利潤分配管理

3. 東方公司發放股票股利前的股東權益情況如下所示：

| 項　　目 | 金　　額 |
|---|---|
| 股本（面值1元，已發行300萬股） | 300萬元 |
| 資本公積 | 500萬元 |
| 未分配利潤 | 1 500萬元 |
| 股東權益合計 | 2 300萬元 |

假定公司宣布發放10%的股票股利，若當時該股票市價為9元，計算發放股票股利後的股東權益各項目的情況。

4. ABC公司2009年帳戶餘額如下：

| 項　　目 | 金　　額 |
|---|---|
| 股本（面值1元，已發行1 000萬股） | 1 000萬元 |
| 盈餘公積 | 500萬元 |
| 資本公積 | 4 000萬元 |
| 未分配利潤 | 1 500萬元 |
| 股東權益合計 | 7 000萬元 |

若公司決定發放10%的股票股利，並按發放股票股利後股數支付現金股利，每股0.1元，該公司股票目前市價為10元/股。若預計2010年淨利潤將增長5%，若保持10%的股票股利比率與穩定的股利支付率，則2000年發放多少現金股利。

[1] 荊新. 財務管理學 [M]. 7 版. 北京：中國人民大學出版社，2015.

[2] 中國註冊會計師協會. 財務成本管理 [M]. 北京：中國財政經濟出版社，2010.

[3] 財政部會計資格評價中心. 財務管理 [M]. 北京：中國財政經濟出版社，2010.

[4] 王化成. 財務管理 [M]. 3 版. 北京：中國人民大學出版社，2010.

[5] 姚海鑫. 財務管理 [M]. 北京：清華大學出版社，2007.

[6] 張志宏. 財務管理 [M]. 北京：中國財政經濟出版社，2009.

[7] 王化成. 高級財務管理學 [M]. 2 版. 北京：中國人民大學出版社，2007.

[8] 湯谷良. 高級財務管理學 [M]. 北京：清華大學出版社，2010.

[9] 張先治. 高級財務管理 [M]. 大連：東北財經大學出版社，2007.

[10] 劉樹密. 財務管理實訓 [M]. 南京：東南大學出版社，2005.

[11] 程宏偉，王艷，丁寧，等. 財務管理案例分析精要 [M]. 成都：西南財經大學出版社，2010.

[12] 王斌. 企業財務學 [M]. 2 版. 北京：經濟科學出版社，2002.

[13]［美］阿斯瓦斯·達庫達蘭. 應用公司理財 [M]. 鄭振龍，等譯. 北京：北京出版社，2000.

[14]［美］斯蒂芬·A. 羅斯，羅德爾福·W. 咸斯特菲爾德，杰弗利·F. 杰富. 公司理財 [M]. 5 版. 吳世農，沈藝峰，等譯. 北京：機械工業出版社，2000.

［15］上海立信會計學院組編. 財務管理［M］. 北京：高等教育出版社，2004.

［16］王遐昌. 財務管理學（案例與訓練）［M］. 上海：立信會計出版社，2004.

［17］王化成. 財務管理學案例點評［M］. 杭州：浙江人民出版社，2003.

［18］孫麗，毛晶瑩. 財務管理［M］. 北京：經濟管理出版社，2009.

## 中級財務管理

### 附表一 複利終值系數表

| 期數 | 1% | 2% | 3% | 4% | 5% | 6% | 7% | 8% | 9% | 10% | 11% | 12% | 13% | 14% | 15% |
|---|---|---|---|---|---|---|---|---|---|---|---|---|---|---|---|
| 1 | 1.01 | 1.02 | 1.03 | 1.04 | 1.05 | 1.06 | 1.07 | 1.08 | 1.09 | 1.1 | 1.11 | 1.12 | 1.13 | 1.14 | 1.15 |
| 2 | 1.0201 | 1.0404 | 1.0609 | 1.0816 | 1.1025 | 1.1236 | 1.1449 | 1.1664 | 1.1881 | 1.21 | 1.2321 | 1.2544 | 1.2769 | 1.2996 | 1.3225 |
| 3 | 1.0303 | 1.0612 | 1.0927 | 1.1249 | 1.1576 | 1.191 | 1.225 | 1.2597 | 1.295 | 1.331 | 1.3676 | 1.4049 | 1.4429 | 1.4815 | 1.5209 |
| 4 | 1.0406 | 1.0824 | 1.1255 | 1.1699 | 1.2155 | 1.2625 | 1.3108 | 1.3605 | 1.4116 | 1.4641 | 1.5181 | 1.5735 | 1.6305 | 1.689 | 1.749 |
| 5 | 1.051 | 1.1041 | 1.1593 | 1.2167 | 1.2763 | 1.3382 | 1.4026 | 1.4693 | 1.5386 | 1.6105 | 1.6851 | 1.7623 | 1.8424 | 1.9254 | 2.0114 |
| 6 | 1.0615 | 1.1262 | 1.1941 | 1.2653 | 1.3401 | 1.4185 | 1.5007 | 1.5869 | 1.6771 | 1.7716 | 1.8704 | 1.9738 | 2.082 | 2.195 | 2.3131 |
| 7 | 1.0721 | 1.1487 | 1.2299 | 1.3159 | 1.4071 | 1.5036 | 1.6058 | 1.7138 | 1.828 | 1.9487 | 2.0762 | 2.2107 | 2.3526 | 2.5023 | 2.66 |
| 8 | 1.0829 | 1.1717 | 1.2668 | 1.3686 | 1.4775 | 1.5938 | 1.7182 | 1.8509 | 1.9926 | 2.1436 | 2.3045 | 2.476 | 2.6584 | 2.8526 | 3.059 |
| 9 | 1.0937 | 1.1951 | 1.3048 | 1.4233 | 1.5513 | 1.6895 | 1.8385 | 1.999 | 2.1719 | 2.3579 | 2.558 | 2.7731 | 3.004 | 3.2519 | 3.5179 |
| 10 | 1.1046 | 1.219 | 1.3439 | 1.4802 | 1.6289 | 1.7908 | 1.9672 | 2.1589 | 2.3674 | 2.5937 | 2.8394 | 3.1058 | 3.3946 | 3.7072 | 4.0456 |
| 11 | 1.1157 | 1.2434 | 1.3842 | 1.5395 | 1.7103 | 1.8983 | 2.1049 | 2.3316 | 2.5804 | 2.8531 | 3.1518 | 3.4786 | 3.8359 | 4.2262 | 4.6524 |
| 12 | 1.1268 | 1.2682 | 1.4258 | 1.601 | 1.7959 | 2.0122 | 2.2522 | 2.5182 | 2.8127 | 3.1384 | 3.4985 | 3.896 | 4.3345 | 4.8179 | 5.3503 |
| 13 | 1.1381 | 1.2936 | 1.4685 | 1.6651 | 1.8856 | 2.1329 | 2.4098 | 2.7196 | 3.0658 | 3.4523 | 3.8833 | 4.3635 | 4.898 | 5.4924 | 6.1528 |
| 14 | 1.1495 | 1.3195 | 1.5126 | 1.7317 | 1.9799 | 2.2609 | 2.5785 | 2.9372 | 3.3417 | 3.7975 | 4.3104 | 4.8871 | 5.5348 | 6.2613 | 7.0757 |
| 15 | 1.161 | 1.3459 | 1.558 | 1.8009 | 2.0789 | 2.3966 | 2.759 | 3.1722 | 3.6425 | 4.1772 | 4.7846 | 5.4736 | 6.2543 | 7.1379 | 8.1371 |
| 16 | 1.1726 | 1.3728 | 1.6047 | 1.873 | 2.1829 | 2.5404 | 2.9522 | 3.4259 | 3.9703 | 4.595 | 5.3109 | 6.1304 | 7.0673 | 8.1372 | 9.3576 |
| 17 | 1.1843 | 1.4002 | 1.6528 | 1.9479 | 2.292 | 2.6928 | 3.1588 | 3.7 | 4.3276 | 5.0545 | 5.8951 | 6.866 | 7.9861 | 9.2765 | 10.7613 |
| 18 | 1.1961 | 1.4282 | 1.7024 | 2.0258 | 2.4066 | 2.8543 | 3.3799 | 3.996 | 4.7171 | 5.5599 | 6.5436 | 7.69 | 9.0243 | 10.5752 | 12.3755 |
| 19 | 1.2081 | 1.4568 | 1.7535 | 2.1068 | 2.527 | 3.0256 | 3.6165 | 4.3157 | 5.1417 | 6.1159 | 7.2633 | 8.6128 | 10.1974 | 12.0557 | 14.2318 |
| 20 | 1.2202 | 1.4859 | 1.8061 | 2.1911 | 2.6533 | 3.2071 | 3.8697 | 4.661 | 5.6044 | 6.7275 | 8.0623 | 9.6463 | 11.5231 | 13.7435 | 16.3665 |
| 21 | 1.2324 | 1.5157 | 1.8603 | 2.2788 | 2.786 | 3.3996 | 4.1406 | 5.0338 | 6.1088 | 7.4002 | 8.9492 | 10.8038 | 13.0211 | 15.6676 | 18.8215 |
| 22 | 1.2447 | 1.546 | 1.9161 | 2.3699 | 2.9253 | 3.6035 | 4.4304 | 5.4365 | 6.6586 | 8.1403 | 9.9336 | 12.1003 | 14.7138 | 17.861 | 21.6447 |
| 23 | 1.2572 | 1.5769 | 1.9736 | 2.4647 | 3.0715 | 3.8197 | 4.7405 | 5.8715 | 7.2579 | 8.9543 | 11.0263 | 13.5523 | 16.6266 | 20.3616 | 24.8915 |
| 24 | 1.2697 | 1.6084 | 2.0328 | 2.5633 | 3.2251 | 4.0489 | 5.0724 | 6.3412 | 7.9111 | 9.8497 | 12.2392 | 15.1786 | 18.7881 | 23.2122 | 28.6252 |
| 25 | 1.2824 | 1.6406 | 2.0938 | 2.6658 | 3.3864 | 4.2919 | 5.4274 | 6.8485 | 8.6231 | 10.8347 | 13.5855 | 17.0001 | 21.2305 | 26.4619 | 32.919 |
| 26 | 1.2953 | 1.6734 | 2.1566 | 2.7725 | 3.5557 | 4.5494 | 5.8074 | 7.3964 | 9.3992 | 11.9182 | 15.0799 | 19.0401 | 23.9905 | 30.1666 | 37.8568 |
| 27 | 1.3082 | 1.7069 | 2.2213 | 2.8834 | 3.7335 | 4.8223 | 6.2139 | 7.9881 | 10.2451 | 13.11 | 16.7387 | 21.3249 | 27.1093 | 34.3899 | 43.5353 |
| 28 | 1.3213 | 1.741 | 2.2879 | 2.9987 | 3.9201 | 5.1117 | 6.6488 | 8.6271 | 11.1671 | 14.421 | 18.5799 | 23.8839 | 30.6335 | 39.2045 | 50.0656 |
| 29 | 1.3345 | 1.7758 | 2.3566 | 3.1187 | 4.1161 | 5.4184 | 7.1143 | 9.3173 | 12.1722 | 15.8631 | 20.6237 | 26.7499 | 34.6158 | 44.6931 | 57.5755 |
| 30 | 1.3478 | 1.8114 | 2.4273 | 3.2434 | 4.3219 | 5.7435 | 7.6123 | 10.0627 | 13.2677 | 17.4494 | 22.8923 | 29.9599 | 39.1159 | 50.9502 | 66.2118 |

## 附表一 復利終值系數表

附表一（續）

| 期數 | 16% | 17% | 18% | 19% | 20% | 21% | 22% | 23% | 24% | 25% | 26% | 27% | 28% | 29% | 30% |
|---|---|---|---|---|---|---|---|---|---|---|---|---|---|---|---|
| 1 | 1.16 | 1.17 | 1.18 | 1.19 | 1.2 | 1.21 | 1.22 | 1.23 | 1.24 | 1.25 | 1.26 | 1.27 | 1.28 | 1.29 | 1.3 |
| 2 | 1.3456 | 1.3689 | 1.3924 | 1.4161 | 1.44 | 1.4641 | 1.4884 | 1.5129 | 1.5376 | 1.5625 | 1.5876 | 1.6129 | 1.6384 | 1.6641 | 1.69 |
| 3 | 1.5609 | 1.6016 | 1.643 | 1.6852 | 1.728 | 1.7716 | 1.8158 | 1.8609 | 1.9066 | 1.9531 | 2.0004 | 2.0484 | 2.0972 | 2.1467 | 2.197 |
| 4 | 1.8106 | 1.8739 | 1.9388 | 2.0053 | 2.0736 | 2.1436 | 2.2153 | 2.2889 | 2.3642 | 2.4414 | 2.5205 | 2.6014 | 2.6844 | 2.7692 | 2.8561 |
| 5 | 2.1003 | 2.1924 | 2.2878 | 2.3864 | 2.4883 | 2.5937 | 2.7027 | 2.8153 | 2.9316 | 3.0518 | 3.1758 | 3.3038 | 3.436 | 3.5723 | 3.7129 |
| 6 | 2.4364 | 2.5652 | 2.6996 | 2.8398 | 2.986 | 3.1384 | 3.2973 | 3.4628 | 3.6352 | 3.8147 | 4.0015 | 4.1959 | 4.398 | 4.6083 | 4.8268 |
| 7 | 2.8262 | 3.0012 | 3.1855 | 3.3793 | 3.5832 | 3.7975 | 4.0227 | 4.2593 | 4.5077 | 4.7684 | 5.0419 | 5.3288 | 5.6295 | 5.9447 | 6.2749 |
| 8 | 3.2784 | 3.5115 | 3.7589 | 4.0214 | 4.2998 | 4.595 | 4.9077 | 5.2389 | 5.5895 | 5.9605 | 6.3528 | 6.7675 | 7.2058 | 7.6686 | 8.1573 |
| 9 | 3.803 | 4.1084 | 4.4355 | 4.7854 | 5.1598 | 5.5599 | 5.9874 | 6.4439 | 6.931 | 7.4506 | 8.0045 | 8.5948 | 9.2234 | 9.8925 | 10.6045 |
| 10 | 4.4114 | 4.8068 | 5.2338 | 5.6947 | 6.1917 | 6.7275 | 7.3046 | 7.9259 | 8.5944 | 9.3132 | 10.0857 | 10.9153 | 11.8059 | 12.7614 | 13.7858 |
| 11 | 5.1173 | 5.624 | 6.1759 | 6.7767 | 7.4301 | 8.1403 | 8.9117 | 9.7489 | 10.6571 | 11.6415 | 12.708 | 13.8625 | 15.1116 | 16.4622 | 17.9216 |
| 12 | 5.936 | 6.5801 | 7.2876 | 8.0642 | 8.9161 | 9.8497 | 10.8722 | 11.9912 | 13.2148 | 14.5519 | 16.012 | 17.6053 | 19.3428 | 21.2362 | 23.2981 |
| 13 | 6.8858 | 7.6987 | 8.5994 | 9.5964 | 10.6993 | 11.9182 | 13.2641 | 14.7491 | 16.3863 | 18.1899 | 20.1752 | 22.3588 | 24.7588 | 27.3947 | 30.2875 |
| 14 | 7.9875 | 9.0075 | 10.1472 | 11.4198 | 12.8392 | 14.421 | 16.1822 | 18.1414 | 20.3191 | 22.7374 | 25.4207 | 28.3957 | 31.6913 | 35.3391 | 39.3738 |
| 15 | 9.2655 | 10.5387 | 11.9737 | 13.5895 | 15.407 | 17.4494 | 19.7423 | 22.314 | 25.1956 | 28.4217 | 32.0301 | 36.0625 | 40.5648 | 45.5875 | 51.1859 |
| 16 | 10.748 | 12.3303 | 14.129 | 16.1715 | 18.4884 | 21.1138 | 24.0856 | 27.4462 | 31.2426 | 35.5271 | 40.3579 | 45.7994 | 51.923 | 58.8079 | 66.5417 |
| 17 | 12.4677 | 14.4265 | 16.6722 | 19.2441 | 22.1861 | 25.5477 | 29.3844 | 33.7588 | 38.7408 | 44.4089 | 50.851 | 58.1652 | 66.4614 | 75.8621 | 86.5042 |
| 18 | 14.4625 | 16.879 | 19.6733 | 22.9005 | 26.6233 | 30.9127 | 35.849 | 41.5233 | 48.0386 | 55.5112 | 64.0722 | 73.8698 | 85.0706 | 97.8622 | 112.4554 |
| 19 | 16.7765 | 19.7484 | 23.2144 | 27.2516 | 31.948 | 37.4043 | 43.7358 | 51.0737 | 59.5679 | 69.3889 | 80.731 | 93.8147 | 108.8904 | 126.2422 | 146.192 |
| 20 | 19.4608 | 23.1056 | 27.393 | 32.4294 | 38.3376 | 45.2593 | 53.3576 | 62.8206 | 73.8641 | 86.7362 | 101.7211 | 119.1446 | 139.3797 | 162.8524 | 190.0496 |
| 21 | 22.5745 | 27.0336 | 32.3238 | 38.591 | 46.0051 | 54.7637 | 65.0963 | 77.2694 | 91.5915 | 108.4202 | 128.1685 | 151.3137 | 178.406 | 210.0796 | 247.0645 |
| 22 | 26.1864 | 31.6293 | 38.1421 | 45.9233 | 55.2061 | 66.2641 | 79.4175 | 95.0413 | 113.5735 | 135.5253 | 161.4924 | 192.1683 | 228.3596 | 271.0027 | 321.1839 |
| 23 | 30.3762 | 37.0062 | 45.0076 | 54.6487 | 66.2474 | 80.1795 | 96.8894 | 116.9008 | 140.8312 | 169.4066 | 203.4804 | 244.0538 | 292.3003 | 349.5935 | 417.5391 |
| 24 | 35.2364 | 43.2973 | 53.109 | 65.032 | 79.4968 | 97.0172 | 118.205 | 143.788 | 174.6306 | 211.7582 | 256.3853 | 309.9483 | 374.1444 | 450.9756 | 542.8008 |
| 25 | 40.8742 | 50.6578 | 62.6686 | 77.3881 | 95.3962 | 117.3909 | 144.2101 | 176.8593 | 216.542 | 264.6978 | 323.0454 | 393.6344 | 478.9049 | 581.7585 | 705.641 |
| 26 | 47.4141 | 59.2697 | 73.949 | 92.0918 | 114.4755 | 142.0429 | 175.9364 | 217.5369 | 268.5121 | 330.8722 | 407.0373 | 499.9157 | 612.9982 | 750.4685 | 917.3333 |
| 27 | 55.0004 | 69.3455 | 87.2598 | 109.5893 | 137.3706 | 171.8719 | 214.6424 | 267.5704 | 332.955 | 413.5903 | 512.867 | 634.8929 | 784.6377 | 968.1044 | 1192.5333 |
| 28 | 63.8004 | 81.1342 | 102.9666 | 130.4112 | 164.8447 | 207.9651 | 261.8637 | 329.1115 | 412.8642 | 516.9879 | 646.2124 | 806.314 | 1004.3363 | 1248.8546 | 1550.2933 |
| 29 | 74.0085 | 94.9271 | 121.5005 | 155.1893 | 197.8136 | 251.6377 | 319.4737 | 404.8072 | 511.9516 | 646.2349 | 814.2276 | 1024.0187 | 1285.5504 | 1611.0225 | 2015.3813 |
| 30 | 85.8499 | 111.0647 | 143.3706 | 184.6753 | 237.3763 | 304.4816 | 389.7579 | 497.9129 | 634.8199 | 807.7936 | 1025.9267 | 1300.5038 | 1645.5046 | 2078.219 | 2619.9956 |

307

附表二　複利現值系數表

| 期數 | 1% | 2% | 3% | 4% | 5% | 6% | 7% | 8% | 9% | 10% | 11% | 12% | 13% | 14% | 15% |
|---|---|---|---|---|---|---|---|---|---|---|---|---|---|---|---|
| 1 | 0.9901 | 0.9804 | 0.9709 | 0.9615 | 0.9524 | 0.9434 | 0.9346 | 0.9259 | 0.9174 | 0.9091 | 0.9009 | 0.8929 | 0.885 | 0.8772 | 0.8696 |
| 2 | 0.9803 | 0.9612 | 0.9426 | 0.9246 | 0.907 | 0.89 | 0.8734 | 0.8573 | 0.8417 | 0.8264 | 0.8116 | 0.7972 | 0.7831 | 0.7695 | 0.7561 |
| 3 | 0.9706 | 0.9423 | 0.9151 | 0.889 | 0.8638 | 0.8396 | 0.8163 | 0.7938 | 0.7722 | 0.7513 | 0.7312 | 0.7118 | 0.6931 | 0.675 | 0.6575 |
| 4 | 0.961 | 0.9238 | 0.8885 | 0.8548 | 0.8227 | 0.7921 | 0.7629 | 0.735 | 0.7084 | 0.683 | 0.6587 | 0.6355 | 0.6133 | 0.5921 | 0.5718 |
| 5 | 0.9515 | 0.9057 | 0.8626 | 0.8219 | 0.7835 | 0.7473 | 0.713 | 0.6806 | 0.6499 | 0.6209 | 0.5935 | 0.5674 | 0.5428 | 0.5194 | 0.4972 |
| 6 | 0.942 | 0.888 | 0.8375 | 0.7903 | 0.7462 | 0.705 | 0.6663 | 0.6302 | 0.5963 | 0.5645 | 0.5346 | 0.5066 | 0.4803 | 0.4556 | 0.4323 |
| 7 | 0.9327 | 0.8706 | 0.8131 | 0.7599 | 0.7107 | 0.6651 | 0.6227 | 0.5835 | 0.547 | 0.5132 | 0.4817 | 0.4523 | 0.4251 | 0.3996 | 0.3759 |
| 8 | 0.9235 | 0.8535 | 0.7894 | 0.7307 | 0.6768 | 0.6274 | 0.582 | 0.5403 | 0.5019 | 0.4665 | 0.4339 | 0.4039 | 0.3762 | 0.3506 | 0.3269 |
| 9 | 0.9143 | 0.8368 | 0.7664 | 0.7026 | 0.6446 | 0.5919 | 0.5439 | 0.5002 | 0.4604 | 0.4241 | 0.3909 | 0.3606 | 0.3329 | 0.3075 | 0.2843 |
| 10 | 0.9053 | 0.8203 | 0.7441 | 0.6756 | 0.6139 | 0.5584 | 0.5083 | 0.4632 | 0.4224 | 0.3855 | 0.3522 | 0.322 | 0.2946 | 0.2697 | 0.2472 |
| 11 | 0.8963 | 0.8043 | 0.7224 | 0.6496 | 0.5847 | 0.5268 | 0.4751 | 0.4289 | 0.3875 | 0.3505 | 0.3173 | 0.2875 | 0.2607 | 0.2366 | 0.2149 |
| 12 | 0.8874 | 0.7885 | 0.7014 | 0.6246 | 0.5568 | 0.497 | 0.444 | 0.3971 | 0.3555 | 0.3186 | 0.2858 | 0.2567 | 0.2307 | 0.2076 | 0.1869 |
| 13 | 0.8787 | 0.773 | 0.681 | 0.6006 | 0.5303 | 0.4688 | 0.415 | 0.3677 | 0.3262 | 0.2897 | 0.2575 | 0.2292 | 0.2042 | 0.1821 | 0.1625 |
| 14 | 0.87 | 0.7579 | 0.6611 | 0.5775 | 0.5051 | 0.4423 | 0.3878 | 0.3405 | 0.2992 | 0.2633 | 0.232 | 0.2046 | 0.1807 | 0.1597 | 0.1413 |
| 15 | 0.8613 | 0.743 | 0.6419 | 0.5553 | 0.481 | 0.4173 | 0.3624 | 0.3152 | 0.2745 | 0.2394 | 0.209 | 0.1827 | 0.1599 | 0.1401 | 0.1229 |
| 16 | 0.8528 | 0.7284 | 0.6232 | 0.5339 | 0.4581 | 0.3936 | 0.3387 | 0.2919 | 0.2519 | 0.2176 | 0.1883 | 0.1631 | 0.1415 | 0.1229 | 0.1069 |
| 17 | 0.8444 | 0.7142 | 0.605 | 0.5134 | 0.4363 | 0.3714 | 0.3166 | 0.2703 | 0.2311 | 0.1978 | 0.1696 | 0.1456 | 0.1252 | 0.1078 | 0.0929 |
| 18 | 0.836 | 0.7002 | 0.5874 | 0.4936 | 0.4155 | 0.3503 | 0.2959 | 0.2502 | 0.212 | 0.1799 | 0.1528 | 0.13 | 0.1108 | 0.0946 | 0.0808 |
| 19 | 0.8277 | 0.6864 | 0.5703 | 0.4746 | 0.3957 | 0.3305 | 0.2765 | 0.2317 | 0.1945 | 0.1635 | 0.1377 | 0.1161 | 0.0981 | 0.0829 | 0.0703 |
| 20 | 0.8195 | 0.673 | 0.5537 | 0.4564 | 0.3769 | 0.3118 | 0.2584 | 0.2145 | 0.1784 | 0.1486 | 0.124 | 0.1037 | 0.0868 | 0.0728 | 0.0611 |
| 21 | 0.8114 | 0.6598 | 0.5375 | 0.4388 | 0.3589 | 0.2942 | 0.2415 | 0.1987 | 0.1637 | 0.1351 | 0.1117 | 0.0926 | 0.0768 | 0.0638 | 0.0531 |
| 22 | 0.8034 | 0.6468 | 0.5219 | 0.422 | 0.3418 | 0.2775 | 0.2257 | 0.1839 | 0.1502 | 0.1228 | 0.1007 | 0.0826 | 0.068 | 0.056 | 0.0462 |
| 23 | 0.7954 | 0.6342 | 0.5067 | 0.4057 | 0.3256 | 0.2618 | 0.2109 | 0.1703 | 0.1378 | 0.1117 | 0.0907 | 0.0738 | 0.0601 | 0.0491 | 0.0402 |
| 24 | 0.7876 | 0.6217 | 0.4919 | 0.3901 | 0.3101 | 0.247 | 0.1971 | 0.1577 | 0.1264 | 0.1015 | 0.0817 | 0.0659 | 0.0532 | 0.0431 | 0.0349 |
| 25 | 0.7798 | 0.6095 | 0.4776 | 0.3751 | 0.2953 | 0.233 | 0.1842 | 0.146 | 0.116 | 0.0923 | 0.0736 | 0.0588 | 0.0471 | 0.0378 | 0.0304 |
| 26 | 0.772 | 0.5976 | 0.4637 | 0.3607 | 0.2812 | 0.2198 | 0.1722 | 0.1352 | 0.1064 | 0.0839 | 0.0663 | 0.0525 | 0.0417 | 0.0331 | 0.0264 |
| 27 | 0.7644 | 0.5859 | 0.4502 | 0.3468 | 0.2678 | 0.2074 | 0.1609 | 0.1252 | 0.0976 | 0.0763 | 0.0597 | 0.0469 | 0.0369 | 0.0291 | 0.023 |
| 28 | 0.7568 | 0.5744 | 0.4371 | 0.3335 | 0.2551 | 0.1956 | 0.1504 | 0.1159 | 0.0895 | 0.0693 | 0.0538 | 0.0419 | 0.0326 | 0.0255 | 0.02 |
| 29 | 0.7493 | 0.5631 | 0.4243 | 0.3207 | 0.2429 | 0.1846 | 0.1406 | 0.1073 | 0.0822 | 0.063 | 0.0485 | 0.0374 | 0.0289 | 0.0224 | 0.0174 |
| 30 | 0.7419 | 0.5521 | 0.412 | 0.3083 | 0.2314 | 0.1741 | 0.1314 | 0.0994 | 0.0754 | 0.0573 | 0.0437 | 0.0334 | 0.0256 | 0.0196 | 0.0151 |

## 附表二　復利現值系數表

附表二（續）

| 期數 | 16% | 17% | 18% | 19% | 20% | 21% | 22% | 23% | 24% | 25% | 26% | 27% | 28% | 29% | 30% |
|---|---|---|---|---|---|---|---|---|---|---|---|---|---|---|---|
| 1 | 0.8621 | 0.8547 | 0.8475 | 0.8403 | 0.8333 | 0.8264 | 0.8197 | 0.813 | 0.8065 | 0.8 | 0.7937 | 0.7874 | 0.7813 | 0.7752 | 0.7692 |
| 2 | 0.7432 | 0.7305 | 0.7182 | 0.7062 | 0.6944 | 0.683 | 0.6719 | 0.661 | 0.6504 | 0.64 | 0.6299 | 0.62 | 0.6104 | 0.6009 | 0.5917 |
| 3 | 0.6407 | 0.6244 | 0.6086 | 0.5934 | 0.5787 | 0.5645 | 0.5507 | 0.5374 | 0.5245 | 0.512 | 0.4999 | 0.4882 | 0.4768 | 0.4658 | 0.4552 |
| 4 | 0.5523 | 0.5337 | 0.5158 | 0.4987 | 0.4823 | 0.4665 | 0.4514 | 0.4369 | 0.423 | 0.4096 | 0.3968 | 0.3844 | 0.3725 | 0.3611 | 0.3501 |
| 5 | 0.4761 | 0.4561 | 0.4371 | 0.419 | 0.4019 | 0.3855 | 0.37 | 0.3552 | 0.3411 | 0.3277 | 0.3149 | 0.3027 | 0.291 | 0.2799 | 0.2693 |
| 6 | 0.4104 | 0.3898 | 0.3704 | 0.3521 | 0.3349 | 0.3186 | 0.3033 | 0.2888 | 0.2751 | 0.2621 | 0.2499 | 0.2383 | 0.2274 | 0.217 | 0.2072 |
| 7 | 0.3538 | 0.3332 | 0.3139 | 0.2959 | 0.2791 | 0.2633 | 0.2486 | 0.2348 | 0.2218 | 0.2097 | 0.1983 | 0.1877 | 0.1776 | 0.1682 | 0.1594 |
| 8 | 0.305 | 0.2848 | 0.266 | 0.2487 | 0.2326 | 0.2176 | 0.2038 | 0.1909 | 0.1789 | 0.1678 | 0.1574 | 0.1478 | 0.1388 | 0.1304 | 0.1226 |
| 9 | 0.263 | 0.2434 | 0.2255 | 0.209 | 0.1938 | 0.1799 | 0.167 | 0.1552 | 0.1443 | 0.1342 | 0.1249 | 0.1164 | 0.1084 | 0.1011 | 0.0943 |
| 10 | 0.2267 | 0.208 | 0.1911 | 0.1756 | 0.1615 | 0.1486 | 0.1369 | 0.1262 | 0.1164 | 0.1074 | 0.0992 | 0.0916 | 0.0847 | 0.0784 | 0.0725 |
| 11 | 0.1954 | 0.1778 | 0.1619 | 0.1476 | 0.1346 | 0.1228 | 0.1122 | 0.1026 | 0.0938 | 0.0859 | 0.0787 | 0.0721 | 0.0662 | 0.0607 | 0.0558 |
| 12 | 0.1685 | 0.152 | 0.1372 | 0.124 | 0.1122 | 0.1015 | 0.092 | 0.0834 | 0.0757 | 0.0687 | 0.0625 | 0.0568 | 0.0517 | 0.0471 | 0.0429 |
| 13 | 0.1452 | 0.1299 | 0.1163 | 0.1042 | 0.0935 | 0.0839 | 0.0754 | 0.0678 | 0.061 | 0.055 | 0.0496 | 0.0447 | 0.0404 | 0.0365 | 0.033 |
| 14 | 0.1252 | 0.111 | 0.0985 | 0.0876 | 0.0779 | 0.0693 | 0.0618 | 0.0551 | 0.0492 | 0.044 | 0.0393 | 0.0352 | 0.0316 | 0.0283 | 0.0254 |
| 15 | 0.1079 | 0.0949 | 0.0835 | 0.0736 | 0.0649 | 0.0573 | 0.0507 | 0.0448 | 0.0397 | 0.0352 | 0.0312 | 0.0277 | 0.0247 | 0.0219 | 0.0195 |
| 16 | 0.093 | 0.0811 | 0.0708 | 0.0618 | 0.0541 | 0.0474 | 0.0415 | 0.0364 | 0.032 | 0.0281 | 0.0248 | 0.0218 | 0.0193 | 0.017 | 0.015 |
| 17 | 0.0802 | 0.0693 | 0.06 | 0.052 | 0.0451 | 0.0391 | 0.034 | 0.0296 | 0.0258 | 0.0225 | 0.0197 | 0.0172 | 0.015 | 0.0132 | 0.0116 |
| 18 | 0.0691 | 0.0592 | 0.0508 | 0.0437 | 0.0376 | 0.0323 | 0.0279 | 0.0241 | 0.0208 | 0.018 | 0.0156 | 0.0135 | 0.0118 | 0.0102 | 0.0089 |
| 19 | 0.0596 | 0.0506 | 0.0431 | 0.0367 | 0.0313 | 0.0267 | 0.0229 | 0.0196 | 0.0168 | 0.0144 | 0.0124 | 0.0107 | 0.0092 | 0.0079 | 0.0068 |
| 20 | 0.0514 | 0.0433 | 0.0365 | 0.0308 | 0.0261 | 0.0221 | 0.0187 | 0.0159 | 0.0135 | 0.0115 | 0.0098 | 0.0084 | 0.0072 | 0.0061 | 0.0053 |
| 21 | 0.0443 | 0.037 | 0.0309 | 0.0259 | 0.0217 | 0.0183 | 0.0154 | 0.0129 | 0.0109 | 0.0092 | 0.0078 | 0.0066 | 0.0056 | 0.0048 | 0.004 |
| 22 | 0.0382 | 0.0316 | 0.0262 | 0.0218 | 0.0181 | 0.0151 | 0.0126 | 0.0105 | 0.0088 | 0.0074 | 0.0062 | 0.0052 | 0.0044 | 0.0037 | 0.0031 |
| 23 | 0.0329 | 0.027 | 0.0222 | 0.0183 | 0.0151 | 0.0125 | 0.0103 | 0.0086 | 0.0071 | 0.0059 | 0.0049 | 0.0041 | 0.0034 | 0.0029 | 0.0024 |
| 24 | 0.0284 | 0.0231 | 0.0188 | 0.0154 | 0.0126 | 0.0103 | 0.0085 | 0.007 | 0.0057 | 0.0047 | 0.0039 | 0.0032 | 0.0027 | 0.0022 | 0.0018 |
| 25 | 0.0245 | 0.0197 | 0.016 | 0.0129 | 0.0105 | 0.0085 | 0.0069 | 0.0057 | 0.0046 | 0.0038 | 0.0031 | 0.0025 | 0.0021 | 0.0017 | 0.0014 |
| 26 | 0.0211 | 0.0169 | 0.0135 | 0.0109 | 0.0087 | 0.007 | 0.0057 | 0.0046 | 0.0037 | 0.003 | 0.0025 | 0.002 | 0.0016 | 0.0013 | 0.0011 |
| 27 | 0.0182 | 0.0144 | 0.0115 | 0.0091 | 0.0073 | 0.0058 | 0.0047 | 0.0037 | 0.003 | 0.0024 | 0.0019 | 0.0016 | 0.0013 | 0.001 | 0.0008 |
| 28 | 0.0157 | 0.0123 | 0.0097 | 0.0077 | 0.0061 | 0.0048 | 0.0038 | 0.003 | 0.0024 | 0.0019 | 0.0015 | 0.0012 | 0.001 | 0.0008 | 0.0006 |
| 29 | 0.0135 | 0.0105 | 0.0082 | 0.0064 | 0.0051 | 0.004 | 0.0031 | 0.0025 | 0.002 | 0.0015 | 0.0012 | 0.001 | 0.0008 | 0.0006 | 0.0005 |
| 30 | 0.0116 | 0.009 | 0.007 | 0.0054 | 0.0042 | 0.0033 | 0.0026 | 0.002 | 0.0016 | 0.0012 | 0.001 | 0.0008 | 0.0006 | 0.0005 | 0.0004 |

## 附表三 年金终值系数表

| 期数 | 1% | 2% | 3% | 4% | 5% | 6% | 7% | 8% | 9% | 10% | 11% | 12% | 13% | 14% | 15% |
|---|---|---|---|---|---|---|---|---|---|---|---|---|---|---|---|
| 1 | 1 | 1 | 1 | 1 | 1 | 1 | 1 | 1 | 1 | 1 | 1 | 1 | 1 | 1 | 1 |
| 2 | 2.01 | 2.02 | 2.03 | 2.04 | 2.05 | 2.06 | 2.07 | 2.08 | 2.09 | 2.1 | 2.11 | 2.12 | 2.13 | 2.14 | 2.15 |
| 3 | 3.0301 | 3.0604 | 3.0909 | 3.1216 | 3.1525 | 3.1836 | 3.2149 | 3.2464 | 3.2781 | 3.31 | 3.3421 | 3.3744 | 3.4069 | 3.4396 | 3.4725 |
| 4 | 4.0604 | 4.1216 | 4.1836 | 4.2465 | 4.3101 | 4.3746 | 4.4399 | 4.5061 | 4.5731 | 4.641 | 4.7097 | 4.7793 | 4.8498 | 4.9211 | 4.9934 |
| 5 | 5.101 | 5.204 | 5.3091 | 5.4163 | 5.5256 | 5.6371 | 5.7507 | 5.8666 | 5.9847 | 6.1051 | 6.2278 | 6.3528 | 6.4803 | 6.6101 | 6.7424 |
| 6 | 6.152 | 6.3081 | 6.4684 | 6.633 | 6.8019 | 6.9753 | 7.1533 | 7.3359 | 7.5233 | 7.7156 | 7.9129 | 8.1152 | 8.3227 | 8.5355 | 8.7537 |
| 7 | 7.2135 | 7.4343 | 7.6625 | 7.8983 | 8.142 | 8.3938 | 8.654 | 8.9228 | 9.2004 | 9.4872 | 9.7833 | 10.089 | 10.4047 | 10.7305 | 11.0668 |
| 8 | 8.2857 | 8.583 | 8.8923 | 9.2142 | 9.5491 | 9.8975 | 10.2598 | 10.6366 | 11.0285 | 11.4359 | 11.8594 | 12.2997 | 12.7573 | 13.2328 | 13.7268 |
| 9 | 9.3685 | 9.7546 | 10.1591 | 10.5828 | 11.0266 | 11.4913 | 11.978 | 12.4876 | 13.021 | 13.5795 | 14.164 | 14.7757 | 15.4157 | 16.0853 | 16.7858 |
| 10 | 10.4622 | 10.9497 | 11.4639 | 12.0061 | 12.5779 | 13.1808 | 13.8164 | 14.4866 | 15.1929 | 15.9374 | 16.722 | 17.5487 | 18.4197 | 19.3373 | 20.3037 |
| 11 | 11.5668 | 12.1687 | 12.8078 | 13.4864 | 14.2068 | 14.9716 | 15.7836 | 16.6455 | 17.5603 | 18.5312 | 19.5614 | 20.6546 | 21.8143 | 23.0445 | 24.3493 |
| 12 | 12.6825 | 13.4121 | 14.192 | 15.0258 | 15.9171 | 16.8699 | 17.8885 | 18.9771 | 20.1407 | 21.3843 | 22.7132 | 24.1331 | 25.6502 | 27.2707 | 29.0017 |
| 13 | 13.8093 | 14.6803 | 15.6178 | 16.6268 | 17.713 | 18.8821 | 20.1406 | 21.4953 | 22.9534 | 24.5227 | 26.2116 | 28.0291 | 29.9847 | 32.0887 | 34.3519 |
| 14 | 14.9474 | 15.9739 | 17.0863 | 18.2919 | 19.5986 | 21.0151 | 22.5505 | 24.2149 | 26.0192 | 27.975 | 30.0949 | 32.3926 | 34.8827 | 37.5811 | 40.5047 |
| 15 | 16.0969 | 17.2934 | 18.5989 | 20.0236 | 21.5786 | 23.276 | 25.129 | 27.1521 | 29.3609 | 31.7725 | 34.4054 | 37.2797 | 40.4175 | 43.8424 | 47.5804 |
| 16 | 17.2579 | 18.6393 | 20.1569 | 21.8245 | 23.6575 | 25.6725 | 27.8881 | 30.3243 | 33.0034 | 35.9497 | 39.1899 | 42.7533 | 46.6717 | 50.9804 | 55.7175 |
| 17 | 18.4304 | 20.0121 | 21.7616 | 23.6975 | 25.8404 | 28.2129 | 30.8402 | 33.7502 | 36.9737 | 40.5447 | 44.5008 | 48.8837 | 53.7391 | 59.1176 | 65.0751 |
| 18 | 19.6147 | 21.4123 | 23.4144 | 25.6454 | 28.1324 | 30.9057 | 33.999 | 37.4502 | 41.3013 | 45.5992 | 50.3959 | 55.7497 | 61.7251 | 68.3941 | 75.8364 |
| 19 | 20.8109 | 22.8406 | 25.1169 | 27.6712 | 30.539 | 33.76 | 37.379 | 41.4463 | 46.0185 | 51.1591 | 56.9395 | 63.4397 | 70.7494 | 78.9692 | 88.2118 |
| 20 | 22.019 | 24.2974 | 26.8704 | 29.7781 | 33.066 | 36.7856 | 40.9955 | 45.762 | 51.1601 | 57.275 | 64.2028 | 72.0524 | 80.9468 | 91.0249 | 102.4436 |
| 21 | 23.2392 | 25.7833 | 28.6765 | 31.9692 | 35.7193 | 39.9927 | 44.8652 | 50.4229 | 56.7645 | 64.0025 | 72.2651 | 81.6987 | 92.4699 | 104.7684 | 118.8101 |
| 22 | 24.4716 | 27.299 | 30.5368 | 34.248 | 38.5052 | 43.3923 | 49.0057 | 55.4568 | 62.8733 | 71.4027 | 81.2143 | 92.5026 | 105.491 | 120.436 | 137.6316 |
| 23 | 25.7163 | 28.845 | 32.4529 | 36.6179 | 41.4305 | 46.9958 | 53.4361 | 60.8933 | 69.5319 | 79.543 | 91.1479 | 104.6029 | 120.2048 | 138.297 | 159.2764 |
| 24 | 26.9735 | 30.4219 | 34.4265 | 39.0826 | 44.502 | 50.8156 | 58.1767 | 66.7648 | 76.7898 | 88.4973 | 102.1742 | 118.1552 | 136.8315 | 158.6586 | 184.1678 |
| 25 | 28.2432 | 32.0303 | 36.4593 | 41.6459 | 47.7271 | 54.8645 | 63.249 | 73.1059 | 84.7009 | 98.3471 | 114.4133 | 133.3339 | 155.6196 | 181.8708 | 212.793 |
| 26 | 29.5256 | 33.6709 | 38.553 | 44.3117 | 51.1135 | 59.1564 | 68.6765 | 79.9544 | 93.324 | 109.1818 | 127.9988 | 150.3339 | 176.8501 | 208.3327 | 245.712 |
| 27 | 30.8209 | 35.3443 | 40.7096 | 47.0842 | 54.6691 | 63.7058 | 74.4838 | 87.3508 | 102.7231 | 121.0999 | 143.0786 | 169.374 | 200.8406 | 238.4993 | 283.5688 |
| 28 | 32.1291 | 37.0512 | 42.9309 | 49.9676 | 58.4026 | 68.5281 | 80.6977 | 95.3388 | 112.9682 | 134.2099 | 159.8173 | 190.6989 | 227.9499 | 272.8892 | 327.1041 |
| 29 | 33.4504 | 38.7922 | 45.2189 | 52.9663 | 62.3227 | 73.6398 | 87.3465 | 103.9659 | 124.1354 | 148.6309 | 178.3972 | 214.5828 | 258.5834 | 312.0937 | 377.1697 |
| 30 | 34.7849 | 40.5681 | 47.5754 | 56.0849 | 66.4388 | 79.0582 | 94.4608 | 113.2832 | 136.3075 | 164.494 | 199.0209 | 241.3327 | 293.1992 | 356.7868 | 434.7451 |

## 附表三 年金終值系數表

附表三（續）

| 期數 | 16% | 17% | 18% | 19% | 20% | 21% | 22% | 23% | 24% | 25% | 26% | 27% | 28% | 29% | 30% |
|---|---|---|---|---|---|---|---|---|---|---|---|---|---|---|---|
| 1 | 1 | 1 | 1 | 1 | 1 | 1 | 1 | 1 | 1 | 1 | 1 | 1 | 1 | 1 | 1 |
| 2 | 2.16 | 2.17 | 2.18 | 2.19 | 2.2 | 2.21 | 2.22 | 2.23 | 2.24 | 2.25 | 2.26 | 2.27 | 2.28 | 2.29 | 2.3 |
| 3 | 3.5056 | 3.5389 | 3.5724 | 3.6061 | 3.64 | 3.6741 | 3.7084 | 3.7429 | 3.7776 | 3.8125 | 3.8476 | 3.8829 | 3.9184 | 3.9541 | 3.99 |
| 4 | 5.0665 | 5.1405 | 5.2154 | 5.2913 | 5.368 | 5.4457 | 5.5242 | 5.6038 | 5.6842 | 5.7656 | 5.848 | 5.9313 | 6.0156 | 6.1008 | 6.187 |
| 5 | 6.8771 | 7.0144 | 7.1542 | 7.2966 | 7.4416 | 7.5892 | 7.7396 | 7.8926 | 8.0484 | 8.207 | 8.3684 | 8.5327 | 8.6999 | 8.87 | 9.0431 |
| 6 | 8.9775 | 9.2068 | 9.442 | 9.683 | 9.9299 | 10.183 | 10.4423 | 10.7079 | 10.9801 | 11.2588 | 11.5442 | 11.8366 | 12.1359 | 12.4423 | 12.756 |
| 7 | 11.4139 | 11.772 | 12.1415 | 12.5227 | 12.9159 | 13.3214 | 13.7396 | 14.1708 | 14.6153 | 15.0735 | 15.5458 | 16.0324 | 16.5339 | 17.0506 | 17.5828 |
| 8 | 14.2401 | 14.7733 | 15.327 | 15.902 | 16.4991 | 17.1189 | 17.7623 | 18.43 | 19.1229 | 19.8419 | 20.5876 | 21.3612 | 22.1634 | 22.9953 | 23.8577 |
| 9 | 17.5185 | 18.2847 | 19.0859 | 19.9234 | 20.7989 | 21.7139 | 22.67 | 23.669 | 24.7125 | 25.8023 | 26.9404 | 28.1287 | 29.3692 | 30.6639 | 32.015 |
| 10 | 21.3215 | 22.3931 | 23.5213 | 24.7089 | 25.9587 | 27.2738 | 28.6574 | 30.1128 | 31.6434 | 33.2529 | 34.9449 | 36.7235 | 38.5926 | 40.5564 | 42.6195 |
| 11 | 25.7329 | 27.1999 | 28.7551 | 30.4035 | 32.1504 | 34.0013 | 35.962 | 38.0388 | 40.2379 | 42.5661 | 45.0306 | 47.6388 | 50.3985 | 53.3178 | 56.4053 |
| 12 | 30.8502 | 32.8239 | 34.9311 | 37.1802 | 39.5805 | 42.1416 | 44.8737 | 47.7877 | 50.895 | 54.2077 | 57.7386 | 61.5013 | 65.51 | 69.78 | 74.327 |
| 13 | 36.7862 | 39.404 | 42.2187 | 45.2445 | 48.4966 | 51.9913 | 55.7459 | 59.7788 | 64.1097 | 68.7596 | 73.7506 | 79.1066 | 84.8529 | 91.0161 | 97.625 |
| 14 | 43.672 | 47.1027 | 50.818 | 54.8409 | 59.1959 | 63.9095 | 69.01 | 74.528 | 80.4961 | 86.9495 | 93.9258 | 101.4654 | 109.6117 | 118.4108 | 127.9125 |
| 15 | 51.6595 | 56.1101 | 60.9653 | 66.2607 | 72.0351 | 78.3305 | 85.1922 | 92.6694 | 100.8151 | 109.6868 | 119.3465 | 129.8611 | 141.3029 | 153.75 | 167.2863 |
| 16 | 60.925 | 66.6488 | 72.939 | 79.8502 | 87.4421 | 95.7799 | 104.9345 | 114.9834 | 126.0108 | 138.1085 | 151.3766 | 165.9236 | 181.8677 | 199.3374 | 218.4722 |
| 17 | 71.673 | 78.9792 | 87.068 | 96.0218 | 105.9306 | 116.8937 | 129.0201 | 142.4295 | 157.2534 | 173.6357 | 191.7345 | 211.723 | 233.7907 | 258.1453 | 285.0139 |
| 18 | 84.1407 | 93.4056 | 103.7403 | 115.2659 | 128.1167 | 142.4413 | 158.4045 | 176.1883 | 195.9942 | 218.0446 | 242.5855 | 269.8882 | 300.2521 | 334.0074 | 371.518 |
| 19 | 98.6032 | 110.2846 | 123.4135 | 138.1664 | 154.74 | 173.354 | 194.2535 | 217.7116 | 244.0328 | 273.5558 | 306.6577 | 343.758 | 385.3227 | 431.8696 | 483.9734 |
| 20 | 115.3797 | 130.0329 | 146.628 | 165.418 | 186.688 | 210.7584 | 237.9893 | 268.7853 | 303.6006 | 342.9447 | 387.3887 | 437.5726 | 494.2131 | 558.1118 | 630.1655 |
| 21 | 134.8405 | 153.1385 | 174.021 | 197.8474 | 225.0256 | 256.0176 | 291.3469 | 331.6059 | 377.4648 | 429.6809 | 489.1098 | 556.7173 | 633.5927 | 720.9642 | 820.2151 |
| 22 | 157.415 | 180.1721 | 206.3448 | 236.4385 | 271.0307 | 310.7813 | 356.4432 | 408.8753 | 469.0563 | 538.1011 | 617.2783 | 708.0309 | 811.9987 | 931.0438 | 1067.2796 |
| 23 | 183.6014 | 211.8013 | 244.4868 | 282.3618 | 326.2369 | 377.0454 | 435.8607 | 503.9166 | 582.6298 | 673.6264 | 778.7707 | 900.1993 | 1040.3583 | 1202.0465 | 1388.4635 |
| 24 | 213.9776 | 248.8076 | 289.4945 | 337.0105 | 392.4842 | 457.2249 | 532.7501 | 620.8174 | 723.461 | 843.0329 | 982.2511 | 1144.2531 | 1332.6586 | 1551.64 | 1806.0026 |
| 25 | 249.214 | 292.1049 | 342.6035 | 402.0425 | 471.9811 | 554.2422 | 650.9551 | 764.6054 | 898.0916 | 1054.7912 | 1238.6363 | 1454.2014 | 1706.8031 | 2002.6156 | 2348.8033 |
| 26 | 290.0883 | 342.7627 | 405.2721 | 479.4306 | 567.3773 | 671.633 | 795.1653 | 941.4647 | 1114.6336 | 1319.489 | 1561.6818 | 1847.8358 | 2185.7079 | 2584.3741 | 3054.4443 |
| 27 | 337.5024 | 402.0323 | 479.2211 | 571.5224 | 681.8528 | 813.6759 | 971.1016 | 1159.0016 | 1383.1457 | 1650.3612 | 1968.7191 | 2347.7515 | 2798.7061 | 3334.8426 | 3971.7776 |
| 28 | 392.5028 | 471.3778 | 566.4809 | 681.1116 | 819.2233 | 985.5479 | 1185.744 | 1426.5719 | 1716.1007 | 2063.9515 | 2481.586 | 2982.6444 | 3583.3438 | 4302.947 | 5164.3109 |
| 29 | 456.3032 | 552.5121 | 669.4475 | 811.5228 | 984.068 | 1193.5129 | 1447.6077 | 1755.6835 | 2128.9648 | 2580.9394 | 3127.7984 | 3788.9583 | 4587.6801 | 5551.8016 | 6714.6042 |
| 30 | 530.3117 | 647.4391 | 790.948 | 966.7122 | 1181.8816 | 1445.1507 | 1767.0813 | 2160.4907 | 2640.9164 | 3227.1743 | 3942.026 | 4812.9771 | 5873.2306 | 7162.8241 | 8729.9855 |

## 附表四 年金现值系数表

| 期数 | 1% | 2% | 3% | 4% | 5% | 6% | 7% | 8% | 9% | 10% | 11% | 12% | 13% | 14% | 15% |
|---|---|---|---|---|---|---|---|---|---|---|---|---|---|---|---|
| 1 | 0.9901 | 0.9804 | 0.9709 | 0.9615 | 0.9524 | 0.9434 | 0.9346 | 0.9259 | 0.9174 | 0.9091 | 0.9009 | 0.8929 | 0.885 | 0.8772 | 0.8696 |
| 2 | 1.9704 | 1.9416 | 1.9135 | 1.8861 | 1.8594 | 1.8334 | 1.808 | 1.7833 | 1.7591 | 1.7355 | 1.7125 | 1.6901 | 1.6681 | 1.6467 | 1.6257 |
| 3 | 2.941 | 2.8839 | 2.8286 | 2.7751 | 2.7232 | 2.673 | 2.6243 | 2.5771 | 2.5313 | 2.4869 | 2.4437 | 2.4018 | 2.3612 | 2.3216 | 2.2832 |
| 4 | 3.902 | 3.8077 | 3.7171 | 3.6299 | 3.546 | 3.4651 | 3.3872 | 3.3121 | 3.2397 | 3.1699 | 3.1024 | 3.0373 | 2.9745 | 2.9137 | 2.855 |
| 5 | 4.8534 | 4.7135 | 4.5797 | 4.4518 | 4.3295 | 4.2124 | 4.1002 | 3.9927 | 3.8897 | 3.7908 | 3.6959 | 3.6048 | 3.5172 | 3.4331 | 3.3522 |
| 6 | 5.79555 | 5.6014 | 5.4172 | 5.2421 | 5.0757 | 4.9173 | 4.7665 | 4.6229 | 4.4859 | 4.3553 | 4.2305 | 4.1114 | 3.9975 | 3.8887 | 3.7845 |
| 7 | 6.7282 | 6.472 | 6.2303 | 6.0021 | 5.7864 | 5.5824 | 5.3893 | 5.2064 | 5.033 | 4.8684 | 4.7122 | 4.5638 | 4.4226 | 4.2883 | 4.1604 |
| 8 | 7.6517 | 7.3255 | 7.0197 | 6.7327 | 6.4632 | 6.2098 | 5.9713 | 5.7466 | 5.5348 | 5.3349 | 5.1461 | 4.9676 | 4.7988 | 4.6389 | 4.4873 |
| 9 | 8.566 | 8.1622 | 7.7861 | 7.4353 | 7.1078 | 6.8017 | 6.5152 | 6.2469 | 5.9952 | 5.759 | 5.537 | 5.3282 | 5.1317 | 4.9464 | 4.7716 |
| 10 | 9.4713 | 8.9826 | 8.5302 | 8.1109 | 7.7217 | 7.3601 | 7.0236 | 6.7101 | 6.4177 | 6.1446 | 5.8892 | 5.6502 | 5.4262 | 5.2161 | 5.0188 |
| 11 | 10.3676 | 9.7868 | 9.2526 | 8.7605 | 8.3064 | 7.8869 | 7.4987 | 7.139 | 6.8052 | 6.4951 | 6.2065 | 5.9377 | 5.6869 | 5.4527 | 5.2337 |
| 12 | 11.2551 | 10.5753 | 9.954 | 9.3851 | 8.8633 | 8.3838 | 7.9427 | 7.5361 | 7.1607 | 6.8137 | 6.4924 | 6.1944 | 5.9176 | 5.6603 | 5.4206 |
| 13 | 12.1337 | 11.3484 | 10.635 | 9.9856 | 9.3936 | 8.8527 | 8.3577 | 7.9038 | 7.4869 | 7.1034 | 6.7499 | 6.4235 | 6.1218 | 5.8424 | 5.5831 |
| 14 | 13.0037 | 12.1062 | 11.2961 | 10.5631 | 9.8986 | 9.295 | 8.7455 | 8.2442 | 7.7862 | 7.3667 | 6.9819 | 6.6282 | 6.3025 | 6.0021 | 5.7245 |
| 15 | 13.8651 | 12.8493 | 11.9379 | 11.1184 | 10.3797 | 9.7122 | 9.1079 | 8.5595 | 8.0607 | 7.6061 | 7.1909 | 6.8109 | 6.4624 | 6.1422 | 5.8474 |
| 16 | 14.7179 | 13.5777 | 12.5611 | 11.6523 | 10.8378 | 10.1059 | 9.4466 | 8.8514 | 8.3126 | 7.8237 | 7.3792 | 6.974 | 6.6039 | 6.2651 | 5.9542 |
| 17 | 15.5623 | 14.2919 | 13.1661 | 12.1657 | 11.2741 | 10.4773 | 9.7632 | 9.1216 | 8.5436 | 8.0216 | 7.5488 | 7.1196 | 6.7291 | 6.3729 | 6.0472 |
| 18 | 16.3983 | 14.992 | 13.7535 | 12.6593 | 11.6896 | 10.8276 | 10.0591 | 9.3719 | 8.7556 | 8.2014 | 7.7016 | 7.2497 | 6.8399 | 6.4674 | 6.128 |
| 19 | 17.226 | 15.6785 | 14.3238 | 13.1339 | 12.0853 | 11.1581 | 10.3356 | 9.6036 | 8.9501 | 8.3649 | 7.8393 | 7.3658 | 6.938 | 6.5504 | 6.1982 |
| 20 | 18.0456 | 16.3514 | 14.8775 | 13.5903 | 12.4622 | 11.4699 | 10.594 | 9.8181 | 9.1285 | 8.5136 | 7.9633 | 7.4694 | 7.0248 | 6.6231 | 6.2593 |
| 21 | 18.857 | 17.0112 | 15.415 | 14.0292 | 12.8212 | 11.7641 | 10.8355 | 10.0168 | 9.2922 | 8.6487 | 8.0751 | 7.562 | 7.1016 | 6.687 | 6.3125 |
| 22 | 19.6604 | 17.658 | 15.9369 | 14.4511 | 13.163 | 12.0416 | 11.0612 | 10.2007 | 9.4424 | 8.7715 | 8.1757 | 7.6446 | 7.1695 | 6.7429 | 6.3587 |
| 23 | 20.4558 | 18.2922 | 16.4436 | 14.8568 | 13.4886 | 12.3034 | 11.2722 | 10.3711 | 9.5802 | 8.8832 | 8.2664 | 7.7184 | 7.2297 | 6.7921 | 6.3988 |
| 24 | 21.2434 | 18.9139 | 16.9355 | 15.247 | 13.7986 | 12.5504 | 11.4693 | 10.5288 | 9.7066 | 8.9847 | 8.3481 | 7.7843 | 7.2829 | 6.8351 | 6.4338 |
| 25 | 22.0232 | 19.5235 | 17.4131 | 15.6221 | 14.0939 | 12.7834 | 11.6536 | 10.6748 | 9.8226 | 9.077 | 8.4217 | 7.8431 | 7.33 | 6.8729 | 6.4641 |
| 26 | 22.7952 | 20.121 | 17.8768 | 15.9828 | 14.3752 | 13.0032 | 11.8258 | 10.81 | 9.929 | 9.1609 | 8.4881 | 7.8957 | 7.3717 | 6.9061 | 6.4906 |
| 27 | 23.5596 | 20.7069 | 18.327 | 16.3296 | 14.643 | 13.2105 | 11.9867 | 10.9352 | 10.0266 | 9.2372 | 8.5478 | 7.9426 | 7.4086 | 6.9352 | 6.5135 |
| 28 | 24.3164 | 21.2813 | 18.7641 | 16.6631 | 14.8981 | 13.4062 | 12.1371 | 11.0511 | 10.1161 | 9.3066 | 8.6016 | 7.9844 | 7.4412 | 6.9607 | 6.5335 |
| 29 | 25.0658 | 21.8444 | 19.1885 | 16.9837 | 15.1411 | 13.5907 | 12.2777 | 11.1584 | 10.1983 | 9.3696 | 8.6501 | 8.0218 | 7.4701 | 6.983 | 6.5509 |
| 30 | 25.8077 | 22.3965 | 19.6004 | 17.292 | 15.3725 | 13.7648 | 12.409 | 11.2578 | 10.2737 | 9.4269 | 8.6938 | 8.0552 | 7.4957 | 7.0027 | 6.566 |

## 附表四 年金現值系數表

附表四（續）

| 期數 | 16% | 17% | 18% | 19% | 20% | 21% | 22% | 23% | 24% | 25% | 26% | 27% | 28% | 29% | 30% |
|---|---|---|---|---|---|---|---|---|---|---|---|---|---|---|---|
| 1 | 0.8621 | 0.8547 | 0.8475 | 0.8403 | 0.8333 | 0.8264 | 0.8197 | 0.813 | 0.8065 | 0.8 | 0.7937 | 0.7874 | 0.7813 | 0.7752 | 0.7692 |
| 2 | 1.6052 | 1.5852 | 1.5656 | 1.5465 | 1.5278 | 1.5095 | 1.4915 | 1.474 | 1.4568 | 1.44 | 1.4235 | 1.4074 | 1.3916 | 1.3761 | 1.3609 |
| 3 | 2.2459 | 2.2096 | 2.1743 | 2.1399 | 2.1065 | 2.0739 | 2.0422 | 2.0114 | 1.9813 | 1.952 | 1.9234 | 1.8956 | 1.8684 | 1.842 | 1.8161 |
| 4 | 2.7982 | 2.7432 | 2.6901 | 2.6386 | 2.5887 | 2.5404 | 2.4936 | 2.4483 | 2.4043 | 2.3616 | 2.3202 | 2.28 | 2.241 | 2.2031 | 2.1662 |
| 5 | 3.2743 | 3.1993 | 3.1272 | 3.0576 | 2.9906 | 2.926 | 2.8636 | 2.8035 | 2.7454 | 2.6893 | 2.6351 | 2.5827 | 2.532 | 2.483 | 2.4356 |
| 6 | 3.6847 | 3.5892 | 3.4976 | 3.4098 | 3.3255 | 3.2446 | 3.1669 | 3.0923 | 3.0205 | 2.9514 | 2.885 | 2.821 | 2.7594 | 2.7 | 2.6427 |
| 7 | 4.0386 | 3.9224 | 3.8115 | 3.7057 | 3.6046 | 3.5079 | 3.4155 | 3.327 | 3.2423 | 3.1611 | 3.0833 | 3.0087 | 2.937 | 2.8682 | 2.8021 |
| 8 | 4.3436 | 4.2072 | 4.0776 | 3.9544 | 3.8372 | 3.7256 | 3.6193 | 3.5179 | 3.4212 | 3.3289 | 3.2407 | 3.1564 | 3.0758 | 2.9986 | 2.9247 |
| 9 | 4.6065 | 4.4506 | 4.303 | 4.1633 | 4.031 | 3.9054 | 3.7863 | 3.6731 | 3.5655 | 3.4631 | 3.3657 | 3.2728 | 3.1842 | 3.0997 | 3.019 |
| 10 | 4.8332 | 4.6586 | 4.4941 | 4.3389 | 4.1925 | 4.0541 | 3.9232 | 3.7993 | 3.6819 | 3.5705 | 3.4648 | 3.3644 | 3.2689 | 3.1781 | 3.0915 |
| 11 | 5.0286 | 4.8364 | 4.656 | 4.4865 | 4.3271 | 4.1769 | 4.0354 | 3.9018 | 3.7757 | 3.6564 | 3.5435 | 3.4365 | 3.3351 | 3.2388 | 3.1473 |
| 12 | 5.1971 | 4.9884 | 4.7932 | 4.6105 | 4.4392 | 4.2784 | 4.1274 | 3.9852 | 3.8514 | 3.7251 | 3.6059 | 3.4933 | 3.3868 | 3.2859 | 3.1903 |
| 13 | 5.3423 | 5.1183 | 4.9095 | 4.7147 | 4.5327 | 4.3624 | 4.2028 | 4.053 | 3.9124 | 3.7801 | 3.6555 | 3.5381 | 3.4272 | 3.3224 | 3.2233 |
| 14 | 5.4675 | 5.2293 | 5.0081 | 4.8023 | 4.6106 | 4.4317 | 4.2646 | 4.1082 | 3.9616 | 3.8241 | 3.6949 | 3.5733 | 3.4587 | 3.3507 | 3.2487 |
| 15 | 5.5755 | 5.3242 | 5.0916 | 4.8759 | 4.6755 | 4.489 | 4.3152 | 4.153 | 4.0013 | 3.8593 | 3.7261 | 3.601 | 3.4834 | 3.3726 | 3.2682 |
| 16 | 5.6685 | 5.4053 | 5.1624 | 4.9377 | 4.7296 | 4.5364 | 4.3567 | 4.1894 | 4.0333 | 3.8874 | 3.7509 | 3.6228 | 3.5026 | 3.3896 | 3.2832 |
| 17 | 5.7487 | 5.4746 | 5.2223 | 4.9897 | 4.7746 | 4.5755 | 4.3908 | 4.219 | 4.0591 | 3.9099 | 3.7705 | 3.64 | 3.5177 | 3.4028 | 3.2948 |
| 18 | 5.8178 | 5.5339 | 5.2732 | 5.0333 | 4.8122 | 4.6079 | 4.4187 | 4.2431 | 4.0799 | 3.9279 | 3.7861 | 3.6536 | 3.5294 | 3.413 | 3.3037 |
| 19 | 5.8775 | 5.5845 | 5.3162 | 5.07 | 4.8435 | 4.6346 | 4.4415 | 4.2627 | 4.0967 | 3.9424 | 3.7985 | 3.6642 | 3.5386 | 3.421 | 3.3105 |
| 20 | 5.9288 | 5.6278 | 5.3527 | 5.1009 | 4.8696 | 4.6567 | 4.4603 | 4.2786 | 4.1103 | 3.9539 | 3.8083 | 3.6726 | 3.5458 | 3.4271 | 3.3158 |
| 21 | 5.9731 | 5.6648 | 5.3837 | 5.1268 | 4.8913 | 4.675 | 4.4756 | 4.2916 | 4.1212 | 3.9631 | 3.8161 | 3.6792 | 3.5514 | 3.4319 | 3.3198 |
| 22 | 6.0113 | 5.6964 | 5.4099 | 5.1486 | 4.9094 | 4.69 | 4.4882 | 4.3021 | 4.13 | 3.9705 | 3.8223 | 3.6844 | 3.5558 | 3.4356 | 3.323 |
| 23 | 6.0442 | 5.7234 | 5.4321 | 5.1668 | 4.9245 | 4.7025 | 4.4985 | 4.3106 | 4.1371 | 3.9764 | 3.8273 | 3.6885 | 3.5592 | 3.4384 | 3.3254 |
| 24 | 6.0726 | 5.7465 | 5.4509 | 5.1822 | 4.9371 | 4.7128 | 4.507 | 4.3176 | 4.1428 | 3.9811 | 3.8312 | 3.6918 | 3.5619 | 3.4406 | 3.3272 |
| 25 | 6.0971 | 5.7662 | 5.4669 | 5.1951 | 4.9476 | 4.7213 | 4.5139 | 4.3232 | 4.1474 | 3.9849 | 3.8342 | 3.6943 | 3.564 | 3.4423 | 3.3286 |
| 26 | 6.1182 | 5.7831 | 5.4804 | 5.206 | 4.9563 | 4.7284 | 4.5196 | 4.3278 | 4.1511 | 3.9879 | 3.8367 | 3.6963 | 3.5656 | 3.4437 | 3.3297 |
| 27 | 6.1364 | 5.7975 | 5.4919 | 5.2151 | 4.9636 | 4.7342 | 4.5243 | 4.3316 | 4.1542 | 3.9903 | 3.8387 | 3.6979 | 3.5669 | 3.4447 | 3.3305 |
| 28 | 6.152 | 5.8099 | 5.5016 | 5.2228 | 4.9697 | 4.739 | 4.5281 | 4.3346 | 4.1566 | 3.9923 | 3.8402 | 3.6991 | 3.5679 | 3.4455 | 3.3312 |
| 29 | 6.1656 | 5.8204 | 5.5098 | 5.2292 | 4.9747 | 4.743 | 4.5312 | 4.3371 | 4.1585 | 3.9938 | 3.8414 | 3.7001 | 3.5687 | 3.4461 | 3.3317 |
| 30 | 6.1772 | 5.8294 | 5.5168 | 5.2347 | 4.9789 | 4.7463 | 4.5338 | 4.3391 | 4.1601 | 3.995 | 3.8424 | 3.7009 | 3.5693 | 3.4466 | 3.3321 |

國家圖書館出版品預行編目(CIP)資料

中級財務管理 / 陳瑋 主編. -- 第一版.
-- 臺北市：財經錢線文化出版：崧博發行, 2018.12

　面　；　公分

ISBN 978-957-680-260-7(平裝)

1. 財務管理

494.7　　　　107018641

書　名：中級財務管理
作　者：陳瑋 主編
發行人：黃振庭
出版者：財經錢線文化事業有限公司
發行者：崧博出版事業有限公司
E-mail：sonbookservice@gmail.com
粉絲頁　　　　　　　網　址：
地　址：台北市中正區延平南路六十一號五樓一室
8F.-815, No.61, Sec. 1, Chongqing S. Rd., Zhongzheng Dist., Taipei City 100, Taiwan (R.O.C.)
電　話：(02)2370-3310　傳　真：(02) 2370-3210
總經銷：紅螞蟻圖書有限公司
地　址：台北市內湖區舊宗路二段 121 巷 19 號
電　話：02-2795-3656　　傳真：02-2795-4100　網址：
印　刷：京峯彩色印刷有限公司（京峰數位）

　　本書版權為西南財經大學出版社所有授權崧博出版事業有限公司獨家發行電子書及繁體書繁體版。若有其他相關權利及授權需求請與本公司聯繫。

定價：600元

發行日期：2018 年 12 月第一版

◎ 本書以POD印製發行